普通高等教育人工智能与大数据系列教材

大数据技术及应用

第2版

主编　施苑英
参编　蒋军敏　石　薇　王竹霞

机械工业出版社

本书系统介绍了大数据的内涵、特征、技术及应用。全书共 10 章，其中第 1~8 章为技术篇，主要从大数据处理流程出发，围绕大数据体系架构，详细阐述大数据采集与预处理、大数据存储、大数据分析挖掘、大数据可视化等关键技术。第 9、10 章为应用篇，对大数据在电信、文娱、教育、医疗等行业的具体应用进行了论述，并通过典型案例与 Python 代码示例，展示如何将大数据原理付诸实践。

本书兼顾专业性和可读性，适合作为高等院校大数据技术的基础教材，也可供大数据技术爱好者学习参考。

图书在版编目（CIP）数据

大数据技术及应用/施苑英主编. —2 版. —北京：机械工业出版社，2023.12

普通高等教育人工智能与大数据系列教材

ISBN 978-7-111-74749-9

Ⅰ.①大… Ⅱ.①施… Ⅲ.①数据处理-高等学校-教材 Ⅳ.①TP274

中国国家版本馆 CIP 数据核字（2024）第 001723 号

机械工业出版社（北京市百万庄大街 22 号 邮政编码 100037）

策划编辑：王雅新 责任编辑：王雅新 刘琴琴

责任校对：张 征 封面设计：张 静

责任印制：张 博

天津光之彩印刷有限公司印刷

2024 年 3 月第 2 版第 1 次印刷

184mm×260mm · 18.5 印张 · 459 千字

标准书号：ISBN 978-7-111-74749-9

定价：59.00 元

电话服务		网络服务
客服电话：	010-88361066	机 工 官 网：www.cmpbook.com
	010-88379833	机 工 官 博：weibo.com/cmp1952
	010-68326294	金 书 网：www.golden-book.com
封底无防伪标均为盗版		机工教育服务网：www.cmpedu.com

前　言

随着移动互联网和物联网的广泛应用，全球数据量呈现井喷式增长，汹涌而来的数据洪流将人类社会带入了崭新的大数据时代。大数据虽然是现代信息技术发展的产物，但它的影响不仅仅局限于信息通信产业，而是覆盖到社会的各个领域。从国家治理到企业运营，从经济生产到社会生活，大数据的身影无处不在，深刻影响和改变着人类的生产、生活及思维方式。数据作为与物质、能源同等重要的战略资源，蕴含着巨大的商业价值，只有凭借敏锐的洞察力和先进的大数据处理技术，才能从中挖掘出隐藏的信息，实现数据价值的提升。

大数据技术具有很强的实用性。本书在编写时，坚持“以应用为先”的原则，注重理论与实践相结合，将大数据抽象的概念、原理和技术方法融入具体实例中，帮助读者更好地理解、掌握和运用大数据技术。本书在结构编排上遵循初学者的认知特点，首先对大数据的概念进行剖析，使读者建立起对大数据的感性认识，然后以大数据处理流程为主线，依次阐述数据采集、预处理、存储、分析挖掘及可视化等关键技术，最后结合行业案例和典型应用加深读者对理论知识的理解。本书重在培养读者的大数据思维，并未过多涉及深奥的数学理论和复杂的编程细节。

全书共10章：第1章是概述部分，主要介绍大数据的定义、特点、相关技术和应用领域。第2章介绍大数据的采集和预处理，包括数据采集方法、数据预处理流程以及常用的大数据采集与处理平台。第3章介绍常用的大数据存储技术，包括底层分布式文件系统、分布式数据库和支持企业业务决策的数据仓库。第4~7章介绍数据分析挖掘的理论和方法，详细阐述分类、回归、聚类和关联分析等技术的概念、处理流程、常用算法及评价指标。第8章介绍数据可视化技术的理论与方法，主要包括数据可视化的概念、原则、分析工具和编程语言，并简要介绍可视化技术的行业应用。第9章介绍电信行业大数据的发展及应用现状，着重分析大数据在电信网络优化、电信客户细分、电信客户流失管理等方面的典型案例。第10章介绍大数据技术在文娱、教育、医疗等行业的应用案例。

为便于教师教学和学生学习，本书提供所有案例的源代码，同时配有电子课件和课后习题的参考答案，读者可在机械工业出版社教育服务网（http://www.cmpedu.com）下载。

本书由施苑英、蒋军敏、石薇和王竹霞共同编写，具体分工如下：施苑英编写第1章、第6章、第9章9.1~9.4节，蒋军敏编写第2章、第5章和第9章9.5节，石薇编写第3章、第7章、第10章10.1节和10.2节，王竹霞编写第4章、第8章和第10章10.3节。同时感谢西安邮电大学王选宏高级工程师对完成本书所给予的帮助和支持！

本书在编写过程中，参考了大量国内外著作、论文以及互联网上的优秀文章，在此谨向相关作者表示衷心的感谢。由于文献资料数目较多，在列入参考文献时难免有所疏漏，我们对所涉及的作者深表歉意。

由于编者水平有限，兼之时间仓促，书中的错误和不妥之处在所难免，恳请广大读者批评指正。

编　者

目　录

第1章 大数据技术概述

随着互联网、物联网、云计算等技术的迅猛发展，人类社会的数据资源正在以前所未有的速度增长和积累。根据美国市场研究公司 IDC（国际数据公司）的监测统计，2000 年全球的数据总量仅为 2EB（$1EB=2^{30}GB$），2013 年这一数值已达到 4.4 ZB（$1ZB=2^{40}GB$），并且仍在以每年 40%的速度持续递增，预计 2025 年将达到 175 ZB。大数据已经渗透到经济、政治、军事、文化等各个领域，迅速并将日益深刻地改变人们的生产生活方式。那么，大数据究竟是什么？它与传统的数据有何差别？需要采用哪些分析处理技术？目前的应用情况如何？希望通过本章内容，让读者对大数据技术有个整体的认识。

1.1 什么是大数据

大数据（Big Data）的概念最早出现于 1998 年，由美国硅图公司（SGI）首席科学家 John R. Mashey 在 USENIX 大会上提出。他在题为“Big Data and the Next Wave of InfraStress”的演讲中，使用大数据来描述数据爆炸的现象。同年 10 月，《科学》杂志上发表了一篇介绍计算机软件 HiQ 的文章“A Handler for big data”，这是大数据一词首次出现在学术论文中。然而，大数据在当时并没有引起业界的注意，直到 2008 年 9 月，《自然》杂志出版了“大数据”专刊，“大数据”在学术界才得到认可和广泛应用。此后，大数据技术开始向商业、科技、医疗、政府、教育、经济、交通、物流及社会的各个领域渗透，大数据这一术语逐渐风靡各行各业。

如今，大数据已经是社会各界所熟知的一个名词，它的重要性也得到了广泛认同，但是对大数据概念的定义与理解却众说纷纭，不同的研究机构、行业领域和专家学者从不同角度给出了不同的定义。

2011 年，全球知名咨询公司麦肯锡在其报告“Big data：The next frontier for innovation, competition and productivity”中最早给出了大数据的定义：大数据是指大小超出传统数据库工具的获取、存储、管理和分析能力的数据集。它同时强调，并不是超过特定太字节（TB）值的数据集才能算是大数据，因为随着技术的不断发展，符合大数据标准的数据集容量也会增长。

同年，IDC 在年度数字宇宙研究报告“Extracting value from chaos”中将大数据描述为：新一代的技术与架构体系，它被设计用于在成本可承受的条件下，通过高速采集、发现和/

或分析等手段，从海量、多样化的数据中提取经济价值。

高德纳（Gartner）咨询公司则认为：大数据是需要新处理模式才能具有更强的决策力、洞察发现力和流程优化能力的海量、高增长率和多样化的信息资产。

维基百科对大数据的定义是：大数据是指无法在可承受的时间范围内用常规软件工具进行获取、管理和处理的数据集。

美国国家标准和技术研究院从学术角度对大数据做出了定义：大数据是指其数据量、采集速度或数据表示限制了使用传统关系型方法进行有效分析，或者需要使用重要的横向扩展技术来实现高效处理的数据。

亚马逊公司的大数据科学家 John Rauser 将大数据简单定义为“任何超过一台计算机处理能力的数据量”。1010data 公司的首席科学家 Adam Jacobs 把大数据看作是“规模大到迫使人们在当前流行且可靠的处理方法之外寻求新方法的数据集”。我国学者朱建平结合统计学与计算机科学的性质，将大数据定义为“那些超过传统数据系统处理能力，超越经典统计思想研究范围，不借助网络无法用主流软件工具及技术进行分析的复杂数据集合”。沈浩从新闻传播学的角度出发，认为“大数据是泛化了的数据挖掘，大数据概念不过是点燃了数据挖掘的社会意义和应用价值”。邱泽奇则从社会学研究者的视角出发，认为“大数据是痕迹数据汇集的并行化、在线化、生活化和社会化”。摄影师 Rick Smolan 在其著作 *The Human Face of Big Data* 中，将大数据描述为“帮助地球构建神经系统的一个过程，在该系统中，我们（人类）不过是其中一种传感器”。

综合上述定义，可以从下面三个不同的角度认识和理解大数据。

1. 数据自身特征

“大数据”一词给人最直观的感受是数据量特别巨大，远远超过传统数据管理系统和传统处理模式的能力范围。但是，目前业界普遍认为，规模庞大（Volume）仅仅是大数据的特征之一，除此之外，还应当包括种类繁多（Variety），生成快速（Velocity），来源真实（Veracity）等基本特点，即 IBM 公司提出的“4V”模型（见图 1.1）。

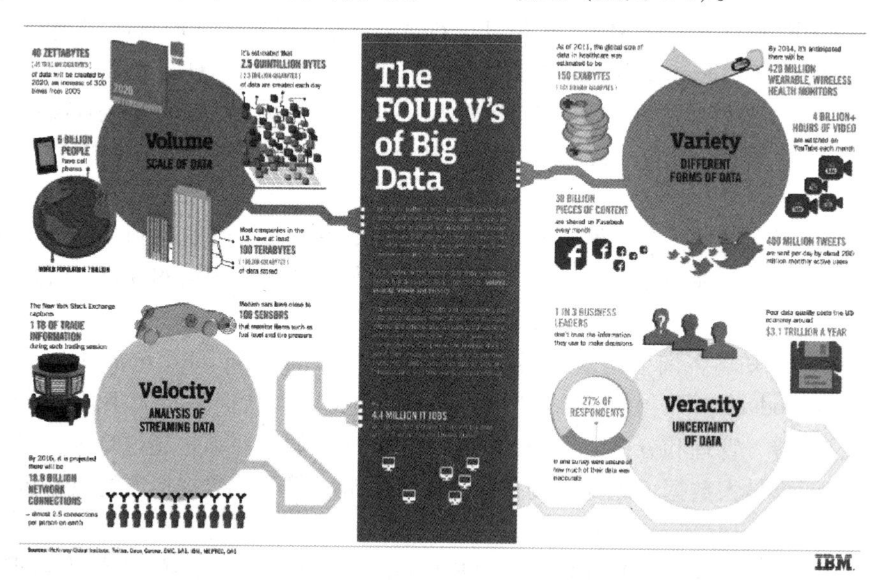

图 1.1　大数据的 4V 特征

（1）**Volume**　大数据的首要特征是数据量大。今天，众多行业的大数据已达到 TB（Trillionbyte，太字节）的数量级，更高的数量单位还有 PB（Petabyte，拍字节）、EB（Exabyte，艾字节）、ZB（Zettabyte，泽它字节）和 YB（Yottabyte，尧字节），这些单位之间的换算关系如图 1.2 所示。

1TB = 1024GB
相当于在1TB容量的硬盘上存储20万张照片或者20万首MP3歌曲

1PB = 1024TB
相当于在两个数据中心机柜中放置16个Backblaze的存储单元

1EB = 1024PB
相当于在占据一个街区的四层数据中心大楼内放置的2000个机柜

1ZB = 1024EB
相当于1000个数据中心大楼，约占美国纽约曼哈顿面积的20%

1YB = 1024ZB
相当于100万个数据中心大楼，可占据美国特拉华州和罗得岛州

图 1.2　数量单位的关系及大小

（2）**Variety**　大数据的另一个特征是数据来源和数据类型都日趋增多。传统数据主要来源于企业运营（如办公自动化系统、业务管理系统）、金融交易（如银行交易、证券交易）、科学研究（如天文、医学、气象、生物、高能物理）、新闻媒体（如报纸、杂志、电影、电视）等领域。随着互联网和物联网技术的飞速发展，出现了社交网络（如微信、微博等）、搜索引擎、车联网以及遍布全球的各种各样的传感器等多种数据源。相应的，数据类型也不再局限于传统的结构化数据，各种半结构化数据和非结构化数据纷纷涌现。结构化数据可以用二维表的形式存储于关系型数据库中，企业 ERP 系统、医疗 HIS 数据库、教育一卡通等都属于这种类型。非结构化数据没有标准格式，不便于用数据库二维逻辑表来表现，也无法被程序直接使用或利用数据库进行分析。这类数据形式多样，包括各种办公文档、图片、图像、视频、音频、日志文件、机器数据等。半结构化数据介于结构化数据与非结构化数据之间，其特点是具有一定的结构性，但是结构变化很大，不能完全照搬结构化或者非结构化数据的处理方式，典型例子有 XML、JSON 等格式的数据。非结构化数据是当今大数据的主体，据统计，全球 80%以上的大数据都是非结构化的，而且其增长速度还在不断攀升。

（3）**Velocity**　在大数据背景下，数据产生的速度非常快。据数据可视化软件开发商 Domo Technologies 的数据，2017 年，谷歌平均每分钟处理 360 万次搜索查询，YouTube 用户每分钟播放 414 万个视频，互联网上每分钟产生 1 亿封垃圾邮件（见图 1.3）。快速增长的数据需要采用实时、有效的方法进行分析和处理，如果分析结果错过了应用时机，数据将失去价值。

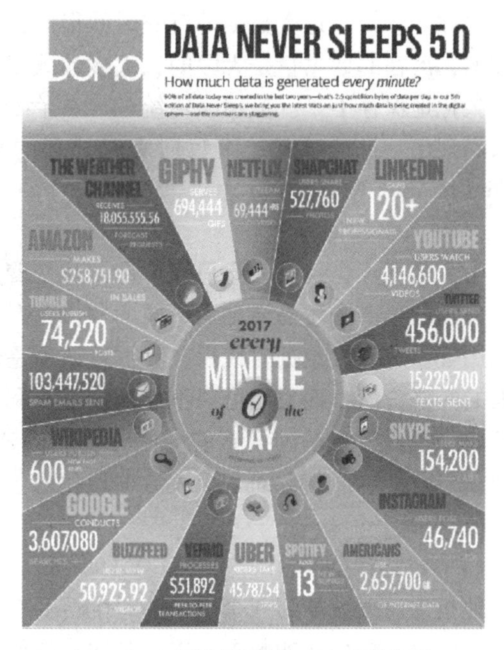

图 1.3　互联网每分钟产生的数据量

（4）**Veracity**　数据来源的真实可靠是对大数据进行科学分析、挖掘和研究的前提条件。但是，数据信息来源的多样性，以及数据本身存在的混杂甚至混乱的特征，会导致数据集中存在许多不完整、不一致、不可靠、甚至虚假的信息。因此，在分析大数据之前，需要先对数据集进行预处理，检测出不一致的数据，剔除虚假数据，以保证分析与预测结果的准确性

和有效性。

随着人们对大数据理解的深入，又不断有新的特征被提出来，如Value（价值性），表示大数据商业价值高，价值密度低；Vitality（动态性），强调数据体系的动态性；Validity（合法性），强调数据采集和应用的合法性等。

2. 数据处理方法

高速增长的大数据洪流，给数据的管理和分析带来了巨大的挑战，传统的数据处理方法已经不能适应大数据处理的需求。因此，需要根据大数据的特点，对传统的常规数据处理技术进行变革，形成适用于大数据发展的全新体系架构，实现大规模数据的获取、存储、管理和分析。

与大数据相比，传统数据的来源相对单一，数据规模较小，一般的关系型数据库就能满足数据存储的要求。而大数据来源丰富、类型多样，不仅有简单的结构化数据，更多的则是复杂的非结构化数据，而且多种来源的数据之间存在复杂的联系，需要采用分布式文件系统和分布式数据库技术进行存储，并通过数据融合技术实现多信息源数据的整合处理。

大数据的多源和多样性，还会导致数据出现不一致、不准确、不完整等质量问题，从而对数据的可用性带来负面影响，甚至产生有害的结果。据估算，数据错误问题每年造成美国工业界的经济损失约占GDP的6%，医疗数据错误引发的事故每年导致高达98000名美国患者丧生。因此，需要通过数据清洗、数据集成、数据转换等预处理技术，改善数据质量，提升数据分析结果的准确性与可靠性。

传统数据主要采用批量处理的模式。它基于“先存储后处理”的思想，即当全部数据完整存储到数据库后，再一次性读取出来进行分析，因此具有较高的延时。在大数据背景下，对于实时性要求不高的应用场景，仍然可以采用批量方式进行数据处理。但是，金融业、物联网、互联网等领域产生的流式数据，通常具有实时性、易失性、突发性、无序性、无限性等特征。这类数据的有效时间很短，产生后需要被立即分析，而且数据源会不断产生数据，潜在的数据量是无限的，大多数数据在处理后会被直接丢弃，只有极少数的数据会被持久化地保存下来。显然，传统的“先存储后处理”的模式已经不适用于流式数据，近年来涌现出一批针对流式大数据实时处理的平台和解决方案，其中知名的有Storm、Spark、Flink、Apex等。

3. 人类认知方式

大数据正在引发一场思维革命，改变着人们考察世界的方式方法。过去，数据被视为伴随人类的生产和贸易活动而形成的“副产品”，如同汽车尾气管和烟囱中排放出的废气，毫无用处。进入大数据时代后，数据被认为是除石油、煤炭等之外的另一种资源，不仅具有巨大的经济价值，而且还可以不断地被重复利用。知名IT评论人谢文曾经表示：“大数据将逐渐成为现代社会基础设施的一部分，就像公路、铁路、港口、水电和通信网络一样不可或缺。但就其价值特性而言，大数据却和这些物理化的基础设施不同，不会因为使用而折旧和贬值。”

“大数据商业应用第一人”Viktor Mayer-Schönberger在其著作《大数据时代》中，前瞻性地指出，大数据与三个重大的思维转变有关：首先，要分析与某事物相关的所有数据，而不是依靠分析少量的数据样本；其次，我们乐于接受数据的纷繁复杂，而不再追求精确性；最后，我们的思想发生了转变，不再探求难以捉摸的因果关系，转而关注事物的相关关系。

这些思维变革颠覆了千百年来人们的思维惯例，对人类的认知和与世界交流的方式提出了全新的挑战。

1.2　大数据技术

大数据的战略意义不在于数据信息的庞大，而在于对这些含有意义的数据进行专业化处理，从中获得对自然界和人类社会规律深刻全面的认识。大数据就像未经加工的原油一样，如果没有提炼成可以直接使用的汽油、柴油，将毫无经济价值。大数据的处理就是提炼“原油”的过程，其中涉及的关键技术包括：数据采集、数据预处理、数据存储与管理、数据分析与挖掘、数据展现与可视化，如图 1.4 所示。

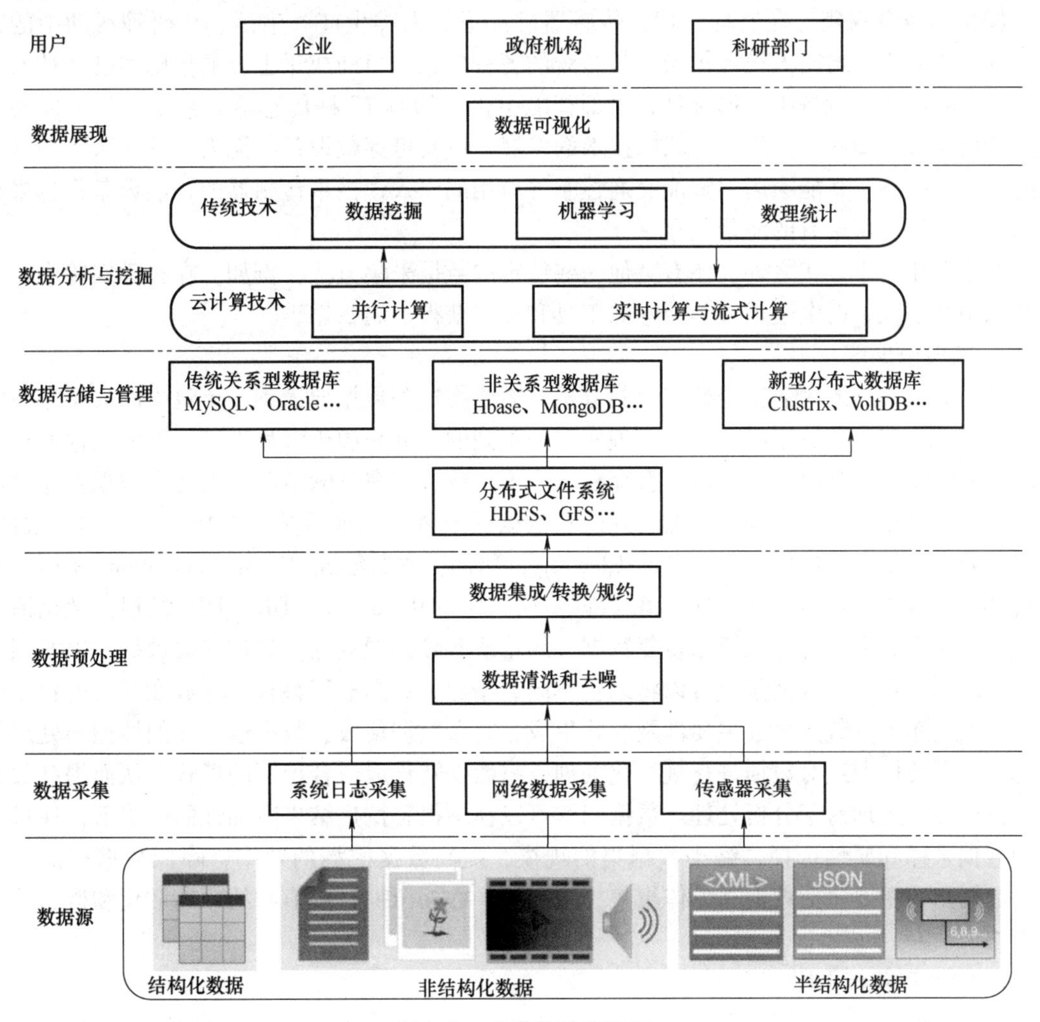

图 1.4　大数据处理流程

1. 数据采集

数据采集是大数据处理流程中最基础的一步，是通过 RFID 射频、传感器、社交网络和移动互联网等渠道获取各种类型的结构化、半结构化、非结构化海量数据的过程。中国工程院李德毅院士认为：大数据的主要来源包括自然界的大数据、生命和生物的大数据以及社交大数据。这些数据采用的感知和采集手段通常是不一样的，大致可以分为以下几种方式。

（1）系统日志　几乎所有的数字设备在运行过程中，都会将有关自身运行的信息记录到日志文件中。日志数据包含丰富的信息，具有很高的实用价值，例如，互联网的服务器日志、防火墙日志、VPN日志、路由器日志可用于网络安全风险评估；电信网中的交换设备、接入设备产生的告警日志可用于网络故障的诊断和恢复。

（2）网络数据采集系统　Web技术的不断发展，促使网络信息资源以几何速度不断增长。网络数据采集系统综合运用网络爬虫、分词系统、任务与索引系统等技术，可以从互联网海量信息中获取非结构化和半结构化数据，为互联网舆情监控、用户行为分析、网络社会学等方面的研究提供重要的数据基础。

（3）传感器采集　在信息时代，传感器已经成为人类生产、生活、科研等活动中的重要工具，源源不断地向人类提供宏观与微观的各种信息。目前成千上万的传感器已经被嵌入到现实世界的各种设备中，据统计，每部智能手机中约有15种传感器，豪华轿车上安装的传感器更是多达200个。随着物联网技术的发展，以及可穿戴设备、无人驾驶、医疗和健康监测、工业控制、智能家居、智能交通控制等应用的深入，携带传感器的智能设备将越来越多，会产生出前所未有的海量数据。

除了上述基本方式之外，还有其他一些特定的数据采集方法，例如，在科学实验中，可以利用磁光谱仪、射电望远镜等特殊的工具和技术获得实验数据。

2. 数据预处理

为了对采集到的大数据进行有效的分析，需要将这些数据导入到一个集中的大型分布式数据库或者分布式存储集群中。由于现实中采集到的数据来源于多种渠道，不仅数据的种类和结构非常复杂、难以分析，而且会存在结构不一致或不完整的情况，因此在数据存储之前通常需要对数据进行预处理，以监督并改善数据的质量，保证后续分析挖掘结果的有效性。数据预处理主要包括数据清洗（Data Cleaning，DC）、数据集成（Data Integration，DI）、数据转换（Data Transformation，DT）和数据归约（Data Reduction，DR）四个阶段。数据清洗可以去除噪声数据，合并或清除重复数据，纠正或删除错误数据，处理缺失数据，以及纠正数据中的不一致性。数据集成可以将来自不同数据源的数据进行整合，存放在统一的数据库或者数据仓库中。数据集成主要涉及模式集成、冗余数据集成、数据值冲突的检测与处理等问题。数据转换通过对数据进行规范化处理，将数据转化成适合挖掘的形式，从而提高数据的可理解性，更加易于分析处理。数据归约可以在不损害挖掘结果准确性的前提下，通过有效的数据采样和属性选择，缩小数据集的规模，提高数据挖掘的效率，降低数据存储的成本。数据归约主要包括数据立方体聚集、维归约、数据压缩、数值归约、离散化和概念分层等方法。

3. 数据存储与管理

海量数据的可靠存储、高效访问是大数据处理中的重要环节，同时也是难点问题之一。为了保证高可用、高可靠和经济性，大数据存储主要采用分布式存储技术，将数据分布于多个存储节点构成的集群上，并通过冗余存储的方式来保证数据的可靠性。目前，分布式存储系统主要包括分布式文件系统和分布式数据库系统两种类型。

分布式文件系统是大数据存储管理中最基础、最核心的组成部分，它提供了数据的物理存储架构。目前常用的分布式文件系统有 Hadoop 分布式文件系统（HDFS）、Google 分布式文件系统（GFS，已演化成 Colossus 系统）、淘宝文件系统（TFS）等。

分布式数据库经常构建于分布式文件系统之上，用于实现数据的存储管理和快速查询。数据库分为传统的关系型数据库、非关系型数据库（NoSQL）和新型数据库（NewSQL）。关系型数据库技术成熟，代表产品有 Oracle、SQL Server 和 MySQL。NoSQL 数据库具有自由灵活的数据模型，适宜存储非结构化数据，而且扩展方便，因此已成为大数据的核心技术之一。根据数据存储模型和特点的不同，NoSQL 又可以细分为列式数据库、文档数据库、键值对数据库、图形数据库、对象数据库等类型，代表产品有 HBase、Cassandra、MongoDB、CouchDB。NewSQL 是一类新型的分布式关系数据库，它融合了 NoSQL 和传统数据库的特点，不仅具有 NoSQL 的海量数据处理能力和可扩展性，而且还保留了 SQL 查询的方便性和传统数据库事务操作的 ACID 特性。NewSQL 数据库大致分为三类：全新架构的 NewSQL、利用高度优化的 SQL 存储引擎的 NewSQL 和提供透明数据分片中间件的 NewSQL。相关产品有 H-Store、VoltDB、Clustrix、NuoDB、Drizzle、TokuDB、ScaleBase 等。

4. 数据分析与挖掘

数据分析与挖掘是大数据技术领域中最核心的部分，是体现大数据价值的关键环节。通过数据分析，人们能够识别出隐含在大量纷繁复杂数据中的内在规律，从中提取出潜在的有用信息，这对制订国家发展计划、了解客户商业需求、预测企业市场趋势有着巨大的指导作用。传统的数据分析方法包括统计分析、机器学习、数据挖掘等，它们主要面向结构化、单一对象的小数据集，其中许多方法也可以直接应用于大数据的分析与处理。

（1）统计分析　统计分析以概率论为基础，对大量随机数据进行收集、整理、建模，从而推断出其中存在的统计规律性。在大数据领域中应用的统计分析方法主要有描述性统计分析、回归分析、方差分析和因子分析等。描述性统计分析通过表格、图形、数学统计量等形式来概括、表述数据的整体状况、特征以及属性之间的关联关系，主要包括数据的集中趋势分析、离散程度分析和相对指标分析。回归分析是确定两种或两种以上变量间相互依赖的定量关系的一种统计分析方法。它作为一种预测性建模技术，可以根据自变量的给定值来估计或预测因变量的平均值。在大数据分析中，回归分析主要用于预测分析、时间序列建模以及发现变量之间的因果关系。方差分析是研究待考察事物受某种或多种因素的影响程度，进而找出该事物的显著影响因素以及各因素间相互作用的统计方法。例如在农业中，方差分析可用于研究土壤、肥料、日照时间等因素对某种农作物产量的影响。因子分析是利用降维的思想，将具有复杂关系的众多变量综合为少数几个因子的一种多元统计分析方法，主要用于简化数据以及探测数据的基本结构。

（2）机器学习　机器学习是人工智能的核心研究领域之一，其主要研究目标是使计算机能够模拟人类的学习行为，从而自动发现和获取新知识新技能，并通过经验知识改善自身的性能。从方法论的角度来看，机器学习分为监督式学习、非监督式学习和半监督式学习三种类型。监督式学习的主要任务是使用有标签的训练数据集来推断输入数据（特征属性）与期望输出（标签）之间潜在的映射关系，据此预测新的输入数据的标签值。所有用于解决分类与回归问题的算法都属于这一类，典型代表有决策树算法、朴素贝叶斯算法、逻辑回归等。非监督式学习的目标是寻找无标签训练数据集中隐含的共性特征和结构，或者挖掘数据特征之间存在的关联关系。属于这种类型的典型算法包括 k 均值聚类、主成分分析、受限玻尔兹曼机等。半监督式学习是监督式学习与非监督式学习相结合的一种方法，它同时使用少量的有标签数据和大量的无标签数据来改进学习的性能，目前被广泛应用于分类、回归、聚类、关联等问题的分析。

（3）数据挖掘　数据挖掘是从大量的、不完全的、有噪声的、模糊的、随机的实际应用数据中，提取隐含在其中的、人们事先不知道但又是潜在有用的信息和知识的过程。2006年，IEEE国际数据挖掘会议（ICDM）通过严格的筛选程序，确定了十种最具影响力的数据挖掘算法，包括SVM、C4.5、Apriori、k-means、Cart、EM和Naive Bayes等。这些算法可用于解决大数据分析领域许多重要的问题，如分类、回归、聚类、关联分析等。

传统的数据分析处理一般采用串行计算模式，这种方式在处理海量数据时会显得力不从心，难以满足实际应用的效率需求。近年来，随着并行计算技术的成熟和云计算技术平台的构建，数据挖掘与并行计算相结合形成了并行数据挖掘，通过利用多个节点并行地执行挖掘任务，可以提高系统的运行速度和处理效率。此外，随着大数据环境下对流式数据处理要求的不断提升，具有实时性和高效性特点的实时挖掘、流式挖掘成了数据挖掘领域新的研究热点。

5. 数据展现与可视化

数据分析挖掘的结果应当以生动直观的方式展现出来，这样数据才能最终被用户所理解和使用，从而为生产、运营、规划提供决策支持。可视化是人们理解复杂现象、分析解释复杂数据的重要手段和途径。传统的数据可视化技术主要通过简单的图表、图形将数据分析结果显示出来，如人们熟悉的Excel图表。这种方式适用于小规模数据集的应用场景，却不能满足海量、复杂、高维数据的可视化需求。因此，必须针对大数据的特点开发可视化新技术，将错综复杂的数据以及数据之间的关系，通过图片、图表或动画等图形化、智能化的形式呈现给用户。

目前，大数据可视化技术主要有科学可视化和信息可视化两个研究方向。科学可视化主要面向科学实验与工程测量数据，利用计算机图形学和图像处理等技术，将具有空间几何特征的数据中所蕴含的时空现象和规律通过三维、动态模拟等方式表现出来。科学可视化在医学、气象环境学、化学工程、生命科学、考古学、机械等领域被广泛应用。信息可视化主要面向没有明显几何属性和空间特征的数据，综合运用计算机图形学、视觉设计、人机交互、心理学等学科中的技术和理论，用可视化的形式展现抽象数据中隐藏的特征、关系和模式等。信息可视化技术适合帮助人们理解文本、语音、视频等非结构化的数据并从中获取知识，同时又与统计学、数据挖掘、机器学习等技术相辅相成，因此在大数据可视化中扮演着更为重要的角色。根据数据类型的不同，信息可视化又进一步分为文本可视化、网络图可视化、时空数据可视化和多维数据可视化等类型。

1.3　大数据应用

在大数据时代，数据的影响已经渗透到国家经济社会生活的方方面面。大数据技术的广泛应用，对工业制造、农业生产、商业经济、政府管理等传统领域产生颠覆性的影响，不仅推动着生产模式和商业模式的创新，同时也为完善社会治理、提升政府服务和监管能力提供新的途径。

1. 政府管理

政府拥有和管理着海量的数据资源。利用这些数据，政府能够更好地响应社会和经济指标的变化，解决城市管理、安全管控、行政监管中的实际问题，提高决策的科学化和管理水平的精细化。大数据在政府决策中的典型应用有：

（1）市场监管　大数据的先进理念、技术和资源，为政府加强对市场主体的服务和监管提供了良好的契机，推动市场监管从“园丁式监管”走向“大数据监管”。

（2）社会管理　政府通过对居民健康指数、流动人员管理、社会治安隐患等一系列在城市化进程中产生的大数据进行挖掘和利用，可以改善决策，解决社会问题，提升社会管理的能力。

（3）政府数据开放与社会创新　政府是信息资源的最大拥有者，据统计，政府部门掌握着全社会大约 80%的信息资源，而且这些信息资源通常具有较高的质量和可信度。政府推进大数据开放，能够带动更多相关产业飞速发展，产生经济效益，实现应用创新。

2. 工业领域

随着信息化与工业化的深度融合，工业企业所拥有的数据日益丰富，包括设计数据、传感数据、自动控制系统数据、生产数据、供应链数据等。对工业大数据进行深度分析和挖掘，有助于提升产品设计、生产、销售、服务等各个环节的智能化水平，满足用户定制化需求，提高生产效率并降低生产成本，为企业创造可量化的价值。

在研发设计环节，大数据可以拉近消费者与设计师的距离，精确量化客户需求，指导设计过程，改变产品设计模式，从而有效提高研发人员的创新能力、研发效率和质量。

在生产制造环节，应用大数据分析功能，可以对产品生产流程进行评估及预测，对生产过程进行实时监控、调整，并为发现的问题提供解决方案，实现全产业链的协同优化，完成数据由信息到价值的转变。

在市场营销环节，大数据技术用于挖掘用户需求和市场趋势，建立用户对商品需求的分析体系，寻找机会产品，进行生产指导和后期市场营销分析。企业通过建立科学的商品生产方案分析系统，结合用户需求与产品生产，最终形成满足消费者预期的各品类生产方案。

在售后服务环节，工业企业通过整合产品运行数据、销售数据、客户数据，将传统的诊断方法与基于知识的智能机械故障诊断方法相结合，运用设备状态监测技术、故障诊断技术和计算机网络技术，开展故障预警、远程监控、远程运维、质量诊断等大数据分析和预测，提供个性化、在线化、便捷化的智能化增值服务，形成“制造+服务”的新模式。

如今，工业大数据已经成为工业企业生产力、竞争力、创新能力提升的关键，是驱动智能化产品、生产与服务，实现创新、优化的重要基础，有力推动着工业企业向智能化、数字化转型升级。

3. 商业领域

大数据正在引发商业领域的一场变革。在此背景下，企业传统的市场营销、成本控制、客户管理和产品创新模式正在悄然改变，这将为激励新的商业模式和创造新的商业价值奠定基础。下面是几个大数据商业应用的典型例子。

（1）金融行业　金融业是产生海量数据的行业，来自电子商务网站、顾客来访记录、商场消费信息等渠道的数据，为金融机构提供了客户的全方位信息，可以帮助金融机构提升决策效率、实现精准营销服务、增强风控管理能力。

（2）零售行业 进入大数据时代，线上、线下零售企业积累了大量的运营、交易、用户、外部市场等数据。这些数据分析与挖掘的结果，将对零售产业价值链的各个环节产生重要的影响。在用户方面，通过数据分析，企业能够准确地判断用户的兴趣点、忠诚度和流失的可能性，实现用户洞察；在市场方面，根据对客户的分析，企业得以实现市场细分，进而调整营销策略、优化分销渠道；在商品方面，通过分析销售数据，可以将现有产品减存提利，优化产品组合，创造新产品和衍生产品。

（3）物流行业 在信息技术和大数据技术的影响下，物流行业正在向着信息化、自动化、智能化的方向发展，传统物流模式将逐步升级为更加高端的智慧物流。借助大数据技术，物流企业能够及时了解物流网络中各个节点的运货需求和运力，合理配置资源，降低货车的超载率和返程空载率，提高运输效率。通过大数据分析，物流企业在物流中心选址过程中，能够充分考虑产品特性、目标市场、交通情况等多方面因素，从而优化资源配置，降低配送成本。

（4）广告业 大数据技术为广告业带来了新的机遇，推动着广告业在消费者洞察、媒介投放方式、广告效果测评等方面进行变革。通过大数据挖掘，广告公司可以从消费者的内容接触痕迹、消费行为数据、受众网络关系等庞杂琐碎的非结构化数据中提炼出消费习惯、态度观念、生活方式等深度数据，形成360°用户画像，从而为合理选择目标用户、广告内容、推送方式和投放平台提供指导，达到降低广告投入、提高客户转化率的目标。

4. 公共服务领域

公共服务领域采用大数据技术，有助于促进公共服务决策的科学化，使得政府能够合理配置有限的公共资源，从而为社会公众提供更加个性化和精准化的服务。目前，大数据在电信、交通、医疗、教育、环境保护等领域得到了广泛应用。

（1）电信行业 电信运营商拥有业务信息、网络信息、用户信息等丰富的数据资源。通过全面、深入的数据分析与挖掘，运营商能够实现精细化的流量经营，创造个性化的客户体验，提供多元化的信息服务，从而推动电信行业的产业升级和商业创新。

（2）交通管理 通过对道路交通信息的实时挖掘，能有效缓解交通拥堵，并快速响应突发状况，为城市交通的良性运转提供科学的决策依据。

（3）医疗卫生 通过整合医疗、药品、气象和社交网络等相关医疗信息数据，可以提供流行病跟踪与分析、临床诊疗精细决策、疫情监测及处置、疾病就医导航、健康自我检查等服务。

（4）教育行业 通过收集数字教育资源、教师和学生的基本信息数据、行为数据及偏好数据，能够实现因材施教，优化教学过程，提高教学质量，为教育政策调整提供决策支持。

（5）环境保护 利用大数据技术对水质、气候、土壤、植被等环境信息进行分析与挖掘，可以更为科学合理地开发和利用自然资源，减少人们对生存环境的破坏，同时还能够对空气、水源污染的分布情况和影响程度进行预判，从而制定出科学合理的治理方案。

目前，随着越来越多的第三方服务机构的参与，不断有新的公众需求被挖掘出来，大数据在公共服务领域的应用场景也将逐步丰富。

当前，数字经济在全球范围内蓬勃发展，这为大数据的应用提供了更加广阔的场景和需求。数字经济是以新一代信息技术为基础，以海量数据的互联和应用为核心，将数据资源融入产业创新和升级各个环节的新经济形态。我国高度重视发展数字经济，党的十九大报告将“数字中国”写入党和国家纲领性文件，党的二十大报告明确指出“加快发展数字经济，促进数字经济和实体经济深度融合”。大数据作为驱动数字经济创新发展的重要抓手和核心动能，能够提升传统产业的生产效率和自主创新能力，推动传统产业转型升级；同时还能助力行业经济跨界联合，催生并推动新产业、新业态和新模式的发展，使数字经济蕴含的潜力最大限度地得以释放。随着数字经济建设的不断深入，大数据应用场景与应用空间将持续拓展，大数据将更加有效地赋能各个行业和领域，推动产业提质增效，成为经济社会发展的强大动能。

习　题

1.1　什么是大数据？它具有哪些显著特征？

1.2　简述大数据处理的一般流程。

1.3　大数据预处理的目的是什么？主要包括哪些操作？

1.4　大数据分析挖掘有哪些主要方法？

1.5　与传统数据相比，大数据的“大”体现在哪些方面？谈谈你的理解。

第2章 大数据采集与预处理

近年来，随着大数据、云计算、物联网、人工智能、5G 移动通信等信息技术的发展和应用，各行业的信息化在不断普及和升级改造，海量的数据在大规模商业、社会应用过程中迅速累积，其增长速度越来越快，数据量变得惊人。来自于各类物联网、社交网络平台、电商商品交易、企业管理及应用等方面的数据，传统的数据库系统及管理平台不再能满足其对存储、管理、分析、处理等方面的需求，同时又无法适应新的应用需求，因此各环节上产生了诸多问题。

通常来说，海量数据的获取途径多种多样，内容质量参差不齐，要想实现数据价值的最大化，首要问题是辨析数据来源和数据类型，对数据做必要的清洗、集成、转换等处理，以满足不同应用场景的需求。因此，数据的采集与预处理是大数据分析系统必不可少的环节，也是对来自于不同类型源头的数据进行处理的第一步工作，而有效的数据采集和转换处理将为后续的数据挖掘和分析奠定良好的基础。

2.1 大数据采集概述

在大数据时代，数据的价值在各行业应用和推广过程中已经毋庸置疑，如何能够有效获取数据，即数据采集，是进行数据分析和挖掘的重要前提。数据采集（Data Acquisition，DAQ）也称为数据获取或数据收集，是指从电子设备、传感器以及其他待测设备等模拟或者数字单元中自动采集电量或者非电量信号，送到上位机（多指大型计算机系统）中进行分析、处理的过程。

如果把海量数据看成是巨大的源源不断产生的天然水资源，那么数据采集及预处理就是根据水资源的来源地及种类的不同，搭建合理有效的获取水资源的传输通道。传统的数据采集所对应的数据来源单一，结构简单，大多可以使用关系型数据库完成存储及后续的分析和管理。而大数据环境下，数据结构复杂，来源渠道众多，包括传统数据表格及图形、后台日志记录、网页 HTML 格式等各种离线、在线数据，因此需要区分数据的不同类型，分析数据来源的特征，进而选择使用合理有效的数据采集方法，这部分对后续的数据分析至关重要，直接影响在给定时间段内系统处理数据量的性能高低。

2.1.1 数据类型

在知识冗余和数据爆炸的网络全覆盖时代，数据可以来自于互联网上发布的各种信息，例如搜索引擎信息、网络日志、病员医疗记录、电子商务信息等，还可以来自于各种传感器设备及系统，例如工业设备系统、水电表传感器、农林业监测系统等，因此需要采集的数据类型呈现出复杂多样的特征。根据数据结构的不同，数据可以分为结构化数据（Structured）、半结构化数据（Semi-structured）和非结构化数据（Unstructured）。

结构化数据多存在于传统的关系型数据库中，是我们习惯使用的数据形式，数据结构事先已经定义好，非常方便用二维表格形式描述，便于存储和管理，如图 2.1 所示。统计学上将结构化数据分为四种类型，即分类型数据（Categorical data）、排序型数据（Ordinal data）、区间型数据（Interval data）和比值型数据（Ratio data）。其中分类型数据又称标称数据，是将数据按照类别属性进行分类，例如颜色类别、男女性别等用文字描述的或者用数值描述的分类，如“0”代表“是”，“1”代表“否”等；排序型数据不仅将数据进行分类，还对各类别数据进行顺序排列以对比优劣，例如学生成绩按照五级分制，可以取优、良、中、及格、不及格，分别用 A、B、C、D、E 来表示；区间型数据是具有一定单位的实际测量值，例如某地区的温度变化、智商数值等，直接比较没有实际意义，只有两两比较差别才有意义。区间型数据可以通过明确的加减等运算来准确比较出不同数据取值的差异；比值型数据同样具有实际单位，与区间型数据区别在于，比值型数据原点固定，例如学生成绩为 0 表示答卷完全错误没有得分，而区间型数据中智商为 0 并不代表没有智力。分类型数据和排序型数据可以称为定性数据，区间型数据和比值型数据可以称为定量数据。

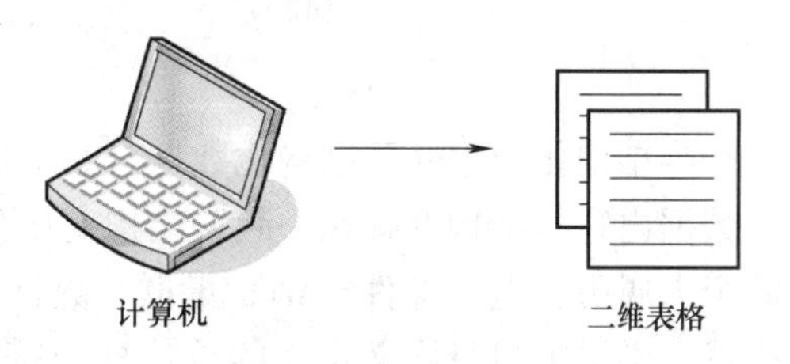

图 2.1　结构化数据

数据集通常是由许多具有相同属性的数据对象组成的，对象具有的属性个数称为维度。如表 2.1 所示，在这个关系型表格中，每一行代表一个元组（对象/记录），每一列代表一个属性（字段），每个属性具体的分类需要根据数据类型而定。

表 2.1　某校学生信息数据

学生 ID	入学时间	入学成绩	年龄
20180325	2018/9	351	22
20171476	2017/9	298	24

目前关于结构化数据的处理方法非常成熟，多见于对关系型数据库的管理与分析处理，例如户籍管理系统、银行财务系统、企业财务报表等，在大数据时代多以文件形式存在，虽然它在大数据中所占的比例在逐年下降，不到 15%，但这类数据在我们的日常生活应用中依然占据着重要的位置。马里兰大学教授本·施耐德曼将数据分为七类：一维数据（1-D）、二维数据（2-D）、三维数据（3-D）、多维数据（n-D）、时态数据（Temporal）、层次数据（Hierarchical）和网络数据（Network）。其中网络数据随着互联网应用的发展与更新，已经成为海量数据的主要来源，这类数据多为半结构化数据和非结构化数据。

非结构化数据不同于传统的结构化数据，其数据结构很难描述，不规则或者不完整，没有统一的数据结构或者模型，无法提前预知，例如海量的图片、社交网站上分享的视频、音频等多媒体数据都属于这一类，不能直接用二维逻辑表格形式进行存储，如图 2.2 所示。非结构化数据在结构上存在高度的差异性，传统的关系型数据库系统无法完成对这些数据的存储和处理，不能直接运用 SQL 语言进行查询，难以被计算机理解。非结构化数据多出现在企业数据中，如果需要存储在关系型数据库中，常以二进制大型对象（Binary Large Object，BLOB）形式进行存储。NoSQL 数据库作为一个非关系型数据库，能够用来同时存储结构化和非结构化数据。随着非结构化数据在大数据中所占的比例不断上升，如何将这些数据组织成合理有效的结构是提升后续数据存储、分析的关键。

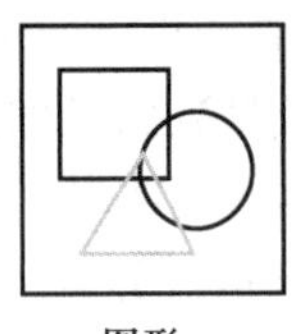

图形

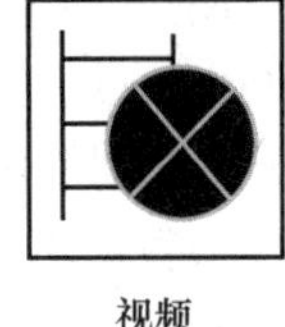

视频

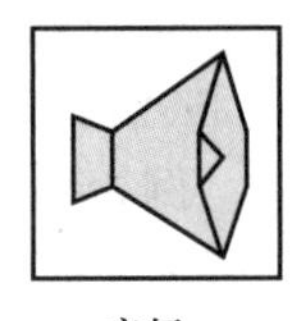

音频

图 2.2　非结构化数据

半结构化数据介于结构化数据与非结构化数据之间，可以用一定数据结构来描述，但通常数据内容与结构混叠在一起，结构变化很大，本质上不具有关系性，例如网页、不同人群的个人履历、电子邮件、Web 集群、数据挖掘系统等。不能简单地用二维表格来实现结构描述，必须由自身语义定义的首位标识符来表达和约束其关键内容，对记录和字段进行分层，通常需要特殊的预处理和存储技术。半结构化数据通常是自描述的结构，多以树或者图的数据模型进行存储，常见的半结构数据有 XML、HTML、JSON 等，多来自于电子转换数据（EDI）文件、扩展表、RSS 源以及传感器数据等方面，如图 2.3 所示。目前非结构化数据和半结构化数据占据大数据来源的 85%以上。

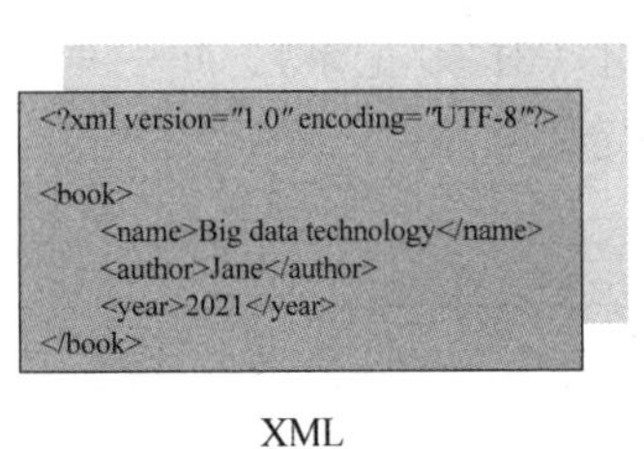

XML

```
<html>
  <head>
    <title>book</title>
  </head>
  <body>
    <p>name: Big data technology</p>
    <p>author: Jane</p>
    <p>year: 2021</p>
  </body>
</html>
```

HTML

JSON

图 2.3　半结构化数据

结构化数据、非结构化数据和半结构化数据的区别如表 2.2 所示。

表 2.2　结构化数据、非结构化数据和半结构化数据的区别

类　别	结构化数据	非结构化数据	半结构化数据
基本定义	可以用固定的数据结构来描述的数据	数据结构很难描述的数据	介于结构化数据与非结构化数据之间的数据
数据与结构的关系	先有结构，后有数据	有数据，无结构	先有数据，后有结构
数据模型	二维表格（关系型数据库）	无	树形，图状
常见来源	各类规范的数据表格	图片、视频、音频等	HTML 文档、个人履历、电子邮件等

2.1.2　数据来源

传统数据采集的数据来源单一，数据量相对较少，数据结构简单，多使用关系型数据库

和并行数据库进行存储，而大数据系统的数据采集来源广泛，数据量巨大，数据类型丰富且呈现多样性和复杂性，采集和存储多采用分布式数据库形式。

在大数据分析的整个过程中，数据的采集、预处理、存储以及数据挖掘等环节，需要确定不同的技术类别与设计方案，采用何种采集方法、预处理流程、存储格式以及数据挖掘技术，本质上与数据源的特征密不可分，数据源的差异和特点会影响整个大数据平台架构的设计。

如图 2.4 所示，大数据一般来源于以下四类系统。

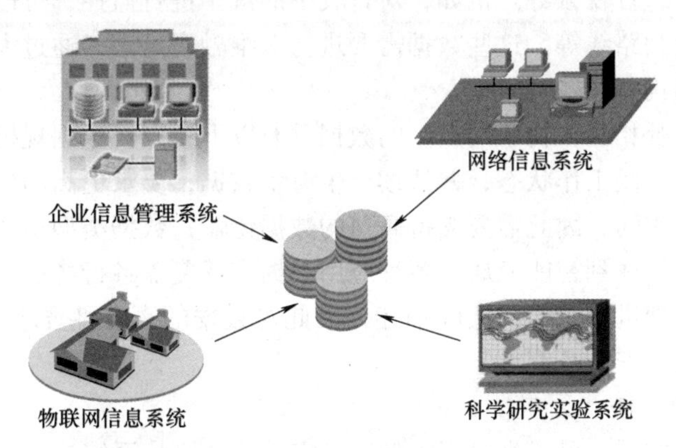

图 2.4 大数据的采集来源

1. 企业信息管理系统

通常企业、机关内部的业务平台如办公自动化系统、事务管理系统等，在每天的业务活动中会产生大量的数据，既包括终端用户的原始数据输入，也包括系统加工处理后再次产生的数据，这些数据和企业的经营、管理有关，具有很高的潜在应用价值，通常多为结构化数据形式。

企业数据库采集系统完成将业务记录写入数据库的工作，企业系统产生的大量业务数据常以简单的行记录形式进行存储，通过与企业业务后台服务器的配合，由特定的处理分析系统完成对业务数据的系统分析。传统的关系型数据库 MySQL 和 Oracle 等常用来存储数据，另外，Redis 作为内存型数据库，和 MongoDB 等 NoSQL 数据库一起也常作为工业数据采集的后台数据库来使用。

2. 网络信息系统

主要是指互联网络平台上的各种信息系统，例如各种社交平台（如新浪微博）、自媒体系统（如今日头条）、大型网络搜索引擎（如百度）及电商平台（如淘宝商城）等，各种 POS 终端以及网络支付系统等，它们为大量的各类在线用户提供了信息发布、社交服务以及货币交易支持，包括网络用户在线浏览、用户评论、用户交易信息等海量数据。数据结构属于开放式，一般为非结构化数据和半结构化数据，可以选择合理的网络采集方法对其进行采集，并经过转换存储为统一的本地结构化数据。

最著名的电商品牌——阿里巴巴，对旗下的淘宝、天猫、阿里云、支付宝、万网等业务平台进行了资源整合，日增长数据量达到百 TB 以上，大量来自买卖双方的搜索与交易信息组成了阿里的海量数据库，其中包括传统数据如客户关系管理数据、ERP 数据、交易数据等，也包括机器数据如呼叫详细记录、硬件日志、智能仪表数据、工作流数据等。完成对这些数据的实时采集及有效分析，进而形成用户画像，预测用户喜好，从而关联用户的产品推介活动等，为其商业运营奠定了稳定的基础，这也是针对网络信息平台的数据采集系统的最大化价值体现。

3. 物联网信息系统

主要包括各种传感器设备及监控系统，广泛分布于智能交通、现场指挥、行业生产调度等场合。在物联网信息系统中，数据由大量的传感设备产生，包括各类物理状态的测量数值、行为形态的图片、音视频等。例如，对行驶中的汽车进行监控，可以搜集到相关的汽车外观、行驶速度、行驶路线等。这些数据需要进行多维融合处理，通过大型的计算设备转换成格式规范的数据结构。

与互联网信息系统相比，物联网产生的数据具有以下特点：数据规模更大，工作中的物联网节点通常处于全天候工作状态，并持续产生海量数据；要求更高的数据传输速率，很多应用场景都需要实时访问，因此需要支持高速的数据传输；数据类型多样化，由于其应用范围非常广泛，从智慧地球到智能家居，各种应用数据广泛覆盖各行各业；数据多是来自于各类传感设备，是对物理世界感知的实际描述，因此对数据的真实性要求比较高，例如RFID标签的商业应用和智能安防系统等。

4. 科学研究实验系统

主要是指科学大数据，可以来自于大型实验室、公众医疗系统或者个人观察所得到的科学实验数据以及传感数据。很多学科的研究基础就是海量数据的分析方法，比如遗传学、天文学以及医疗数据等，目前在医疗卫生行业领域一年需要保持的数据可达到数百PB以上。这些科学数据可以来自真实的科学实验，也可以是通过仿真方式得到的模拟实验数据，其中医疗数据更多是来自医疗系统的内部数据，很少对外公开。在外部数据应用方面更多地需要考虑借助第三方数据管理平台，如阿里云、IBM、SAP等，对大范围地区和城市的医疗数据进行采集和监控，从而可以在疾病发展预测、活跃期等方面进行有效的分析。

2.2 大数据采集方法

针对不同类型的数据来源，所使用的数据采集方法也各不相同。对于传统的企业内部数据，可以通过数据库查询的方式获取所需要的数据；互联网络数据，包括系统日志、网页数据、电子商务信息等，通常需要专业的海量数据采集工具，很多大型互联网企业，如百度、腾讯、阿里等都有自主开发的数据采集平台，或者借助一些网页数据获取工具，例如网站公开的API接口及网络爬虫等方式完成数据采集；而科学研究领域或保密性质较高的数据，可借由相关研究机构及专业数据交易公司，通过购买、商业合作等方式完成数据采集。

2.2.1 日志采集

在大数据时代，互联网企业日常运营过程中会产生大量业务信息，对这些数据的采集需要满足大规模、海量存储、高速传输等需求，通常大型互联网公司会借助已有开源框架构建自己的海量数据采集工具。目前常见的海量数据采集工具多用于各种类型日志的收集，包括分布式系统日志、操作系统日志、网络日志、硬件设备日志以及上层应用日志等。通过查看日志系统中记录的各项事务、事件、硬件、软件和系统问题信息，可以及时探查系统故障发生的原因，搜索攻击者留下的痕迹，以及随时监测系统中可能发生的攻击事件，从而有效支撑了互联网公司的正常运营。

Hadoop 的 Chukwa、Cloudera 的 Flume、Facebook 的 Scribe、Linkedin 的 kafka 以及阿里的 Time Tunnel 等多个开源的海量数据采集工具，是目前系统日志采集的行业典范，具体介绍参见 2.4 节。这些采集平台均采用分布式架构，能满足每秒数百 MB 的日志数据采集和传输需求，基于实时模式完成各个数据源的海量日志采集，为后续的实时在线数据分析系统和离线数据分析系统服务。

总的来说，日志采集平台一般具备以下特点：

1）能够满足 TB 级甚至是 PB 级海量数据规模的实时采集，满足大数据采集要求，每秒处理几十万条日志数据，吞吐性能高；

2）具有实时处理能力，可以有效支持近年来快速增长的实时应用场景的需求；

3）支持大数据系统的分布式系统架构，具有良好的扩展性，可以通过快速部署新的节点来满足用户需求；

4）作为业务应用系统和数据分析系统的有效连接，搭建高速的数据传输通道；

5）一般都具备三个基本部件，采集发送端用于将数据从数据源采集发送到传输通道，可以进行简单的数据处理，如：去重操作；中间件完成多个采集发送端送来数据的接收，将数据进行合并再送到存储系统中；采集接收端作为存储平台，多以分布式的 HDFS 或者 HBase 呈现，保障数据存储的可靠性和易扩展特性；

6）具有良好的容错处理机制，多采用 Zookeeper 实现负载均衡；

7）作为开源的系统日志采集工具，其在整体系统框架的性能更新方面发展迅速，具有较长的生存周期。

2.2.2　网络数据采集

网络数据目前多指互联网数据，大量用户通过各种类型的网络空间交互活动而产生的海量网络数据，例如通过 Web 网络进行信息发布和搜索，微博、微信、QQ 等社交媒体交互活动中产生的大量信息，包括各类文档、音频、视频、图片等类型，这些数据格式复杂，一般多为非结构数据或者半结构数据。

网络数据的采集方法是指通过网络爬虫（例如 Apache Nutch、Crawler4j、Scrapy 等）或者某些网络平台提供的公开 API（例如豆瓣 API 和搜狐视频 API 等）等方式从网站上获取相关网络页面内容的过程，并根据用户需求将某些数据属性从网页中抽取出来。对抽取出来的网页数据进行内容和格式上的处理，经过转换和加工，最终满足用户数据挖掘的需求，按照统一的格式作为本地文件存储，一般保存为结构化数据。

1. 网络爬虫

网络爬虫（Crawler）作为搜索引擎（例如百度、Google 等）的重要组成部分，本质上是一个从互联网中自动下载各种网页的程序，其性能高低决定了采集系统的更新速度和内容的丰富程度，对整个搜索引擎的工作效率起到决定性作用。Apache Nutch 是一款具有高度可扩展性的开源网络爬虫软件，基于 Java 实现，目前分为两个版本持续开发，分别是 Nutch 1.x 和 Nutch 2.x。Nutch 2.x 是以 Nutch 1.x 为基础发展演化而来的新兴版本。具体源码可从 Github 网站下载。

网络爬虫根据一定的搜索策略自动抓取万维网程序或者脚本，不断从当前页面抽取新的 URL 放入待爬取队列，并从队列中选择待爬取 URL，解析该 URL 的 DNS 地址，将 URL 对应的网页内容下载到本地存储系统，并将完成爬取的 URL 放入已爬取队列中，如此循环往复，直到满足爬虫抓取停止条件为止。网络爬虫采集和处理过程的基本步骤如图 2.5 所示。

1）用户手动配置爬取规则和网页解析规则，并在数据库中保存规则内容；

2）发布采集需求，将需要抓取数据的网站 URL 信息（Site URL）作为爬虫起始抓取的种子 URL 写入待爬取 URL 队列；

3）网络爬虫读取待爬取 URL 队列，获取需要抓取数据的网站 URL 信息，解析该 URL 的 DNS 地址；

4）网络爬虫从 Internet 中获取网站 URL 信息对应的网页内容，抽取该网页正文内容包含的其他链接地址 URL；

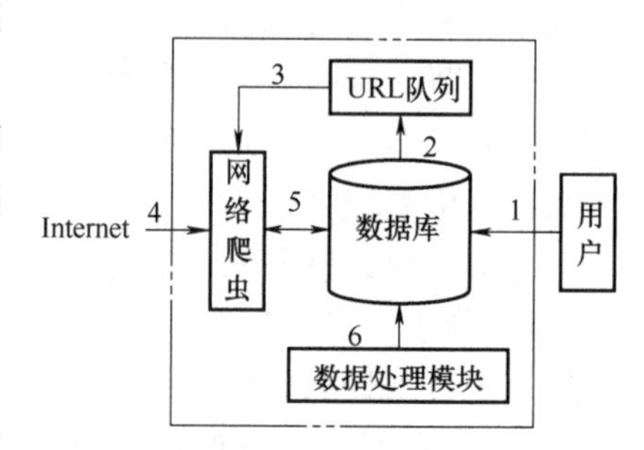

图 2.5　网络爬虫采集和处理过程

5）网络爬虫将当前的 URL 与数据库中已爬取队列中的 URL 进行比较和过滤，如果确定该网页地址未被爬取，就可以将该地址 URL 写入待爬取 URL 队列中，并将网站 URL 写入已爬取 URL 队列；

6）数据处理模块抽取该网页内容中所需属性的内容值，并进行解析处理，将处理后的数据放入数据库中；

7）抓取工作在 3）到 6）之间循环，依次涉及待爬取 URL 队列、已爬取 URL 队列及数据库，直到爬取工作结束。

数据库包括爬取规则和网页解析规则，需要抓取数据的网站 URL 信息，爬虫从网页中抽取的正文内容的链接地址 URL，以及对抽取正文内容的解析处理结果。

通过网络爬虫实现的网络数据采集倾向于获取更多的数据，而忽略需要关联的用户专业背景。网络爬虫性能高低的关键在于爬虫策略，即爬取规则，也就是网络爬虫在待爬取 URL 中采用何种策略进行爬取，从而保证内容抓取更全，同时最快获取用户高需求或者重要性高的内容。常见策略包括深度优先策略、宽度优先策略、反向链路数策略、在线页面重要性计算策略和大站优先策略等。

2. API 采集

API 又称应用程序接口，通常是网站的管理者自行编写的一种程序接口。该类接口屏蔽了网站复杂的底层算法，通过简单调用即可实现对网站数据的请求功能，从而方便使用者快速获取网站的部分数据。

目前主流的社交媒体平台如百度、新浪微博、Facebook 等均提供 API 服务，其中新浪微博 API 的数据开放平台，可以提供粉丝分析、微博内容分析、评论分析和用户分析等数据分析 API，非常便于使用者对相关领域数据的搜集，简化了数据采集过程，并能快速做出较为准确的数据分析。此外，营利性质的数据采集机构可以提供付费方式的数据采集服务，例如八爪鱼采集器、火车头、Octoparse 等，适合对数据采集有长期需求并且数据质量要求较高的某些专业领域用户。

API 采集技术的性能好坏主要受限于平台开发者，同时在提供免费 API 服务的网站中，为了降低平台日常运行的资源负荷，一般会对每天开放的接口限制数据采集调用次数，同时平台开放的 API 数据采集结果也会受限于被采集数据的安全性和私密性，不能完全满足用户需求。

2.2.3 传感器采集

传感器数据主要来自于各行各业根据特定应用构建的物联网系统，由于大量传感器设备的广泛部署，会周期产生并不断更新海量的数据，其采集到的数据多和对应行业的具体应用有关，例如在农业物联网系统，传感器数据多与农业种植、园艺培育、水产养殖、农资物流等农业信息相关，在气象监测控制系统中，数据又多与大气土壤温湿度、风力、光照、雨量等有关。

在实际应用过程中，传感器设备和通信传输系统存在厂商众多、网络异构等情况，因此这些感知数据的类型差异很大，例如有些数据是实际产生的温度数值，而有些数据是感知的电平取值，在使用中需要进行公式转换，还存在模拟信号和数字信号的差异；除此以外，数据的组织形式也是多种多样，量纲也差异很大，存在文本、表格、网页等多种不同组织形式。因此，在对物联网信息进行采集的过程中，除了需要考虑大量分布的数据源选取，还要将感知的原始数据进行统一的数据转换，过滤异常数据，根据采集目标的存储要求进行规则映射，才能满足传感器数据的采集需求。

基于物联网的多传感器采集系统一般包含以下部分，如图 2.6 所示。

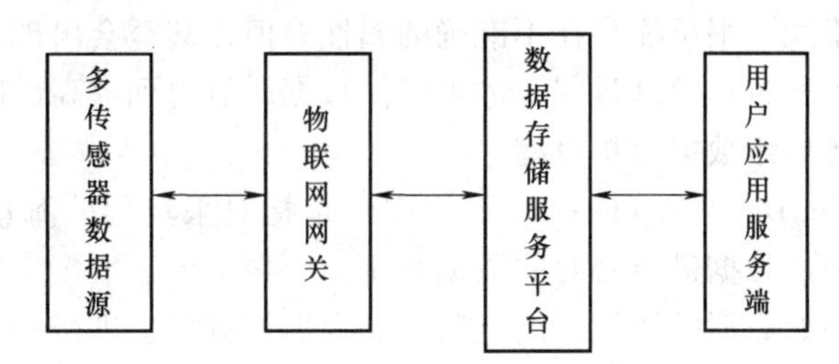

图 2.6　基于物联网的多传感器采集系统

1. 多传感器数据源

一般位于传感器布设的监控现场，周期性采集数据并定时输出。作为常见的多类型传感器系统常通过构建无线网络组成大型的无线传感器网络，完成数据的采集和上传。

2. 物联网网关

考虑到多种传感器节点的异构性，会存在通信协议和数据类型的差别，物联网网关主要用于解决物联网网络中不同设备无法统一控制和管理的问题。

通过物联网网关来支持异构设备之间的统一上传，并完成数据格式的转换，设定过滤规则，对超出传感器量纲范围的异常值进行处理；对传感器设备进行统一管理控制，屏蔽底层传输协议的差异性。

3. 数据存储服务平台

根据存储服务器确定的抽取频率要求进行数据的采集处理工作，主要完成传感器数据的接收和存储，并进行预处理工作，完成源数据与目标数据库之间的逻辑映射。

4. 用户应用服务端

承载多种不同的终端用户设备，根据传感器网络的服务应用需求，完成用户应用与数据存储服务平台的交互，可以实现采集数据的可视化导出，并提供多种不同的 API 接口。

2.2.4 其他采集方法

除了实时的系统日志采集方法、互联网数据采集方法和物联网数据采集方法以外，很多企业还会使用传统的关系型数据库 MySQL 和 Oracle 等来存储数据，企业实时产生的业务数据，以单行或者多行记录形式被直接写入数据库，存储在企业业务后台服务器中，再由特定的处理分析系统对数据进行后续的分析，以用来支持其他的企业应用。

另外，对于企业生产经营中涉及的客户数据、财务数据等保密级别要求较高的数据，一般会通过与专用数据技术服务商的合作来保护数据的完整性和私密性，借助特定系统接口等相关方式完成此类数据的采集工作。目前很多大数据公司推出的企业级大数据管理平台就是针对此类安全性要求较高的企业数据，例如专注于互联网综合数据交易和服务的数据堂公司，或者可以提供专业气象资料共享的公益性网站——中国气象数据网，该网站是中国气象局面向社会开放基本气象数据和产品的共享门户，使得全社会和气象信息服务企业均可无偿获得气象数据。

2.3　大数据预处理

大数据来源广泛而复杂，当海量数据被从各种底层数据源通过不同的采集平台获取之后，这些数据通常不能直接用来进行数据分析，因为这些原始数据往往缺乏统一标准的定义，数据结构差异性很大，很可能存在不准确的属性取值，甚至会出现某些数据属性值丢失或不确定的情况，必须通过预处理过程，才可以使数据质量得到提高，能够满足数据挖掘算法的要求，有效应用于后续数据分析过程。

大数据预处理（Big Data Preprocessing，BDP）是指对采集到的海量数据进行数据挖掘处理之前，需要先对原始数据进行必要的数据清洗、数据集成、数据变换和数据归约等多项处理工作，从而改进原始数据的质量，满足后续的数据挖掘算法进行知识获取的目的，同时研究应具备的最低规范和标准。在实际应用中，还可能会根据数据挖掘的结果再次对数据进行预处理。需要注意的是，这些预处理方法之间互相有关联性，而不是相互独立存在，例如消除数据冗余既属于数据集成中的方法，又可以看作是一种数据归约方法。

大数据预处理的流程如图 2.7 所示。

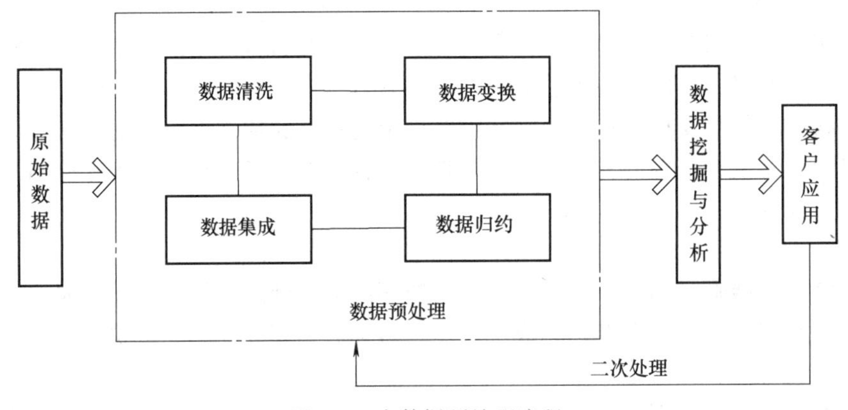

图 2.7　大数据预处理流程

2.3.1　数据清洗

1. 数据质量

为了提高原始数据的质量，数据清洗必不可少。数据质量又称信息质量，通过大数据的预处理过程希望得到高质量的数据，从而能够进行快速而准确的数据分析。通常采集得到的原始数据会具有不完整性、含有噪声、不一致性（杂乱性）和失效性等“脏”的特点，表现如下：

（1）不完整性　主要是指数据记录中存在某些字段缺失或者不确定的情况，这样会造成统计结果的不准确，通常不完整性是由数据源系统本身的设计缺陷或者是使用过程中人为因素引发的，例如填写银行卡申请表格时，某些项由于不是必填项会被客户省略而出现空白字段。一般可以通过不完整性检测来判断，比较容易实现。

（2）含有噪声　是指数据不准确，缺乏对数据的真实性描述。通常是指数据具有不正确的字段或者不符合要求的数值，以及偏离预期的离群数值。含有噪声可能是由于数据原始输入有误、数据采集过程中的设备故障、命名规则或数据代码的不一致性、数据传输异常等，其噪声表现形式也多种多样，例如字符型数据的乱码现象，超出正常值范围的异常数值，输入时间格式不一致，某些字段取值随机分布等情况。数据含有噪声情况非常普遍，在数据采集过程中很难避免并且难以进行实时监测。

（3）不一致性　是指原始数据源由于自身应用系统的差异性导致采集得到的数据结构、数据标准非常杂乱，不能直接拿来进行分析。不一致性通常表现为数据记录规范不一致性和数据逻辑不一致性两个方面。数据记录规范主要是指数据编码和格式，例如网络 IP 地址一定是用“.”分隔的 4 个 0~255 范围的数字组成，不能同时使用 M 和 male 表示性别；数据逻辑是指数据结构或者逻辑关系，例如户口登记中的婚姻关系为“已婚”，年龄“12 岁”，如果规则制定是已婚必须年龄在 18 岁以上，则此条记录不满足数据逻辑一致性，可以看出数据逻辑一致性的判定与规则的制定关系紧密。另外，原始数据可能来自于不同的数据源，当数据合并过程中往往会存在数据的重复和冗余现象，这种在分布式存储环境中很常见。

（4）失效性　数据从产生到可以采集有一定的时间要求，即数据的及时性，这也是保证数据质量的一个方面。对于数据挖掘来说，如果数据从产生到可以采集经历了过长的时间间隔，比如两三周，此时对于很多实时分析的数据应用来说毫无意义。

在分布式的大数据环境中，数据集通常并非是出自单一数据源，而是来自多个不同的数据源，因此从深层次上来看待原始数据的质量问题，可以分为单数据源和多数据源两大类，每一类又分模式层和实例层两个方面，如表 2.3 所示。模式层的数据质量问题通常是由于数据结构设计不合理、属性之间无完整性约束等引起，可以使用计算机程序来自动检测模式问题，或者采用人机结合的方式，手动完成问题数据清洗，并辅以计算机配合；实例层的数据质量问题一般为数据记录中属性值的问题，主要表现为属性缺失、错误值、异常记录、不一致数据、重复数据等。

表 2.3　数据质量问题分类

类别	单数据源模式	单数据源实例	多数据源模式	多数据源实例
产生原因	缺乏合适的数据模型 和完整性约束条件	数据输入错误	不同的数据模型 和模式设计	矛盾或不一致的数据
表现形式	唯一值 参考完整性 …	拼写错误 冗余/重复 前后矛盾的数据 …	命名冲突 结构冲突 …	不一致的聚集层次 不一致的时间点 …

2. 数据清洗方法

数据清洗是指对采集得到的多来源、多结构、多维度的原始数据，分析其中“脏”数据产生的原因和存在的形式，构建数据清洗的模型和算法，利用相关技术检测和消除错误数据、不一致数据和重复记录等，把原始数据转化成满足数据分析或应用要求的格式，从而提高进入数据库的数据质量，如图 2.8 所示。

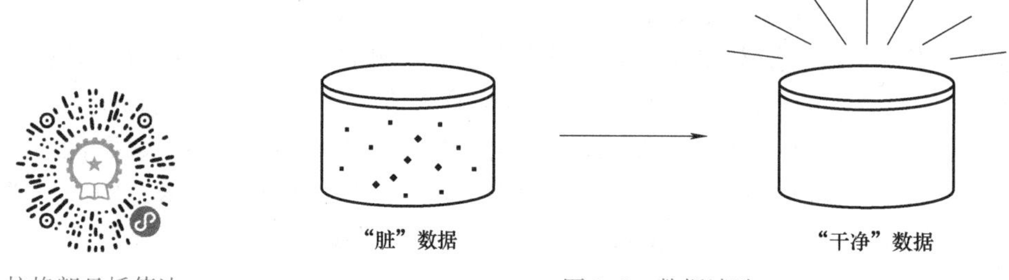

图 2.8　数据清洗

数据清洗的基本思想是基于对数据来源的分析，得到合理有效的数据清洗规则和策略，找出“脏”数据存在的问题并对症处理，而数据清洗的质量高低是由数据清洗规则和策略决定的。数据清洗一般包括填补缺失值、平滑噪声数据、识别或删除异常值和不一致性处理这几个方面。

(1) 不完整性处理　对某字段出现缺失情况的数据记录，通常可以从两个方面来处理，即直接删除该记录，或者对字段的缺失值进行填充。

1）删除缺失值。当数据记录数量很多，并且出现缺失值的数据记录在整个数据中的比例相对较小时，可以使用最简单有效的方法进行处理，即将存在缺失值的数据记录直接丢弃。

这种方法并不适用于含有缺失值的数据记录占总体数据比例较大的情况，其缺点在于会改变数据的整体分布，并且仅仅因为数据记录缺失一个字段值就忽略所有其他字段，也是对数据资源的一种浪费，所以实际当中常常依据某些标准或规则对缺失值进行填充。

2）填充缺失值。

- 使用全局变量值

该方法将缺失的字段值用同一个常数、缺省值、最大值或者最小值进行替换，例如用“Unknown”或者“OK”整体填充。但是这种方法大量采用同一个字段值，可能会误导数据挖掘程序得出有误差甚至错误的结论，在实际应用中并不推荐使用，如果使用，需要仔细分析和评估填充后的整体情况。

- 统计填充法

在对单个字段进行填充的时候，可利用该字段的统计值来填充缺失值，有两种基本的填充方法：均值（中位数、众数）不变法和标准差不变法。

均值（中位数、众数）不变法是用字段所有非缺失值的均值（中位数或者众数）进行填充，在此情况下，填充后的数据均值将保持不变。例如，某一电影票的平均价格（price）为 35 元，则可以用此数值填充数据记录中所有被缺失的 price 字段。均值不变法对较靠近中心的缺失数据比较有效，而中位数、众数的优点是不受异常数据的影响。

标准差不变法是在确保填充前后字段的标准差保持不变的前提下，对缺失值进行填充的方法。填充前的标准差是由字段的所有非缺失值计算而得。

- 预测估计法

预测估计法利用变量之间的关系，将有缺失值的字段作为待预测的变量，使用其他同类别无缺失值的字段作为预测变量，使用数据挖掘方法进行预测，用推断得到的该字段最大可能的取值进行填充。常用的方法如线性回归、神经网络、支持向量机、最近邻方法、贝叶斯计算公式或决策树等。

此类方法较常使用，与其他方法相比较，预测估计法充分利用了当前所有数据同类别字段的全部信息，对缺失字段的取值预测较为理想，但代价较大。

此外，缺失值的填充还可以采用人工方式补填，但比较耗时费力，对于存在大范围缺失情况的大数据集合而言，实际操作可能性较低。

（2）噪声数据处理　由于随机错误或者偏差等多种原因，造成错误或异常（偏离期望值）的噪声数据存在，可以通过平滑去噪的技术消除，主要方法有分箱（Binning）、聚类（Clustering）、回归（Regression）以及人机交互检测法等。

1）分箱。分箱法考虑邻近的数据点，是一种局部平滑的方法，它将有序数据分散在一系列“箱子”中，用“箱”表示数据的属性值所处的某个区间范围，然后考察每个箱子中相邻数据的值进而实现数据的平滑。分箱法划分箱子的方式主要有两种：等深法和等宽法。前者按照数据个数进行分箱，所有箱子具有相同数量的数据；后者按照数据取值区间进行分箱，各个箱子的取值范围为一个常数。在进行数据平滑时，可以取箱中数据的平均值、中值或者边界值替换原先的数值。

- 等宽法

若一组有序数据中某属性的最低取值为 A，最高取值为 B，分成大小相同的 N 个区间（箱），此时每个区间宽度为 $W=(B-A)/N$。

假设属性 price 排序后的数据为 4，16，19，21，28，32，43，49，64，划分为等宽度的 3 箱。此时每个箱子的宽度 $W=(64-4)/3=20$。

箱 1：4，16，19，21

箱 2：28，32，43

箱 3：49，64

- 等深法

以上例数据为参考划分等深度为 3 的箱子，可以得到如下分箱内容：

箱 1：4，16，19

箱 2：21，28，32

箱 3：43，49，64

下面分别使用三种不同的平滑方法对等深法获得的分箱结果进行处理。

方法一，按箱平均值平滑，即将每个箱中的数据取均值，可得

箱 1：13，13，13

箱 2：27，27，27

箱 3：52，52，52

方法二，按箱中值平滑，即取每个箱的中位数替代箱中数据，可得

箱1：16，16，16

箱2：28，28，28

箱3：49，49，49

方法三，按箱边界值平滑，即将箱中的每个数据替代为最近边界值，可得

箱1：4，19，19

箱2：21，32，32

箱3：43，43，64

分箱法也可以作为一种离散化技术来使用，一般来说，每个箱子的宽度越宽，其平滑效果越明显。

2）聚类。聚类是按照数据的某些属性来搜索其共同的数据特征，把相似或者比较邻近的数据聚合在一起，形成不同的聚类集合。聚类分析也称为群分析或者点群分析，是将数据进行分类的一种多元统计方法，通过聚类分析可以发现那些位于聚类集合之外的数据对象，实现对孤立点（一般是指具有不同于数据集合中其他大部分数据对象特征的数据，或者相对于该属性值的异常取值数据）的挖掘，从而检测出异常的噪声数据，因为噪声数据本身就是孤立点。

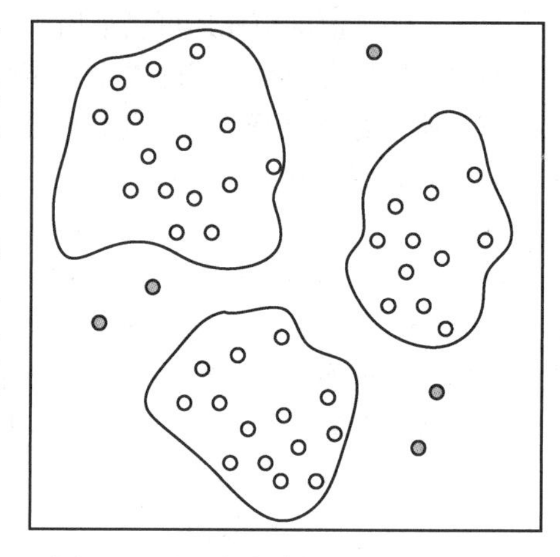

图2.9 基于聚类分析的数据清洗方法

聚类的目的是使数据集最终的分类结果保证集合内的数据相似度最高，集合间的数据相似度最低，如图2.9所示，图中形成了三个聚类，而不在任何聚类中的点即为孤立点，也就是需要平滑处理的噪声数据。

基于聚类的噪声数据平滑处理算法的思想是：首先将数据按照某些属性进行聚合分类，通过聚类发现噪声数据，分析判断噪声数据中引起噪声的属性，寻找与其最相似或最邻近的聚类集合，利用集合中的噪声属性的正常值进行校正。通常聚类分析算法可以分为基于划分的方法、基于层次的方法、基于密度的方法、基于网格的方法以及基于模型的方法等，具体内容将在第6章详细介绍。

3）回归。同聚类分析一样，回归也是数据分析的一种手段，通过观察两个变量或者多个变量之间的变化模式，构造拟合函数（即建立数学模型），利用一个（或者一组）变量值来预测另一个变量的取值，根据实际值与预测值的偏离情况识别出噪声数据，然后将得到的预测值替换数据中引起噪声的属性值，从而实现噪声数据的平滑处理。

回归分析法一般包括线性回归和非线性回归，其中根据自变量的数目又可以分为一元回归和多元回归，例如 $y=ax+b$ 属于一元线性回归模型，x 和 y 是指所分析的数据集中的数据属性，系数 a 和 b 称为回归系数，通常可以使用最小二乘法进行系数求解。如图2.10所示，大部分数据都分布在回归直线附近，有一个点的偏离距离较大，这个点就是需要平滑掉的噪声数据。关于回归分析的具体内容将在第5章详细介绍。

4）人机交互检测法。人机交互检测法是使用人与计算机交互检查的方法来帮助发现噪声数据。利用专业分析人员丰富的背景知识和实践经验，进行人工筛选或者制作规则集，再由计算机自动处理，从而检测出不符合业务逻辑的噪声数据。当规则集设计合理，比较贴近数据集合的应用领域需求时，这种方法将有助于提高噪声数据筛选的准确率。

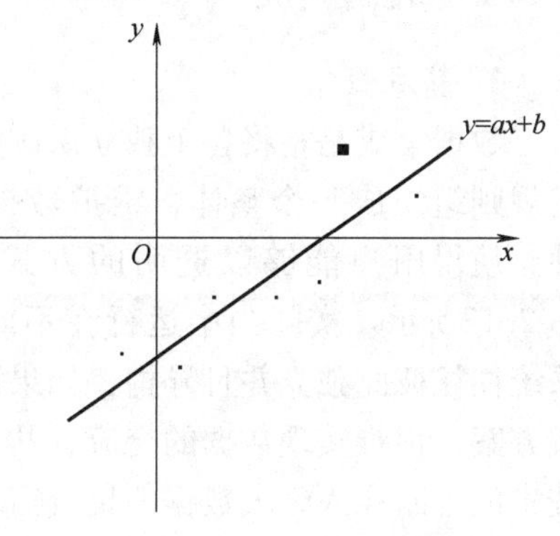

图 2.10　一元线性回归模型

(3) 不一致性处理　分析不一致数据产生的根本原因，通过数据字典、元数据或相关数据函数完成数据的整理和修正；对于重复或者冗余的数据，使用字段匹配和组合方法消除多余数据。常见匹配算法有基本字段匹配算法、递归字段匹配算法、Smith-Waterman 算法、基于编辑距离的字段匹配算法和改进的余弦相似度函数等。

另外，对于数据库中出现的某些数据记录内容不一致的情况，可以利用数据自身与外部的联系手动进行修正。例如参考某些例程可以有效校正编码时发生的不一致问题，或者数据本身是录入错误，可以查看原稿进行比对并加以纠正。某些知识工程工具也有助于发现违反数据约束条件的情况。

3. 数据清洗基本步骤

数据清洗一般包括数据分析、确定数据清洗规则和策略、数据检测、执行数据清洗、数据评估和干净数据回流六个基本步骤，如图 2.11 所示。

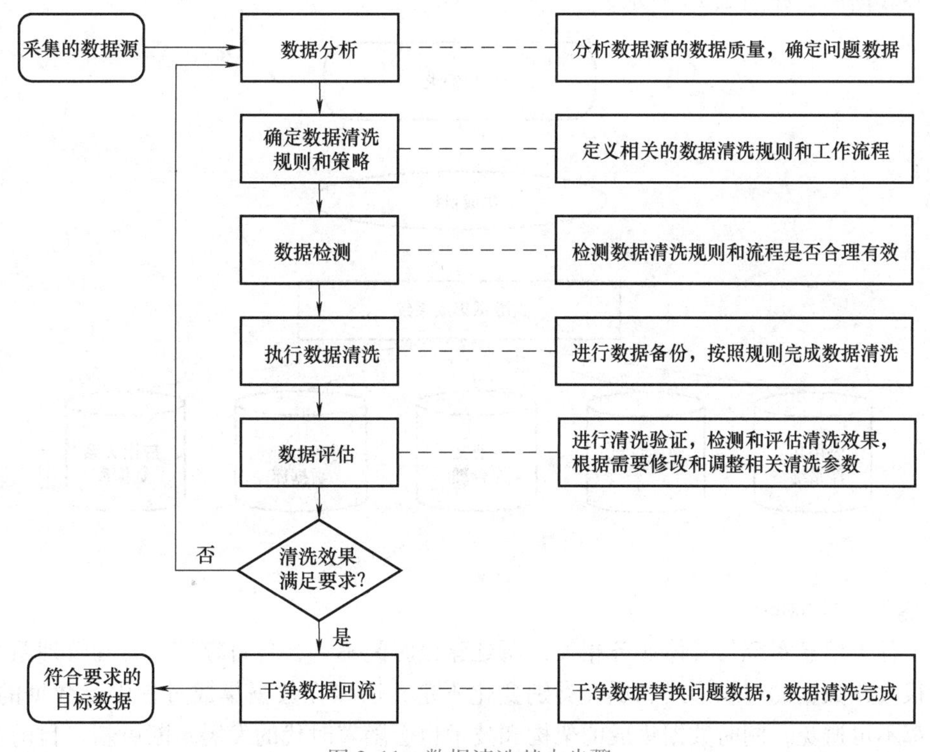

图 2.11　数据清洗基本步骤

2.3.2 数据集成

1. 基本概念

数据集成是指将各个独立系统中的不同数据源按照一定规则组织成一个整体，维护数据源整体上的数据一致性，使得用户能够以透明的方式访问这些数据源，如图 2.12所示。实际当中运行在不同软硬件平台上的信息系统往往彼此独立并且异构，如果没有构建有效的数据集成方案，很难实现数据的交流、共享和融合。随着大数据技术的不断深入，大数据的集成需求更为迫切。

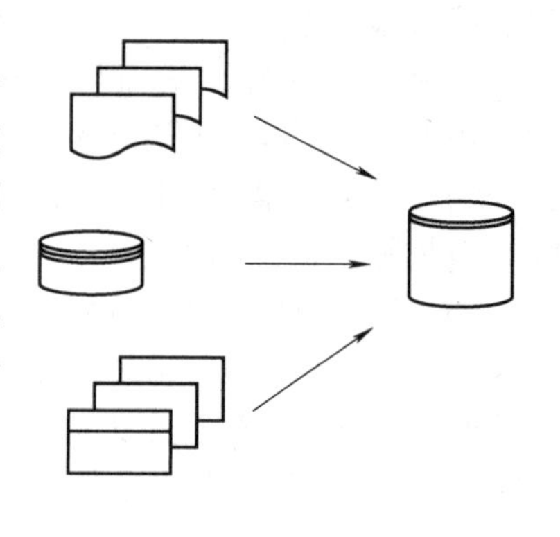

图 2.12　数据集成

大数据集成以传统的数据集成技术为背景，基于不同的数据源分布在不同的应用系统这一现状，考虑到数据源的众多和分散性以及应用系统的互不关联，在保持各自应用系统的数据源不变的条件下，将数据集成的任务分配到各数据源实现并行处理，在处理过程被执行完成后进行整合并返回结果。从狭义方面看，大数据集成是指合并规整数据的方案，从广义方面看，大数据集成包括与数据管理相关的数据存储、数据移动、数据处理等活动，并且仅对处理结果进行集成，而不是预先对各数据源的数据进行合并，从而可以避免处理时间和存储空间的大量浪费。

数据集成系统按照不同需求在不同的数据源与集成目标之间完成数据的转换和整合，为用户提供统一的数据源访问接口，执行用户对数据源的访问请求，使用户能够以透明的方式访问这些数据源，如图 2.13 所示。

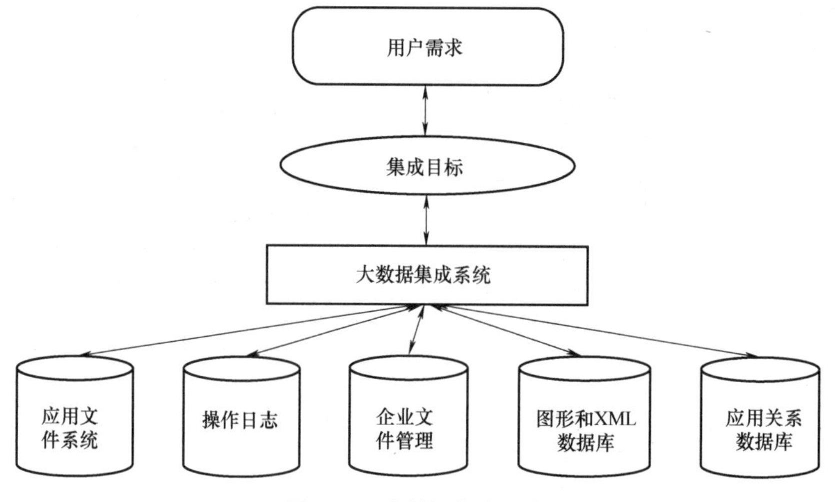

图 2.13　大数据集成系统

2. 需要解决的问题

由于各类信息系统与具体业务相关，所处建设时间不一，各自存储方式和管理系统架构差异性很大，数据的组织形式和属性类别变化不定，所以在数据集成过程中，数据的转换、移动等都不可避免，同时数据集成的架构和技术也会随着时代的发展不断更新。目前数据集成主要存在以下几个方面问题：

（1）异构性　包括系统异构性和模式异构性，系统异构性是指数据源所依赖的应用系统、数据库管理系统及操作系统之间的差异；模式异构是指数据源在存储模式上的不同，一般包括关系模式、对象模式、对象关系模式和文档模式等。

数据集成系统需要为异构数据提供统一的标识、存储和管理，屏蔽各种异构数据的差异，为用户提供统一的访问模式，提供给用户透明的数据查询。

（2）一致性和冗余　数据的一致性涉及冲突数据的识别和处理，即判断来自不同数据源的实体是否是同一实体。如图 2.14 所示，假设现在要判断某一数据库中的 Product_ID 和另一个数据库中的 Prod_Number 是否有相同的属性。首先观察属性的说明，可以发现这两项数据都是关于产品编号的，因此有可能是同一属性，然后再考察它们的数据类型，发现二者并不相同，“Product_ID”属于 Int 型，“Prod_Number”属于 Short Int 型，因此对这两个数据库集成时，需要使用可靠的手段确定 Product_ID 和 Prod_Number 是否有相同属性，例如借助元数据的帮助。元数据是关于数据的数据，每个属性的元数据包括名字、含义、数据类型和属性的取值范围，以及处理零、NULL 或空白等缺失性数值的空值规则，这样通过元数据完成实例识别，避免模式集成的错误。集成后两项数据需要统一为相同的类型。

属性名称	数据类型	说明	属性名称	数据类别	说明
Product_ID	Int	产品编号	Prod_Number	Short Int	产品编号
Type	Short Int	类型	Time	Date	生产日期
Price	Real	价格	Prod_Company	String	生产公司

图 2.14　不一致性示例

需要注意的是，在数据集成过程中，经常需要集成来自不同数据源的有关同一用户的信息，由于属性取名不统一，势必会造成不一致的情况出现，因此不一致性处理是数据集成中的基础问题。

冗余与重复是数据集成中另一常见问题。在一个数据集中，某个属性（如产品总价格）可能会由另一个属性或者多个属性（产品单价和产品售出数量）“导出”，这样会导致数据挖掘需要对相同信息进行重复处理，降低数据挖掘的工作效率。对于数据冗余问题，可以利用相关性分析方法来进行检测，例如相关系数、协方差或者χ^2（卡方）检验等，都能反映两个属性之间的相互关联性。

（3）数据的转换　集成结构化、半结构化、非结构化数据时需要根据集成目标的需求，制定转换规则，完成数据的整合，转换成统一的数据格式。

（4）数据的迁移　随着用户业务的更新，当新的应用系统替代原有的应用系统时，根据目标应用系统的数据结构需求，必须将原有应用系统的业务数据进行转换并迁移到新的应用系统中。

（5）数据的协调更新　处于同一数据集成环境中的多个应用系统，例如报表应用、财务应用、事务处理应用、企业应用以及安全与身份识别应用等，当其中某些应用系统的数据发生更新时，其他的应用系统需要及时被通告，以便完成必要的数据移动。

（6）非结构化数据与传统结构化数据集成　结构化数据多来自传统的数据库，而目前数量惊人的文档、电子邮件、网站、社会化媒体、音频，以及视频文件中的数据多属于半结构化或非结构化数据，这些数据通常存储于数据库之外，对于集成非结构化和结构化数据来说，元数据和主数据是非常重要的概念。

在数据集成中，通常需要使用到与非结构化数据相关联的键、标签或者元数据，可以通过客户、产品、雇员或者其他主数据引用进行搜索。例如，某段视频可能包含某家企业的信息，通过将其与企业商标、名称等图像进行匹配，增设标签（或者元数据）从而与企业信息建立关联。因此，主数据引用作为元数据标签附加到非结构化数据上，在此基础上实现多种异构数据源的集成。

（7）数据集成的分布式处理　基于众多数据源的分布式现状，将数据集成的处理过程分配到多个数据源上实现协同合作，并行实现对数据的访问查询和结果返回，对处理结果进行整合，可以有效避免数据冗余，并提高数据集成的效率。

2.3.3　数据变换

通过数据清洗，原始数据中包含的无效值、缺失值、噪声数据、异常数据等被逐一清理，在数据集成过程中，解决了不同来源数据不一致的问题，而下一步的数据变换，是将待处理的数据变换或统一成适合分析挖掘的形式，如图2.15所示。

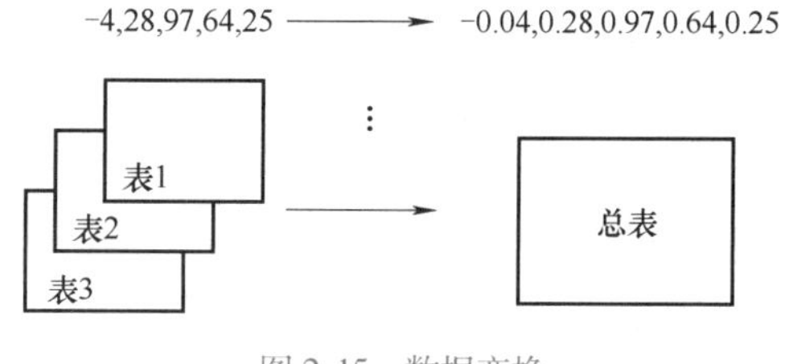

图2.15　数据变换

数据变换的方法包括数据平滑、数据聚集、数据泛化、数据规范化、属性构造、数据离散化等，通过线性或者非线性的数学变换方法将维数较高的数据压缩成维数较少的数据，从而减少来自不同数据源的原始数据之间在时间、空间、属性或者取值精度等特征方面的差异，进而获得高质量的数据，便于后续的数据分析。

1. 数据平滑

源数据获取过程中不可避免地会存在噪声，通过数据平滑可以去除数据中存在的噪声和无关信息，也可以处理缺失数据和清洗脏数据，提高数据的信噪比。数据平滑具体包括分箱、回归和聚类等方法，这些方法也常应用于数据清洗。

例如分箱法，可以通过考察邻近的数值来平滑被存储在“箱”中的数据，分箱技术在数据清洗中作为噪声数据的平滑处理技术，同时也可以作为一种离散化技术。

回归和聚类方法在第5章和第6章中会具体介绍，在此不再详述。

2. 数据聚集

数据聚集是对数据进行汇总和聚集操作，将一批细节数据按照维度、指标与计算元的不同进行汇总和归纳，完成记录行压缩、表联合、属性合并等预处理过程，为多维数据构造直观立体图表或数据立方。

例如，创建医院某段时期的聚集事务时，重点需要解决的问题是对所有记录的每个属性值进行合并。其中分类属性数据（如科室类别）可以忽略或者对所有类别进行汇总（如汇总成整个医院所有科室的集合），定量属性数据（如就诊人数）可以取平均值或者进行求和（如按照门诊天数求和）。

图2.16a所示是2017年到2019年某医院按月份统计的就诊人数，经过求和运算得到按年显示的汇总结果如图2.16b所示，实现对数据的聚集。

2017年

2018年

2019年

月份	就诊人数
1月	55650
2月	49347
3月	58249
⋮	⋮
12月	63498

a)

年份	就诊人数
2017年	632954
2018年	657328
2019年	703195

b)

图 2.16　某医院年就诊人数聚集

数据立方是二维图表的多维扩展，虽然用“立方”来描述，但与几何学的三维立方体不同，数据立方的三维可以看作是一组类似的、互相叠加合并的二维图表，其维数也不限定于三个维度，可以有更多维度。虽然在几何范畴或者空间显示中难以绘制出多维度实体，但在使用中可以一次只观察三个维度，在每个维度为数据立方做索引。

表 2.4 所示是某医院患者就诊信息的数据集，可以将表中每条记录看成是一组多维数据，每个属性作为一个维度，其中科室、就诊日期、医师类别、就诊人数构成四个维度。如果以季度为单位，按照就诊人数进行数据聚集，将得到图 2.17 所示的数据立方，其中分别以科室、季度就诊时间、医师类型作为数据立方三个维度的索引，每个单元存放就诊人数。

表 2.4　某医院患者就诊信息数据集

记录 ID	科室	就诊日期	医师类别	就诊人数	…
⋮	⋮	⋮	⋮	⋮	
20132	儿科	2019-3-5	主治医师	354	…
20133	内科	2019-3-5	主治医师	423	…
20134	内科	2019-3-5	副主任医师	276	…
20135	中医科	2019-3-5	主任医师	195	…
⋮	⋮	⋮	⋮	⋮	

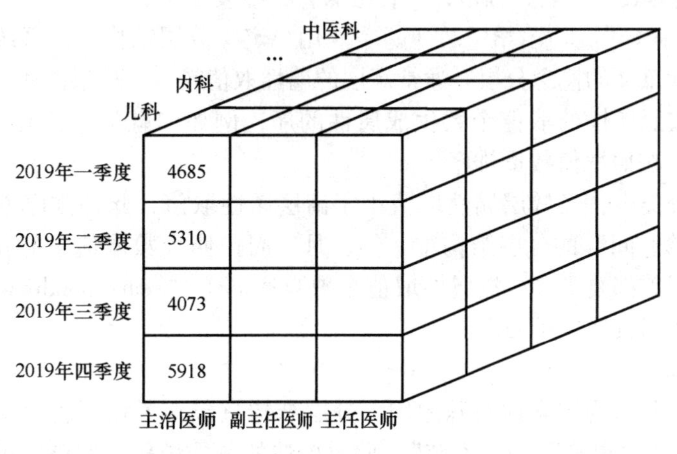

图 2.17　某医院患者就诊信息——三维聚集数据立方

聚集变换过程通过使用合适的抽象分层，对多个属性进行合并或者删除，可以进一步减小结果数据的规模，得到与分析任务相关的最小数据立方，但也可能会导致某些细节数据的丢失，如月就诊人数等。所以，如何进行压缩、合并或者关联，需要根据具体分析任务来决定。

3. 数据泛化

数据泛化也就是概念分层，是用高一级的概念来取代低层次或者“原始”的数据。进行数据泛化的主要原因是在数据分析过程中可能不需要太具体的概念，用少量区间或标签取代“原始”数据后，能减少数据挖掘的复杂度。虽然这种方法有可能会丢失数据的某些细节，但泛化后的数据更简化，更具有实际意义，挖掘的结果模式更容易理解。

高层次的概念一般包含若干个所属的低层次概念，其属性取值也相对较少。例如低层次的“原始”数据可能包含吊带、连衣裙、半裙、男士西裤、夹克、派克大衣等，可以泛化为较高层的概念，如女装、男装等，逐层递归组织成更高层概念如“服饰”，形成数据的概念分层。对于同一个属性可以定义多个概念分层，以适合不同用户的需要，如图 2.18 所示。

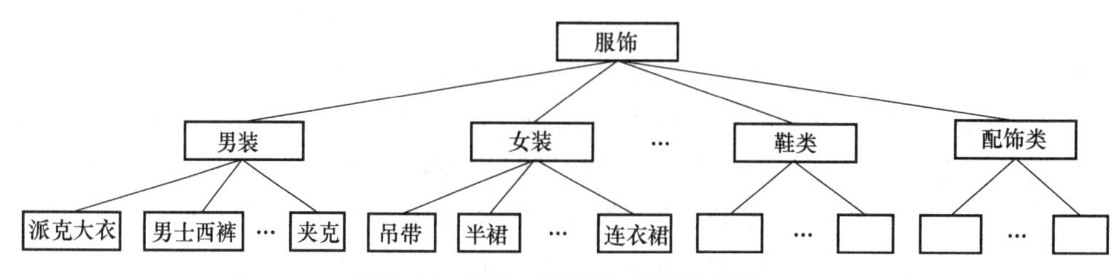

图 2.18 属性“服饰”的概念分层

数据泛化重点在于分层，概念分层一般蕴含在数据库的模式中。常见的概念分层方法有四种。

1）由用户或专家在模式定义级说明属性的部分序或者全序，即自顶向下或自底向上的分层方向。例如，数据库中的“服饰”，包含“男装、女装、服装、夹克”等属性，属性的全序（夹克 < 男装 < 服装）将在数据库的模式定义级定义，对应分层结构。

2）人工补充说明分层结构。完成了模式级的分层结构说明后，可以根据分析需求手动添加中间层，如{男装，女装，围巾，…，毛衣} ∈ 冬装。

3）说明属性分层结构但不指定属性的序。用户定义分层结构，由系统自动产生属性的序，构造具有实际意义的概念分层。通常高层的属性取值较少，低层的属性取值较多，常见的排序方法可以按照属性的取值个数生成属性的序，例如“鞋类”泛化为“凉鞋、单鞋、短靴、长靴”等，按照取值数量排序。

在某些属性分类中，当低层属性取值小于高层属性取值，此种排序方法并不适用。例如，在属性“就诊时间”的分层结构中，年、月、周按照天数取值正好相反，一周只有7天，而年、月的天数都要更多，按属性取值个数自底向上“year<month<week”分层，显然不合理，因此要依据具体应用而定。

4）对于不完全的分层结构，使用预定义的语义关系触发完整分层结构。当用户定义概念分层时，由于某些人为因素或特殊原因，分层结构只包含了相关属性的部分内容，例如“服饰”分层只包括“男装”和“女装”，此时构造的分层结构不完整。可以设置预先定义的语义关系，例如将“男装”“女装”“鞋类”“配饰类”等相关属性进行绑定，当其中一个属性“女装”在分层结构中被引入，通过完整性检测，其余属性也会被自动触发，形成完整的分层结构。

数据泛化在概念抽象的分层过程中，需要注意避免过度泛化，导致替代得到的高层概念变成无用信息。

4. 数据规范化

数据属性使用的度量单位不同可能会影响数据分析，例如距离（distance）的度量单位由千米变成米，时间（time）的度量单位由小时变成天，属性的单位较小会使数值处于较大的区间，属性因而具有较大的影响或者较高的权重，这将导致数据处理和分析出现不同结果。

数据规范化对所有属性数据按比例缩放到一个较小的特定范围内，如［0，1］或者［-1，1］，达到赋予所有属性相同权重的目的。规范化过程可以将原始的度量值转换为无量纲的值，从而消除数据因大小过于分散而引起挖掘结果偏差。规范化特别适用于分类算法，例如神经网络的分类算法或基于距离度量的分类和聚类算法。

规范化方法主要包括三种：最小-最大规范化、z-score 规范化和小数定标规范化，下面详细介绍（设 v 为数值属性，具有 n 个观测值 v_1，v_2，…，v_n）。

（1）最小-最大规范化　最小-最大规范化一般适用于已知属性的取值范围，对原始数据进行线性变换的场合。假设 $\max_A$ 和 $\min_A$ 分别为属性 A 的最大值和最小值，最小-最大规范化可以将 A 的值 v_i 映射为区间［new_min_A，new_max_A］中的 v'_i。其计算公式为

$$v'_i=\frac{v_i-\min_A}{\max_A-\min_A}(new\_max_A-new\_min_A)+new\_min_A$$

最小-最大规范化保持属性原始数据值中存在的关系，当输入实例落在 A 的取值区间之外，该方法将面临“越界”错误。

例 2.1　假设［300，8000］表示属性 price 取值范围中的最小值和最大值，规范化后的区间为［0.0，1.0］。若属性 price 的取值为 1200 和 9000，试问其在新区间的值为多少？

根据最小-最大规范化，变换后的值为

$$\frac{1200-300}{8000-300}(1.0-0.0)+0.0=0.117$$

$$\frac{9000-300}{8000-300}(1.0-0.0)+0.0=1.13(\text{越界})$$

（2）z-score 规范化　又称零均值规范化，是一种基于属性的平均值和标准差进行规范化的方法，适用于属性的最大值和最小值未知，或者孤立点影响了最小-最大规范化的场合。计算公式为

$$v'_i=\frac{v_i-\overline{A}}{\sigma_A}$$

式中，$\overline{A}$ 和 σ_A 分别为属性 A 的均值和标准差，其中均值 $\overline{A}$ 的计算公式如下：

$$\overline{A}=\frac{v_1+v_2+\cdots+v_n}{n}$$

σ_A 用 A 的方差平方根来计算，也可以用 A 的均值绝对偏差（Mean Absolute Deviation）S_A

替换，其定义为

$$S_A = \frac{1}{n}(|v_1 - \bar{A}| + |v_2 - \bar{A}| + \cdots + |v_n - \bar{A}|)$$

使用均值绝对偏差的 z-score 规范化公式为

$$v_i' = \frac{v_i - \bar{A}}{S_A}$$

对于孤立点，均值绝对偏差比标准差的鲁棒性更好。在计算均值绝对偏差时，只取均值偏差（$|v_i - \bar{A}|$）的绝对值，因此孤立点的影响会有所降低。

例 2.2　假设一超市某货品日销售的平均值为 45，标准差为 13，使用 z-score 规范化得到的某日销售值 53，变换后的值为

$$v_i' = \frac{53 - 45}{13} = 0.615$$

（3）小数定标规范化　通过移动属性 A 取值的小数点位置使其规范化，小数点移动位数取决于属性 A 的最大绝对值。其计算公式为

$$v_i' = \frac{v_i}{10^j}$$

式中，j 是满足 $\max\{|v_i'|\} < 1$ 的最小整数。

例 2.3　假设属性 A 的取值范围为 −340～2870，确定小数定标规范化系数 j 的大小，并将 A 的取值 930 规范化。

A 的最大绝对值为 2870，因此需要保证

$$\max\left\{\left|\frac{2870}{10^j}\right|\right\} < 1$$

显然，$j=4$ 是满足规范化要求的最小整数。用 10^4 去除每个值，得到 A 的取值范围被规范为 $\lfloor -0.034, 0.287 \rfloor$，930 被规范为 0.093。

需要注意，数据规范化对原始数据改变很多，尤其是 z-score 规范化和小数定标规范化。因此需要保留规范化参数，例如均值和标准差，以便后续的实例保持一致的规范化方法。

5. 属性构造

属性构造又称特征构造或特征提取，基于已有的属性创造和添加一些新的属性，并写入原始数据中，目的是帮助发现可能缺失的属性间的关联性，提高精度和对高维数据的理解，从而在数据挖掘中得到更有效的挖掘结果。例如已有属性“width”和“height”，可根据需要添加属性“perimeter”，或根据客户在一个季度内每月消费金额特征构造季度消费金额特征。另外，构造合适的属性有助于减少分类算法中学习构造决策树时所出现的碎块问题（Fragmentation Problem）。

2.3.4　数据归约

数据归约是基于挖掘需求和数据的自有特性，在原始数据基础上选择和建立用户感兴趣的数据集合，通过删除数据部分属性、替换部分数据表示形式等操作完成对数据集合中出现偏差、重复、异常等数据的过滤工作，尽可能地保持原始数据的完整性，并最大程度精简数

据量，在得到相同（或者类似相同）的分析结果前提下节省数据挖掘时间，如图 2.19 所示。

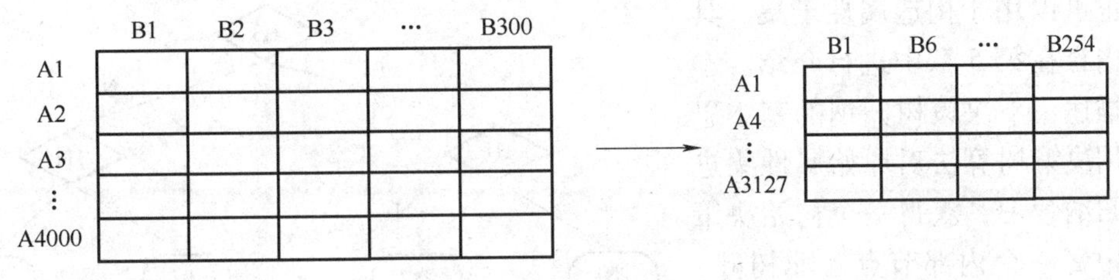

图 2.19　数据归约

常见的数据归约方法包括维归约、数据压缩、数值归约和数据离散化与概念分层等。

1. 维归约

数据集合中通常包含成百上千的属性，其中很多属性与挖掘任务无关或者冗余，例如分析学生的困难补助信用度时，学生班级、入学时间等属性与挖掘任务无关，可被删除掉。如果由领域专家帮助筛选有用属性，将是一件困难又费时的工作，并且当数据内涵模糊时，漏掉相关属性或者保留无关属性，都会降低挖掘进程的效率，导致所选择的挖掘算法不能正确运行，严重影响最终挖掘结果的正确性和有效性。

维归约就是通过删除多余和无关的属性（或维），实现数据集中数据量压缩的目的。使用优化过的属性集进行挖掘，可以减少出现在发现模式上的属性数目，使得模式变得易于理解。

维归约通常使用属性子集选择方法（Attribute Subset Selection），目标是找出最小属性子集，使得新数据子集的概率分布与原始属性集的尽可能保持一致。对于包含 n 个属性的集合，有 2^n 个不同的子集，从原始属性集中发现最佳属性子集的过程是一个最优穷举搜索过程，当 n 和数据规模不断增加，搜索的可能性将变得十分小。因此，一般使用启发式算法来帮助有效压缩搜索空间，这类方法的策略是在搜索属性空间时，做局部最优选择，期望以此获得全局最优解，帮助确定相应的属性子集。

“最优”或者“最差”的属性通常使用统计显著性检验来确定，前提条件是假设各属性之间是相互独立的。此外，还有许多其他属性评估度量的方法，如用于构造分类决策树的信息增益度量。

属性子集选择方法使用的压缩搜索空间的基本启发式算法包括逐步向前选择、逐步向后删除、向前选择和向后删除结合、决策树归纳等方法。

（1）逐步向前选择　该方法使用空属性集作为归约的属性子集初始值，每次从原属性集中选择一个当前最优的属性添加到归约属性子集中，重复这一过程，直到无法选择出最优属性或满足一定的阈值约束条件为止。

（2）逐步向后删除　该方法使用整个属性集作为归约的属性子集初始值，每次从归约属性子集中选择一个当前最差的属性将其删除，重复这一过程，直到无法选择出最差属性或满足一定的阈值约束条件为止。

（3）向前选择和向后删除结合　该方法将逐步向前选择和逐步向后删除方法结合在一起，每次从原属性集中选择一个当前最优的属性添加到归约属性子集中，并在原属性集的剩余属性集中选择一个当前最差的属性将其删除，直到无法选择出最优属性和最差属性，或满足一定的阈值约束条件为止。

（4）决策树归纳 分类中的决策树算法也可以用于构造属性子集，具体算法内容在第5章中进行介绍。本节简单描述一下决策树归纳的基本思想：利用决策树算法对原始属性集进行分类归纳学习，获得一个初始决策树，其中每一个内部节点（非树叶）表示一个属性的测试，每个分支对应测试的一个结果，每个外部节点（树叶）表示一个类预测，如图2.20所示。在每个节点上，算法选择最好的属性，将数据进行分类。所有没有出现在这个决策树上的属性被认为是无关或冗余的属性，将这些属性从原始属性集中删除，由出现在决策树上的属性形成归约后的属性子集。

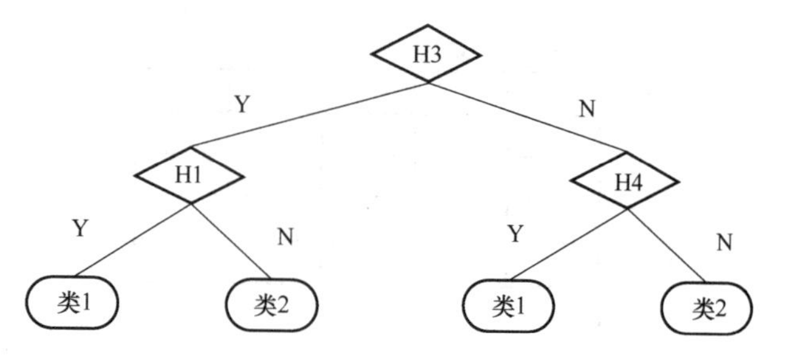

图2.20　决策树归纳

2. 数据压缩

利用数据编码和数据变换方法，得到原始数据经过压缩后的归约表示，通常可以采用无损压缩和有损压缩，无损压缩是指在不损失任何信息的前提下还原出原始数据，有损压缩是对原始数据的近似表示，会损失一小部分信息。常见的离散小波变换（Discrete Wavelet Transform，DWT）和主成分分析（Principal Component Analysis，PCA）属于有损压缩。

（1）离散小波变换（DWT）　离散小波变换由离散傅里叶变换（Discrete Fourier Transform，DFT）发展而来，二者同属于线性信号处理技术，可以将数据映射到新的空间。DWT在保留数据主要属性（特征）的情况下能够去除数据中的噪声，因而可以有效地应用于数据清洗中。当这种技术用于数据归约时，每个元组可看成是一个n维数据向量，即$\boldsymbol{H}=(h_1, h_2, \cdots, h_n)$，描述$n$个数据属性在元组上的$n$个测量值，通过小波变换将$n$维数据向量$\boldsymbol{H}$转换成不同取值的小波系数向量$\boldsymbol{H}'$，两个向量具有相同长度。

小波变换后的数据向量可以截短，如保留所有大于用户指定阈值（相关性最强）的小波系数，而将其他小波系数设置为0，从而得到近似的压缩数据（稀疏的小波系数向量$\boldsymbol{H}'$）。在小波空间可以对稀疏向量$\boldsymbol{H}'$实现较快速的运算操作，最后对处理过的向量$\boldsymbol{H}'$进行离散小波逆变换，恢复出原始数据的近似集合。

（2）主成分分析（PCA）　PCA的基本思想是将多个相关变量通过正交线性变换，转化为一组新的变量。这些新变量被称为“主成分”，它们是原始变量的线性组合，且彼此之间互不相关。从几何角度看，PCA相当于对原始变量组成的坐标系进行旋转，得到一个新坐标系，主成分就是新坐标系的坐标轴。如图2.21所示，数据的原坐标轴A_1和A_2变换为新的正交坐标轴B_1和B_2。

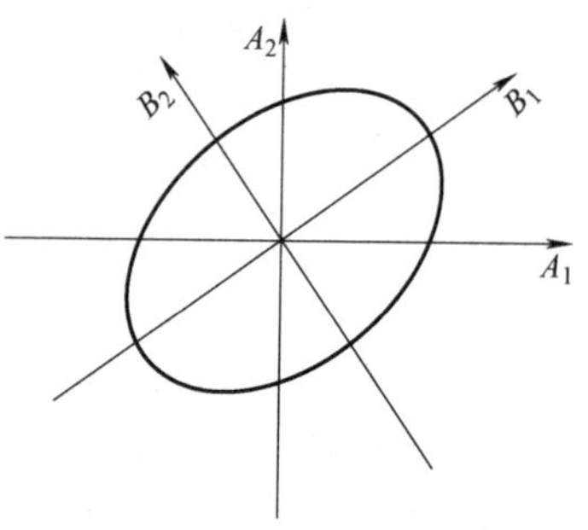

图2.21　主成分分析变换

在对原始变量进行线性组合时，PCA的目标是使生成的组合变量尽可能多地反映原始变量的信息。为此，PCA以方差作为度量，首先选择具有最大方差的组合变量作为第一主成分，然后选择方差第二大的组合变量作为第二主成分，依次类推。经过主成分分析后所得到的一系列新变量，其方差逐次减小。如果只保留前面若干个主成分，而将位置靠后、含有很少数据信息的主成分删除掉，就达到了降维的目的。

PCA 算法的基本过程如下：

1）首先对输入数据进行规范化，以确保每个属性的数据取值都落入相同的数值区间，消除量纲不一致对算法的影响，避免具有较大数值区间的属性权重过高，支配较小取值区间的属性。

2）对已规范化的数据计算协方差矩阵，求出其特征值及相应的正交化单位特征向量。输入的数据都可以表示为这些正交向量的线性组合，这些向量就是主成分，即 c 个 n 维正交向量。

3）对主成分按“重要性”递减排列，即对坐标轴排序。第一个坐标轴选择原始数据方差最大的方向，第二个选择次大方差，依次进行。

4）根据给定的用户阈值，选择重要性最高的若干个主成分，舍弃较弱的主成分（即方差较小的主成分），完成数据规模的约简。

PCA 所得到的主成分与原始数据之间具有如下关系。

1）主成分保留原始数据大部分有用的信息；

2）主成分数量大大低于原始数据规模；

3）主成分之间互不相关；

4）每个主成分都是原始属性的线性组合。

PCA 的应用条件是要求属性间存在较大的相关性，其计算开销低，常可以揭示先前未曾察觉的联系，并允许解释不寻常的结果。主成分分析的结果也可以作为多元回归和聚类分析的输入。

3. 数值归约

数值归约主要是指采用替代的、较小的数据表示形式来减少数据量，包括有参数和无参数两类方法。

（1）回归和对数线性模型　即利用模型来评估数据，存储模型参数而不是实际数据，可用于稀疏数据和异常数据的处理，属于有参数方法。

线性回归通过建模使数据拟合到一条直线，可以用线性函数 $Y=\alpha+\beta X$ 表示，回归系数 α 和 β 分别是直线的 Y 轴截距和斜率，而多元回归是线性回归的扩展；对数线性模型用于估算离散的多维概率分布，同时还可以进行数据压缩和数据平滑。

回归和对数线性模型均可用于处理稀疏数据及异常数据，其中回归模型处理异常数据更具优势。对于高维数据，回归计算复杂度大，而对数线性模型具有较好的伸缩性，可扩展至 10 个属性维度。

（2）直方图　直方图使用分箱（Bin）方法估算数据分布，用直方图形式替换原始数据。属性的直方图是根据其数据分布划分为多个不相交的子集（箱），每个子集表示属性的一个连续取值区间，沿水平轴显示，其高度（或面积）与该子集中的数据分布（数值平均出现概率）成正比。

例 2.4　某课程的学生考试成绩分布为

86（3），92（4），74（2），60（5），68（3），78（6）

其中前面数字表示学生成绩，括号内数字表示该成绩出现的次数。

由上述数据构成的学生成绩频数分布直方图如图 2.22 所示。

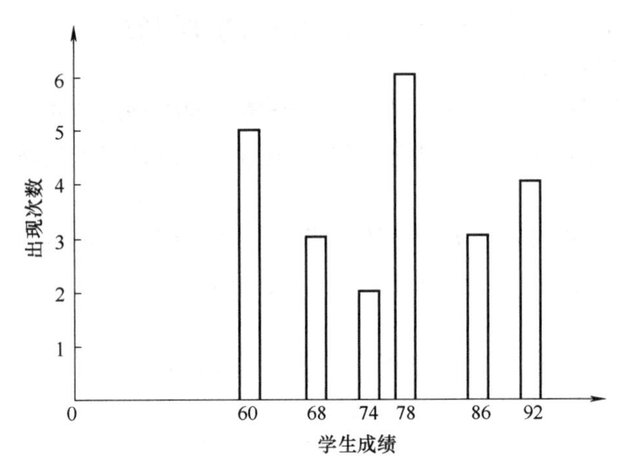

图 2.22　学生成绩直方图

构造直方图除了 2.3.1 节中提到的等宽法和等深法外，还有 V-Optimal 和 MaxDiff 方法，这两种方法更加准确和实用。V-Optimal 可以获得具有最小方差的直方图，这里的方差是指每个子集所代表数值的加权和，权值为相应子集中的数值个数。MaxDiff 以每对相邻值之差作为基础，每个子集的边界是由包含 $\beta-1$ 个最大差距的相邻数值对确定，β 为用户指定阈值。

（3）抽样　抽样是使用数据的较小随机样本（子集）替换大的数据集，如何选择具有代表性的数据子集至关重要。抽样技术的运行复杂度小于原始样本规模，获取随机样本的时间仅与样本规模成正比。常见的方法有以下几种。

1）不放回简单随机抽样（SRSWOR 方法）。假设某一数据集 H，包含 N 行数据。不放回抽样是从 N 行数据中随机抽取 n 行数据，其中每行数据被选中的概率为 $1/N$，由这 n 个数据行构成抽样数据子集。一旦某行数据被选中，将从原数据集中被移除，如图 2.23 所示。

2）放回简单随机抽样（SRSWR 方法）。与 SRSWOR 方法类似，同样从 N 个数据行中随机抽取 n 行数据，但每次选中的数据行仍然保留在原数据集中，因此在抽样数据子集中会出现重复的数据行，如图 2.23 所示。

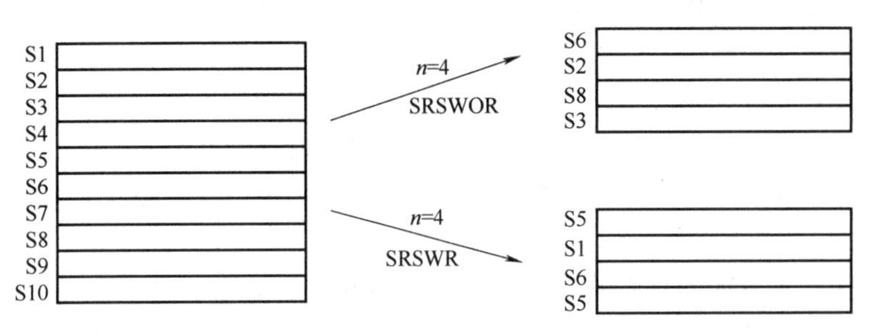

图 2.23　SRSWOR 方法与 SRSWR 方法示意图

3）分层抽样。将数据集 H 划分为 M 个不相交的“层”，每层内分别进行随机抽取，最终得到具有代表性的抽样数据子集。例如：分析学生学习行为时，可以对数据集按照学生成绩进行分层，然后在不同分数段内随机抽样，确保所得到的分层抽样数据子集中的学生分布具有代表性，如图 2. 24 所示。

S52	优秀
S167	优秀
S36	良好
S369	良好
S14	良好
S234	良好
S67	中等
S28	中等
S481	中等
S104	及格
S513	及格

→

S167	优秀
S369	良好
S14	良好
S67	中等
S481	中等
S104	及格

图 2. 24　学生成绩分层抽样

当数据分布不均匀时简单随机抽样的性能变差，分层抽样可以避免得到的抽样数据子集过于倾斜，保证抽样数据子集是由不同“层”的数据共同构成的，而且“层”内样本差异小，“层”间样本差异大，因此是一种操作性强、应用广泛的抽样方法。

（4）聚类　将数据元组划分成组或者类，同一组或者类中的元组比较相似，不同组或者类中的元组彼此不相似，用数据的聚类替换原始数据。聚类技术的使用受限于实际数据的内在分布规律，对于被污染（带有噪声）的数据，这种技术比较有效。

相似性是聚类分析的基础，可以用距离来衡量数据之间的相似程度，距离越小，数据间的相似性越大。数值属性常用的距离形式包括欧氏距离（Euclidean Distance）、切比雪夫距离（Chebyshev Distance）、曼哈顿距离（Manhattan Distance）、闵可夫斯基距离（Minkowski Distance）、杰卡德距离（Jaccard Distance）等，具体介绍请参见 6. 3 节。

4. 数据离散化与概念分层

数据离散化技术可以将属性范围划分成多个区间，用少量区间标记替换区间内的属性数据，从而减少属性值的数量，该技术在基于决策树的分类挖掘方法中非常适用。

概念分层在数据变换中曾经提到，在数据归约中，可以通过对数值属性数据分布的统计分析自动构造概念分层，完成高层概念（例如五级分制：优、良、中、及格和不及格）替换低层概念（属性 score 的具体数字分值）过程，实现该属性的离散化和数据的归约。常见的分箱、直方图分析、聚类分析、基于熵的离散化和通过“自然划分”的数据分段均属于数值属性的概念分层生成方法。

分类属性数据本身即是离散数据，包含有限个（数量较多）不同取值，各个数值之间无序且互不相关，如用户电话号码、工作单位等。概念分层方法可以通过属性的部分序由用户或专家应用模式级显示说明、数据聚合描述层次树、定义一组不说明顺序属性集等方法构造。

2. 4　大数据采集及处理平台

在应用领域，良好的数据采集工具应具备以下三个特征：

（1）低延迟　在大数据发展的今天，业务数据从产生到收集、分析处理，对应的实时应用场景越来越多，分布式实时计算能力也在不断增强，因此对数据采集的低延时、实时性要求非常高。

（2）可扩展性 大量业务数据分布在不同服务器集群中，随着业务部署和系统更新，集群的服务器也会随之变化，或有增加或有退出，数据采集框架必须易于扩展和部署，以及时做出相应的调整。

（3）容错性 数据采集系统服务于众多网络节点，必须保证高速的吞吐容量和高效的数据采集、存储能力，当部分网络或者采集节点发生故障时，要保证数据采集系统仍具备采集数据的能力，并且不会发生数据的丢失。

目前常见的大数据采集工具有 pache 的 Chukwa、Facebook 的 Scribe、Cloudera 的 Flume、Linkedin 的 Kafka 和 阿里的 TT（Time Tunnel）等，它们大多是作为完整的大数据处理平台而设计的，不仅可以进行海量日志数据的采集，还可以实现数据的聚合和传输。下面简要介绍 Flume、Scribe 和 TT 平台。

1. Flume

Flume 是一个开源、分布式、可靠性高、易于扩展的数据采集系统，目前最新版本为 1.9.0。Flume 最初由 Cloudera 公司设计开发，主要用于合并企业日志数据，后来归属于 Apache旗下，逐渐发展成集海量日志数据的高效采集、聚合和流数据事件传输等功能于一身。

Flume 采用基于流式数据流（Data Flow）的分布式管道架构，通过位于数据源和目的地之间的代理（Agent）实现数据的收集和转发，如图 2.25 所示。Flume 依赖 Java 运行环境，Agent 就是一个 Java 虚拟机（Java Virtual Machine，JVM），是 Flume 的最小独立运行单元，包含源（Source）、通道（Channel）和接收器（Sink）三个核心组件，组件之间采用事件（Event）传输数据流。事件是 Flume 的基本数据单元，由消息头和消息体组成，日志数据就是以字节数组的形式包含于消息体中。

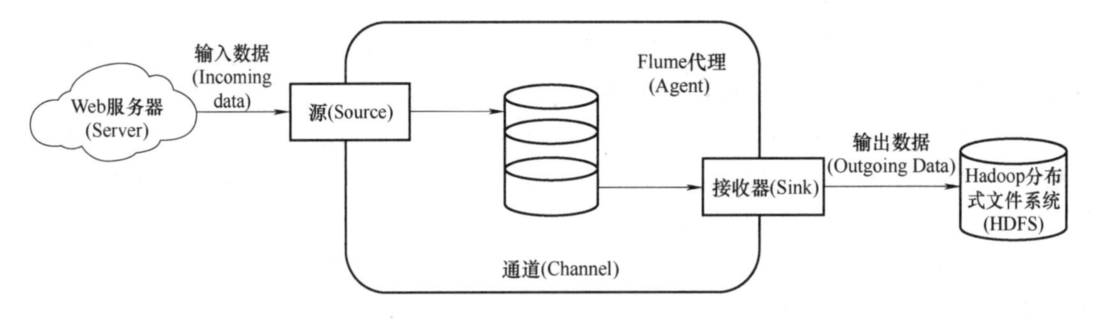

图 2.25 Flume 最小独立运行单元架构

1）Source 是输入数据的收集端，作为 Flume 的输入点，负责将数据捕获后进行格式化，接着封装到事件里并送入一个或多个通道中。Flume 可接收其他 Agent 的 Sink 送来的数据，或自己产生数据，并提供对各种数据源的数据收集能力，包括 Avro 、Thrift、Exec、Spooling Directory、NetCat 、Syslog 、Syslog TCP 、Syslog UDP 、HTTP、HDFS、JMS、RPC 等数据源。除此之外，Flume 还支持定制 Source。

其中 Avro Source 是 Flume 主要的远程过程调用协议（Remote Procedure Call Protocol，RPC）源，被设计为高扩展的 RPC 服务器端，能接收来自其他 Flume Agent 的 Avro Source 或 SDK 客户端应用程序的输出数据；Thrift Source 的设计主要是考虑接收非 JVM 语言的数据，以实现跨语言通信。作为多线程、高性能的 Thrift 服务器，Thrift Source 的配置同 Avro Source 类似；HTTP Source 是 Flume 自带的数据源，可通过 HTTP POST 接收事件。配置较为简单，允许用户配置嵌入式的处理程序。

2）Channel 作为连接组件，用于缓存 Source 已经接收到而尚未成功写入 Sink 的中间数据（数据队列），允许两者运行速率不同，为流动的事件提供中间区域。实际当中可以使用内存、文件、JDBC 等不同配置实现 Channel，保障 Flume 不会丢失数据，具体选择哪种配置，与应用场景有关。

内存通道（Memory Channel）在内存中保存所有数据，实现数据的高速吞吐，但只能暂存数据而无法保证数据的完整性，出现系统事件或 Flume Agent 重启时会导致数据丢失。内存通道存储空间有限，存储能力较低，适用于高速环境且对数据丢失不敏感的场景；文件通道（File Channel）是 Flume 的持久通道，用于将所有数据写入磁盘，以保证数据的完整性与一致性，即使在程序关闭或 Sink 宕机时也不会丢失数据，但读写速度较慢，性能略低于内存通道，主要应用于存储需要持久化和数据丢失敏感的场景。

3）Sink 负责从通道中取出数据，完成相应的文件存储（日志数据较少时）或者放入 Hadoop 数据库（日志数据较多时），并发给最终的目的地或下一个 Agent。Sink 包括内置接收器和用户自定义接收器两类，可支持的数据接收器类型包括 HDFS、HBase、RPC、Solr、ElasticSearch、File、Avro、Thrift、File Roll、Null、Logger 或者其他的 Flume Agent。

HDFS Sink 是 Hadoop 中最常使用的接收器，可以持续打开 HDFS 中的文件，以流的方式写入数据，并根据需要在某个时间点关闭当前文件并打开新的文件。HBase Sink 支持 Flume 将数据写入 HBase，包括 HBase Sink 和 AsyncHBase Sink 两类接收器，二者配置相似但实现方式略有不同。HBase Sink 使用 HBase 客户端 API 写入数据至 HBase，AsyncHBase Sink 使用 AsyncHBase 客户端 API，该 API 是非阻塞的（异步方式）并通过多线程将数据写入 HBase，因此性能更好，但同步性略差。RPC Sink 与 RPC Source 使用相同的 RPC 协议，能够将数据发送至 RPC Source，因此可以实现数据在多个 Flume Agent 之间进行传输。

Flume 在具体应用部署中，可以是图 2.25 所示的单一流程，也可以是由多个 Agent 顺序连接构成的多代理流程，考虑到可靠性方面的要求，一般会限制可以连接的 Agent 数量；在更加灵活的应用环境中，Source 上的数据可以复制到不同的 Channel 中，每一个 Channel 也可以连接不同数量的 Sink，Agent 作为路由节点可以组成一个复杂的数据传输收集网络，如图 2.26 所示。

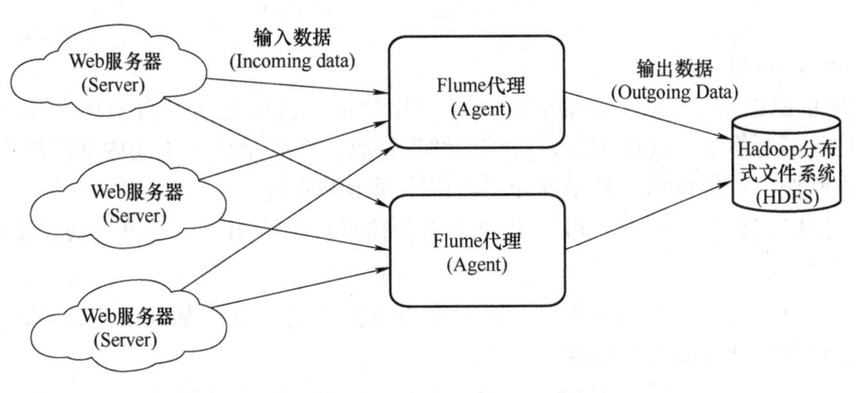

图 2.26　Flume 复杂网络架构

2. Scribe

Scribe是Facebook开源的实时分布式日志收集系统，基于Facebook公司的Thrift框架开发而成，支持C++、Java、Python、PHP、Ruby、Erlang、Perl、Haskell、C#、Cocoa、Smalltalk或OCaml等多种编程语言。可以跨语言和平台进行数据收集，支持图片、音频、视频等文件或附件的采集，并且能够保证网络和部分节点异常情况下的正常运行，但已经多年不再维护。

Scribe采用客户端/服务器（Agent/Server）的工作模式，它的逻辑架构如图2.27所示。客户端本质上是一个Thrift client，安装于数据源，它通过内部定义的Thrift接口，将日志数据推送给Scribe服务器。Scribe服务器由两部分组成：中央服务器（Central Server）和本地服务器（Local Server）。本地服务器分散于Scribe系统中大量的服务器节点上，构成服务器群，它们接收来自客户端的日志数据，并将数据放入一个共享队列，然后推送到后端的中央服务器上。当中央服务器出现故障不可用时，本地服务器会把收集到的数据暂时存储于本地磁盘，待中央服务器恢复后再进行上传。中央服务器可以将收集到的数据写入本地磁盘或分布式文件系统（典型的NFS或者DFS）上，便于日后进行集中的分析处理。

Scribe客户端发送给服务器的数据记录由Category和Message两部分组成，服务器根据Category的取值对Message中的数据进行相应处理。具体处理方式包括：File（存入文件）、Buffer（采用双层存储，一个主存储，一个辅存储）、Network（将数据发送给另一个Scribe服务器）、Bucket（通过Hash函数从多个文件中选择存放数据的文件）、Null（忽略数据）、Thriftfile（存入Thrift TFileTransport文件中）和Multi（同时采用多种存储方式）。

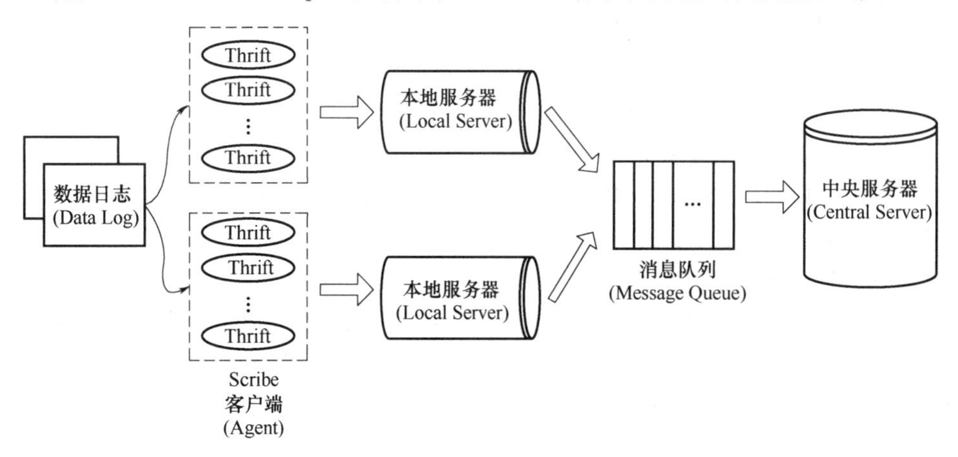

图2.27　Scribe的基本逻辑架构

3. Time Tunnel（TT）

TT是阿里巴巴基于Thrift通信框架实现的开源实时数据传输平台，具有高效性、实时性、顺序性、高可靠性、高可用性、可扩展性等特点，在阿里巴巴集团内部广泛应用于日志收集、数据监控、广告反馈、量子统计、数据库同步等领域。

在阿里巴巴大数据系统中，TT仅作为数据传输平台来使用，而不具备数据采集的功能，但其提供了构建高性能、海量吞吐数据收集工具的基础架构。TT可以提供数据库的增量数据传输，也可以实现日志数据的传输，同时作为数据传输服务的基础架构，TT还可以支持实时流式计算和各种时间窗口的批量计算。

TT基于消息订阅发布的工作模式，系统包括Client（客户端）、Router（路由器）、Zookeeper（分布式服务架构）、Broker（缓存代理）和 TT Manager 五部分，如图 2.28 所示。

（1）Client　Client 是用户访问 TT 系统的一组 API 接口，为用户提供消息发布和订阅功能，主要包括安全认证、发布和订阅三类 API。目前 Client 支持 Java、Python 和 PHP 三种语言。

（2）Router　Router 作为访问 Time Tunnel 的门户，主要提供路由服务、安全认证、负载均衡这三方面功能，同时管理每个 Broker 的工作状态。

当 Client 访问 Time Tunnel 时，第一步工作是向 Router 进行安全认证。认证一旦接受，Router 将根据 Client 发布或者订阅的 Topic 种类，为 Client 提供必要的路由信息，确定为消息队列提供服务的 Broker，并及时向 Client 返回正确的 Broker 地址。Router 还通过启动路由机制，保证 Client 与正确的 Broker 建立连接，并通过负载均衡策略使得所有的 Broker 平均地接收 Client 访问。

（3）Broker　Broker 是整个 Time Tunnel 的核心部分，承担实际流量，进行消息队列的读写，完成消息的存储转发。Broker 以环形结构组成集群存储系统，通过配置告知 Router 集群系统的负载均衡策略，以确保 Router 能够提供正确的路由服务。环形结构中的每个节点的后续节点作为备份节点，当节点发生故障时，可以从备份节点恢复因故障丢失的数据。

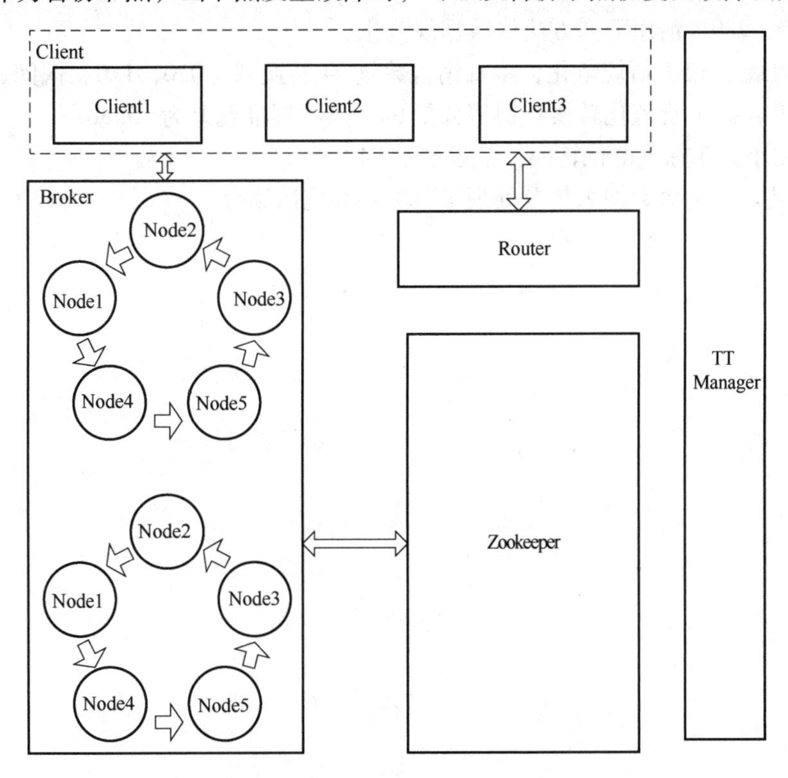

图 2.28　Time Tunnel 系统架构

（4）Zookeeper　Zookeeper 作为 Hadoop 的开源项目，是 Time Tunnel 的状态同步模块，存储 Broker 和 Client 的状态。Router 通过 Zookeeper 感知系统状态的变化，例如增加删除 Broker 环、环节点的增删、环对应的 Topic 的增删、系统用户信息变化等。

（5）TT Manager　TT Manager 管理整个 Time Tunnel 平台，对外负责提供消息队列的

申请、删除、查询以及集群存储系统的管理接口，对内完成故障检测，发起消息队列迁移。

习　题

2.1　简述大数据采集方法的主要分类、特点和适用范围。

2.2　目前数据采集的来源主要有哪些？都分别针对哪些应用场合？

2.3　简要描述大数据预处理的基本流程和作用。

2.4　请说明数据清洗的基本处理过程。

2.5　假定某课程成绩 score 的数据为 81，70，92，65，73，61，85，90，60。请利用分箱法将排序后的数据划分为等深（深度为 3）的箱，并分别使用平均值和边界值进行平滑处理。

2.6　在数据变换中，数据规范化方法主要有三类：最小-最大值规范化、z-score 规范化和小数定标规范化，请说明这三类规范方法的值域范围。

2.7　超市某种商品的日销售数量为 32，57，68，40，89，73，41，56，94，156，84，250，135，49，280，请用下列方法将数据规范化。

（1）使用最小-最大值规范化，将日销售数量 94 转换到［0.0，1.0］区间；

（2）使用 z-score 规范化转换日销售数量 94，其中标准偏差为 15.36；

（3）使用小数定标规范化转换日销售数量 94。

2.8　简述常见的大数据采集及处理平台类别和应用场合。

第3章 大数据存储技术

如今，大数据已成为研究人员的前沿课题，因为从异构设备收集的数据量增长非常迅速。传感器网络、科学实验、网站和许多其他应用程序产生了各种格式的数据，这种从结构化数据转变为非结构化数据的趋势使得传统关系型数据库不适合大数据的存储，而关系型数据库的不足就促进了高效分布式存储机制的发展。给不断动态增长的数据提供一个高度可扩展、可靠的存储是部署大数据工具的主要目标。因此，具有高效的访问性能和容错机制是发展新型存储系统不可或缺的。

大数据已经影响了研究、管理、商业决策等社会各个领域，并且已经引起了数据解决方案提供商的关注，他们致力于提供合理的大数据存储技术。数十年来，大量数据都是通过关系数据库完成存储和检索过程。然而，随着互联网接入和访问的普及，研究技术已经转向处理无模式、互联且快速增长的数据结构。除此之外，如果继续使用关系数据库，网络资源生成的数据的复杂性会增加分析图像数据的困难，同时，指数增长、缺乏结构以及类型多样都对传统数据库管理带来了存储和分析方面的挑战。所以大数据时代必须解决海量数据的高效存储问题。

3.1 存储技术的发展

数据存储介质分为磁带、磁盘和光盘三大类，由三种介质分别构成磁带库、磁盘阵列、光盘阵列三种主要存储设备，三种存储介质各有特点。其中磁盘设备由于存取速度快、数据查询方便、简单易用、安全的磁盘阵列技术等占据一级存储市场的主要份额；磁带设备以技术成熟、价格低廉等优势占据了二级存储市场的重要地位；光盘设备同时具有磁带和磁盘的特点。随着数据规模的逐渐增加，人们对于存储的需求越来越大，单个磁盘的存储已经无法满足一些大数据场景的需求。后来出现了磁盘阵列（Redundant Arrays of Independent Disks, RAID），它由很多价格便宜的磁盘组成巨大的磁盘组，因此可以利用个别磁盘提供数据所产生的加成效果提升整个磁盘系统的效能。这种方式的弊端是不会对数据进行校验和冗余备份，导致几乎所有的IT系统都需要进行容灾恢复，所以，对数据的备份显得尤为重要。

一直以来，各企业公司和政府事业单位信息化建设都是使用的传统存储，传统存储具有悠久的历史与成熟的技术，使用的场景丰富，实践经验丰富，另外，专用存储设备的厂商较多，从维护角度来说，有专门的人才可以最大程度保证可靠性与稳定性。此外，传统存储具有较多的数据保护特性，适用范围广泛。并且部署起来比较简单，组网逻辑简单。同样地，传统存储的成本较高，需要购买专门的硬件、专门的License、专用的线缆、专用的交换机、专门的板卡、专门的多路径软件。在维护上，虽然有了专门的人才，较多的数据保护特性，但是，由于厂商较多（既是优点也是缺点），也导致了在多厂商异构组网的时候难于维护。

3.1.1 传统存储技术

早期的存储设备是直接被CPU所控制的，这种方式存在诸多的问题，后来引进了额外的存储控制单元（Control Unit），CPU通过I/O指令来对硬盘进行控制，同时，控制单元还提供缓存机制，缓解CPU和内存与磁盘速度不匹配问题。随着主机、磁盘、网络等技术的发展，对于承载大量数据存储的服务器来说，服务器内置存储空间，或者说内置磁盘往往不足以满足存储需要或者虽然能满足要求，但各个服务器之间独立，严重降低了磁盘的利用率。因此，在内置存储之外，服务器需要采用外置存储的方式扩展存储空间，当前主流的存储架构有两种，分别为直连式存储和网络连接存储。

直连式存储（Direct Attached Storage，DAS）是最为常见的存储形式之一，特别是在规模比较小的企业中。由于企业本身数据量不大，且光纤交换机等设备价格昂贵，因此基本都采用高密度的存储服务器或者服务器后接JBOD（Just a Bunch Of Disks，磁盘簇）等形式，这种形式的存储就属于DAS架构。DAS存储是通过服务器内部直接连接磁盘组，或者通过外接线连接磁盘阵列。这种方式通常需要通过硬件RAID卡或者软RAID的方式实现磁盘的冗余保护，防止由于磁盘故障导致整个存储系统的不可用而丢失数据，如图3.1所示。同时，采用该种方式的存储通常还需要在主机端安装备份软件对数据进行定期备份，以防止设备故障导致数据丢失。无论直连式存储还是服务器主机的扩展（从一台服务器扩展为多台服务器组成的群集），或存储阵列容量的扩展，都会造成业务系统的停机，从而给企业带来经济损失，对于银行、电信、传媒等行业的关键业务系统，这是不可接受的。并且直连式存储或服务器主机的升级扩展，只能由原设备厂商提供，往往受原设备厂商限制。

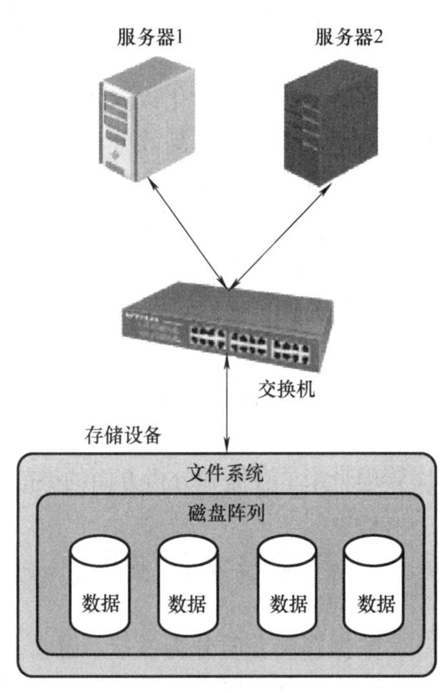

图3.1 直连式存储架构图

网络存储设备（Network Attached Storage，NAS）从名称上就可以看出是通过以太网方式接入并进行访问的存储形式。简单来说，NAS就是一台在网络上提供文档共享服务的网络存储服务器。NAS存储设备可以直接连接在以太网中，之后在该网络域内具有不同类型操作系统的主机都可以实现对该设备的访问。使用者可以通过某种方式（例如linux下的mount命令）将存储服务挂载到本地进行访问，在本地呈现的就是一个文件目录树。我们所熟悉的NFS（Network File System）其实就是一种NAS存储形式，NFS服务器就是NAS存储设备，可以通过开源软件搭建该种类型的存储设备，当然市面上也有很多成熟的产品。

NAS与传统的直接存储设备不同的地方在于，NAS设备通常只提供了资料存储、资料存取以及相关的管理功能，不会与其他业务混合部署，这样就增加了该设备的稳定性，减少了故障的发生概率。NAS 的形式很多样化，可以是一个大量生产的嵌入式设备，也可以是一个单机版的可执行软件。NAS 用的是以文档为单位的通信协议，这些通信协议都是标准协议，目前比较知名的是 NFS 和 CIFS 两种。其中 NFS 在 UNIX 系统上很常见，而 CIFS 则在 Windows 系统经常使用。因为 NAS 解决方案是从基本功能剥离出存储功能，所以运行备份操作就无须考虑它们对网络总体性能的影响。NAS 方案也使得管理及集中控制实现简化，特别是对于全部存储设备都集群在一起的时候。最后一点，光纤接口提供了 10km 的连接长度，这使得实现物理上分离的存储变得非常容易。

3.1.2　分布式存储

分布式存储与访问是大数据存储的关键技术，它具有经济高效、容错性好等特点。分布式存储通过网络使用企业中的每台机器上的磁盘空间，并将这些分散的存储资源构成一个虚拟的存储设备，数据分散地存储在企业的各个角落。传统的网络存储系统采用集中的存储服务器存放所有数据，存储服务器成为系统性能的瓶颈，也是可靠性和安全性的焦点，不能满足大规模存储应用的需要。分布式网络存储系统采用可扩展的系统结构，利用多台存储服务器分担存储负荷，利用位置服务器定位存储信息，它不但提高了系统的可靠性、可用性和存取效率，还易于扩展。简单来说，分布式系统就是将数据分散存储到多个存储服务器上，这些服务器可以分布在企业的各个角落。

分布式存储架构由三个部分组成：客户端、元数据服务器和数据存储服务器，如图 3.2 所示。客户端负责发送读写请求，缓存文件元数据和文件数据。元数据服务器负责管理元数据和处理客户端的请求，是整个系统的核心组件。数据服务器负责存放文件数据，保证数据的可用性和完整性。该架构的好处是性能和容量能够同时拓展，系统规模具有很强的伸缩性。

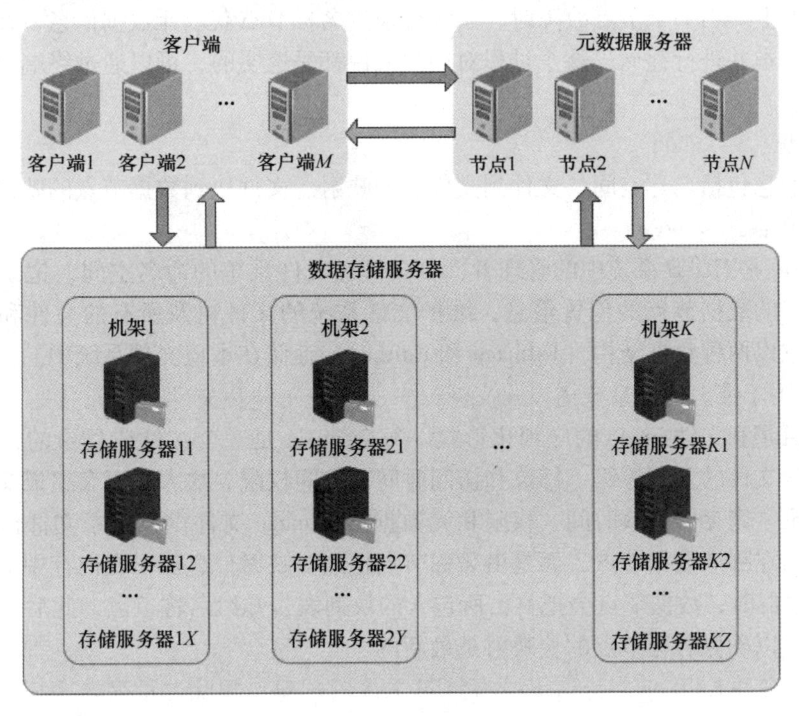

图 3.2　分布式存储架构

3.2 分布式文件系统

Hadoop Distributed File System（HDFS）是Hadoop架构下的一个分布式文件系统。HDFS是Hadoop的一个核心模块，有着高容错性、高吞吐量等优点，并且设计用来部署在低廉的硬件上，能够提供高吞吐量来访问应用程序的数据，适合那些有着超大数据集的应用程序。

3.2.1 HDFS相关概念

HDFS分布式文件系统概念相对复杂，下面将介绍HDFS中的几个重要概念。

1. 块（block）

对于熟悉操作系统的读者来说，块的概念并不陌生，所有文件都是以块的形式存储在磁盘中，文件系统每次只能操作磁盘块大小的整数倍数据。通常来说，一个磁盘块大小为512B。这里要介绍的HDFS中的块是一个抽象的概念，它比上面操作系统中所说的块要大得多，一般默认大小为64MB。

HDFS分布式文件系统是用来处理大文件的，使用块会带来很多好处。一个好处是可以存储任意大的文件而又不会受集群中任意单个节点磁盘大小的限制。有了逻辑块的设计，HDFS可以将超大文件分成众多块，分别存储在集群的各个机器上。另外一个好处是使用抽象块作为操作的单元可以简化存储子系统。在HDFS中块的大小固定，这样它就简化了存储系统的管理，特别是元数据信息可以和文件块内容分开存储，同时更有利于分布式文件系统中复制容错的实现。在HDFS中，为了数据安全，默认将文件块副本数设定为3份，分别存储在不同节点上。当一个节点故障时，系统会通过名称节点获取元数据信息，在另外的机器上读取一个副本并进行存储，这个过程对用户来说都是透明的，可以通过终端命令直接获取文件和块信息。

2. 元数据（Metadata）

元数据信息包括名称空间、文件到文件块的映射、文件块到数据节点的映射三个部分。

3. 名称节点（NameNode）

NameNode是HDFS系统中的管理者，负责管理文件系统的命名空间，记录了每个文件中各个块所在的数据节点的位置信息，维护文件系统的文件树及所有的文件和目录的元数据。这些信息以两种数据结构（FsImage和EditLog）存储在本地文件系统中。

FsImage用于维护文件系统树以及文件树中所有的文件和文件夹的元数据。它包含文件系统中所有目录和文件inode的序列化形式。每个inode是一个文件或目录的元数据的内部表示，并包含文件的复制等级、修改和访问时间、访问权限、块大小以及组成文件的块等信息。对于目录，则存储修改时间、权限和元数据。FsImage文件没有记录文件包含哪些块以及每个块存储在哪个数据节点，而是由名称节点把这些映射信息保留在内存中。当数据节点加入HDFS集群时，数据节点会把自己所包含的块列表告知给名称节点，此后会定期执行这种告知操作，以确保名称节点的块映射是最新的。

操作日志文件EditLog中记录了所有针对文件的创建、删除、重命名等操作。如图3.3所示。

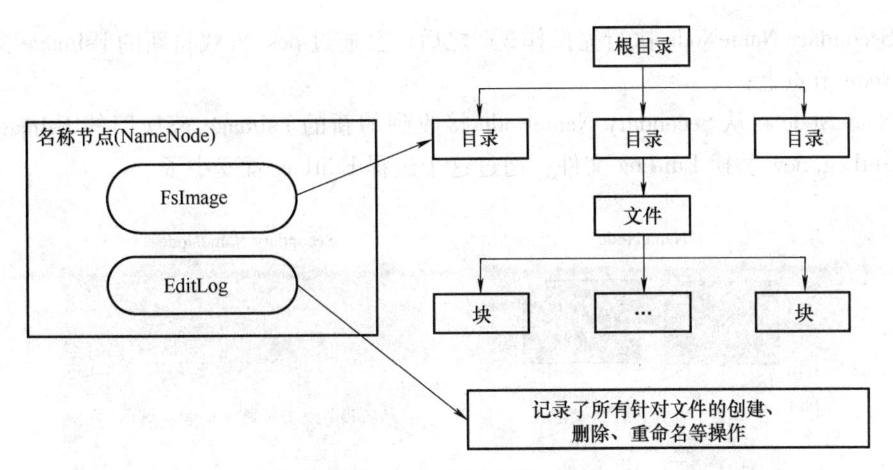

图3.3　名称节点的数据结构

在名称节点启动的时候，它会将FsImage文件中的内容加载到内存中，之后再执行EditLog文件中的各项操作，使得内存中的元数据和实际的同步，存在内存中的元数据支持客户端的读操作。一旦在内存中成功建立文件系统元数据的映射，则创建一个新的FsImage文件和一个空的EditLog文件，名称节点运行起来之后，HDFS中的更新操作会重新写到EditLog文件中，因为FsImage文件一般都很大（GB级别的很常见），如果所有的更新操作都往FsImage文件中添加，这样会导致系统运行十分缓慢，但是，往EditLog文件里面写就不会这样，因为EditLog要小很多。每次执行写操作之后，且在向客户端发送成功代码之前，EditLog文件都需要同步更新。在名称节点运行期间，HDFS的所有更新操作都是直接写到EditLog中，久而久之，EditLog文件将会变得很大。虽然这在名称节点运行时没有明显影响，但是，当名称节点重启的时候，名称节点需要先将FsImage里面的所有内容加载到内存中，然后再一条一条地执行EditLog中的记录，当EditLog文件非常大的时候，会导致名称节点启动操作非常慢，而在这段时间内HDFS系统处于安全模式，一直无法对外提供写操作，影响了用户的使用。

4. 辅助名称节点（Secondary NameNode）

它是NameNode发生故障时的备用节点，主要功能是进行数据恢复。当NameNode运行了很长时间后，EditLog文件会变得很大，NameNode的重启会花费很长时间，因为有很多改动要合并到FsImage文件上。如果NameNode出现故障，那就丢失了很多改动，因为此时的FsImage文件未更新。Secondary NameNode解决了上述问题，它的职责是合并NameNode的EditLog到FsImage文件中，Secondary NameNode的工作情况如图3.4所示。

1）Secondary NameNode会定期和NameNode通信，请求其停止使用EditLog文件，暂时将新的写操作写到一个新的文件edit.new上来，这个操作是瞬间完成的，上层写日志的函数完全感觉不到差别；

2）Secondary NameNode通过HTTP GET方式从NameNode上获取到FsImage和EditLog文件，并下载到本地的相应目录下；

3）Secondary NameNode将下载下来的FsImage文件载入到内存，然后一条一条地执行EditLog文件中的各项更新操作，使得内存中的FsImage保持最新；这个过程就是EditLog和FsImage文件合并；

4）Secondary NameNode 执行完操作 3）之后，会通过 post 方式将新的 FsImage 文件发送到 NameNode 节点上；

5）NameNode 将从 Secondary NameNode 接收到的新的 FsImage 替换旧的 FsImage 文件，同时用 EditLog. new 替换 EditLog 文件，通过这个过程 EditLog 就变小了。

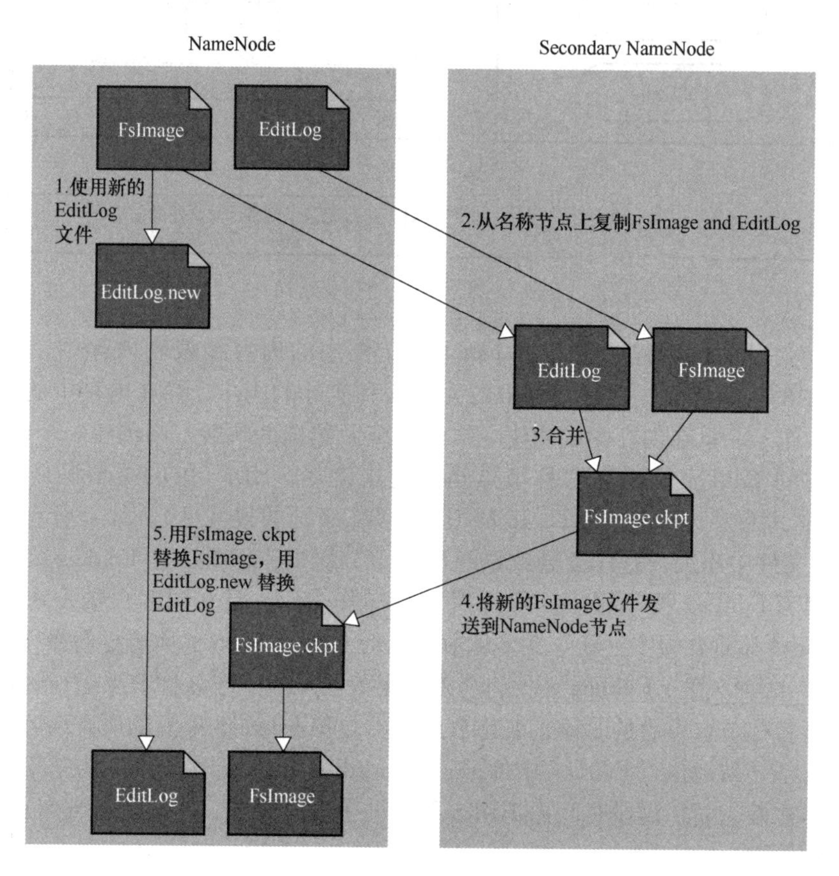

图 3. 4　Secondary NameNode 工作原理

5. 数据节点（DataNode）

DataNode 是 HDFS 文件系统中保存数据的节点，根据需要存储并检索数据块，受客户端或 NameNode 调度，并定期向 NameNode 发送它们所存储的块的列表。同时，它会通过心跳定时向 NameNode 发送所存储的文件块信息。

3. 2. 2　HDFS 体系结构

HDFS 采用了主从（Master/Slave）结构模式，一个 HDFS 集群包括一个名称节点和若干个数据节点。名称节点作为中心服务器，负责管理文件系统的命名空间及客户端对文件的访问，名称节点也叫作“主节点”（Master Node）或元数据节点，是系统唯一的管理者，负责元数据的管理（名称空间和数据块映射信息）、配置副本策略、处理客户端请求。在一个 Hadoop 集群环境中，一般只有一个名称节点，它成为了整个 HDFS 系统的关键故障点，对整个系统的可靠运行有较大影响。

集群中一般是一个节点运行一个 DataNode 进程，负责管理它所在节点上的存储。HDFS 展示了文件系统的命名空间，用户能够以文件的形式在上面存储数据。从内部看，一个文件其实被分成一个或多个数据块（block），这些块存储在一组 DataNode 上。NameNode 执行文件系统的空间操作，如打开、关闭、重命名文件或目录。它也负责确定数据块到具体 DataNode 节点的映射，DataNode 负责处理文件系统客户端的读/写请求以及在 NameNode 的统一调度下进行数据块的创建、删除和复制。一个 HDFS 分布式文件系统的架构如图 3.5 所示。

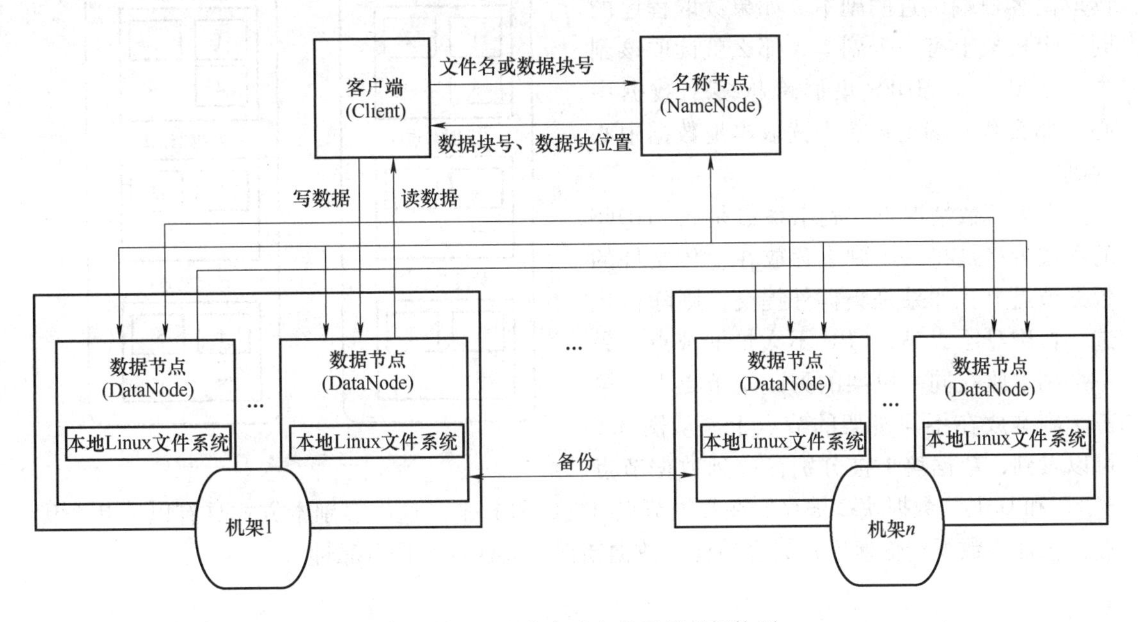

图 3.5 HDFS 分布式文件系统的架构图

客户端是用户操作 HDFS 最常用的方式，HDFS 在部署时都提供了客户端，它是一个库，暴露了 HDFS 文件系统接口。客户端可以支持打开、读取、写入等常见操作，通常通过一个可配置的端口向名称节点主动发起 TCP 连接，并使用客户端协议与名称节点进行交互，客户端与数据节点的交互通过 RPC（Remote Procedure Call）实现。在设计上，名称节点不会主动发起 RPC，而是响应来自客户端和数据节点的 RPC 请求。名称节点和数据节点之间则使用数据节点协议进行交互。

3.2.3 HDFS 存储原理

为了保证系统的容错性和可用性，HDFS 采用了多副本方式对数据进行冗余存储，通常一个数据块的多个副本会被分配到不同的数据节点上。

大型 HDFS 实例一般运行在跨越多个机架的计算机组成的集群上，不同机架上的两台机器之间的通信需要经过交换机，这样会增加数据传输成本。在大多数情况下，同一个机架内的两台机器间的带宽会比不同机架的两台机器间的带宽大。HDFS 工作一旦启动，一方面通过一个机架感知的过程，NameNode 可以确定每个 DataNode 所属的机架 ID。目前 HDFS 采用的策略就是将副本存放在不同的机架上，这样可以有效防止一个机架整体失效时数据的丢失，并且允许读数据的时候充分利用多个机架的带宽。这种策略设置可以将副本均匀地分布在集群中，有利于在组件失效情况下的负载均衡。但是，因为这种策略的一个写操作需要传输数据块到多个机架，所以增加了写操作的成本。另一方面，在读取数据时，为了减少整体的带宽消耗和降低整体的带宽时延，HDFS 会尽量让读取程序读取离客户端最近的副本。如果读取程序的同一个机架上有一个副本，那么就读取该副本；如果一个 HDFS 集群跨越多个数据中心，那么客户端也将首先读取本地数据中心的副本。

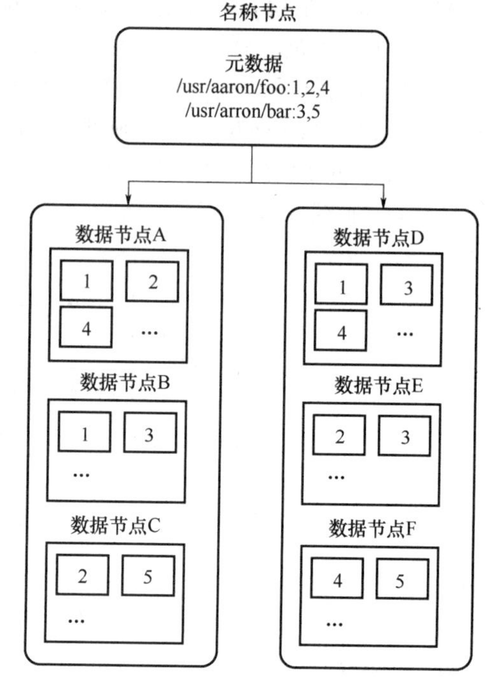

图 3.6 HDFS 数据块多副本存储策略

在大多数情况下，副本系数是 3，HDFS 的存放策略是将一个副本存放在上传文件的数据节点上，如果是集群外提交，则随机挑选一台磁盘不太满，CPU 不太忙的节点。另一个副本放在同一机架的另一个节点上，第三个副本放在不同机架的节点上。从图 3.6 可以看到，数据块 1 被分别存放到数据节点 A、B 和 D 上，数据块 2 被存放在数据节点 A、C 和 E 上。这种多副本方式具有以下几个优点：①加快数据传输速度；②容易检查数据错误；③保证数据可靠性。

3.2.4 HDFS 访问方式

Hadoop 整合了众多文件系统，它首先提供了一个高层的文件系统抽象类 org. apache. hadoop. fs. FileSystem，FileSystem 是一个通用文件系统的抽象基类，可以被分布式文件系统继承。Hadoop 为 FileSystem 提供了多种具体的实现，DistributedFileSystem 就是 FileSystem 在 HDFS 文件系统中的实现。FileSystem 的 open( ) 方法返回的是一个输入流 FSDataInputStream，在 HDFS 文件系统中具体的输入流就是 DFSInputStream，creat( ) 方法返回的是一个 FSDataOutputStream 对象，在 HDFS 文件系统中具体的输出流就是 DFSOutputStream。

1. HDFS 的读操作

HDFS 的读操作原理较为简单，客户端要从数据节点读取文件，这时就需要使用 FileSystem 的 API 打开一个文件的输入流。文件在 Hadoop 文件系统中被视为一个 Hadoop Path 对象。我们可以把一个路径视为 Hadoop 的文件系统的 URL，例如 hdfs://localhost/user/ubuntu/hello. txt。客户端连续调用 open( )、read( )、close( ) 读取数据时，HDFS 内部执行流程如图 3.7 所示。

1）客户端通过调用 FileSystem. get( ) 方法将存有 HDFS 目录的配置文件加载后返回一个 DistributedFileSystem 对象，该对象调用 FileSystem. open( ) 打开文件，返回一个输入流 FSDataInputStream。

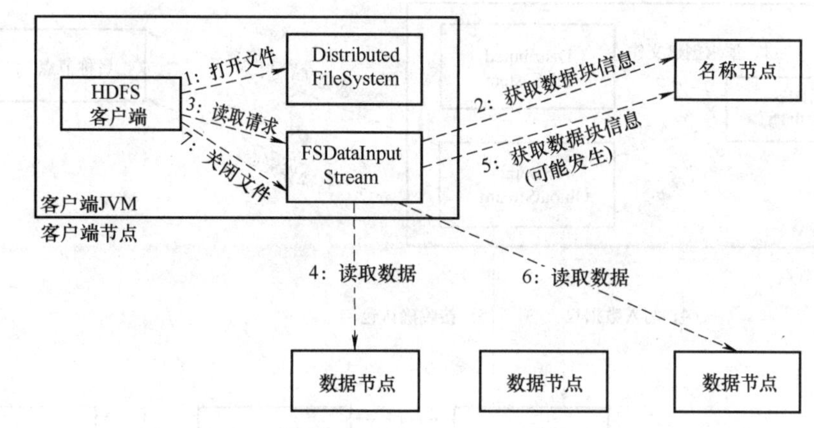

图 3.7　HDFS 文件系统读操作流程

2）DistributedFileSystem 通过 RPC 来调用 namenode，以确定文件的开头部分的块位置。对于每一块，namenode 返回保存该数据块所有数据节点的地址，然后，会根据这些数据节点与 client 的距离进行排序（根据网络集群的拓扑），如果该 client 本身就是一个 datanode，便从本地 datanode 中读取。之后，DistributedFileSystem 返回一个 FSDataInputStream 对象给 client 读取数据，同时返回了数据块的数据节点地址。

3）获得输入流 FSDataInputStream 后，client 对这个输入流调用 read( ) 函数读取数据。输入流根据前面排序结果，选择距离客户端最近的数据节点建立连接并读取数据。

4）数据从该数据节点读到客户端，当该数据块读取完毕时，FSDataInputStream 关闭和该数据节点的连接。

5）输入流通过调用 ClientProtocal. getBlockLocaltions( ) 函数，为下一个块找到最佳的 datanode，client 端只需要读取一个连续的流，这些寻找过程对于 client 来说都是透明的。

6）在读取数据的时候，如果 client 与 datanode 通信时遇到一个错误，那么它就会去尝试离这个块最近的下一个块。它也会记住那个故障节点的 datanode，以保证不会再对之后的块进行徒劳无益的尝试。Client 也会确认 datanode 发来的数据的校验和。如果发现一个损坏的块，它就会在 client 试图从别的 datanode 中读取一个块的副本之前报告给 namenode。

7）当客户端读取完数据时，调用 FSDataInputStream 的 close( ) 函数，关闭输入流。

这个流程设计的一个重点是，client 直接联系 datanode 去检索数据，并被 namenode 指引到块中最好的 datanode。因为数据流在此集群中是在所有 datanode 分散进行的，所以这种设计能使 HDFS 扩展到最大的 client 并发数量。同时，namenode 只提供块的位置请求（存储在内存中，十分高效），不提供数据。否则如果客户端数量增长，namenode 就会快速成为一个“瓶颈”。

2. HDFS 的写操作

FileSystem 还有一系列创建文件的方法，最简单的就是给拟创建的文件指定一个路径对象，然后返回一个写输入流。在不发生任何异常的情况下，客户端连续调用 creat( )、write( )、close( ) 时，HDFS 内部具体执行流程如图 3.8 所示。

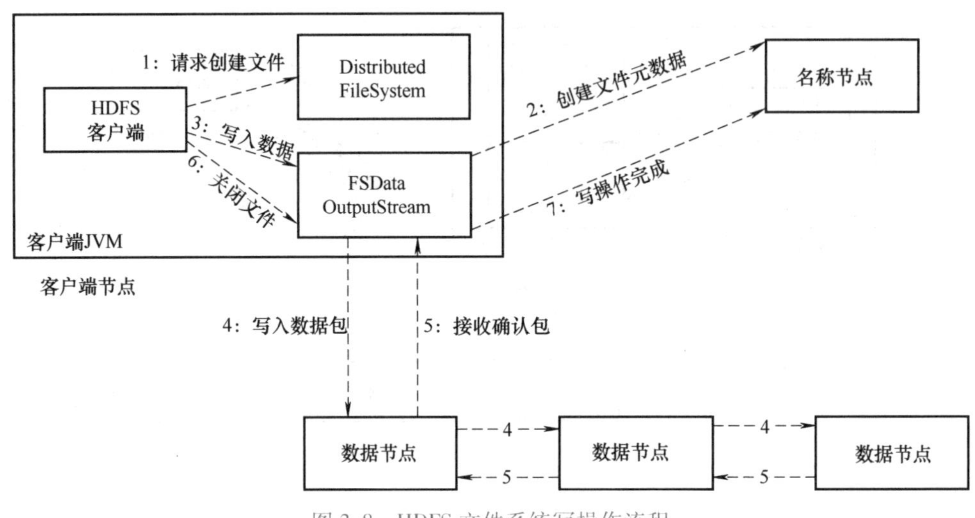

图3.8　HDFS文件系统写操作流程

1）客户端通过在DistributedFileSystem中调用create()来创建文件。与创建输入流类似，DistributedFileSystem会创建输出流FSDataOutputStream。

2）DistributedFileSystem使用RPC去调用namenode，在文件系统的命名空间中创建一个新的文件，没有块与之相联系。Namenode执行各种不同的检查（这个文件存不存在，有没有权限去写，能不能存得下这个文件）以确保这个文件之前不存在，并且获得client有创建文件的许可。如果检查通过，namenode就会生成一个新的文件记录；否则，文件创建失败并向client抛出一个IOException异常。

3）远程方法调用结束后，DistributedFileSystem会将输出流FSDataOutputStream返回给客户端，客户端调用输出流的write()方法向HDFS中对应的文件写入数据。

4）在client写入数据时，FSDataOutputStream中的数据会被分成一个个的包，这些分包会被放入流文件对象的内部队列随数据流流动，数据流的责任是按照namedode分配的指定节点列表，要求这些节点为副本分配新的块。这些数据节点的列表形成一个管线（假设副本数是3，则有3个节点在管线中），数据流将包分流给管线中第一个数据节点（datanode），这个节点会存储包并且发送给管线中的第二个数据节点。同样的，第二个数据节点会存储包并且发送给管线中的第三个数据节点。

5）因为各个数据节点位于不同的机器上，数据需要通过网络发送。因此，为了保证所有数据节点的数据都是准确的，接收到数据的数据节点要向发送者发送“确认包”（ACK Packet）。流文件也有一个“确认包”队列来等待数据节点收到，称为确认队列。确认包沿着数据流管道逆流而上，依次经过各个数据节点并最终发往客户端。客户端收到应答时，将相应的分包从内部队列中移除。不断执行3）~5）步，直到数据全部写完。

这里需要注意，一个包只有被管线中所有的节点确认后才会被移除出确认队列。如果在有数据写入期间，数据节点发生故障，则会执行下面的操作，当然这对写入数据的client而言是透明的：首先管线被关闭，确认队列中的任何包都会被添加回数据队列的前面，以确保故障节点下游的datanode不会漏掉任意一个包。然后为存储在另一正常datanode的当前数据块制定一个新的标识，并将该标识传给名称节点，以便故障节点datanode在恢复后可以删除存储的部分数据块。最后从管线中删除故障数据节点并且把余下的数据块写入管线中的两个正常的数据节点。名称节点注意到块复本量不足时，会在另一个节点上创建一个新的复本。后续的数据块继续正常接收处理。只要 dfs. replication. min 的副本（默认是1）被写入，写操作就是成功的，并且这个块会在集群中被异步复制，直到其满足目标副本数（dfs. replication 默认值为3）。

6）client 完成数据的写入后，调用 close( ) 方法关闭输出流，此时开始，客户端不会再向输出流中写入数据。

7）当 FSDataOutputStream 中所有的数据包都收到应答后，就可以调用 ClientProtocol. complete( ) 方法通知名称节点关闭文件，完成了一次写文件过程。

3.3　数据库

面对互联网时代产生的海量数据，传统的数据处理技术是否依旧合适？传统的关系型数据库是否依旧能满足应用需求？诸如此类疑问都使传统数据处理技术遇到了前所未有的难题。传统关系数据库对结构化数据的存储与管理技术已经成熟并得到了广泛应用。由于非结构化是大数据的重要特征之一，如何将大数据组织成合理的逻辑结构与存储结构，便于挖掘出更精确的有价值信息，并将其投入到商业应用中，这是大数据时代数据库技术的一个重要的、必须解决的问题。

3.3.1　传统关系型数据库面临的问题

传统关系型数据库在数据存储上主要面向结构化数据，聚焦于便捷的数据查询分析能力、按照严格规则快速处理事务的能力、多用户并发访问能力及数据安全性的保证。其以结构化的数据组织形式、严格的一致性模型、简单便捷的查询语言、强大的数据分析能力及较高的程序与数据独立性等优点而获得广泛应用。但是面向结构化数据存储的关系型数据库已经不能满足当今互联网数据快速访问、大规模数据分析挖掘的需求，传统关系数据库和数据处理技术在应对海量数据处理上出现了很多不足。

1）关系模型束缚对海量数据的快速访问能力。关系模型是一种按内容访问的模型，在传统的关系型数据库中，根据列的值来定位相应的行。这种访问模型，会在数据访问过程中引入耗时的输入/输出，从而影响快速访问的能力。虽然传统的数据库系统可以通过分区的技术，来减少查询过程中数据输入/输出的次数以缩减响应时间，但是在海量数据规模下，这种分区所带来的性能改善并不显著。

2）针对海量数据，缺乏访问灵活性。在现实情况中，用户查询时希望具有极大的灵活性，用户可以提出各种数据任务请求，任何时间，无论提出的是什么问题，都能快速得到回答。传统数据库不能提供灵活的解决方法，不能对随机性的查询做出快速响应，因为它需要等待人工对特殊查询进行调优，这导致很多公司不具备这种快速反应能力。

3）对非结构化数据处理能力薄弱。传统的关系型数据库对数据类型的处理只局限于数字、字符等，对多媒体信息的处理只是停留在简单的二进制代码文件的存储中。然而随着用户应用需求的提高、硬件技术的发展和多媒体交流方式的普及，用户对多媒体处理的要求从简单的存储上升为识别、检索和深入加工。因此，如何处理占信息总量85%的声音、图像、时间序列信号和视频等复杂数据类型，是很多数据库厂家正面临的问题。

4）海量数据导致存储成本、维护管理成本不断增加。大型企业都面临着业务和IT投入的压力，与以往相比，系统的性价比更加受关注，投资回报率越来越受到重视。海量数据使得企业因为保存大量在线数据及数据膨胀而需要在存储硬件上大量投资，虽然存储设备的成本在下降，但存储的整体成本却在不断增加，并且正在成为最大的IT开支之一。

3.3.2 分布式数据库HBase

HBase是针对谷歌BigTable的开源实现，是一个高可靠、高性能、面向列、可伸缩的分布式数据库，主要用来存储非结构化和半结构化的松散数据，支持超大规模数据存储，它可以通过水平扩展的方式，利用廉价计算机集群处理由超过10亿行数据和数百万列元素组成的数据表。

1. HBase概述

HBase是Apache Hadoop生态系统中的重要一员，而且与Hadoop一样，依靠横向扩展，通过不断增加廉价的商用服务器，来增加计算和存储能力。HBase基于Google的BigTable模型开发，是典型的键-值（key-value）存储系统。它将数据按照表、行和列的逻辑结构进行存储，是构建在HDFS之上的面向列、可伸缩的分布式数据库。尽管Hadoop可以很好地解决大规模数据的离线批量处理问题，但是，受限于Hadoop MapReduce编程框架的高延迟数据处理机制，以及HDFS只能批量处理和顺序访问数据的限制，Hadoop无法满足大规模数据实时处理应用的需求，而HBase位于结构化存储层，在HDFS提供的高可靠性的底层存储支持下，HBase具有随机的方式访问、存储和检索数据库的能力。同时传统的通用关系型数据库无法应对数据规模剧增引起的系统扩展和性能问题，因此包括HBase在内的非关系型数据库的出现，有效弥补了传统关系数据库的缺陷。HBase与传统的关系数据库的区别主要体现在以下几个方面：

（1）数据类型 关系数据库采用关系模型，具有丰富的数据类型和存储方式，HBase则采用了更加简单的数据模型，它把数据存储为未经解释的字符串，用户可以把不同格式的数据都序列化成字符串保存在HBase中。

（2）数据操作 关系数据库中包含了丰富的操作，其中会涉及复杂的多表链接。HBase操作则不存在复杂的表与表之间的关系，只有简单的插入、查询、删除、清空等，因为HBase在设计上避免了复杂的表和表之间的关系，通常只采用表单的主键查询。

（3）存储模式 关系数据库是基于行模式存储的，这种存储模式会浪费许多磁盘空间和内存带宽。HBase是基于列存储的，每个列族都由几个文件保存，不同列族的文件是分离的。它的优点是降低I/O开销，支持大量并发用户查询，因为仅需要处理可以响应这些查询的列，而不需要处理与查询无关的大量数据行，同一个列族中的数据会被一起进行压缩，由于同一列族内的数据相似度较高，因此可以获得更高的压缩比。

2. HBase数据模型

HBase实际上就是一个稀疏、多维、持久化存储的映射表，它采用行键（Row Key）、列族（Column Family）、列限定符（Column Qualifier）和时间戳（Timestamp）进行索引。每个值是一个未经解释的字符串，没有数据类型。用户在表中存储数据，每一行都有一个可排序的行键和任意多的列。表在水平方向由一个或多个列族组成，一个列族中可以包含任意多个列，同一个列族里面的数据存储在一起。所有列均以字符串形式存储，用户需要自行进行数据类型转换。由于同一张表里面的每一行数据都可以有截然不同的列，因此对于整个映射表的每行数据而言，有些列的值就是空的，所以说 HBase 是稀疏的。

HBase 使用坐标来定位表中的数据，也就是说，每个值都是通过坐标来访问的。需要根据行键、列族、列限定符和时间戳来确定一个单元格，因此可以视为一个“思维坐标”。

（1）表　HBase 采用表来组织数据，表由行和列组成，列划分为若干个列族。

（2）行　每个 HBase 表都由若干行组成，每个行由行键来标识。行键是数据行在表中的唯一标识，并作为检索记录的主键。在 HBase 中访问表中的行只有三种方式：通过单个行键访问、给定行键的访问范围、全表扫描。行键可以是任意字符串，默认按字段顺序进行存储。

（3）列族　一个 HBase 表被分组成许多“列族”的集合，它是基本的访问控制单元。列族需要在表创建时就定义好，存储在一个列族中的所有数据，通常都属于同一种数据类型，这样就具有更高的压缩率。表中的每个列都归属于某个列族，数据可以被存放到列族的某个列下面。在 Hbase 中，访问控制、磁盘和内存的使用统计都是在列族层面进行的。

（4）单元格　在 HBase 表中，通过行、列族和列确定一个“单元格”。单元格中存储的数据没有数据类型，每个单元格中可以保存一个数据的多个版本，每个版本对应一个不同的时间戳。每个单元格都保存着同一份数据的多个版本，这些版本采用时间戳进行索引。每次对一个单元格执行操作（新建、修改、删除）时，HBase 都会隐式地自动生成并存储一个时间戳。一个单元格的不同版本是根据时间戳降序的顺序进行存储的，这样，最新的版本可以被最先读取。

下面以一个例子来阐述 HBase 的数据模型，图 3.9 所示是一张用来存储学生信息的 HBase 表，学号作为行键来唯一标识一个学生，表中设计了列族 Info 用来保存学生相关信息，列族 Info 中包含 3 个列——name、major、email，分别用来保存学生的姓名、专业和电子邮件信息。学号为“201505003”的学生存在两个版本的电子邮件地址，时间戳分别为 ts1 = 1174184619081 和 ts2 = 1174184620720，时间戳较大的数据版本是最新的数据。

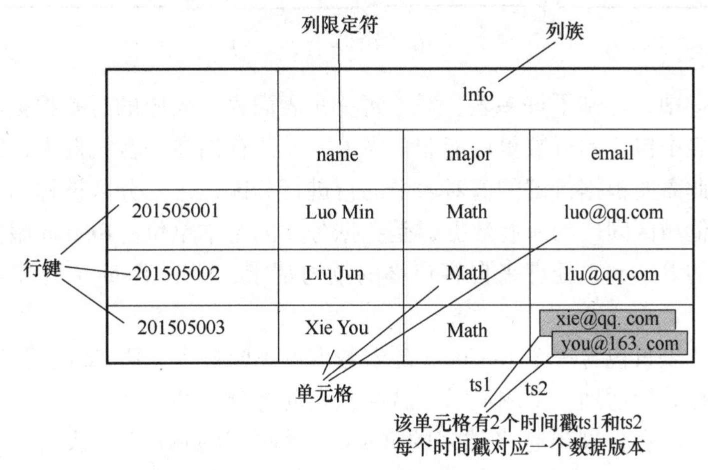

图 3.9　HBase 数据模型实例

（5）数据坐标 HBase数据库中，每个值都是通过坐标来访问的。例如，在图3.9中，由行键“201505003”、列族“Info”、列限定符“email”和时间戳“1174184619081”（ts1）这四个坐标值确定的单元格[“201505003”，“Info”，“email”，“1174184619081”]，里面存储的值是you@163.com.。如果把所有坐标看成一个整体，视为“键”，把四维坐标对应的单元格中的数据视为“值”，那么，HBase也可以看成一个键值数据库，如表3.1所示。

表3.1 HBase键值数据库

键	值
[“201505003”，“Info”，“email”，1174184619081]	“xie@qq.com”
[“201505003”，“Info”，“email”，1174184620720]	“you@163.com”

3. HBase体系结构

HBase的实现需要四个主要的功能组件：链接到每个客户端的库函数、Zookeeper服务器、Master主服务器和Region服务器。具体体系结构如图3.10所示。

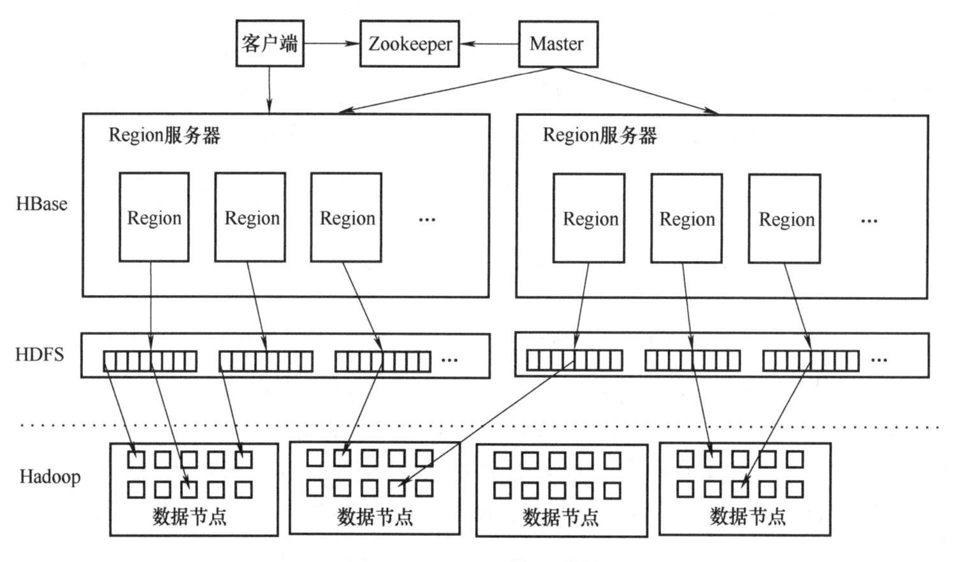

图3.10 HBase体系结构

在一个HBase中，存储了许多表，对于每一张表而言，表中的行是根据行键的值的字典序进行维护的。表中包含的行数量可能非常庞大，无法存储在一台机器上，需要分布存储到多个机器上。因此需要根据行键的值对表中的行进行分区，每个分区被称为一个“Region”，包含了位于某个值域区间内的所有数据，是数据分发的基本单位。Region服务器负责存储和维护分配给自己的Region，处理来自客户端的读写请求，所有Region会被分发到不同的服务器上。

初始时，每个表只包含一个Region，随着数据的不断插入，Region会持续增大，当一个Region中包含的行数量达到一个阈值时，就会被自动等分成两个新的Region，随着表中行的数据量持续增加，就会分裂出越来越多的Region。每个Region的默认大小为100~200MB，是HBase中负载均衡和数据分发的基本单位。Master主服务器负责管理和维护数据表的分区，例如一个表被分成了哪些Region，每个Region被存放在哪台Region服务器上，不同的

Region 会被分配到不同的 Region 服务器上，但是同一个是不会被拆分到多个 Region 服务器上的。每个 Region 服务器负责管理一个 Region 集合，通常在每个 Region 服务器上会放置 10~1000 个 Region。当存储数据量非常庞大时，必须设计相应的 Region 定位机制，保证客户端知道哪里可以找到自己所需要的数据。每个 Region 都有一个 RegionID 来标识它的唯一性，这样，一个 Region 标识符就可以表示成"表名+开始主键+RegionID"。Zookeeper 主要实现集群管理的功能，根据当前集群中每台机器的服务状态，调整分配服务策略。在 HBase 服务器集群中，包含了一个 Master 和多个 Region 服务器，每一个 Region 服务器都需要到 Zookeeper 中进行注册，Zookeeper 会实时监控每个 Region 服务器的状态并通知给 Master，这样，Master 就可以通过 Zookeeper 随时感知到各个 Region 服务器的工作状态。

4. HBase 数据存储过程

当 HBase 对外提供服务时，其内部存储着名为-ROOT-和 . META. 的特殊目录表，. META. 表的每个条目包含两项内容，一个是 Region 标识符，另一个是 Region 服务器标识，这个条目就表示 Region 和 Region 服务器之间的对应关系，因此也称为"元数据表"。当 . META. 表中的条目增加非常多时，也需要分区存储在不同的服务器上，因此，. META. 表也会分裂成多个 Region，为了定位这些 Region，需要构建一个新的映射表，记录所有元数据的具体位置，这个表就叫作-ROOT-表。-ROOT-表是不能分割的，永远只有一个 Region 用于存放-ROOT-表，Master 主服务器知道它的位置，具体结构如图 3. 11 所示。

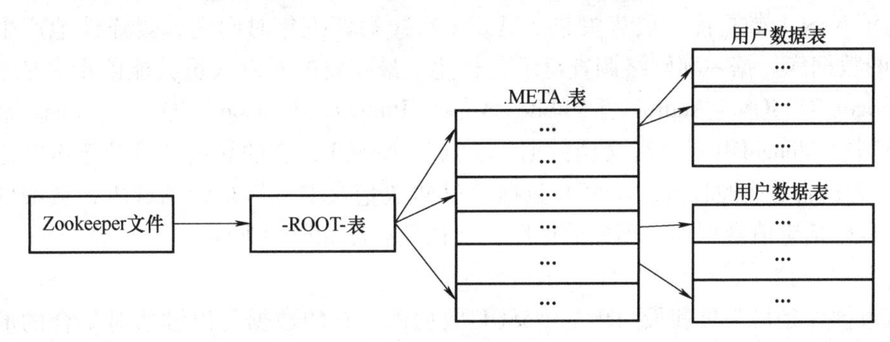

图 3. 11　HBase 的三层结构

当客户端提出数据访问请求时，首先在 Zookeeper 集群上查找-ROOT-的位置，然后客户端通过-ROOT-查找请求所在范围所属 . META. 的区域位置，接着，客户端查找 . META. 区域位置来获取用户空间区域所在节点及其位置；最后，客户端即可直接与管理该区域的 Region 服务器进行交互。一旦客户端知道了数据的实际位置（某 Region 服务器位置），该 Client 会直接和这个 Region 服务器进行交互，也就是说，客户端需要通过"三级寻址"过程找到用户数据表所在的 Region 服务器，然后直接访问该 Region 服务器获得数据。

3. 3. 3　NoSQL 技术

NoSQL 是一种不同于关系数据库的数据库管理系统设计方式，是对非关系型数据库的统称。NoSQL 技术引入了灵活的数据模型、水平可伸缩性和无模式数据模型。这些数据库旨在提供易于扩展和管理的大量数据。NoSQL 数据库提供一定级别的事务处理，使其适合社交网络工作、电子邮件和其他基于 Web 的应用程序。为了提高用户对数据的可访问性，数据在多个站点中分布和复制。同一站点上的复制不仅支持数据在任何损坏的情况下进行恢复，而且如果复制副本创建在不同的地理位置，也有助于提高数据的可用性。一致性是分布式存储系统的另一重要指标，保证多个副本在每个站点同步最新状态是一项非常有挑战性的任务。

NoSQL 技术典型地遵循 CAP 理论和 BASE 原则。CAP 理论可简单描述为：一个分布式系统不能同时满足一致性（consistency）、可用性（availability）和分区容错性（partition tolerance）这 3 个需求，最多只能同时满足两个。因此，大部分非关系型数据库系统都会根据自己的设计目的进行相应的选择，如 Cassandra、Dynamo 满足 AP；Big Table、Mongo DB 满足 CP；而关系数据库，如 Mysql 和 Postgres 满足 AC。BASE 即 Basically Available（基本可用）、Soft State（柔性状态）和 Eventually Consistent（最终一致）的缩写。Basically Available 是指可以容忍系统的短期不可用，并不强调全天候服务；Soft State 是指状态可以有一段时间不同步，存在异步的情况；Eventually Consistent 是指最终数据一致，而不是严格的时时一致。因此，目前 NoSQL 数据库大多是针对其应用场景的特点，遵循 BASE 设计原则，更加强调读写效率、数据容量以及系统可扩展性。在性能上，NoSQL 数据存储系统都具有传统关系数据库所不能满足的特性，是面向应用需求而提出的各具特色的产品。在设计上，它们都关注对数据高并发读写和对海量数据的存储等，可实现海量数据的快速访问，且对硬件的需求较低。

近些年 NoSQL 数据库发展势头非常迅猛。在短短四五年时间内就爆炸性地产生了 50~150 个新的数据库。据一项网络调查显示，行业中最需要的开发人员技能前十名依次是 HTML5、MongoDB、iOS、Android、Mobile Apps、Puppet、Hadoop、jQuery、Paas 和 Social Media。其中，MongoDB 是一种文档数据库，属于 NoSQL，它的热度甚至位于 iOS 之前，足以看出 NoSQL 的受欢迎程度。NoSQL 数据库虽然数量众多，但是归结起来，典型的 NoSQL 数据库通常包括键值数据库、列族数据库、文档数据库和图数据库。

1. 键值数据库（Key-Value Database）

键值数据库是最常见和最简单的 NoSQL 数据库，它的数据是以键值对集合的形式存储在服务器节点上，其中键作为唯一标识符。键值数据库是高度可分区的，并且允许以其他类型数据库无法实现的规模进行水平扩展。例如，如果现有分区填满了容量，并且需要更多的存储空间。键值数据库会使用一个哈希表，这个表中有一个特定的 Key 和一个指针指向特定的 Value。Key 可以用来定位数据。Value 对数据库而言是透明不可见的，不能对其进行索引和查询，只能通过 Key 进行查询。Value 的值可以是任意类型的数据，包括整型、字符型、数组、对象等。在存在大量写操作的情况下，键值数据库可以比关系数据库取得明显更好的性能。因为，关系数据库需要建立索引来加速查询，当写操作频繁时，索引会发生频繁更新，由此会产生高昂的索引维护代价。关系数据库通常很难水平扩展，但是键值数据库天生具有良好的伸缩性，理论上几乎可以实现数据量的无限扩容。键值数据库可以进一步划分为内存键值数据库和持久化（Persistent）键值数据库。内存键值数据库把数据保存在内存，如 Memcached 和 Redis 中；持久化键值数据库把数据保存在磁盘，如 BerkeleyDB、Voldmort 和 Riak 中。

2. 列族数据库（Column-Oriented Database）

列存储是按列对数据进行存储的，这种方式对数据的查询（Select）过程非常有利，与传统的关系型数据库相比，可以在查询效率上有很大的提升。列存储可以将数据存储在列族中。存储在一个列族中的数据通常是经常被一起查询的相关数据。例如，如果有一个“住院者”类，人们通常会同时查询患者的住院号、姓名和性别，而不是他们的过敏史和主治医生。这种情况下，住院号、姓名和性别就会被放入一个列族中，而过敏史和主治医生信息则不应该包含在这个列族中。在传统的关系数据库管理系统中也有基于列的存储方式，与之相比，列存储的数据模型具有支持不完整的关系数据模型、适合规模巨大的海量数据、支持分布式并发数据处理等特点。总的来讲，列存储数据库具有模式灵活、修改方便、可用性高、可扩展性强的特点。

3. 文档数据库（Document Database）

面向文档存储是IBM最早提出的，它是一种专门用来存储管理文档的数据库模型。文档数据库是由一系列自包含的文档组成的，这意味着相关文档的所有数据都存储在该文档中，而不是关系数据库的关系表中。事实上，面向文档的数据库中根本不存在表、行、列或关系，这意味着它们是与模式无关的，不需要在实际使用数据库之前定义严格的模式。它与传统的关系型数据库和20世纪50年代的文件系统管理数据的方式相比，都有很大的区别。下面就具体介绍它们的区别。

在古老的文件管理系统中，数据不具备共享性，每个文档只对应一个应用程序，即使多个不同应用程序都需要相同的数据，也必须各自建立属于自己的文件。而面向文档数据库虽然是以文档为基本单位，但是仍然属于数据库范畴，因此它支持数据的共享。这就大大减少了系统内的数据冗余，节省了存储空间，也便于数据的管理和维护。在传统关系型数据库中，数据被分割成离散的数据段，而在面向文档数据库中，文档被看作是数据处理的基本单位。所以，文档可以很长也可以很短，复杂或是简单都可以，不必受到像在关系型数据库中结构的约束。但是，这两者之间并不是相互排斥的，它们之间可以相互交换数据，从而实现相互补充和扩展。例如，如果某个文档需要添加一个新字段，那么在文档中仅需包含该字段即可，而不需要对数据库中的结构做出任何改变。也就是说，这样的操作丝毫不会影响到数据库中其他任何文档。因此，文档不必为没有值的字段存储空数据值。假如在关系数据库中，需要4张表来储存数据：一个Person表、一个Company表、一个Contact Details表和一个用于存储名片本身的表。这些表都有严格定义的列和键，并且使用一系列的连接（Join）组装数据。虽然这样做的优势是每段数据都有一个唯一真实的版本，但这为以后的修改带来不便。此外，也不能修改其中的记录以用于不同的情况。例如，一个人可能有手机号码，也有可能没有。当某个人没有手机号码时，那么在名片上不应该显示“手机：没有”，而是忽略任何关于手机的细节。这就是面向文档存储和传统关系型数据库在处理数据上的不同，很显然，由于没有固定模式，面向文档存储显得更加灵活。面向文档的数据库中，每个名片都存储在各自的文档中，并且每个文档都可以定义它所使用的字段。因此，对于没有手机号码的人而言，就不需要给这个属性定义具体值，而有手机号码的人，则根据他们的意愿定义该值。一定要注意，虽然面向文档数据库的操作方式在处理大数据方面优于关系数据库，但这不意味着面向文档数据库就可以完全替代关系数据库，而是为更适合这种方式的项目提供更佳的选择，如wikis、博客和文档管理系统。

4. 图数据库（Graph Database）

图形存储是将数据以图形的方式进行存储。在构造的图形中，实体被表示为结点，实体与实体之间的关系则被表示为边。其中，最简单的图形就是一个结点，也就是一个拥有属性的实体，关系可以将结点连接成任意结构，那么，对数据的查询就转化成了对图的遍历。图形存储最卓越的特点就是研究实体与实体间的关系，所以图形存储中有丰富的关系表示，这在NoSQL成员中是独一无二的。具体情况下，可以根据算法从某个结点开始，按照结点之间的关系找到与之相关联的结点。例如，想要在住院患者的数据库中查找“负责外科15床患者的主治医生和主管护士是谁”，这样的问题在图形数据库中就很容易得到解决。图数据库专门用于处理具有高度关联关系的数据，可以高效地处理实体之间的关系，比较适合于社交网络、模式识别、依赖分析、推荐系统以及路径寻找等问题。但是，除了在处理图和关系这些应用领域有很好的性能以外，在其他领域，图数据库的性能不如其他NoSQL数据库。

3.4　数据仓库

数据仓库，英文名为Data Warehouse，是为企业所有级别的决策制定过程，提供所有类型数据支持的战略集合。它是单个数据存储，出于分析性报告和决策指出目的而创建，为需要业务智能的企业提供业务流程改进、监视时间、成本、质量以及控制等方面的指导。数据仓库中的数据是在对原有分散的数据库数据抽取、清理的基础上经过系统加工、汇总和整理得到的，必须消除源数据中的不一致性，以保证数据仓库内的信息是关于整个企业的一致的全局信息。

数据仓库的数据主要供企业决策分析来用，所涉及的数据操作主要是查询，一旦某个数据进入仓库之后，一般情况下将被长期保留，也就是数据仓库中一般有大量的查询操作，但修改和删除操作很少，通常只需要定期地加载刷新。

3.4.1　什么是数据仓库

数据仓库的概念由“数据仓库之父”比尔·恩门（Bill Inmon）于1990年提出，即“数据仓库是一个面向主题的（Subject Oriented）、集成的（Integrated）、相对稳定的（Non-Volatile）、反映历史变化（Time Variant）的数据集合，用于支持管理决策”。

它不是一件产品，而是一个系统的工程，负责提供用户用于决策支持的当前和历史数据（这些数据在传统的操作型数据库中很难或不能得到），并通过联机分析处理（OLAP）、数据挖掘（DM）和快速报表工具等技术对这些数据进行处理，为决策提供需要的信息。数据仓库技术是为了有效地把操作型数据集成到统一的环境中以提供决策性数据访问，并进行分析、挖掘的各种技术和模块的总称。

数据仓库是在数据库已经大量存在的情况下，为了进一步挖掘数据资源、为了决策需要而产生的，它并不是所谓的“大型数据库”。数据仓库方案建设的目的，是为前端查询和分析作基础。由于有较大的冗余，需要的存储也较大，为了更好地为前端服务，数据仓库往往具有4个特点，分别为：①效率足够高，满足企业实时或最短时间内看到数据分析结果的需求；②数据质量要求高，准确度高；③具有良好的可扩展性，能够通过中间层技术，使海量数据流有足够的缓冲，从而保证系统运行的流畅性；④采用面向主题的数据组织方式，在较高层次上将企业信息系统中的数据综合、归类并进行分析利用，每一个主题对应一个宏观的分析领域。

随着信息技术的普及和企业信息化建设步伐的加快，企业逐步认识到建立企业范围内的统一数据存储的重要性，越来越多的企业已经建立或正在着手建立企业数据仓库。企业数据仓库有效集成了来自不同部门、不同地理位置、具有不同格式的数据，为企业管理决策者提供了企业范围内的单一数据视图，从而为综合分析和科学决策奠定了坚实的基础。常见的传统数据仓库工具供应商或产品主要包括 Oracle、Business Objects、IBM、Sybase、Informix、NCR、Microsoft、SAS 等。

3.4.2 数据仓库的构成

一个典型的数据仓库主要包含 4 个层次：数据源、数据存储和管理、数据服务、数据应用，具体如图 3.12 所示。

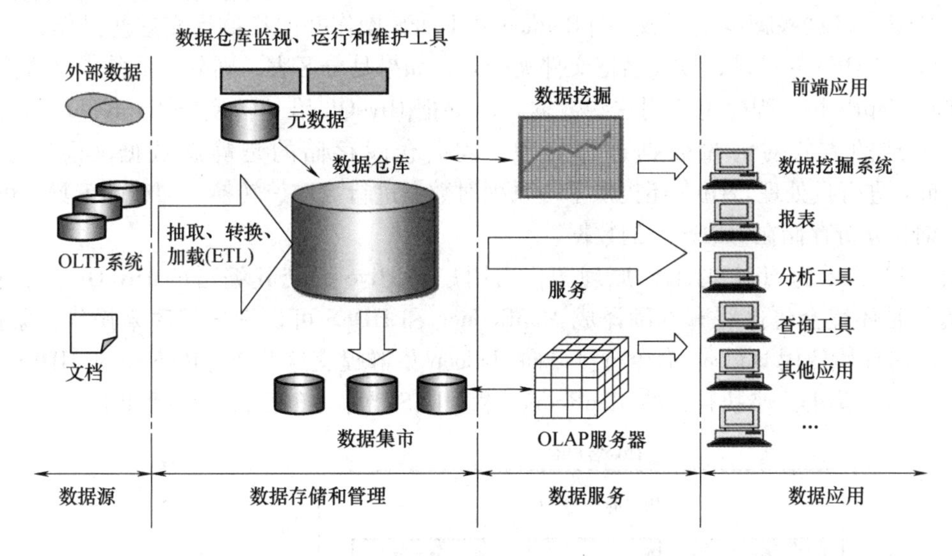

图 3.12 数据仓库体系结构

(1) 数据源 它是数据仓库的数据来源，包括了外部数据、现有业务系统和文档资料等。

(2) 数据集成 完成数据的抽取、清洗、转换和加载任务，数据源中的数据采用 ETL 工具以固定周期加载到数据仓库中。

(3) 数据存储和管理 这一层次主要涉及对数据的存储和管理，包括数据仓库、数据集市、数据仓库检测、运行与维护工具和元数据管理等。

(4) 数据服务 为前端工具和应用提供数据服务，可以直接从数据仓库中获取数据供前端应用使用，也可以通过 OLAP 服务器为前端应用提供更加复杂的数据服务。OLAP 服务器提供了不同聚集粒度的多维数据集合，使得应用不需要直接访问数据仓库中的底层细节数据，大大减少了数据计算量，提高了查询响应速度。OLAP 服务器还支持针对多维数据集的上钻、下探、切片、切块和旋转等操作，增强了多维数据分析能力。

(5) 数据应用 这一层次直接面向最终用户，包括数据查询工具、自由报表工具、数据分析工具、数据挖掘工具和各类应用系统。

3.4.3　数据仓库工具 Hive

Hive 是一个构建在 Hadoop 上的数据仓库平台，最初由 Facebook 开发，后来转由 Apache 软件基金会继续开发，并进一步将它作为 Apache Hive 名义下的一个开源项目。其设计目标是使 Hadoop 上的数据操作与传统 SQL 结合，让熟悉 SQL 编程的开发人员能够轻松向 Hadoop 平台迁移。Hive 可以在 HDFS 上构建数据仓库来存储结构化数据，这些数据是来源于 HDFS 上的原始数据，Hive 提供了类似于 SQL 的查询语言 HiveQL，可以执行查询、变换数据等操作。通过解析，HiveQL 语句在底层被转换为相应的 MapReduce 操作。它还提供了一系列的工具进行数据提取转化加载，用来存储、查询和分析存储在 Hadoop 中的大规模数据集。

1. Hive 的工作原理

Hive 本质上相当于一个 MapReduce 和 HDFS 的翻译终端。用户提交 Hive 脚本后，Hive 运行时环境会将这些脚本翻译成 MapReduce 和 HDFS 操作并向集群提交这些操作，Hive 的表其实就是 HDFS 的目录，按表名把文件夹分开，如果是分区表，则分区值是子文件夹，可以直接在 MapReduce 程序里使用这些数据。Hive 把 HiveQL 语句转换成 MapReduce 任务后，采用批处理的方式对海量数据进行处理。数据仓库存储的是静态数据，很适合采用 MapReduce 进行批处理。Hive 还提供了一系列对数据进行提取、转换、加载的工具，可以存储、查询和分析存储在 HDFS 上的数据。

图 3.13 所示为 Hive 的工作原理图，当用户向 Hive 提交其编写的 HiveQL 后，首先，Hive 运行时环境会将这些脚本翻译成 MapReduce 和 HDFS 可识别的程序来操作；紧接着，Hive 运行时环境使用 Hadoop 命令行接口向 Hadoop 集群提交这些 MapReduce 和 HDFS 操作；最后，Hadoop 集群逐步执行这些 MapReduce 和 HDFS 操作。整个过程概括如下：

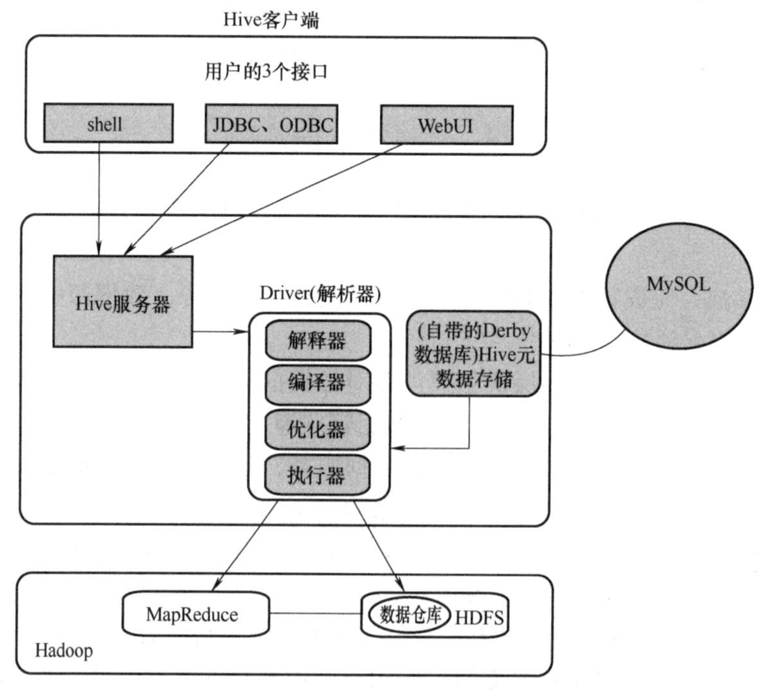

图 3.13　Hive 工作原理图

1）用户编写 HiveQL 并通过接口向 Hive 运行环境提交该 HiveQL。

2）Hive Server 调用解析器将该 HiveQL 翻译成 MapReduce 和 HDFS 操作。

3）Hive 运行环境调用 Hadoop 命令行接口或程序接口，向 Hadoop 集群提交 HiveQL 翻译后的 MapReduce 程序，然后由 Hadoop 集群执行 MapReduce-App 或 HDFS-App。

2. Hive 的数据组织

Hive 的存储是建立在 Hadoop 文件系统之上的。Hive 本身没有专门的数据存储格式，它不能为数据建立索引，因此用户可以非常自由地组织 Hive 中的表，只需要在创建表的时候告诉 Hive 数据中的列分隔符和行分隔符就可以解析数据了。

Hive 中主要包含四类数据模型：表（Table）、外部表（External Table）、分区（Partition）和桶（Bucket）。

（1）Database　在 HDFS 中表现为{hive. metastore. warehouse. dir}定义的目录下的一个文件夹。

（2）Table　在 HDFS 中表现为所属 database 目录下一个文件夹。在 Hive 中每个表都有一个对应的存储目录。例如，一个表 htable 在 HDFS 中的路径为/datawarehouse/htable，其中，datawarehouse 是在 hive-site. xml 配置文件中由{hive. metastore. warehouse. dir}指定的数据仓库的目录，所有的表数据（除了外部表）都保存在这个目录中。

（3）External Table　与 Table 类似，不过其数据存放位置可以是任意指定的 HDFS 目录路径。和 Table 的差别主要体现在，创建表的操作包含 2 个步骤：表创建过程和数据加载过程。在数据加载过程中，实际数据会移动到数据仓库目录中，之后的数据访问将会直接在数据仓库目录中完成。外部表的创建只有一个步骤，加载数据和创建外部表同时完成，实际数据在创建语句 Location 指定的 HDFS 路径中，并不会移动到数据仓库目录中。

（4）Partition　在 HDFS 中表现为 Table 目录下的子目录。在 Hive 中，表中的一个分区对应表下的一个目录，所有分区的数据都存储在对应的目录中。

（5）Bucket　在 HDFS 中表现为同一个表目录或者分区目录下根据某个字段的值进行哈希散列之后的多个文件。

Hive 的元数据存储在关系数据库（RDBMS）中，元数据通常包括：表的名字、表的列和分区及其属性，表的属性（内部表和外部表），表的数据所在目录。除元数据外的其他所有数据都基于 HDFS 存储。默认情况下，Hive 元数据保存在内嵌的 Derby 数据库中，只能允许一个会话连接，只适合简单的测试，不适合实际的生产环境使用。为了支持多用户会话，需要一个独立的元数据库，可以使用 MySQL 作为元数据库，因为 Hive 内部对 MySQL 提供了很好的支持。

在传统数据库中，同时支持导入单条数据和批量数据，而 Hive 中仅支持批量导入数据，因为 Hive 主要用来支持大规模数据集上的数据仓库应用程序的运行，常见操作是全表扫描，所以，单条插入功能对 Hive 并不实用。更新和索引是传统数据库中很重要的特性，Hive 却不支持数据更新，因为它是一个数据仓库工具，而数据仓库中存放的是静态数据。Hive 不像传统的关系型数据库那样有键的概念，它只能提供有限的索引功能，使用户可以在某些列上创建索引，从而加速一些查询操作，Hive 中给一个表创建的索引数据，会被保存在另外的表中。因为 Hive 构建在 HDFS 与 MapReduce 之上，所以，相对于传统数据库而言，Hive 的延迟会比较高，传统数据库中的 SQL 语句的延迟一般少于 1s，而 HiveQL 语句的延迟会达到分钟级。相比于传统关系数据库很难实现横向扩展和纵向扩展，Hive 运行在 Hadoop 集群之上，因此具有较好的可扩展性。

3. Hive 在企业中的部署和应用

Hadoop 除了广泛应用到云计算平台上实现海量数据计算外，还在很早之前就被应用到了企业大数据分析平台的设计与实现。当前企业中部署的大数据分析平台，除了依赖于 Hadoop 的基本组件 HDFS 和 MapReduce 外，还结合使用了 Hive、Pig、HBase 与 Mahout，从而满足不同业务场景的需求，图 3.14 描述了企业实际应用中一种常见的大数据分析平台部署框架。

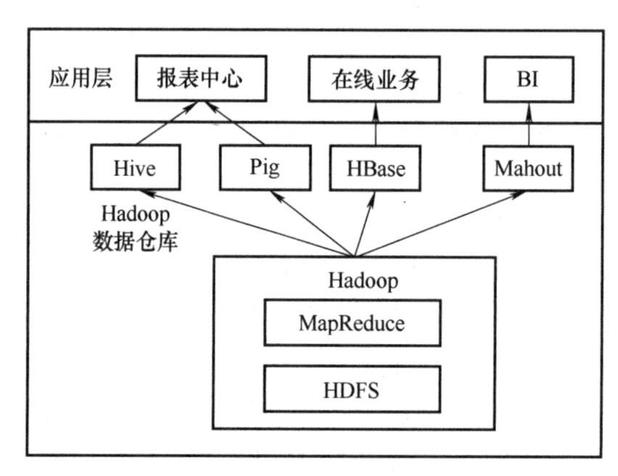

图 3.14 企业中一种常见的大数据分析平台部署框架

在这种部署架构中，Hive 和 Pig 主要应用于报表中心，其中，Hive 用于报表分析，Pig 用于报表中数据的转换工作。因为 HDFS 不支持随机读写操作，而 HBase 正是为此开发的，可以较好地支持实时访问数据，所以 HBase 主要用于在线业务。Mahout 提供了一些可扩展的机器学习领域的经典算法的实现，旨在帮助开发人员更加方便快捷地创建商务智能应用程序，所以 Mahout 常用于 BI（商务智能）。

习 题

3.1 传统数据存储有哪几种模式？请简要说明。

3.2 简述 HDFS 中的名称节点和数据节点的具体功能。

3.3 HDFS 系统如何保证数据的可靠性和容错性？

3.4 什么是 NoSQL 非结构化数据库？它和传统关系型数据库有什么区别？

3.5 试述 CAP 理论的具体含义。

3.6 HBase 数据库如何定位数据存储具体位置？

3.7 HBase 中的分区是如何定位的？

3.8 请阐述在 HBase 三层结构下，客户端是如何访问到数据的。

3.9 简述数据仓库原理及构成。

3.10 简要说明数据仓库的基本架构。

第4章 大数据分析挖掘——分类

数据挖掘是从大量的、不完整的、有噪声的、模糊的和随机的实际应用数据中，提取隐含在其中的、人们事先可知，但又潜在有用的信息和知识的过程。而获取潜在信息的关键是创建挖掘模型。它通过对数据进行分析，查找特定类型的模式和趋势，进而创建挖掘模型。本章将介绍分类分析的概念、一般处理流程、常见分类算法及算法的评价指标。

4.1 分类分析概述

在大数据时代，数据库内容复杂且丰富，其中蕴含的数据信息量巨大，数据挖掘是进行大数据分析研究的关键工作。而数据的分类分析又是一种很重要的数据挖掘技术，也是数据挖掘研究的重点和热点之一。分类分析用于提取刻画重要数据类的模型，其首要任务是预测属性，因此需要构造分类器和模型来预测类标签未知的数据记录。分类技术也因此被广泛地应用于如欺诈检测、目标营销、医疗诊断、人脸检测、故障诊断和故障预警等。

分类（Classification）是一种重要的数据分析形式，用于找出一组数据对象的共同特点并按照一定的模式将其划分为不同的类。分类的目的是分析输入数据，通过训练集中的数据表现出来的特性构造出一个分类函数或分类模型，该模型常被称为分类器，用于将未知类别的样本数据映射到给定类别中。

4.2 分类分析的过程

分类的一般过程是：首先，需要一个训练集（Training Set），训练集由训练数据记录及与它们相关联的类标签组成，用于建立分类模型。其次，将该模型运用于测试集（Test Set），测试集由独立于训练数据的测试数据记录和与它们相关联的类标签组成，用于评估分类器性能。最后，应用最终模型对新的或未知类标签的数据记录进行分类。

数据分类过程总体可以分为两个阶段：

1）学习阶段/训练阶段（构建分类模型），训练集→特征选取→训练→分类器。

2）分类阶段（使用模型预测给定数据的类标签），新样本→特征选取→分类→判决。

第一阶段，建立描述预先定义的数据类或概念集的分类器，这是学习阶段（或训练阶段）。其中分类算法通过分析或从训练集“学习”来构造分类器。通过对训练数据中各数据行的内容进行分析，从而认为每一行数据是属于一个确定的数据类别，其类别值是由一个属性描述（类标签）。如图4.1所示，通过分析训练数据集中每一行天气情况的属性（温度、湿度等），选取天气特征，结合相应的分类算法来提取分类规则，根据分类规则来确定是否适合打球的天气条件。

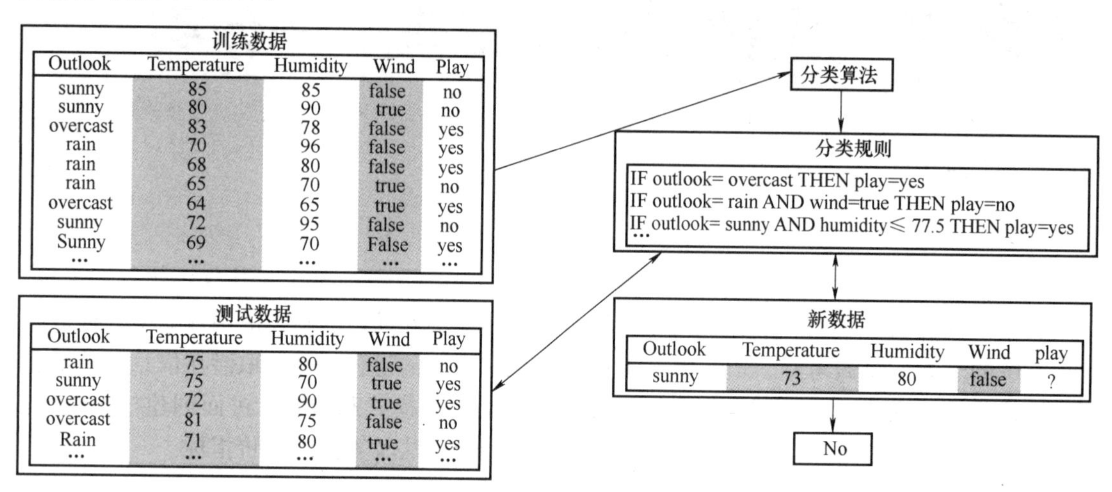

图4.1　分类过程

第二阶段，使用模型进行分类。首先评估分类器的预测准确率（accuracy），选取独立于训练集数据的测试集，通过第一阶段构造出的分类器对给定测试集的数据进行分类。将分类出的每条测试记录的类标签与学习模型对该记录的类预测进行比较，如果分类器的性能达到预定要求，则用该模型对类标签未知的数据记录进行分类。如图4.1所示，将新的天气条件记录数据经测试好的分类模型进行分类，推断出该天气不适宜打球。

4.3　分类算法

分类是数据挖掘、机器学习和模式识别中一个重要的研究领域。解决分类问题的方法有很多，下面介绍一些经典的分类算法，主要包括：决策树、贝叶斯、K-近邻、逻辑回归、人工神经网络和支持向量机等。

4.3.1　决策树

决策树（Decision Tree）最早产生于20世纪60年代，是用于分类和预测的主要技术之一，也是应用最广泛的逻辑方法之一。它是一种逼近离散函数值的方法，优点是分类精度高，操作简单，并且对噪声数据有很好的稳健性。决策树是以实例为基础的归纳学习算法，着眼于从一组无次序、无规则的数据中推理出以树形结构表示的分类规则，找出属性和类别间的关系，是直观运用概率分析的一种图解法。由于决策分支的过程用图形表示时很像一棵树的枝干，因此称其为决策树。

1. 决策树基本概念

决策树是一种树状分类结构模型，它是一种通过对变量值拆分建立分类规则，又利用树形图分割形成概念路径的数据分析技术。决策树主要用于分类，也可以用于回归，由此分为分类决策树和回归决策树。两者的主要差别在于选择变量的标准不同，分类树用在对离散变量进行分类，回归树用在对连续变量进行预测。

决策树分类方法采用自顶向下的递归方式，在决策树的内部节点根据所选择的分支属性的取值，判断该节点向下的分支，在决策树的叶子节点得到结论。因此，从决策树的根节点到叶子节点的一条路径就对应着一条分类规则，整个决策树就对应着一组分类规则。

决策树的典型结构如图 4.2 所示，其中包含 3 种节点：根节点（root node，图中用矩形框表示）、内部节点（internal node，椭圆表示）和叶子节点（leaf node，三角形表示）。叶子节点对应于决策结果，它仅有一条入边，没有出边；其他每个节点对应于一个属性测试，节点的入边代表测试作用的数据集合，出边表示测试的结果。根节点作用于整个数据集，它没有入边，可以有两条或多条出边，例如在图 4.2 中，根据“年龄”进行划分，将原数据集分成了 3 个子集，对应 3 条出边；每个内部节点有一条入边和两条或多条出边，入边对应着从根节点到该内部节点的父节点所在路径上的属性测试结果。

图 4.2 所示是根据客户信息数据集构建出的决策树，数据集中包含年龄、收入状况、是否学生和信用等级等模型分类依据属性，分类目标是判断指定顾客是否会购买 PC 机。图 4.2所示的决策树可以转换为如下所示的 IF-THEN 分类规则：

1）IF 年龄≤30 AND 是学生 THEN 购买 PC；

2）IF 年龄≤30 AND 不是学生 THEN 不购买 PC；

3）IF 年龄 30~40 THEN 购买 PC；

4）IF 年龄>40 AND 信用中 THEN 购买 PC；

5）IF 年龄>40 AND 信用优 THEN 不购买 PC；

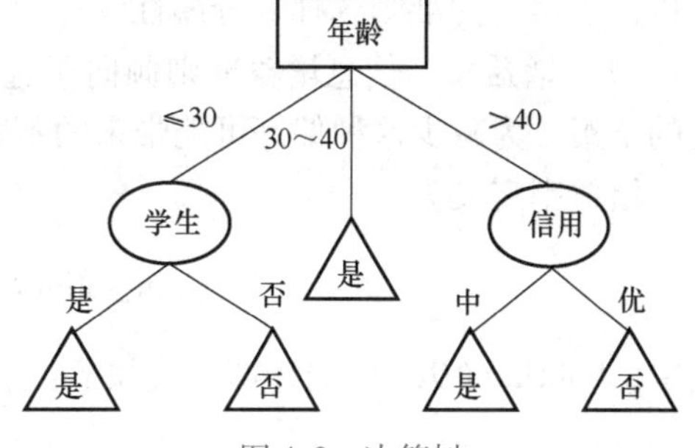

图 4.2　决策树

例如，一个顾客的年龄小于等于 30 岁而且是学生，则预测他会购买 PC 机。

决策树算法主要有 ID3、C4.5 和 CART 等，它们的主要区别在分支属性的选择标准、决策树的结构、剪枝的方法以及能否处理大数据集等方面。

2. 决策树算法属性选择度量

属性选择度量又称为分支指标（Splitting Index，SI），是选择当前节点最优分支属性的准则，是构建决策树算法的关键。

不同的决策树算法采用不同的度量准则，主要有以下三种：信息增益（Information Gain）、增益率（Gain Ratio）和基尼指数（Gini Index），下面分别予以介绍。

假定当前样本集合 D 包含 n 个类别的样本，这些类别分别用 C_1，C_2，…，C_n表示，其中第 k 类样本 C_k在所有样本中出现的频率为 p_k。属性 A 将 D 划分为 m 份，D_i表示根据属性 A 划分的 D 的第 i 个子集，$|D|$和$|D_i|$分别表示 D 和 D_i中的样本数目。

（1）信息增益　信息增益依据熵（Entropy）值的变化来确定。熵是信息论中的一个概念，用于度量随机变量不确定性的大小。信息熵（Information Entropy）是作为度量样本集合不确定性的常用指标。

样本集 D 的信息熵定义为

$$\mathrm{Ent}(D)=\mathrm{Ent}(p_1,p_2,\cdots,p_n)=-\sum_{k=1}^{n}p_k\log_2 p_k \tag{4.1}$$

$\mathrm{Ent}(D)$ 的值越小，则样本集 D 的不确定性越小，即样本的纯度越高。反之，熵越大，变量的不确定性就越大，样本的纯度越低。决策树的分支原则就是使划分后的样本子集越纯越好，也就是说它们的熵越小越好。

条件熵是指在特定属性条件下，随机变量的不确定性。样本集合 D 在属性 A 划分的条件下，子集的熵或期望信息定义为

$$\mathrm{Ent}(D,A)=-\sum_{i=1}^{m}\frac{|D_i|}{|D|}\mathrm{Ent}(D_i) \tag{4.2}$$

信息增益是指划分前样本数据集的不纯程度（熵）和划分后样本数据集的不纯程度（熵）的差值，用来衡量熵的期望减少值。因此，可计算出用属性 A 对样本集 D 进行划分后所获得的信息增益为

$$\mathrm{Gain}(D,A)=\mathrm{Ent}(D)-\mathrm{Ent}(D,A) \tag{4.3}$$

$\mathrm{Gain}(D, A)$ 越大，说明使用属性 A 来划分样本集 D 对分类所提供的信息越大，熵的减少量也越大，节点就趋向于更纯，越有利于分类。因而，可以对每个属性按照它们的信息增益大小进行排列，获得最大信息增益的属性将被选择为分支属性。著名的 ID3 决策树算法就是以信息增益为准则选择划分属性。

（2）增益率　信息增益准则倾向于选择具有大量不同取值的属性，从而产生许多小而纯的子集。为减少这种偏好可能带来的不利影响，可以用增益率选择划分属性。

增益率定义为

$$\mathrm{Gain\_ratio}(D,A)=\frac{\mathrm{Gain}(D,A)}{\mathrm{SplitInfo}(D,A)} \tag{4.4}$$

其中，$\mathrm{SplitInfo}(D, A)$ 的计算方式如下：

$$\mathrm{SplitInfo}(D,A)=-\sum_{i=1}^{m}\frac{|D_i|}{|D|}\log_2\frac{|D_i|}{|D|} \tag{4.5}$$

$\mathrm{SplitInfo}(D, A)$ 反映属性 A 的纯度，如果 A 只含有少量取值的话，A 的纯度就比较高，否则，A 的取值越多，A 的纯度就越低，$\mathrm{Ent}(D, A)$ 的值也就越大，因此，最后得到的信息增益率就越低。C4.5 算法使用增益率选择划分属性，它先从候选分支属性中找出信息增益高于平均水平的属性，然后再从中选择增益率最高的属性作为最优分支属性。

（3）基尼指数　基尼指数度量数据分区或样本数据集 D 对所有类别的不纯度，它的定义为

$$\mathrm{Gini}(D)=\sum_{k=1}^{|n|}\sum_{k'\neq k}p_k p_{k'}=1-\sum_{k=1}^{|n|}p_k^2 \tag{4.6}$$

$\mathrm{Gini}(D)$ 反映了从数据集 D 中随机抽取的样本，其类别标记不一致的概率。$\mathrm{Gini}(D)$ 越小，则数据集 D 的纯度越高，反之，$\mathrm{Gini}(D)$ 越大，则数据集 D 的纯度越低。

类似地，定义在属性 A 下数据集合的基尼指数为

$$\mathrm{Gini}_A(D)=\frac{x_1}{N}\mathrm{Gini}(A_1)+\frac{x_2}{N}\mathrm{Gini}(A_2)+\cdots+\frac{x_m}{N}\mathrm{Gini}(A_m) \tag{4.7}$$

式中，A_1，A_2，…，A_m 表示属性 A 的 m 个不同取值，x_1，x_2，…，x_m 表示各种取值对应的样

本数，x_{ij}表示 x_i个样本中类 j 所对应的样本数。$\text{Gini}(A_i)$ 的定义如下：

$$\text{Gini}(A_i)=1-\left(\frac{x_{i1}}{x_i}\right)^2-\left(\frac{x_{i2}}{x_i}\right)^2-\cdots-\left(\frac{x_{ik}}{x_i}\right)^2=1-\sum_{j=1}^{k}\left(\frac{x_{ij}}{x_i}\right)^2 \tag{4.8}$$

式中，A_i表示属性 A 的第 i 个取值，基尼指数越小表示该属性越适合作为分支的属性。同理，可以得到其他属性作为分支属性的基尼指数，基尼指数减小幅度可表示为

$$\Delta\text{Gini}(A)=\text{Gini}(D)-\text{Gini}_A(D) \tag{4.9}$$

CART 决策树算法使用基尼指数选择划分属性，将基尼指数减少幅度最大的属性作为下一步的分支属性，并将其分割的子集合作为下一步的分支。

除了上述几种常用的度量指标外，人们还提出了其他一些度量方法。例如基于统计χ^2检验的方法（主要用于卡方自动交叉检验 CHAID 决策树算法中）、基于 G-统计量的方法、基于超几何分布的方法等。其实，无论哪种属性选择度量都具有某种偏倚，目前并未发现哪一种度量显著优于其他度量。尽管如此，这些度量在实践中都能产生相当好的效果。

3. 决策树基本原理

决策树是通过一系列的规则对样本数据集进行分类的过程，包括决策树的生成和应用两个阶段。对于决策树算法而言，它的工作重点是如何生成精度高、规模小的决策树。

决策树的生成通常分为三个关键步骤：

第一步，属性选择。从训练样本数据集（对原始数据集进行一定的分析处理后得到的数据集）中选择出最具有分类能力的属性（如果最具有分类能力的属性不唯一，则按属性出现的先后顺序进行选择）作为当前的拆分依据，每种算法都有与之对应的属性选择标准。

第二步，决策树生成。根据所选择的属性特征对样本数据集进行划分，在不同的划分区间进行效果和模型复杂性比较，最后确定最合适的划分，分类结果由最终划分区域优势类（占比大的类别）确定。

第三步，决策树的剪枝。决策树容易过拟合，需要在尽可能排除噪声对训练集影响的前提下将那些影响预测准确性的分支剪除，缩小树的结构规模，从而缓解过拟合。

决策树的应用则是用已建好的决策树模型对新数据进行分类或者预测。

决策树的剪枝是用测试集中的数据对已生成的决策树进行检验、校正和修正，也是决策树停止分支的方法之一。剪枝可以提高树的性能，同时在尽可能排除噪声对训练数据影响的前提下确保决策树分类或预测的精确度，提高树的可理解性，达到一个更好的泛化能力。

决策树剪枝通常分为预剪枝（Pre-Pruning）和后剪枝（Post-Pruning）两种方式。

预剪枝是在树的生长过程中决定是继续对不纯的训练子集进行划分还是停止。一般用户会提前设定一个指标（例如树的深度或节点中样本的数量等），当树达到设定的指标时就停止生长。这样一旦停止分支，当前节点就成为叶子节点。预剪枝可以有效减少建树的计算代价，但是树的叶子节点可能持有训练子集中的多个类，导致产生的树的不纯度增大。

后剪枝首先要树充分生长，直到叶子节点都有最小的不纯度值为止，然后再在树的主体上删除一些不必要的子树。剪枝过程从叶子节点开始逐步向树根方向进行，采取边修剪边检验的方式，为此要使用一个验证集（Tuning Set），检验所剪子树对原有树的准确度或其他测试度的影响，如果影响甚微，则可以剪掉，否则停止。

无论哪种剪枝技术，都有其不足之处。如何提前设定一个理想的指标是预剪枝的核心问题，所设定的指标要能够更好地对新数据集进行分类和预测。后剪枝虽然能够使树得到充分的生长，但是计算量大且复杂，特别是在大样本集中。但对于小样本的情况，后剪枝方法还是优于预剪枝方法。

4. 决策树构建过程

决策树基本的构建过程如图4.3所示。

1）以训练集中的所有记录为单个节点开始；

2）如果样本都在同一个类，则该节点成为叶子节点，并用该类标记，执行结束；

3）根据度量标准选择出分类效果最佳的属性作为决策树的当前节点；

4）根据当前节点属性不同的取值，将训练集划分为若干子集，每个取值形成一个分支。针对当前划分的若干个子集，重复步骤2）~4）；

5）当满足下列条件之一时停止划分：①给定节点的所有样本属于同一类；②没有剩余属性（一个属性只能出现在一个节点上）可以用来进一步划分样本。在这种情况下，将给定的节点转换成树叶，并以该节点个数最多的样本类别作为类别标记；③如果某一分支没有样本，则以该节点中占多数的样本类别创建一个树叶；④决策树深度已经达到设定的最大值。

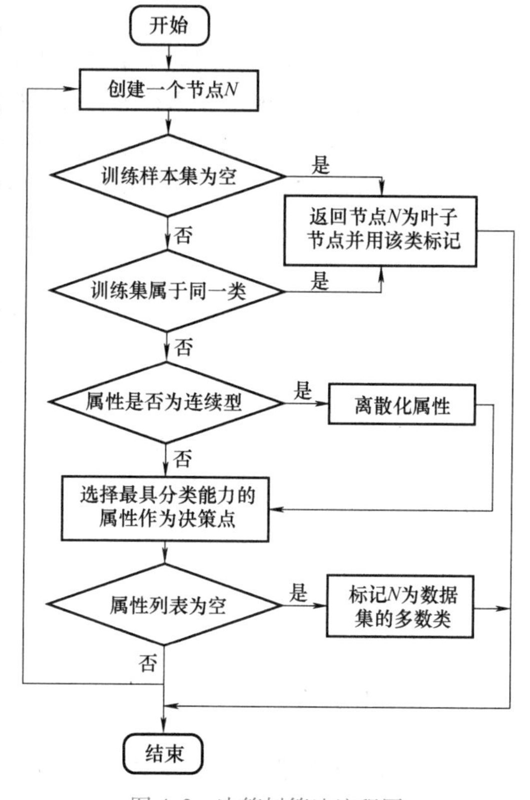

图4.3　决策树算法流程图

决策树算法以其独特的优点得到了广泛应用。它结构简单、易于理解和实现、易于学习掌握，初学者只要通过解释就能够理解决策树所表达的意义，不需要了解很多背景知识。而且决策树能够同时处理数值型和分类型属性，能够在短时间内对大型数据集创建可行且效果良好的分析模型。

5. ID3算法

ID3算法是一种典型的决策树分类算法，最早由澳大利亚学者Quinlan于1975年提出，后来发展的许多决策树算法都是在ID3基础上改进而来的。ID3算法采用信息增益作为度量标准，在选择根节点和各个内部节点属性时，选择当前样本集中具有最大信息增益值的属性作为划分标准，这样可以得到当前情况下最纯的拆分，使得最终生成的决策树能完美分类样本集。

例4.1　某高尔夫俱乐部想了解天气因素对用户是否会来打球的影响，以便根据天气情况预测客户数量，从而适当调整营业方案以节省支出。表4.1给出了一个可能带有噪声的天气预报数据集合，下面通过ID3算法构造它的决策树。

表4.1　样本数据集

tid	outlook	temperature	humidity	windy	play
1	overcast	mid	high	true	yes
2	rain	hot	normal	true	yes
3	rain	mid	high	false	yes
4	sunny	hot	high	true	no
5	overcast	hot	high	false	yes
6	rain	mid	normal	true	yes
7	sunny	hot	normal	true	yes
8	sunny	cool	normal	false	yes
9	overcast	hot	normal	true	yes
10	rain	cool	high	false	no
11	sunny	cool	high	false	no
12	sunny	mid	normal	true	yes
13	rain	hot	high	false	yes
14	sunny	cool	high	true	no
15	sunny	mid	high	false	no
16	overcast	cool	high	true	yes
17	rain	cool	normal	true	no
18	sunny	hot	high	false	no
19	rain	hot	normal	false	yes
20	rain	hot	high	true	no

由表4.1可以看出，数据集D(weather）具有4个属性，分别为："outlook""temperature""humidity"和"windy"，每个属性的取值分别为outlook={sunny，overcast，rain}，temperature={hot，mid，cool}，humidity={high，normal}，windy={true，false}，类标签"play"有"yes"和"no"两种取值。

第一步，首先计算出样本数据集D中所有属性的信息增益，选出信息增益最大的属性作为决策树的根节点属性。

在训练样本中，数据总记录为20，类标签"play"取值为"yes"的样本有12个，为"no"的样本有8个。

由式（4.1）求得给定样本总的信息熵为

$$\mathrm{Ent}(D)=-\frac{12}{20}\log_2\frac{12}{20}-\frac{8}{20}\log_2\frac{8}{20}=0.971$$

对于属性"outlook"，在取值为"sunny"的条件下，"play"取值为"yes"的样本个数为3，为"no"的记录为5，可表示为（3，5）；取值为"overcast"的条件下，"play"取值为"yes"的记录为4，为"no"的记录为0，可表示为（4，0）；取值为"rain"的条件下，"play"取值为"yes"的记录为5，为"no"的记录为3，可表示为（5，3）。

由式（4.2）计算出样本集 D 在用属性"outlook"划分的条件下，子集的熵为

$$\text{Ent}(D,\ \text{sunny})=-\frac{3}{8}\log_2\frac{3}{8}-\frac{5}{8}\log_2\frac{5}{8}=0.954$$

$$\text{Ent}(D,\ \text{overcast})=-\frac{4}{4}\log_2\frac{4}{4}-0=0$$

$$\text{Ent}(D,\ \text{rain})=-\frac{5}{8}\log_2\frac{5}{8}-\frac{3}{8}\log_2\frac{3}{8}=0.954$$

$$\text{Ent}(D,\ \text{outlook})=\frac{8}{20}\times 0.954+\frac{4}{20}\times 0+\frac{8}{20}\times 0.954=0.764$$

由式（4.3）可计算出用属性"outlook"对样本集 D 进行划分，所获得的信息增益为

$$\text{Gain}(D,\text{outlook})=\text{Ent}(D)-\text{Ent}(D,\text{outlook})=0.207$$

同理可得，其他三个属性对样本集 D 进行划分所获得的信息增益为

$$\text{Gain}(D,\text{temperature})=0.102,\text{Gain}(D,\text{humidity})=0.166,\text{Gain}(D,\text{windy})=0.005$$

根据计算结果，在样本集合 D 中属性"outlook"具有最高的信息增益，则选择该属性作为决策树根节点的测试属性，并根据属性"outlook"的不同取值在根节点处向下建立分支。

第二步，根据属性"outlook"的取值分别建立 D_{sunny}、D_{overcast} 和 D_{rain} 三个分支。然后依次计算另外三个属性对这三个样本子集划分后的信息增益，选出信息增益最大的属性作为相应子集的下一级节点（决策树的内部节点）属性。

1）在样本子集 D_{sunny} 中，数据总记录为 8，类标签"play"值为"yes"的样本有 3 个，为"no"的样本有 5 个，同理可得样本子集 D_{sunny} 总的信息熵为

$$\text{Ent}(D,\ \text{sunny})=-\frac{3}{8}\log_2\frac{3}{8}-\frac{5}{8}\log_2\frac{5}{8}=0.954$$

在样本子集 D_{sunny} 中，属性"temperature"值为"hot"的条件下，"play"取值为"yes"的记录为 1，为"no"的记录为 2，可表示为（1，2）；取值为"mid"的条件下，"play"取值为"yes"的记录为 1，为"no"的记录为 1，可表示为（1，1）；取值为"cool"的条件下，"play"取值为"yes"的记录为 1，为"no"的记录为 2，可表示为（1，2）。

计算出样本集子集 D_{sunny} 在用属性 temperature 划分的条件下，子集的熵为

$$\text{Ent}(D_{\text{sunny}},\ \text{hot})=-\frac{1}{3}\log_2\frac{1}{3}-\frac{2}{3}\log_2\frac{2}{3}=0.918$$

$$\text{Ent}(D_{\text{sunny}},\ \text{mid})=-\frac{1}{2}\log_2\frac{1}{2}-\frac{1}{2}\log_2\frac{1}{2}=1$$

$$\text{Ent}(D_{\text{sunny}},\ \text{cool})=-\frac{1}{3}\log_2\frac{1}{3}-\frac{2}{3}\log_2\frac{2}{3}=0.918$$

$$\text{Ent}(D_{\text{sunny}},\ \text{temperature})=\frac{3}{8}\times 0.918+\frac{2}{8}\times 1+\frac{3}{8}\times 0.918=0.939$$

可计算出用属性"temperature"对样本子集 D_{sunny} 进行划分，所获得的信息增益为

$$\text{Gain}(D_{\text{sunny}},\text{temperature})=\text{Ent}(D,\text{sunny})-\text{Ent}(D_{\text{sunny}},\text{temperature})=0.015$$

同理可得，其他两个属性对样本子集 D_{sunny} 进行划分所获得的信息增益为

$$\mathrm{Gain}(D_{sunny}, \mathrm{humidity}) = 0.954, \mathrm{Gain}(D_{sunny}, \mathrm{windy}) = 0.048$$

根据计算结果，在样本子集 D_{sunny} 中属性“humidity”具有最高的信息增益，则选择该属性作为 D_{sunny} 分支上内部节点的测试属性，并根据属性“humidity”的不同取值建立下一级分支。

2）在样本子集 $D_{overcast}$ 中，数据中所有记录的“play”取值均为“yes”（分类完成）。

3）同理可得，剩余三个属性对样本子集 D_{rain} 进行划分所获得的信息增益为

$$\mathrm{Gain}(D_{rain}, \mathrm{temperature}) = 0.548, \mathrm{Gain}(D_{rain}, \mathrm{humidity}) = 0.048, \mathrm{Gain}(D_{rain}, \mathrm{windy}) = 0.048$$

根据计算结果，在样本子集 D_{rain} 中属性“temperature”具有最高的信息增益，则选择该属性作为分支 D_{rain} 上内部节点的测试属性，并根据属性“temperature”的不同取值建立下一级分支。

第三步，重复以上过程，依次对每个分支上的内部节点进行计算，最终生成的决策树如图 4.4 所示。

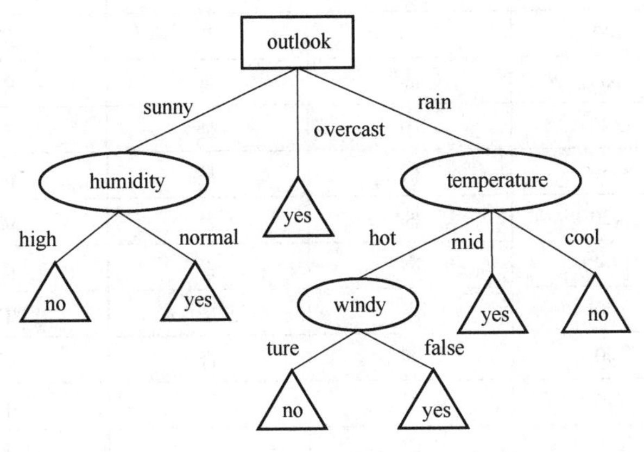

图 4.4　ID3 决策树

ID 3 算法理论清晰，建树方法简单，学习能力较强。但是 ID 3 算法还存在诸多不足：首先，算法偏向于选择取值较多的属性作为分支属性，但是取值最多的属性并不一定是最优的；其次，ID 3 只能构造出离散数据集的决策树，而对于传统的连续型属性不能直接进行处理；再次，ID 3 是非递增算法；再者，ID 3 算法是单变量决策树，属性间的关联性不强，容易导致决策树中的子树或某些属性重复；最后，ID 3 算法对噪声数据很敏感，抗噪性能较差。

6. C4.5 算法

C4.5 算法是 Quinlan 于 1993 年提出的基于 ID3 算法改进而来的决策树构造算法。其核心思想与 ID3 算法一样，也具有分类准确率高、速度快的特点，同时还克服了 ID3 算法的部分缺陷。例如，它可以采用二分法（Bi-Partition）处理连续属性，还能通过忽略、补全等方式处理数据集中的缺失值。C4.5 算法采用信息增益率作为判定划分属性好坏的标准，调整了信息增益偏向多值属性的特点，但是会导致数据集划分不平衡。

C4.5 算法举例

例 4.2　某商场想通过顾客年龄、收入、是否学生以及信用情况等因素了解用户决定是否购买 PC 的原因。根据分析结果供决策者做出准确判断，给出精准营销策略。表 4.2 给出了一个顾客购买 PC 记录的样本数据集合，使用 C4.5 算法构造决策树。

表4.2　样本数据集

序　号	年　　龄	收　　入	是否学生	信　　用	购买PC
1	≤30	高	否	中	否
2	31~40	高	否	中	是
3	>40	中	否	中	是
4	>40	低	是	优	否
5	31~40	低	是	优	是
6	≤30	中	否	中	否
7	≤30	低	是	中	是
8	>40	中	是	中	是
9	31~40	中	否	优	是
10	31~40	低	是	中	是
11	>40	中	否	优	否
12	≤30	高	是	中	是
13	≤30	中	是	中	是
14	≤30	低	是	优	是
15	≤30	低	否	优	否
16	31~40	高	否	优	是
17	>40	高	是	中	否
18	>40	高	否	优	否
19	>40	低	否	中	否
20	>40	中	是	优	否

由表4.2可以看出，数据集D具有4个属性：年龄={≤30，31~40，>40}，收入={高，中，低}，是否学生={是，否}，信用={优，中}，类标签“购买PC”有“是”和“否”两种取值。

第一步，首先计算出样本数据集D中各属性的信息增益率，选出信息增益率最大的属性作为决策树的根节点属性。

在训练样本中，其中数据总记录为20，类标签“购买PC”取值为“是”的样本有11个，为“否”的样本有9个，由式（4.1）求得给定样本总的信息熵为

$$\mathrm{Ent}(D)=-\frac{11}{20}\log_2\frac{11}{20}-\frac{9}{20}\log_2\frac{9}{20}=0.993$$

由式（4.2）计算出样本集D在用属性“年龄”划分的条件下，子集的熵为

$$\begin{aligned}\mathrm{Ent}(D,\text{年龄})&=\frac{7}{20}\times\left(-\frac{4}{7}\log_2\frac{4}{7}-\frac{3}{7}\log_2\frac{3}{7}\right)+\frac{5}{20}\times\left(-\frac{5}{5}\log_2\frac{5}{5}-0\right)+\frac{8}{20}\times\left(-\frac{2}{8}\log_2\frac{2}{8}-\frac{6}{8}\log_2\frac{6}{8}\right)\\&=0.669\end{aligned}$$

由式（4.3）可计算出用属性“年龄”对样本集D进行划分，所获得的信息增益为

$$\mathrm{Gain}(D,\text{年龄})=\mathrm{Ent}(D)-\mathrm{Ent}(D,\text{年龄})=0.324$$

同理可得，其他三个属性对样本集D进行划分所获得的信息增益为

$$\text{Gain}(D,\text{收入})=0.003,\text{Gain}(D,\text{是否学生})=0.067,\text{Gain}(D,\text{信用})=0.027$$

再由式（4.5）求出各属性在样本集 D 上的分裂信息：

$$\text{SplitInfo}(D,\text{年龄})=-\frac{7}{20}\log_2\frac{7}{20}-\frac{5}{20}\log_2\frac{5}{20}-\frac{8}{20}\log_2\frac{8}{20}=1.559$$

$$\text{SplitInfo}(D,\text{收入})=-\frac{6}{20}\log_2\frac{6}{20}-\frac{7}{20}\log_2\frac{7}{20}-\frac{7}{20}\log_2\frac{7}{20}=1.581$$

$$\text{SplitInfo}(D,\text{是否学生})=-\frac{10}{20}\log_2\frac{10}{20}-\frac{10}{20}\log_2\frac{10}{20}=1$$

$$\text{SplitInfo}(D,\text{信用})=-\frac{9}{20}\log_2\frac{9}{20}-\frac{11}{20}\log_2\frac{11}{20}=0.993$$

最后，根据式（4.4）可求出用属性“年龄”对样本集 D 进行划分，所获得的信息增益率为

$$\text{Gain\_ratio}(D,\text{年龄})=\frac{\text{Gain}(D,\text{年龄})}{\text{SplitInfo}(D,\text{年龄})}=\frac{0.324}{1.559}=0.208$$

同理可得，其他三个属性对样本集 D 进行划分所获得的信息增益率为

$$\text{Gain\_ratio}(D,\text{收入})=0.002,\text{Gain\_ratio}(D,\text{是否学生})=0.067,\text{Gain\_ratio}(D,\text{信用})=0.027$$

根据计算结果，在样本集 D 中属性“年龄”具有最高的信息增益率，则选择该属性作为决策树根节点的测试属性，并根据属性“年龄”的不同取值在根节点向下建立分支。

第二步，根据年龄属性的取值分别建立 $D_{\leqslant30}$，$D_{31\sim40}$，$D_{>40}$ 三个分支。然后依次计算另外三个属性对这三个样本子集划分后的信息增益率，选出信息增益率最大的属性作为相应子集的下一级节点属性。

1）在样本子集 $D_{\leqslant30}$ 中，其中数据总记录为 7，类标签“购买 PC”取值为“是”的样本有 4 个，为“否”的样本有 3 个，于是样本子集 $D_{\leqslant30}$ 总的信息熵为

$$\text{Ent}(D_{\leqslant30})=-\frac{4}{7}\log_2\frac{4}{7}-\frac{3}{7}\log_2\frac{3}{7}=0.985$$

同理可得，其余三个属性对样本子集 $D_{\leqslant30}$ 进行划分所获得的信息增益为

$$\text{Gain}(D_{\leqslant30},\ \text{收入})=0.021,\ \text{Gain}(D_{\leqslant30},\ \text{是否学生})=0.985,\ \text{Gain}(D_{\leqslant30},\ \text{信用})=0.006$$

再求出其他属性在样本子集 $D_{\leqslant30}$ 上的分裂信息：

$$\text{SplitInfo}(D_{\leqslant30},\text{收入})=-\frac{2}{7}\log_2\frac{2}{7}-\frac{2}{7}\log_2\frac{2}{7}-\frac{3}{7}\log_2\frac{3}{7}=1.557$$

$$\text{SplitInfo}(D_{\leqslant30},\text{是否学生})=-\frac{4}{7}\log_2\frac{4}{7}-\frac{3}{7}\log_2\frac{3}{7}=0.985$$

$$\text{SplitInfo}(D_{\leqslant30},\text{信用})=-\frac{2}{7}\log_2\frac{2}{7}-\frac{5}{7}\log_2\frac{5}{7}=0.863$$

最后，求出其他三个属性对样本子集 $D_{\leqslant30}$ 进行划分所获得的信息增益为

$$\text{Gain\_ratio}(D_{\leqslant30},\text{收入})=0.013,\text{Gain\_ratio}(D_{\leqslant30},\text{是否学生})=1$$

$$\text{Gain\_ratio}(D_{\leqslant30},\text{信用})=0.007$$

根据计算结果，在样本子集 $D_{\leqslant30}$ 中属性“是否学生”具有最高的信息增益率，则选择该属性作为该分支上的内部节点的测试属性，并根据属性“是否学生”的不同取值建立下

一级分支。

2）在样本子集 $D_{31\sim40}$中，数据中所有记录类标签“购买 PC”值均为同一类“是”（分类完成）。

3）同理可得，剩余三个属性对样本集 $D_{>40}$进行划分，所获得的信息增益率为

$$\text{Gain\_ratio}(D_{>40},\text{收入})=0.207,\text{Gain\_ratio}(D_{>40},\text{是否学生})=0,\text{Gain\_ratio}(D_{>40},\text{信用})=0.5$$

根据计算结果，在样本子集 $D_{>40}$中属性“信用”具有最高的信息增益率，则选择该属性作为该分支上的内部节点的测试属性，并根据属性“信用”的不同取值建立下一级分支。

第三步，重复以上过程，依次对每个分支上的内部节点进行计算，最终生成的决策树如图 4.5 所示。

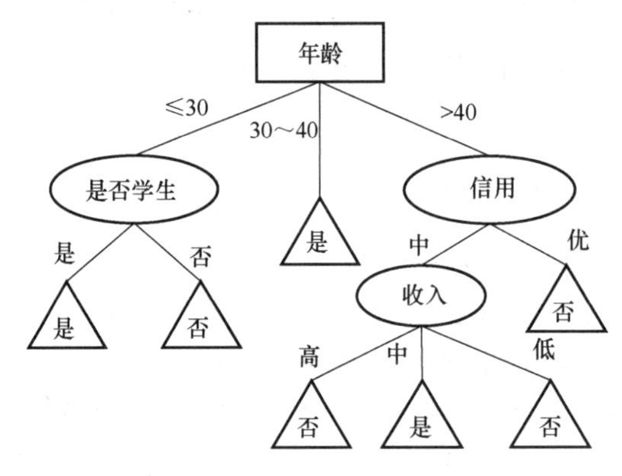

图 4.5　C4.5 决策树

7. CART 算法

分类与回归树（Classification And Regression Tree，CART）由 Breiman、Friedman 和 Olshen 等人在 1984 年提出，是一种以基尼指数作为属性选择度量的非参数分类和回归方法。CART 算法假设决策树是一棵二叉树，因此在每个分支节点处将当前的样本数据集分割为两个互不相交的子集，以基尼指数最小的属性为最佳的分支变量，使所有非叶节点都只有两个分支。该算法在分类过程中存在偏向多值属性的问题，而且计算量要大于 ID3 算法和 C4.5 算法，特别是在类别数量很大时，计算会比较困难。

例 4.3　以表 4.2 所示的数据为例，使用 CART 算法构造决策树。

第一步，首先计算样本数据集 D 中属性（年龄，收入，是否学生，信用）的基尼指数，找出其中基尼指数减少幅度最大的属性作为决策树的根节点属性。

假定创建样本数据集 D 的（根）节点 V_0，由式（4.6）可得根节点的基尼指数为

$$\text{Gini}(V_0)=1-\left(\frac{11}{20}\right)^2-\left(\frac{9}{20}\right)^2=0.495$$

1）计算用属性“年龄”对样本数据集 D 划分后各样本子集的基尼指数。

属性年龄有{≤30，31~40，>40}三个不同取值，分别计算属性年龄按取值{≤30}/{31~40，>40}、{31~40}/{≤30，>40}、{>40}/{≤30，31~40}对样本数据集 D 划分后样本子集的基尼指数。

按{≤30}/{31~40，>40}划分样本数据集 D 时，则由式（4.7）和式（4.8）求得此时用属性“年龄”划分的基尼指数为

$$\mathrm{Gini}(D_{\{\leqslant 30\}/\{31\sim 40,>40\}},\ V_0)=\frac{7}{20}\times\left[1-\left(\frac{4}{7}\right)^2-\left(\frac{3}{7}\right)^2\right]+\frac{13}{20}\times\left[1-\left(\frac{7}{13}\right)^2-\left(\frac{6}{13}\right)^2\right]$$
$$=0.4945$$

则由式（4.9）求得其基尼指数减少值为

$$\Delta\mathrm{Gini}(D_{\{\leqslant 30\}/\{31\sim 40,>40\}},V_0)=0.495-0.4945=0.0005$$

同理，计算其他划分条件下样本数据集 D 的基尼指数减少值。

- 按{31~40}/{≤30，>40}划分时，结果为

$$\Delta\mathrm{Gini}(D_{\{31\sim 40\}/\{\leqslant 30,>40\}},V_0)=0.135$$

- 按{>40}/{≤30，31~40}划分时，结果为

$$\Delta\mathrm{Gini}(D_{\{>40\}/\{\leqslant 30,31\sim 40\}},V_0)=0.12$$

2）计算用属性“收入”对样本数据集 D 划分后各样本子集的基尼指数。

同理，计算属性“收入”按取值对样本数据集 D 划后样本子集的基尼指数减少值。

- 按{高}/{中，低}划分时，结果为

$$\Delta\mathrm{Gini}(D_{\{高\}/\{中,低\}},V_0)=0.002$$

- 按{中}/{高，低}划分时，结果为

$$\Delta\mathrm{Gini}(D_{\{中\}/\{高,低\}},V_0)=0.0005$$

- 按{低}/{高，中}划分时，结果为

$$\Delta\mathrm{Gini}(D_{\{低\}/\{高,中\}},V_0)=0.0005$$

3）计算用属性“是否学生”对样本数据集 D 划分后各样本子集的基尼指数。结果为

$$\Delta\mathrm{Gini}(D_{是否学生},V_0)=0.045$$

4）计算用属性“信用”对样本数据集 D 划分后各样本子集的基尼指数。结果为

$$\Delta\mathrm{Gini}(D_{信用},V_0)=0.018$$

根据计算结果，用属性“年龄”对样本数据集 D 进行划分，当按{31~40}/{≤30，>40}划分时有最大值为 0.135 的基尼指数减少值，则选择该属性作为决策树的根节点 V_0 的属性，并按此分割子集向下建立分支。

第二步，根据第一步的计算结果，根据属性“年龄”向下建立分割子集为 $D_{\{31\sim 40\}}$ 和 $D_{\{\leqslant 30,>40\}}$ 两个分支。依次计算各个属性对这两个样本子集划分后的基尼指数，选出其中基尼指数减少幅度最大的属性作为相应子集的下一级节点。

1）假定样本子集 $D_{\{31\sim 40\}}$ 的节点 V_{11}，其 V_{11} 节点的基尼指数为

$$\mathrm{Gini}(V_{11})=1-\left(\frac{5}{5}\right)^2-0=0$$

因此在此样本子集中所有记录类标签信息“购买 PC”值均为同一类“是”。

2）在样本子集 $D_{\{\leqslant 30,>40\}}$ 中，其中数据总记录为 15，类标签信息“购买 PC”值为“是”的样本有 6 个，为“否”的样本有 9 个。

假定样本子集 $D_{\{\leqslant 30,>40\}}$ 的节点 V_{12}，其 V_{12} 节点的基尼指数为

$$\mathrm{Gini}(V_{12})=1-\left(\frac{6}{15}\right)^2-\left(\frac{9}{15}\right)^2=0.48$$

可计算出其他属性对样本子集 $D_{\{\leqslant 30,>40\}}$ 划分后的基尼指数减少值。

① 用属性“年龄”划分，其结果为

$$\text{Gini}(D_{\text{年龄}},V_{12})=\frac{7}{15}\times\left[1-\left(\frac{4}{7}\right)^2-\left(\frac{3}{7}\right)^2\right]+\frac{8}{15}\times\left[1-\left(\frac{2}{8}\right)^2-\left(\frac{6}{8}\right)^2\right]$$
$$=0.429$$

$$\Delta\text{Gini}(D_{\text{年龄}},V_{12})=0.051$$

② 用属性“收入”划分，其结果分别为：

- 按{高}/{中，低}划分时，结果为

$$\Delta\text{Gini}(D_{\{\text{高}\}/\{\text{中,低}\}},V_{12})=0.016$$

- 按{中}/{高，低}划分时，结果为

$$\Delta\text{Gini}(D_{\{\text{中}\}/\{\text{高,低}\}},V_{12})=0.013$$

- 按{低}/{高，中}划分时，结果为

$$\Delta\text{Gini}(D_{D_{\{\text{低}\}/\{\text{高,中}\}}},V_{12})=0$$

③ 用属性“是否学生”划分，其结果为

$$\Delta\text{Gini}(D_{\text{是否学生}},V_{12})=0.116$$

④ 用属性“信用”划分，其结果为

$$\Delta\text{Gini}(D_{\text{信用}},V_{12})=0.073$$

根据计算结果，用属性“是否学生”对样本子集 $D_{\{\leqslant 30,>40\}}$ 划分时，有最大值为0.116的基尼指数减少值，则选择该属性作为决策树分支 $D_{\{\leqslant 30,>40\}}$ 节点 V_{12} 的属性，并建立下一级分支。

第三步，重复以上过程依次对每个分支上的内部节点进行计算（如果出现多个属性基尼指数减少值相等的情况，则按属性出现的先后顺序进行选择），最终生成的决策树如图4.6所示。

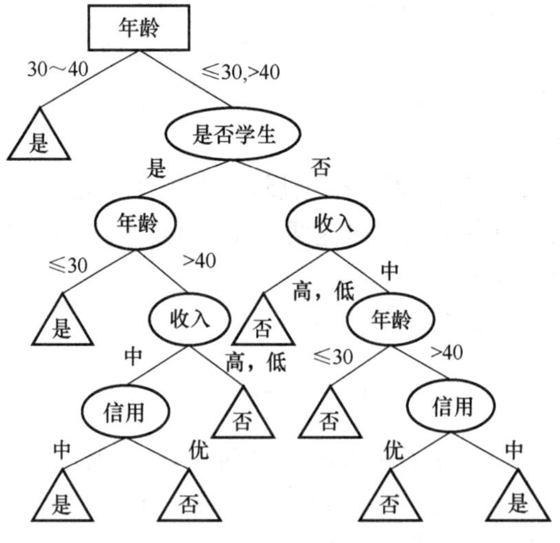

图4.6　CART决策树

4.3.2　贝叶斯分类算法

贝叶斯分类算法是一种基于统计学的分类方法，它以贝叶斯定理为基础，利用概率推理的方式对样本数据进行分类。贝叶斯分类算法在机器学习领域具有十分重要的地位和作用，被认为是最优分类模型之一，因为它具有模型可解释、精度高等优点，而且能够有效地避免过拟合。

1. 贝叶斯定理

在介绍贝叶斯定理之前我们先了解一些相关的概率基础知识。

（1）先验概率（Prior Probability）　它是基于历史数据的统计、背景常识得出或主观判断所确定的各种事件发生的概率，该概率没有经过实验证实，属于检验前的概率。

（2）后验概率（Posterior Probability）　它是基于试验和调查所得到的事件发生的概率，本质上是在考虑相关背景和证据的前提下所得到的一个条件概率。

（3）条件概率（Conditional Probability）　它是一个事件在另一个事件已经发生的条件下的发生概率。

假设 A、B 为两个随机事件，事件 A 发生的概率为 $P(A)$，事件 B 在事件 A 发生的前提下的条件概率为 $P(B|A)$，则 $P(B|A)$ 称为后验概率，$P(A)$ 称为先验概率，二者满足下面的关系：

$$P(AB)=P(B|A)P(A) \tag{4.10}$$

其中 $P(AB)$ 表示随机事件 A 和 B 同时发生的概率，当 A 和 B 相互独立时有

$$P(AB)=P(A)P(B)$$

若样本空间 D 被划分为 n 个互不相容的子集 B_1，B_2，…，B_n，$P(B_i)>0$，$i=1$，2，…，n，则根据全概率公式可以得到样本空间上某事件 A 发生的概率为

$$P(A)=\sum_{i=1}^{n}P(B_i)P(A|B_i) \tag{4.11}$$

当 $P(A)>0$ 时，将式（4.11）代入式（4.10），就得到贝叶斯公式，也称为贝叶斯定理。

$$P(B_i|A)=\frac{P(B_iA)}{P(A)}=\frac{P(B_i)P(A|B_i)}{\sum_{i=1}^{n}P(B_i)P(A|B_i)} \tag{4.12}$$

在贝叶斯分类算法中，如果 B 表示数据类别，它的取值为 B_1，B_2，…，B_n；A 代表数据的属性，那么由贝叶斯公式可以看出，分类过程就是根据类的先验概率和类与属性之间的条件概率，利用后验概率预测样本数据所属的类别。

2. 朴素贝叶斯分类算法

贝叶斯分类算法在计算各个类的条件概率时耗费了大量的时间和精力，并且通常情况下 $P(B|A)$ 和 $P(A|B)$ 两者之间具有一定的关系，它们之间的相关性也无法得知，这样就更增加了计算的难度。为了简化计算，在贝叶斯分类算法中引入类条件独立假设，即假定数据属性之间相互独立，不存在任何关联性和依赖性，由此得到所谓的朴素贝叶斯分类算法。

（1）算法基本原理　朴素贝叶斯分类（Naive Bayes Classifier，NBC）算法通过训练集中各个类别出现的先验概率，利用贝叶斯定理在整个样本集中计算出给定的待分类样本出现的条件下各个类别出现的后验概率，选择出其中后验概率最大的类别作为待分类样本的类别。在处理连续属性时，朴素贝叶斯算法通常是将其离散化或假设其服从某种概率分布，而对可能会产生后验概率为零的不完全训练集，可用拉普拉斯（Laplace）修正方法预先设置一个

默认值，用它作为其发生的概率来向类条件概率引入一个可控误差，以这些方法来计算类别条件概率。

朴素贝叶斯分类算法基本流程如图 4.7 所示。

1）假定训练样本集合 D 包含 n 个类别的样本，分别用 $C=\{C_1,C_2,\cdots,C_n\}$ 表示，D 有 m 个属性，分别用 $A_1,A_2,\cdots,A_m$ 表示。其中第 k 类样本 C_k 在所有样本中出现的概率为 $P(C_k)$。待分类样本 $X=\{x_1,x_2,\cdots,x_i\}$，A_i 为 A 的一个特征属性。

2）计算 $P(C_1|X),P(C_2|X),\cdots,P(C_n|X)$，由贝叶斯定理得知，当 A 给定时，$P(A)$ 为常数，故 $P(C_k|X)$ 与 $P(X|C_k)P(C_k)$ 成正比关系，因而计算 $P(C_k|X)$ 即可转化为求 $P(X|C_k)P(C_k)$。

3）如果 $P(C_k|X)=\max\{P(C_1|X),P(C_2|X),\cdots,P(C_n|X)\}$，则 X 属于类 C_k。

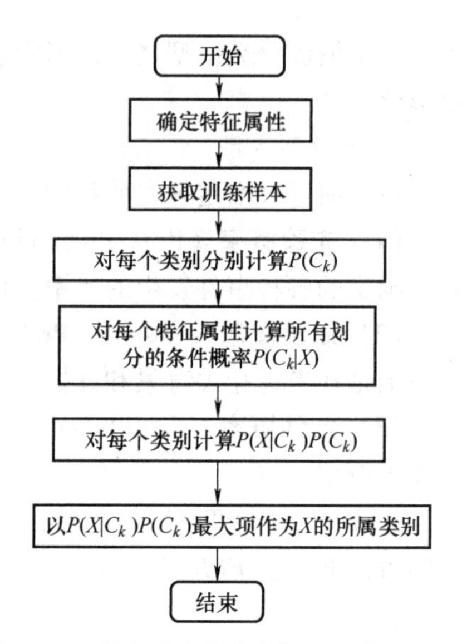

图 4.7 朴素贝叶斯分类算法基本流程

例 4.4 以表 4.1 所示的数据为例，使用朴素贝叶斯分类来预测样本 $X=\{\text{outlook}=\text{sunny},\ \text{temperature}=\text{cool},\text{humidity}=\text{normal},\text{windy}=\text{true}\}$ 的类标签。

第一步，计算先验概率 $P\{C_k\}$。由表格数据得知

$$P(\text{play}=\text{yes})=\frac{12}{20}=0.6$$

$$P(\text{play}=\text{no})=\frac{8}{20}=0.4$$

第二步，计算条件概率 $P(X_i|C_k)$ 得

$$P(\text{outlook}=\text{sunny}|\text{play}=\text{yes})=\frac{3}{12}=0.25$$

$$P(\text{outlook}=\text{sunny}|\text{play}=\text{no})=\frac{5}{8}=0.625$$

$$P(\text{temperature}=\text{cool}|\text{play}=\text{yes})=\frac{2}{12}=0.167$$

$$P(\text{temperature}=\text{cool}|\text{play}=\text{no})=\frac{4}{8}=0.5$$

$$P(\text{humidity}=\text{normal}|\text{play}=\text{yes})=\frac{7}{12}=0.583$$

$$P(\text{humidity}=\text{normal}|\text{play}=\text{no})=\frac{1}{8}=0.125$$

$$P(\text{wind}=\text{true}|\text{play}=\text{yes})=\frac{7}{12}=0.583$$

$$P(\text{wind}=\text{true}|\text{play}=\text{no})=\frac{4}{8}=0.5$$

第三步，由式（4.11）计算条件概率 $P(X|C_k)$ 得

$$P(X \mid play=yes) = P(outlook=sunny \mid play=yes) \times P(temperature=cool \mid play=yes) \times P(humidity=normal \mid play=yes) \times P(windy=true \mid play=yes) = 0.25 \times 0.167 \times 0.583 \times 0.583 = 0.014$$

同理可得

$$P(X \mid play=no) = 0.625 \times 0.5 \times 0.125 \times 0.5 = 0.0195$$

第四步，利用贝叶斯公式（4.12）预测结果。则有

$$P(X \mid play=yes) \times P(play=yes) = 0.014 \times 0.6 = 0.0084$$

$$P(X \mid play=no) \times P(play=no) = 0.0195 \times 0.4 = 0.0078$$

根据计算结果得知，对于待测样本，朴素贝叶斯分类器预测 X 的类标签 play 为“yes”。

（2）朴素贝叶斯算法特点　朴素贝叶斯算法简单易实现、分类准确率高、速度快，而且模型需要估计的参数很少，对缺失的数据不敏感，对孤立的噪声点和无关属性有稳定的分类性能。理论上讲，朴素贝叶斯算法应该是各种分类器中分类错误概率最小或者在预定代价的情况下平均风险最小的分类器。但是实践中并非总是如此，这是由于 NBC 模型假设一个属性对给定类的影响独立于其他属性，而在实际应用中变量之间可能存在依赖关系，这种假设往往不成立，因此就降低了 NBC 模型的分类准确率。

3. 贝叶斯网络

贝叶斯网络（Bayesian Belief Network，BBN）又称信念网络、因果网络等，最早由 Judea Pearl 于 1986 年提出。它是针对不确定性和不完整性问题提出的一种基于概率推理的图形化概率网络。它通过描述随机变量（事件）之间依赖关系的一种图形模式，使得不确定性推理在逻辑上变得更为清晰，可理解性更强。贝叶斯网络作为目前不确定知识表达和推理领域最有效的理论模型之一，在信息检索、医疗诊断、电子技术与工程等诸多领域应用广泛。

（1）贝叶斯网络原理　贝叶斯网络是通过有向无环图的形式来表示一组随机变量间的因果关系。通过条件概率将这种关系数量化，可以包含随机变量集的联合概率分布，允许在变量的子集之间定义类条件，是一种将因果知识和概率知识相结合的新型表示框架。贝叶斯网络在网络结构和概率关系表给定的情况下，可直接进行计算，但在数据隐藏，只知道其中的依赖关系时，则先需要进行条件概率的估算，再在已知数据的基础上进行计算。

（2）贝叶斯网络模型　贝叶斯网络由网络结构和概率关系表两部分组成。

1）网络结构。一个有向无环图（Directed Acyclic Graph，DAG），由代表变量的节点和连接这些节点的有向弧段构成，用以表示变量之间的依赖关系。每个节点代表一个事件或者随机变量，变量值可以是离散的或连续的，节点的取值是完备互斥的。节点间的有向弧段代表了节点间的因果关系或依赖关系（由父节点指向其子节点）。

2）概率关系表。用于把各个节点和它的直接父节点关联起来，用概率表来表达变量之间的关系强度。没有父节点的变量用先验概率进行信息表达，有父节点的变量则要用条件概率信息进行表达。

图 4.8 所示是贝叶斯网络关系图的几个简单例子，图中每个节点表示一个变量，每条弧段表示两个变量之间的依赖关系。如果从 X 到 Y 有一条有向弧，则称 X 是 Y 的父母，Y 是 X 的子女。另外，如果网络中存在一条从 X 到 Z 的有向路径，则称 X 是 Z 的祖先，Z 是 X 的后代。

图 4.8a 表示三个随机变量 A、B 和 C，其中 A 和 B 相互独立，且都直接影响变量 C。在图 4.8b 中 A、B 是 D 的后代，D 是 A、B 的祖先，而且 B 和 D 都不是 A 的后代节点。从这个例子中，可以得出贝叶斯网络有一个重要性质：贝叶斯网络中的一个节点，如果它的父母节点已知，则该节点条件独立于它的所有非后代节点。这样对于节点 A，如果给定 C，由于 B 和 D 都不是 A 的后代节点，因此 A 条件独立于 B 和 D。图 4.8c 所示的贝叶斯网络表示出朴素贝叶斯分类器中的条件独立假设，其中 Y 是目标类，$(X_1, X_2, X_3\cdots, X_d)$ 是属性集。

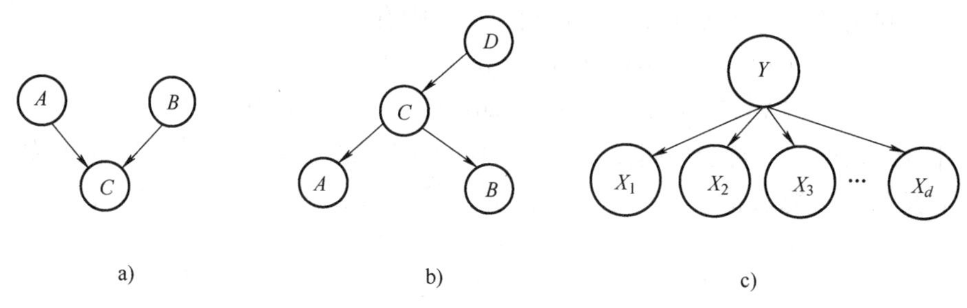

图 4.8　贝叶斯网络关系图示例

贝叶斯网络的建造是一个复杂的任务，需要知识工程师和领域专家的参与。在实际中可能是反复交叉进行而不断完善。具体可以分为以下三个步骤：

1）把实际问题的事件抽象为节点，所有节点必须有明确的意义，且每个节点至少有两个状态，这些状态在概率意义上是完备和互斥的。

2）建立两个或多个节点之间的连线，可以通过经验判断也可以用数据进行相关分析。有明确因果关系或相关关系的节点之间可以连接，没有明确联系的节点之间最好不要建立连接，以防止网络复杂化。由于贝叶斯网络是有向无环图，因此要防止出现环状。

3）确定节点的概率分布和节点间的条件概率，通常可以通过专家经验获得，也可以使用历史数据训练得到。

贝叶斯网络拓扑结构的生成过程是：

输入：假定输入变量序列总体的合理顺序 $D=\{C_1, C_2, \cdots, C_n\}$

输出：贝叶斯网络拓扑结构

FOR $k=1$ to n

　令 $DC(k)$ 表示 D 中第 k 个次序最高的变量

　令 $\pi(DC(k))=\{C_1, C_2, \cdots, C_{k-1}\}$ 表示排在 $DC(k)$ 前面的变量集合

　从 $\pi(DC(k))$ 中去掉对 C_k 没有影响的变量（使用先验知识）

在 $DC(k)$ 和 $\pi(DC(k))$ 中剩余的变量之间画弧

END FOR

例 4.5　图 4.9 所示的实例反映了肺癌和支气管炎等肺部疾病的相关临床症状及病因之间的关系。图中肺癌（LC）的影响因素有锻炼（E）和吸烟（S），支气管炎（B）的影响因素有吸烟，它们相应的症状都可能是 X 射线（XR）异常和呼吸困难（D）。例如，肺癌可能源于吸烟或不锻炼身体，可能导致呼吸困难或 X 射线异常。下面使用贝叶斯网络对肺癌

和支气管炎患者建模。

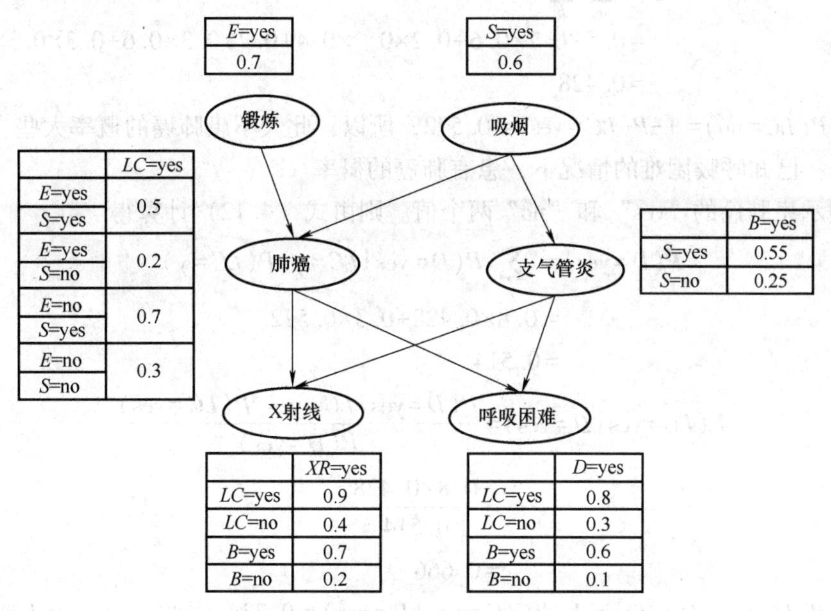

图 4.9　肺癌和支气管炎病人的贝叶斯网络

- 分析

假设图中的每个变量都只有两个状态。LC 的父节点 E 和 S 是影响该疾病的因素，其子节点 XR 和 D 对应该疾病的症状。影响疾病的因素对应的节点只包含先验概率，而 B、LC 及它们的子节点均包含条件概率。

- 建模

网络的拓扑结构可以通过相关领域专家知识获得。下面给出了归纳贝叶斯网络拓扑结构的系统过程。

以图 4.9 所示为例，根据贝叶斯网络拓扑结构的生成过程执行，设变量序列总体的合理顺序为（E,S,LC,B,XR,D），从变量 E 开始，根据贝叶斯网络拓扑结构的生成流程，得到以下条件概率：$P(S|E)$、$P(LC|E,S)$、$P(B|LC,E,S)$、$P(XR|B,LC,E,S)$、$P(D|XR,B,LC,E,S)$。基于以上条件概率，创建节点之间的弧段（E,LC）、（S,LC）、（S,B）、（LC,XR）、（LC,D）、（B,XR）、（B,D），构成图 4.9 所示的网络结构（图中每一个节点都应该包含先验概率和条件概率，省略了其中的一些概率）。当然，如果对变量采用不同的排序，得到的网络拓扑结构也会不同，理论上应该排查出所有可能的排序，以确定最佳的网络拓扑结构。

- 使用 BBN 推理举例

下面假定使用图 4.9 所示的 BBN 来就不同情况做诊断。

情况一：没有先验信息，患有肺癌的概率。

在没有任何先验信息的情况下，通过计算先验概率 $P(LC=\text{yes})$ 和 $P(LC=\text{no})$ 来确定一个病人是否可能患有肺癌。为了便于表述，设 α 和 β 分别表示锻炼和吸烟的“yes”和“no”两个值。

由式（4.11）计算得

$$P(LC = \text{yes}) = \sum_{\alpha}\sum_{\beta} P(LC = \text{yes} \mid E = \alpha, S = \beta) P(E = \alpha, S = \beta)$$
$$= 0.5\times0.7\times0.6+0.2\times0.7\times0.4+0.7\times0.3\times0.6+0.3\times0.3\times0.4$$
$$= 0.428$$

因为，$P(LC=\text{no})=1-P(LC=\text{yes})=0.572$，所以，此人不患肺癌的概率大些。

情况二：已知呼吸困难的情况下，患有肺癌的概率。

设γ表示患肺癌的“yes”和“no”两个值。则由式（4.12）计算得

$$P(D=\text{yes}) = \sum_{\gamma} P(D=\text{yes} \mid LC=\gamma) P(LC=\gamma)$$
$$= 0.8\times0.428+0.3\times0.572$$
$$= 0.514$$

$$P(LC=\text{yes} \mid D=\text{yes}) = \frac{P(D=\text{yes} \mid LC=\text{yes}) P(LC=\text{yes})}{P(D=\text{yes})}$$
$$= \frac{0.8\times0.428}{0.514}$$
$$= 0.666$$

同理，$P(LC=\text{no} \mid D=\text{yes})=1-P(LC=\text{yes} \mid D=\text{yes})=0.334$，因此，当一个人呼吸困难时患肺癌的概率就会增加。

情况三：已知呼吸困难、坚持锻炼并不吸烟的情况下，患有肺癌的概率。

则由式（4.12）计算得

$$P(LC=\text{yes} \mid D=\text{yes}, E=\text{yes}, S=\text{no}) = \left[\frac{P(D=\text{yes} \mid LC=\text{yes}, E=\text{yes}, S=\text{no})}{P(D=\text{yes} \mid E=\text{yes}, S=\text{no})}\right] \times P(LC=\text{yes} \mid E=\text{yes}, S=\text{no})$$
$$= \frac{P(D=\text{yes} \mid LC=\text{yes}) P(LC=\text{yes} \mid E=\text{yes}, S=\text{no})}{\sum_{\gamma} P(D=\text{yes} \mid LC=\gamma) P(LC=\gamma \mid E=\text{yes}, S=\text{no})}$$
$$= \frac{0.8 \times 0.2}{0.8 \times 0.2 + 0.3 \times 0.8}$$
$$= 0.4$$

则此人不患肺癌的概率是

$$P(LC=\text{no} \mid D=\text{yes}, E=\text{yes}, S=\text{no}) = 1-P(LC=\text{yes} \mid D=\text{yes}, E=\text{yes}, S=\text{no})$$
$$= 0.6$$

这个结果表明如果坚持锻炼和不吸烟，即使呼吸困难，患有肺癌的概率也会减小。

（3）贝叶斯网络特点　贝叶斯网络具有良好的可理解性和逻辑性，网络以概率推理为基础，推理结果说服力强。它用条件概率表达各个信息要素之间的相关关系，能在有限、不完整、不确定的信息条件下进行学习和推理，具有强大的不确定性问题处理能力。此外，贝叶斯网络实现专家知识和试验数据的有效结合，可以避免重复学习，对模型的过分拟合问题具有很强的鲁棒性。虽然构造网络费时费力，然而一旦网络结构确定下来，不但添加新变量比较容易，而且还可以通过实践积累随时改进网络结构和参数。

4.3.3　k-近邻算法

k-近邻（k-Nearest Neighbor，kNN）算法是机器学习中最简单的分类算法之一，也是一种惰性学习算法，最初是由 Cover 和 Hart 于 1967 年提出的。该算法不需要事先对分类器进行设计，而是利用已知类别的训练样本集，按最近距离原则对新样本进行分类。k-近邻算法对于比较复杂的样本集，会产生很大的计算开销，因而无法应用到实时性很强的场合。

1. k-近邻算法基本概念

k-近邻算法的基本思想是如果一个样本在特征空间中的 k 个最相邻的样本中的大多数属于某一个类别，则该样本也属于这个类别，并具有这个类别上样本的特性，即“近朱者赤，近墨者黑”。该算法不仅可以用于分类，也可以用于回归。在回归任务中，可以对 k 个样本的目标值直接求平均作为预测结果，也可以基于距离远近进行加权平均，距离越近的样本权重越大。由于 k-近邻算法在确定分类决策上只依据最邻近的一个（$k=1$）或者几个（$k>1$）样本的类别来决定待分样本所属的类别，而不是靠判别类域的方法来确定所属类别的，因此更适合对于类域的交叉或重叠较多的待分样本集分类。

2. k-近邻算法基本原理

k-近邻算法由三个要素构成：k 值选择、距离度量和分类决策规则。

（1）k 值选择　k 值会对算法的结果产生重大影响，分类结果可能会因 k 值的不同而不同（见图 4.10）。k 值较小时，只有与待分类样本较近的训练样本才会对预测结果起作用，容易发生过拟合；k 值较大时，虽然可以减小模型的估计误差，但是会使近似误差增大，导致预测发生错误。通常采用交叉验证（详细解释见 4.4 节）的方法来选择最优的 k 值。

假定给出了一个待分数据点五角星，分别取 $k=1$，$k=2$ 和 $k=3$ 来对数据点进行分类，得到图 4.10 所示的分类。

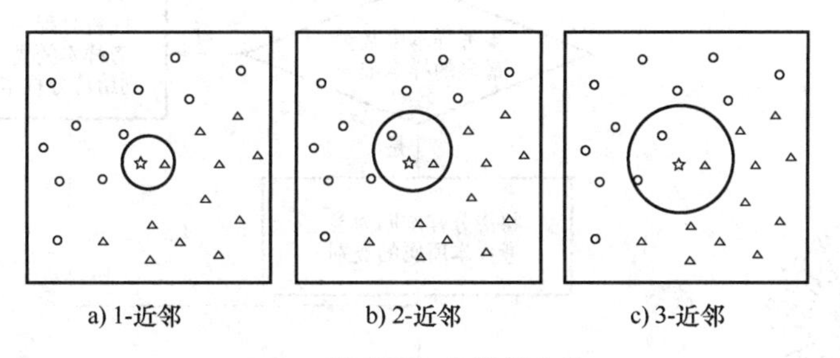

图 4.10　k-近邻分类

在图 4.10a 中，认为待分点为三角形。图 4.10b 中，有两个数量一样的不同近邻样本，则认为待分点为其中任意一类。图 4.10c 中的三个近邻样本，则认为待分点为样本数量较多的圆形。

（2）距离度量　通常距离越近意味着两个样本点属于同一个分类的可能性越大，但是有些数据的相似度并不适合用距离衡量。除了距离之外，衡量相似度的方法还包括：相关性相似度、Jaccard 相似度和余弦相似度等。k-近邻算法的“邻近性”通常使用欧几里得距离（简称欧氏距离）进行度量，欧氏距离越小，两个样本的相似度就越大；反之，欧氏距离越大，两个样本的相似度就越小。但对于文本分类来说，使用余弦相似度则比欧氏距离更合适。

假设两个点 $\boldsymbol{X}_1=(x_{11},x_{12},\cdots,x_{1n})$ 和 $\boldsymbol{X}_2=(x_{21},x_{22},\cdots,x_{2n})$，它们的欧氏距离为

$$d(\boldsymbol{X}_1,\boldsymbol{X}_2)=\sqrt{\sum_{i=1}^{n}(x_{1i}-x_{2i})^2} \tag{4.13}$$

通常，为了防止具有较大初始值域的属性比具有较小初始值域的属性权重过大，在使用公式前，要把每个属性值进行规范化，即

$$v'=\frac{v-\min_A}{\max_A-\min_A}$$

其中，$\min_A$、$\max_A$分别是属性 A 的最大值和最小值。当然，数据规范化还有其他的方式方法。

(3) 分类决策规则 遵循少数服从多数规则，待分样本近邻中哪个类别的样本最多就分为该类。也可根据距离的远近，对近邻的投票进行加权，距离越近则权重越大（权重为距离平方的倒数）。如果出现数量最多的样本或权重最大的样本类别不唯一，则在其中随机选择一个类标签作为该点的分类。

图 4.11 总结了 k-近邻算法的基本流程。

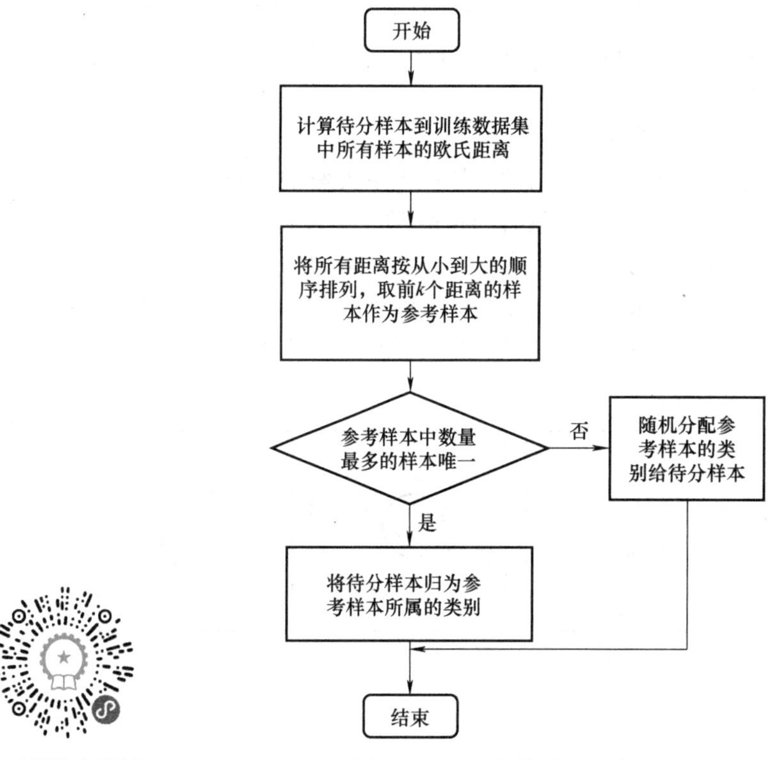

k-近邻算法举例

图 4.11 k-近邻算法的基本流程

例 4.6 给定训练集 $X_{\text{train}}=\{(\boldsymbol{x}_i,y_i)\mid i=1,2,\cdots,10\}$，其中 $\boldsymbol{x}_i$是样本的二维特征向量；$y_i\in\{1,-1\}$是样本的类别。现有 $\boldsymbol{x}_1=(0.2,0.5)^{\mathrm{T}}$，$\boldsymbol{x}_2=(3,1.3)^{\mathrm{T}}$，$\boldsymbol{x}_3=(-0.6,0)^{\mathrm{T}}$，$\boldsymbol{x}_4=(1.3,-3.1)^{\mathrm{T}}$，$\boldsymbol{x}_5=(0.4,-2.1)^{\mathrm{T}}$，$\boldsymbol{x}_6=(2.3,0.4)^{\mathrm{T}}$，$\boldsymbol{x}_7=(-3,1.2)^{\mathrm{T}}$，$\boldsymbol{x}_8=(1,-0.3)^{\mathrm{T}}$，$\boldsymbol{x}_9=(-2,0.6)^{\mathrm{T}}$，$\boldsymbol{x}_{10}=(0,2)^{\mathrm{T}}$，其中 $y_1=y_4=y_5=y_7=y_9=y_{10}=1$，$y_2=y_3=y_6=y_8=-1$。对于未知类标签样本 $\boldsymbol{x}=(0.3,0.1)^{\mathrm{T}}$，分别用最近邻和 k-近邻（$k=3$）算法对 x 进行分类。

第一步：对于未知样本 $\boldsymbol{x}=(0.3,0.1)^{\mathrm{T}}$，分别计算它与训练集 X_{train}中 10 个样本的欧氏距离。由式（4.13）计算可得与 x_1的欧氏距离为

$$d_1=d(\boldsymbol{x},\ \boldsymbol{x}_1)=\sqrt{(0.3-0.2)^2+(0.1-0.5)^2}=0.4123$$

同理可得

$$d_2=2.9547,\ d_3=0.9055,\ d_4=3.3526,\ d_5=2.2023$$

$$d_6=2.0224,\ d_7=3.4785,\ d_8=0.8062,\ d_9=2.3537,\ d_{10}=1.9235$$

第二步：对计算出的 10 个结果按从小到大顺序排列，并根据要求取出相应的前一个（最近邻）和前三个（$k=3$）距离。

$$d_1=0.4123,\ d_8=0.8062,\ d_3=0.9055,\ d_{10}=1.9235,\ d_6=2.0224$$

$$d_5=2.2023,\ d_9=2.3537,\ d_2=2.9547,\ d_4=3.3526,\ d_7=3.4785$$

第三步：根据所取结果对未知类标签样本 $\boldsymbol{x}=(0.3,0.1)^{\mathrm{T}}$进行分类。

最近邻：由于 $y_1=1$，因此 $\boldsymbol{x}$ 的类标签为 1；

k-近邻（$k=3$）：由于 $y_1=1$，$y_8=-1$，$y_3=-1$，因此 $\boldsymbol{x}$ 的类标签为-1。

从该例可以看出，k 值会对分类结果产生重要影响。对于同样的训练集和未知类标签的样本，两种近邻分类方法确定的分类并不相同，类标签会随着 k 值的变化而产生相应的变化，因此要采用交叉验证的方法来选择最优的 k 值，来提高分类的准确率。

3. k-近邻算法的特点

k-近邻算法理论成熟，容易理解，实现简单，不需要进行提前训练及预估参数，适用于样本容量比较大的类域的自动分类，也可以用于非线性分类。但该算法计算量较大，需要计算每一个待分类的样本到全体已知样本的距离，从而导致预测时速度比较慢。此外当样本不平衡时，该算法对稀有类别的预测准确率低。

4.3.4　逻辑回归

逻辑回归（Logistic Regression）是从统计学中衍生出来的一种分类算法。之所以被称为回归，是因为它与线性回归（Linear Regression）有很多相似之处，实际上，二者都属于广义线性模型（Generalized Linear Model）。

广义线性模型家族拥有很多的成员，它们的基本形式相近，主要差异是因变量的分布规律有所不同。例如，在线性回归模型中，因变量取值连续；而在逻辑回归中，因变量取值离散。

逻辑回归根据因变量取值的不同，可以分为二元逻辑回归和多元逻辑回归。二元逻辑回归用于解决二分类（是或否，通过或淘汰，发生或不发生）问题，而多元逻辑回归用于解决多分类问题，多分类问题一般基于二分类问题。

1. 逻辑回归基本原理

逻辑回归属于概率型的非线性回归，是用于估计某种事物的可能性，而非数学定义上的“概率”，不可以直接当作概率值来用。由于二分类（因变量只有 1 和 0 两种取值）更为常用，更加容易理解，因此实际中最常用的就是二分类的逻辑回归。对于数据集中样本不均衡的问题，逻辑回归是通过调整预测函数的临界值来解决的，使其适当偏向少数类样本，平衡召回率和精度。

逻辑回归以线性回归为理论支持，它将线性回归的输出与预测值通过 Sigmoid 函数进行处理，从而引入了非线性因素。它可以将线性回归因变量原本的值域 R 映射到［0，1］区间内。这样在逻辑回归中，只要通过设定一个阈值，就可以轻松实现样本数据的二分类，即将 Sigmoid 函数的输出值大于阈值的样本归为一类，小于阈值的样本归为另一类。

Sigmoid 函数的形式为

$$g(x)=\frac{1}{1+e^{-x}}$$

其函数曲线如图 4.12 所示。

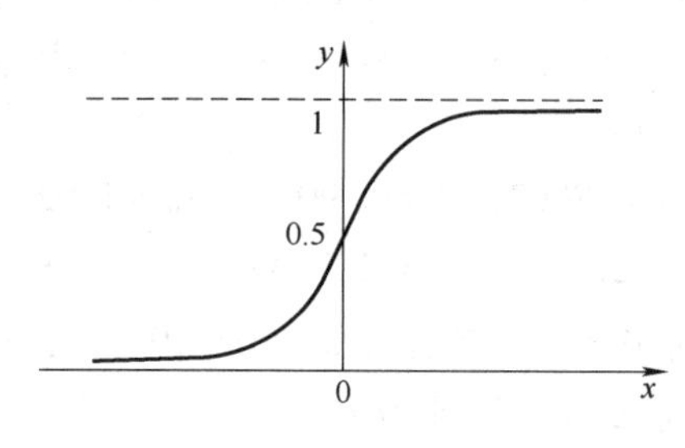

图 4.12　Sigmoid 函数

从图 4.12 可以看出 Sigmoid 函数是一个 S 形的曲线，当 x 趋于$+\infty$ 时，$g(x)$ 趋于 1；当 x 趋于$-\infty$ 时，$g(x)$ 趋于 0，这样就可通过 Sigmoid 函数将线性回归因变量原本的值域 R 映射到［0，1］区间内，并且曲线在中心点附近的增长速度较快，在两端的增长速度较慢。

逻辑回归的预测函数为

$$h_{\boldsymbol{\theta}}(\boldsymbol{X})=g(\boldsymbol{\theta}^{\mathrm{T}}\boldsymbol{X})=\frac{1}{1+e^{-\boldsymbol{\theta}^{\mathrm{T}}\boldsymbol{X}}} \tag{4.14}$$

其中，$\boldsymbol{X}$ 为输入样本，$\boldsymbol{\theta}$ 为要求取的模型参数，$h_{\boldsymbol{\theta}}(\boldsymbol{X})$ 为模型的输出。函数 $h_{\boldsymbol{\theta}}(\boldsymbol{X})$ 表示因变量取 1 的概率，因此对于给定输入 $\boldsymbol{X}$ 和 $\boldsymbol{\theta}$ 的情况下，分类结果为 1 和 0 的概率分别为

$$P(y=1\mid\boldsymbol{X};\boldsymbol{\theta})=h_{\boldsymbol{\theta}}(\boldsymbol{X})$$

$$P(y=0\mid x;\boldsymbol{\theta})=1-h_{\boldsymbol{\theta}}(\boldsymbol{X})$$

在处理二分类问题时，通常将分类阈值设为 0.5，因此，当 $h_{\boldsymbol{\theta}}(\boldsymbol{X})\geqslant 0.5$，即 $\boldsymbol{\theta}^{\mathrm{T}}\boldsymbol{X}\geqslant 0$ 时，分类结果为 1；当 $h_{\boldsymbol{\theta}}(\boldsymbol{X})<0.5$，即 $\boldsymbol{\theta}^{\mathrm{T}}\boldsymbol{X}<0$ 时，分类结果为 0。实际应用时，如果对正例的判别准确性要求高，可以选择大一些的阈值；如果对正例的召回要求高，则可以选择小一些的阈值。

由上述分析可以发现，在逻辑回归中，$\boldsymbol{\theta}^{\mathrm{T}}\boldsymbol{X}=0$ 是判定样本所属类别的分界线，它对应 n 维空间中的一个超平面或者超曲面，人们称之为决策边界或决策面。如果 $\boldsymbol{\theta}^{\mathrm{T}}\boldsymbol{X}=0$ 代表一个平面，则称之为线性决策边界；如果代表的是曲面，则被称为非线性决策边界。

线性边界的形式为

$$\boldsymbol{\theta}^{\mathrm{T}}\boldsymbol{X}=\theta_0+\theta_1x_1+\theta_2x_2+\cdots+\theta_nx_n=\theta_0+\sum_{i=1}^{n}\theta_ix_i \tag{4.15}$$

非线性决策边界的形式多样且较为复杂，下面通过图 4.13 中的二维数据集加以说明。

图 4.13a 所示是线性决策边界的情况。图中的圆点和叉号分别表示两种类别的样本数据，一条直线将它们分成两个区域，根据式（4.15）可得图示直线方程为$-2+x_1+x_2=0$，就是决策边界。当样本点的属性满足$-2+x_1+x_2\geqslant 0$，则将其判为类别 1，反之，判为 0。

图 4.13b 所示是非线性决策边界的情况。同样用一条曲线将两个类别的样本数据分成两个区域，同理，可得图示曲线方程为$-11+6x_1+x_2-x_1^2=0$，就是决策边界。当样本点的属性满足$-11+6x_1+x_2-x_1^2\geqslant 0$，则将其判为类别 1，反之，判为 0。对于非线性决策边界，可以利用

5.3 节介绍的方法将其转化为线性问题加以处理，因此后面不再区分这两种情况。

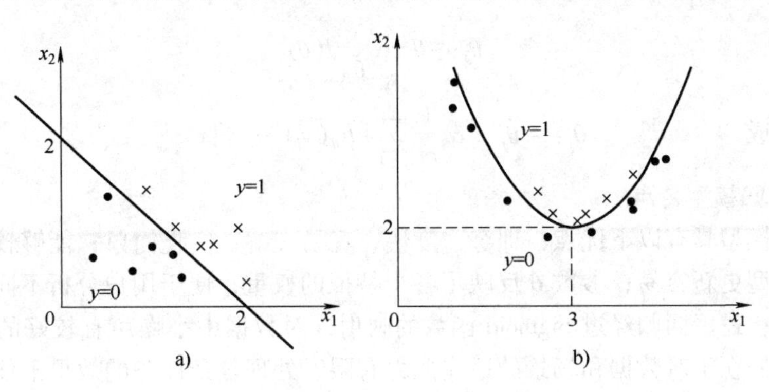

图 4.13　逻辑回归线性边界

2. 逻辑回归模型参数估计

对式（4.14）进行变换，得到以下形式：

$$\frac{1-h_{\boldsymbol{\theta}}(\boldsymbol{X})}{h_{\boldsymbol{\theta}}(\boldsymbol{X})}=\mathrm{e}^{-\boldsymbol{\theta}^{\mathrm{T}}\boldsymbol{X}}$$

对上式两端做对数运算，可得

$$\ln\left[\frac{h_{\boldsymbol{\theta}}(\boldsymbol{X})}{1-h_{\boldsymbol{\theta}}(\boldsymbol{X})}\right]=\boldsymbol{\theta}^{\mathrm{T}}\boldsymbol{X} \tag{4.16}$$

式（4.16）称为 Logistic 变换，它的右边是一个参数为 $\boldsymbol{\theta}=(\theta_0,\theta_1,\cdots,\theta_n)$ 的线性函数。如果已知 $h_{\boldsymbol{\theta}}(\boldsymbol{X})$ 的值，则可以利用第 5 章介绍的线性回归分析方法进行参数求解。因此，确定逻辑回归模型最佳参数的关键就在于确定预测函数 $h_{\boldsymbol{\theta}}(\boldsymbol{X})$。

确定预测函数 $h_{\boldsymbol{\theta}}(\boldsymbol{X})$ 的方法是通过损失函数和训练样本估计出模型的最优参数 $\boldsymbol{\theta}$。损失函数就是用来衡量模型输出值 $h_{\boldsymbol{\theta}}(\boldsymbol{X})$ 与真实值 y 之间差异的函数，记为 $\mathrm{cost}(\boldsymbol{\theta})$。如果有多个样本，则可以将所有损失函数的取值求均值，记作 $J(\boldsymbol{\theta})$。基于最大似然估计可以推导得到 $\mathrm{cost}(\boldsymbol{\theta})$ 和 $J(\boldsymbol{\theta})$。

$\mathrm{cost}(\boldsymbol{\theta})$ 函数的定义为

$$\mathrm{cost}(h_{\boldsymbol{\theta}}(\boldsymbol{X}),y)=\begin{cases}-\log[h_{\boldsymbol{\theta}}(\boldsymbol{X})], & y=1\\ -\log[1-h_{\boldsymbol{\theta}}(\boldsymbol{X})], & y=0\end{cases}$$

由此可以得出：当 y 值为 1 时，预测函数 $h_{\boldsymbol{\theta}}(\boldsymbol{X})$ 的值越接近 1，则代价越小，反之越大。同理，当 y 值为 0 时有同样的性质。

将 m 个训练样本的代价累加，最终得到总的损失函数 $J(\boldsymbol{\theta})$ 为

$$J(\boldsymbol{\theta})=-\frac{1}{m}\sum_{i=1}^{m}\{y_i\log[h_{\boldsymbol{\theta}}(x_i)]+(1-y_i)\log[1-h_{\boldsymbol{\theta}}(x_i)]\}$$

当总的损失函数越小说明所得到的模型更符合真实模型，当 $J(\boldsymbol{\theta})$ 值最小时，得到的 $\boldsymbol{\theta}$ 为最佳参数，模型也就最优。通常使用梯度下降法求解 $J(\boldsymbol{\theta})$ 函数以得到最优的模型。

梯度下降法是一个最优化算法，通常也称为最速下降法，它是求解无约束优化问题最简单和最古老的方法之一。现在许多有效算法都是在它的基础上进行改进和修正的，在机器学习中用来递归性地逼近最小偏差模型。梯度下降法是采用负梯度方向为搜索方向，越接近目

标值，步长越小，前进越慢。那么 $\boldsymbol{\theta}$ 的更新过程为

$$\theta_j := \theta_j - \alpha \frac{\partial}{\partial_{\theta_j}} J(\theta)$$

也可以写成

$$\theta_j := \theta_j - \alpha \frac{1}{m} \sum_{i=1}^{m} [h_{\boldsymbol{\theta}}(x_i) - y_i] x_i^j$$

3. 逻辑回归模型特点

逻辑回归模型具有以下优点：训练速度快，容易理解，实现简单；能够较好地适应二分类问题，且模型更新容易；参数 $\boldsymbol{\theta}$ 反映了各个特征的权重，便于用户分析不同自变量对因变量影响的大小；逻辑回归经过 Sigmoid 函数的映射，对数据中小噪声有较好的鲁棒性。逻辑回归的不足之处在于对数据和场景的适应能力有限、处理复杂任务的效果不佳，而且模型不够强大、拟合能力有限。

4.3.5　人工神经网络（ANN）

人工神经网络（Artificial Neural Networks，ANN）也称为神经网络或类神经网络，它是一种应用类似于大脑神经突触连接的结构进行分布式并行信息处理的算法数学模型。这种网络具有大规模并行处理、分布式信息存储及良好的自适应和自学习能力。在优化、信号处理与模式识别、智能控制、故障诊断等领域都有着广泛的应用。

1. 人工神经网络基本概念

人工神经网络是由大量处理单元互联组成的非线性、自适应信息处理系统。它由众多的连接权值可调的神经元连接构成，能够像人脑一样从外部环境“获得知识”，然后通过自己的学习过程将这些“知识”不断“消化”，从而找到一定的规律，以实现对“知识”的学习。神经网络模型由网络模型的神经元特性、拓扑结构和学习规则来确定。虽然单个神经元的结构简单，功能有限，但大量神经元构成的网络系统功能却极其丰富。

（1）神经元模型　人工神经网络的基本处理单元是神经元。神经元又被称为感知器，一个大型神经网络是由一个个小的神经元以某种结构相互连接而成的。神经元有三个基本要素：一组连接权，一个求和单元和一个非线性激活函数。它一般是多输入单输出的非线性器件，结构模型如图 4.14 所示。

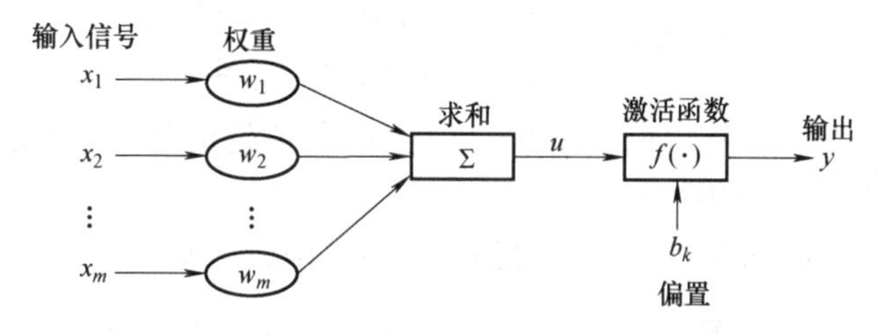

图 4.14　神经元结构图

连接权：一个神经元的输入信号可以有多个 $(x_1, x_2, \cdots, x_m \mid x_i \in \mathbf{R})$，每个输入信号有自己的权值 w_i。此外，存在一个偏置项 $b_k \in \mathbf{R}$。

求和单元：每个输入信号与其对应的权重相乘后汇聚到加法器中实现加法运算，加法器输出的计算结果将传递到激活函数中。

激活函数：激活函数是神经元最重要的部分，如果没有激活函数，整个网络便只有加法

和乘法级联等线性运算，其运算结果可能没有边界，从而出现结果无穷大或无穷小的情况，不利于神经网络的输出。激活函数是非线性函数，神经元的输出经过激活函数处理后，原本取值范围为（-∞，+∞）的输出将控制在一个指定区间中，这样，当信号通过多个神经元后，其输出处在一个有限范围内而不会出现差别极大的现象，这有利于输出信号的比较判别。激活函数限定的范围大多在（-1，1）的区间内。神经网络的非线性就是由此而来的。

激活函数有很多种，以下几种比较常见。

- Sigmoid 函数。4.3.4 节已经介绍过，这里不再赘述。
- Tanh 函数。Tanh 函数称为双曲正切函数，定义为

$$f(x)=\frac{e^{x}-e^{-x}}{e^{x}+e^{-x}}$$

其函数曲线如图 4.15 所示。

Tanh 函数的图像与 Sigmoid 函数的图像相似，但是 Tanh 函数的幅值被限制在-1 与 1 之间并且关于原点呈中心对称，这样就保证了该函数的输出值是以 0 为均值的。

- ReLU 函数。ReLU（Rectified Linear Unit）激活函数的定义为

$$f(x)=\max\{0,x\}$$

其函数曲线如图 4.16 所示。

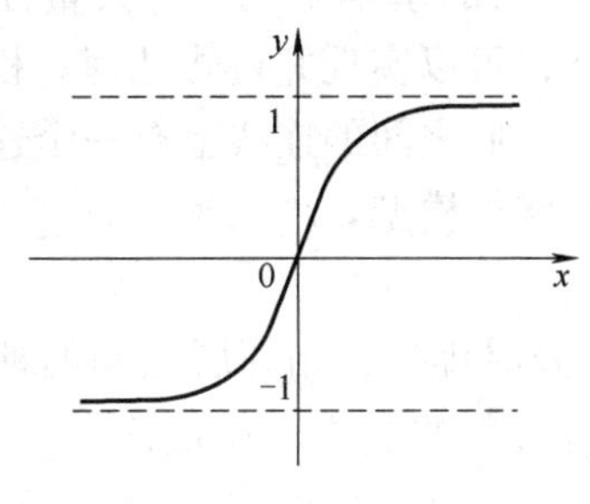

图 4.15　Tanh 函数图像

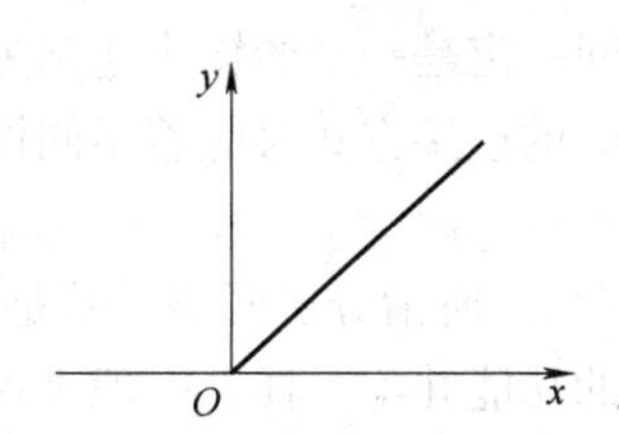

图 4.16　ReLU 函数图像

ReLU 函数被 y 轴分为两段，当 $x\leqslant 0$ 时，函数输出为 0，当 $x>0$ 时，函数的输出值为输入信号本身。

- 阶跃函数。阶跃函数的定义为

$$f(x)=\begin{cases}1, & x>0\\ 0.5, & x=0\\ 0, & x<0\end{cases}$$

其函数曲线如图 4.17 所示。

阶跃函数当 $x<0$ 时，输出值为 0，当 $x>0$ 时，输出值为 1。

- 分段函数。分段函数的定义为

$$f(x)=\begin{cases}1, & x\geqslant 1\\ x, & -1<x<1\\ -1, & x\leqslant -1\end{cases}$$

其函数曲线如图 4.18 所示。

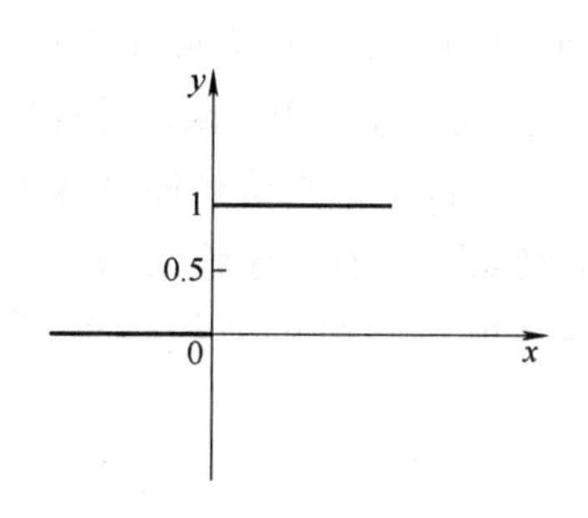

图4.17　阶跃函数图像

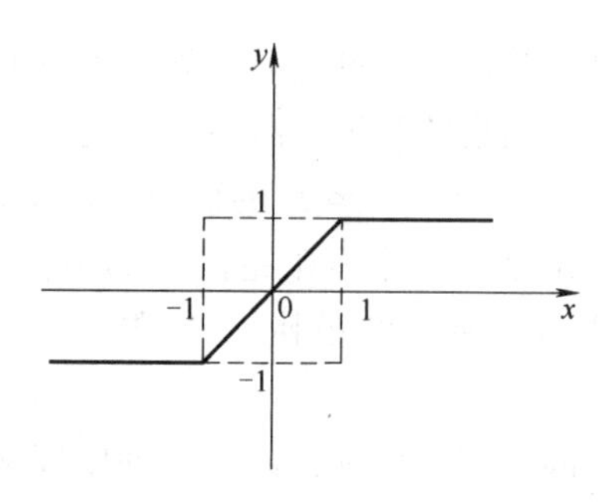

图4.18　分段函数图像

分段函数当 $x \leqslant -1$ 时，输出值为-1，当 $x \geqslant 1$ 时，输出值为1，在（-1，1）区间内输出值为输入信号本身。认为该函数在(-1，1)线性区间内的放大系数是一致的，可以看作是非线性放大器的近似。

根据图4.14中的模型，可以用下式来表示一个神经元：

$$u_i = \sum_{i=1}^{m} w_i x_i$$

$$y_i = f(u_i + b_k)$$

式中，$x_i(i=1, 2, \cdots, m)$ 是输入信号；$w_i(i=1, 2, \cdots, m)$ 为输入权值；u_i为加法器输出；$f(\cdot)$ 为激活函数；y_i为神经元的输出。

（2）神经网络的网络结构　神经元是人工神经网络的基本单元，将大量神经元按照一定的网络结构连接起来，便构成了一个人工神经网络，可以实现并行式处理。相互连接的两个神经元之间一定是一个的输出送到另一个的输入，它们之间的连线上有一个连接权重。神经元之间不同的连接方式对应着不同性质的人工神经网络模型。根据神经元之间连接方式的不同，可以得到分层网络和相互连接型网络两种结构。

1）层网络。所谓分层网络，就是将神经元进行分层排列，相邻层之间的神经元两两连接，每一层的功能并不一样。一般来说，一个典型分层网络具有三个层次，分别是输入层、隐藏层、输出层。

输入层是人工神经网络的起始位置，用于接收外部环境的输入信号，并将输入信号传递给隐藏层的各个神经元。输入层的节点数由网络的输入信息决定。

隐藏层是神经网络的内部处理单元，用于对输入信号进行处理，是神经网络最重要的一层。隐藏层介于输入层与输出层之间，可以是一层，也可以是多层，层数根据具体的情况而定。增加隐藏层的数量，同时也会增加神经网络的计算量。通过隐藏层的运算，输入样本的特征或规律会被神经网络提取出来，通过优化各个神经元之间的连接权值，将这些输入样本的特征或规律存储在整个网络系统之中。

隐藏层节点数目的选择方式较为复杂，且没有具体的规律可以遵循，缺乏成熟理论来进行指导。它与神经网络训练时间和网络精确性均有密切的关系，输入层节点数和输出层节点数的大小都会一定程度上影响隐藏层节点数目的确定。在实际应用中，隐藏层节点数通常是通过不断地试验和以往的设计经验来确定的。隐藏层的节点数与神经网络的训练时间呈正相关，在一定范围内与神经网络的精确性也呈正相关。隐藏层的节点数越多，网络的训练结果就越精确。但节点数过大，学习速率会下降，学习精度也会受到一定程度的影响。节点数过少又会导致神经网络学习的深度不够，不能较

好地掌握输入信息的特征

通常采用试凑法来确定隐藏层节点数，即通过改变某一条件来不断地进行试验，最终得到令人满意的结果。从隐藏层节点较少的数值开始试凑，逐渐增加节点的数量。运用控制变量法，每次训练都使用相同的输入数据，在训练结束后，通过比较不同节点数对应的准确率来确定相对最佳的隐藏层节点数。

在使用试凑法之前，通常参考下列经验公式来确定隐藏层节点数的初始值。

$$m=\sqrt{n+l}+a$$

$$m=\log_2 n$$

$$m=\sqrt{nl}$$

式中，m 为隐藏层节点数，n 表示输入层节点数，l 为输出层节点数，a 为 1～10 之间的常数。

输出层用于输出神经网络信号，其节点数由实际的分类需求决定。

分层网络还可以分为以下三种网络结构：

- 前向网络结构：信号的传播方向是单向的，网络中间不存在后一层对前一层的反馈信号。
- 具有反馈的前向网络结构：在信号处理过程中存在后一层对前一层的反馈支路。
- 层内互联的前向网络结构：在前向网络结构的基础上，将同一层内的神经元相互连接起来形成制约。

2）相互连接型网络。相互连接型网络的结构更类似于网状，网络中大量的神经元之间都可以相互连接，每对神经元之间都可能存在连接路径，但是并不是每对神经元都必须直接连接起来。相互连接型网络可以细分为全连接型和局部连接型两种。全连接型网络中每个神经元的输出都是其他神经元的输入，而局部连接型网络则不是。

图 4.19 所示是上述几种神经网络连接方式的示意图。

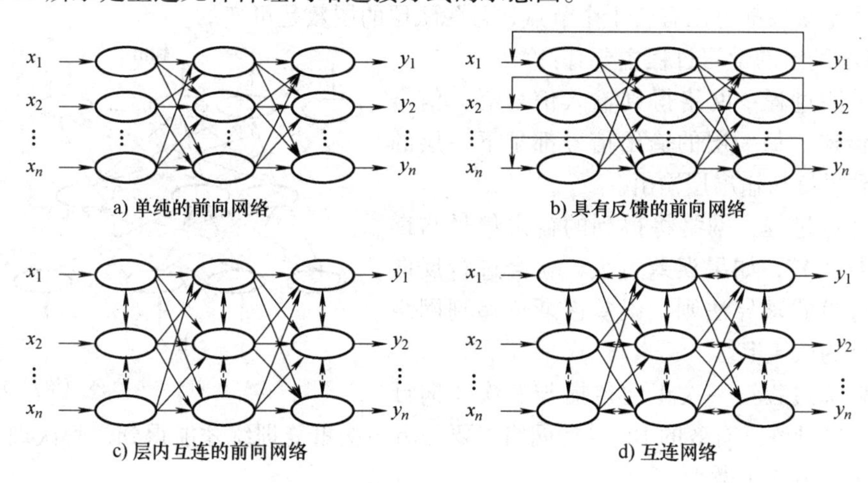

图 4.19　神经网络四种连接方式

（3）神经网络的学习　神经网络的学习就是神经网络的训练。神经网络从外部获取信息后，通过网络运算不断地调整内部各神经元之间的权重以此达到学习的目的。通过不断地训练，神经网络能够从外部环境的刺激中学习到外部环境的特征，从而做出特定的反应。这是神经网络最重要的特质。

神经网络学习之前要确定网络的初始权值和学习速率。初始权值的设置直接影响着神经网络的学习性能，其设置好坏直接影响着网络的性能。由于神经网络结构和功能不同，目前并没有成熟的理论来描述初始权值的选择规律。一般的经验是初始权值的设置要尽可能小一些，通常在-1到1之间取值。在此基础上，再通过多次试验来调整。

在实际的神经网络训练过程中，神经网络的学习速率是一个超参数，它决定了权值更新的幅度。学习速率越小，学习会越精细，要达到收敛所需的迭代次数就会越高，这样会使学习效率降低。学习速率越大，则迭代后可能不会使代价函数减小，甚至会越过最优解而导致算法无法收敛。

学习速率的选择要满足两个条件：

1）确保训练的精确度；

2）在满足条件1）的同时，要选择稍大的值来加快神经网络的学习速度，以此提高神经网络的学习效率。

神经网络算法种类繁多，有BP神经网络、卷积神经网络、LM神经网络、RBF径向基神经网络和FNN模糊神经网络等。本节主要介绍BP神经网络，它是一种按误差反向传播算法训练的多层前馈网络。

2. BP神经网络算法

BP神经网络算法是以网络误差平方和为目标函数，采用梯度下降法来计算目标函数最小值的神经网络。它的核心是误差反向传播，即在学习过程中通过反馈将误差反向传播到神经元各个节点之间，通过不断修改节点之间的权值来实现学习过程。在误差反向传播的过程中，误差沿着它的负梯度方向不断下降，每次学习过程都会使误差减小一点。随着训练次数的增加，误差不断地向其最小值靠近。

一个简单的三层BP神经网络结构如图4.20所示，主要有输入层、隐藏层、输出层三部分。每个隐藏层都可以有若干个节点，且隐藏层的层数是可变的。

BP神经网络的学习过程主要有：

正向传播过程：网络得到输入信号后，信号不断向后传递，每一层的输出信号都是下一层的输入，直到最终从输出层输出。

反向计算过程：网络将得到的输出信号与期望输出进行比较，如果误差过大，就会进行反向传播。通过链式求导法则，误差逐渐传递到网络中每个节点的权值上。

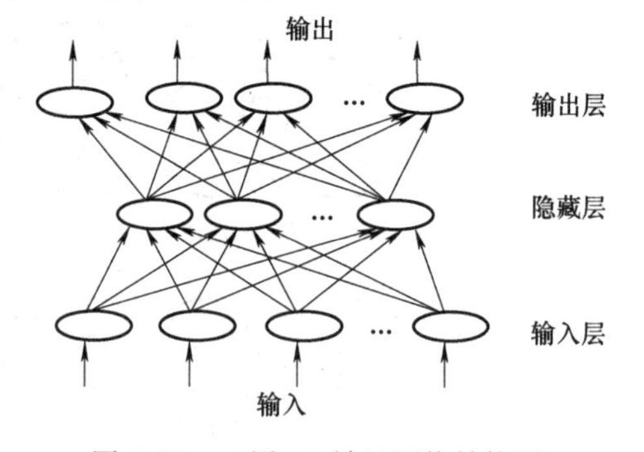

图4.20　三层BP神经网络结构图

重复训练过程：一次正向传播与一次反向计算统称为一次训练。有效的BP神经网络需要经历多次重复训练才能得到，每次训练中各个节点的连接权值变化微小。

学习结果识别过程：当每次训练结束后，网络都会将输出结果与期望输出进行比较，从而判别网络输出的误差是否已经达到期望的程度。如果误差在允许范围内或达到最大训练次数，整个学习过程结束。否则继续学习，直到满足结束条件为止。

图4.21所示是BP神经网络学习的流程图。

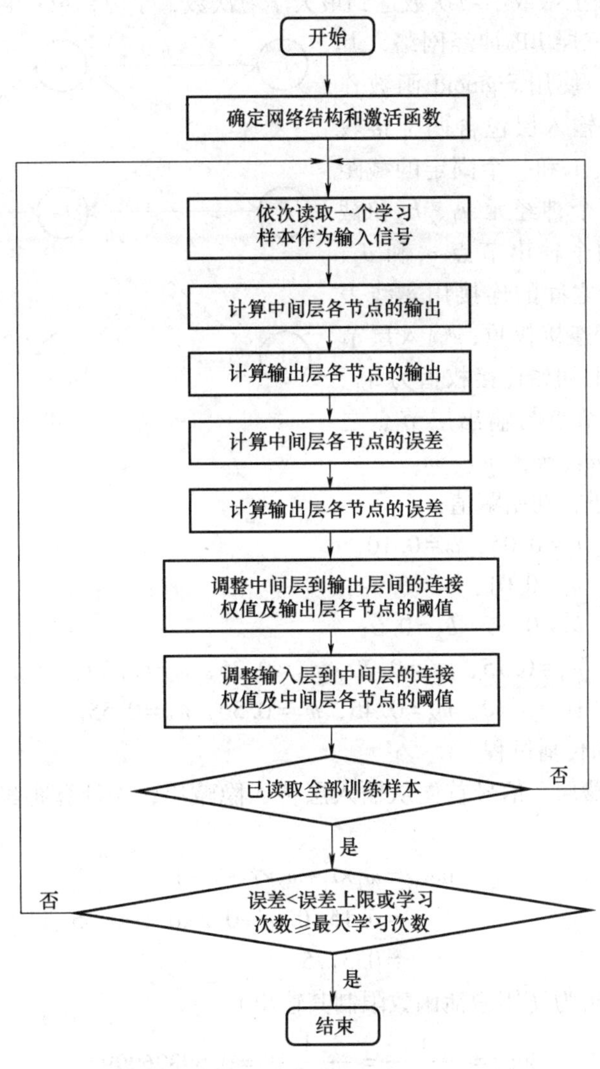

图 4.21　BP 神经网络学习流程图

1）首先确定网络拓扑结构和激活函数。

2）网络初始化。随机给定各连接权值 w_{ij}，w_{jk}。其中 w_{ij} 表示网络输入层和隐藏层的连接权值，w_{jk} 表示网络隐藏层到输出层之间的连接权值。根据经验值设置网络的学习速率。

3）读取一个训练样本，并给出与之对应的期望输出。

4）计算正向传播过程中各节点的输出，包括中间层各节点的输出和输出层各节点的输出。

5）计算反向传播阶段各节点的误差，包括中间层各节点的误差和输出层各节点的误差。

6）调整中间层到输出层间的连接权值及输出层各节点的阈值。

7）调整输入层到中间层的连接权值及中间层各节点的阈值。

8）全部训练样本读取完成，进入下一步；否则返回第 3）步。

9）误差小于误差上限或学习次数达到最大学习次数，学习结束；否则返回第 3）步。

例 4.7　假设有三层 BP 神经网络，其结构如图 4.22 所示，使用 Sigmoid 函数作为网络的激活函数。输入层包含两个接收输入信号的神经元 i_1、i_2 和一个固定的截距项 b_1；隐藏层包含两个神经元 h_1、h_2 和截距项 b_2，输出层有两个输出节点 o_1 和 o_2，网络中每两个神经元之间的连接用实线表示，实线上的 w_i 表示连接权重，输入层节点与隐藏层节点之间的初始连接权值为 w_1、w_2、w_3、w_4，隐藏层节点与输出层节点之间的初始连接权值为 w_5、w_6、w_7、w_8。

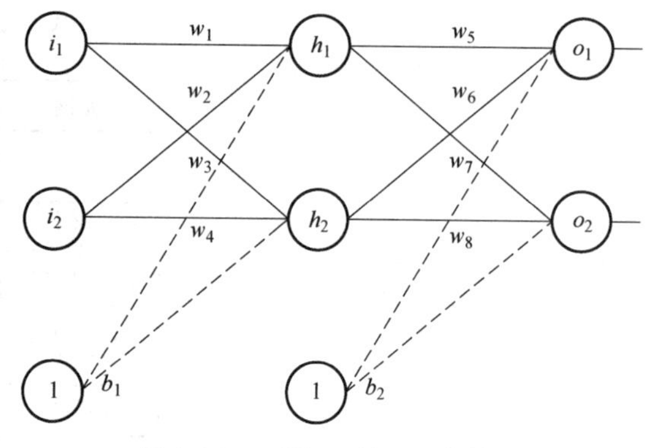

图 4.22　三层 BP 神经网络结构

首先对神经网络进行初始赋值：

其中，输入信号：$i_1=0.05$，$i_2=0.10$；

输出信号：$o_1=0.01$，$o_2=0.99$；

固定截距：$b_1=0.35$，$b_2=0.6$；

初始权重：$w_1=0.15$，$w_2=0.20$，$w_3=0.25$，$w_4=0.30$；

$w_5=0.40$，$w_6=0.45$，$w_7=0.50$，$w_8=0.55$。

第一步：信号前向传播过程

（1）输入层→隐藏层　信号首先从输入层传入隐藏层，先计算神经网络中隐藏层神经元 h_1 的输入加权和：

$$\begin{aligned}\text{net}_{h_1}&=w_1\times i_1+w_2\times i_2+b_1\times 1\\&=0.15\times 0.05+0.2\times 0.1+0.35\times 1\\&=0.3775\end{aligned}$$

神经元 h_1 的输出 o_1 为（用激活函数限制其输出）

$$\text{out}_{h_1}=\frac{1}{1+\text{e}^{-\text{net}_{h_1}}}=\frac{1}{1+\text{e}^{-0.3775}}=0.593269992$$

用同样的方法可以计算出神经元 h_2 的输出 o_2 为

$$\text{out}_{h_2}=0.596884378$$

（2）隐藏层→输出层　计算输出层神经元 o_1 和 o_2 的值：

o_1 的输入值为

$$\begin{aligned}\text{net}_{o_1}&=w_5\times\text{out}_{h_1}+w_6\times\text{out}_{h_2}+b_2\times 1\\&=0.4\times 0.593269992+0.45\times 0.596884378+0.6\times 1\\&=1.105905967\end{aligned}$$

o_1 的输出值为

$$\text{out}_{o_1}=\frac{1}{1+\text{e}^{-\text{net}_{o_1}}}=\frac{1}{1+\text{e}^{-1.105905967}}=0.75136507$$

同理 o_2 的输出值为

$$\text{out}_{o_2}=0.772928465$$

以上完成了一次前向传播的过程。输入信号经过神经网络的运算，从输出层输出两个输出信号（0.75136507，0.772928465），与期望输出信号（0.01，0.99）相比有较大的误差，因此需要进行第二步操作，将误差向前传入网络。

第二步：误差反向传播过程

（1）计算总误差　神经网络的总误差用平方误差函数来表示。它的表达式为

$$E_{\text{total}}=\sum\frac{1}{2}(\text{target}-\text{output})^{2}$$

由于该神经网络有两个输出信号，所以需要先分别计算 o_1 和 o_2 的误差，再把两个误差相加合起来构成总误差。即

$$\begin{aligned}E_{o_1}&=\frac{1}{2}(\text{target}_{o_1}-\text{out}_{o_1})^{2}\\&=\frac{1}{2}(0.01-0.75136507)^{2}\\&=0.274811083\end{aligned}$$

同理可计算出　$E_{o_2}=0.023560026$

$$E_{\text{total}}=E_{o_1}+E_{o_2}=0.274811083+0.023560026=0.298371109$$

（2）隐藏层→输出层的权值更新　如利用梯度下降法更新权值时，需要求出误差对每个权值的偏导数。以 w_5 为例，其偏导数可以由链式求导法则求出，其求导公式如下：

$$\frac{\partial E_{\text{total}}}{\partial w_5}=\frac{\partial E_{\text{total}}}{\partial \text{out}_{o_1}}\frac{\partial \text{out}_{o_1}}{\partial \text{net}_{o_1}}\frac{\partial \text{net}_{o_1}}{\partial w_5}$$

由上式可得，整体误差对 w_5 的偏导由三部分组成，需要分别计算每个部分的值。

首先计算 $\frac{\partial E_{\text{total}}}{\partial \text{out}_{o_1}}$，由 E_{total} 的定义式可得

$$\begin{aligned}\frac{\partial E_{\text{total}}}{\partial \text{out}_{o_1}}&=2\times\frac{1}{2}(\text{target}_{o_1}-\text{out}_{o_1})^{2-1}\times(-1)+0\\&=-(\text{target}_{o_1}-\text{out}_{o_1})\\&=-(0.01-0.75136507)\\&=0.74136507\end{aligned}$$

再计算 $\frac{\partial \text{out}_{o_1}}{\partial \text{net}_{o_1}}$，即对 Sigmoid 函数进行求导得

$$\frac{\partial \text{out}_{o_1}}{\partial \text{net}_{o_1}}=\text{out}_{o_1}(1-\text{out}_{o_1})=0.75136507(1-0.75136507)=0.186815602$$

然后计算 $\frac{\partial \text{net}_{o_1}}{\partial w_5}$：

$$\text{net}_{o_1}=w_5\times\text{out}_{h1}+w_6\times\text{out}_{h2}+b_2\times 1$$

$$\frac{\partial \text{net}_{o_1}}{\partial w_5}=1\times\text{out}_{h_1}\times w_5^{1-1}+0+0=\text{out}_{h_1}=0.593269992$$

最后，将三部分计算出来的结果相乘，可得到

$$\frac{\partial E_{total}}{\partial w_5}=0.74136507\times0.186815602\times0.593269992=0.082167041$$

下面对 w_5 的值更新，其中 η 是学习速率，也称作更新步长，这里取 $\eta=0.5$。

$$w_5^+=w_5-\eta\frac{\partial E_{total}}{\partial w_5}=0.4-0.5\times0.082167041=0.35891648$$

同理，计算 w_6，w_7，w_8 更新后的结果得

$$w_6^+=0.408666186$$

$$w_7^+=0.511301270$$

$$w_8^+=0.561370121$$

（3）隐藏层→输入层的权值更新　输入层的权值更新方法与第（2）步类似。值得注意的是，由于隐藏层的输出 out_{h_1} 接受到的误差来自两个地方：E_{o_1} 和 E_{o_2}，因此计算偏导数时需要把它们都考虑到。

计算 $\frac{\partial E_{total}}{\partial out_{h_1}}$：

$$\frac{\partial E_{total}}{\partial out_{h_1}}=\frac{\partial E_{o_1}}{\partial out_{h_1}}+\frac{\partial E_{o_2}}{\partial out_{h_1}}$$

先计算 $\frac{\partial E_{o_1}}{\partial out_{h_1}}$：

$$\frac{\partial E_{o_1}}{\partial net_{o_1}}=\frac{\partial E_{o_1}}{\partial out_{o_1}}\frac{\partial out_{o_1}}{\partial net_{o_1}}=0.74136507\times0.186815602=0.138498562$$

$$net_{o_1}=w_5\times out_{h_1}+w_6\times out_{h_2}+b_2\times1$$

$$\frac{\partial net_{o_1}}{\partial out_{h_1}}=w_5=0.40$$

$$\frac{\partial E_{o_1}}{\partial out_{h_1}}=\frac{\partial E_{o_1}}{\partial net_{o_1}}\frac{\partial net_{o_1}}{\partial out_{h_1}}=0.138498562\times0.40=0.055399425$$

同理，再计算出：

$$\frac{\partial E_{o_2}}{\partial out_{h_1}}=-0.019049119$$

两者相加得到

$$\frac{\partial E_{total}}{\partial out_{h_1}}=\frac{\partial E_{o_1}}{\partial out_{h_1}}+\frac{\partial E_{o_2}}{\partial out_{h_1}}=0.055399425+(-0.019049119)=0.036350306$$

然后，计算 $\frac{\partial out_{h_1}}{\partial net_{h_1}}$：

$$\frac{\partial out_{h_1}}{\partial net_{h_1}}=out_{h_1}(1-out_{h_1})=0.593269992(1-0.593269992)=0.241300709$$

再计算 $\frac{\partial net_{h_1}}{\partial w_1}$：

$$\mathrm{net}_{h_1}=w_1\times i_1+w_2\times i_2+b_1\times 1$$

$$\frac{\partial \mathrm{net}_{h_1}}{\partial w_1}=i_1=0.05$$

三者相乘得到总误差对权值 w_1的偏导数：

$$\frac{\partial E_{\mathrm{total}}}{\partial w_1}=\frac{\partial E_{\mathrm{total}}}{\partial \mathrm{out}_{h_1}}\frac{\partial \mathrm{out}_{h_1}}{\partial \mathrm{net}_{h_1}}\frac{\partial \mathrm{net}_{h_1}}{\partial w_1}$$

$$\frac{\partial E_{\mathrm{total}}}{\partial w_1}=0.036350306\times 0.241300709\times 0.05=0.000438568$$

最后，更新 w_1的权值：

$$w_1^+=w_1-\eta\frac{\partial E_{\mathrm{total}}}{\partial w_1}=0.15-0.5\times 0.000438568=0.149780716$$

同理，可更新 w_2、w_3、w_4的权值：

$$w_2^+=0.19956143$$

$$w_3^+=0.24975114$$

$$w_4^+=0.29950229$$

当所有神经元之间的连接权值都更新后，一次完整的训练结束。新的权值会改变神经网络的输出值，使其更接近期望值。随着训练次数的增加，神经网络输出值与期望值之间的误差会越来越小。

3. BP 神经网络的特点

BP 神经网络是目前应用最为广泛的神经网络之一，能够实现从输入到输出的非线性映射。它具有高度的自组织和自学习能力、良好的鲁棒性和容错性，而且可以实现大规模数据的并行处理。BP 神经网络的缺点是收敛速度慢、对样本的依赖性较强，并且容易陷入局部最优解。

4.3.6　支持向量机

支持向量机（Support Vector Machine，SVM）是建立在统计学习理论基础上的一种预知性机器学习方法。它根据结构风险最小化准则构造分类器，能够使类与类之间的间隔最大化，因此准确率较高，能较好地解决非线性、高维数、局部最优等问题。该算法现已成为一种通用的学习算法，在数据分析、模式识别、分类回归、概率密度函数估计等领域被广泛应用，主要应用场景包括手写字识别、语音识别、文本分类、图像识别、入侵检测、病毒程序检测、安全态势预测等。

1. 支持向量机的基本概念

SVM 是一种二分类模型，它的基本思想是根据有限的样本信息拟合出一条最优分类边界（一般称为超平面），使得分类间隔达到最大化。支持向量就是指那些能够确定间隔区边界的训练样本点，它是 SVM 的训练结果，对其分类决策起决定性作用。下面对 SVM 理论中的最大化间隔和核函数做以简单介绍。

（1）最大化间隔　首先考虑最简单的线性可分的情况。如图 4.23 所示，有一组二维二分类数据构成的训练集，十字和小圆圈表示两个不同的类。该数据集是线性可分的，因此存在 L_1、L_2、L_3等多条分界线，如何从中找出最佳的一条呢？直观地看，L_2明显比另外两条分界线要好，因为它距离两类数据点都比较远，这样发生错误分类的可能性就较小，而 SVM 正是基于这种直观的最大化间隔分类的思路来确定最佳的分类超平面。

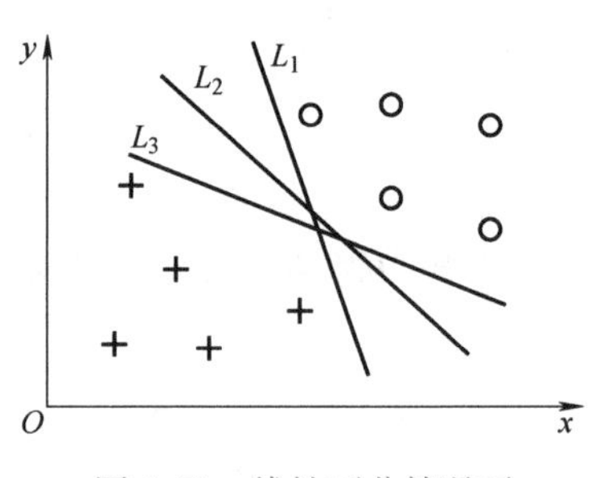

图 4.23 线性可分情况下分类超平面

所谓间隔是指两类中距离分类超平面最近的样本之间的距离，而最大化间隔就是要寻找使该间隔最大的那个超平面，从而使样本落在分类边界另一边的概率较小，提高分类正确率。

(2) 核函数 在分类问题中，经常会遇到训练集非线性可分的情况。如图 4.24 所示，可以将训练集从原始空间映射到一个更高维度的空间（即特征空间），使得样本在特征空间是线性可分的。为此，SVM 定义所谓的核函数，实现数据从低维空间向高维特征空间的映射，然后在特征空间中建立最优分类超平面。核函数的定义为：设 X 为原空间，H 为特征空间（Hilbert 空间），如果存在映射

$$\phi: X \to H$$

使得对任意的 x，$y \in X$，函数 $K(x,y)$ 满足

$$K(x,y) = \phi(x) \cdot \phi(y)$$

则称 $K(x,y)$ 为核函数，$\phi(x)$ 为映射函数。

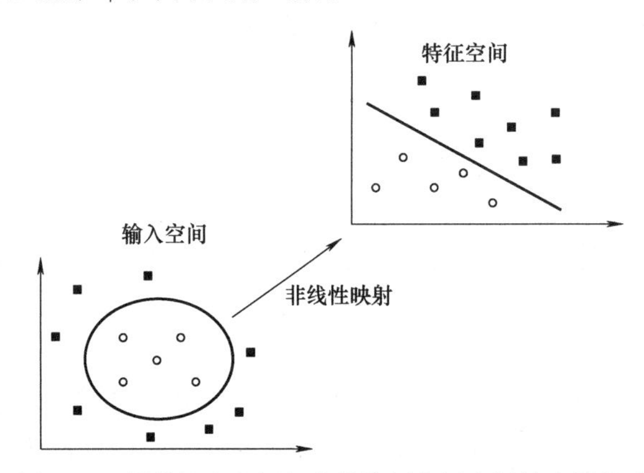

图 4.24 低维输入空间与高维特征空间之间的映射关系

目前最常使用的核函数主要有 4 类：

1) 线性核函数 $K(x,y) = xy$

线性核函数主要用于线性可分的情况，其特征空间与输入空间的维度是一样的，参数少速度快，分类效果理想。

2) 多项式核函数 $K(x,y) = (xy+1)^q$

其中，q 为自由度，所得到的是 q 阶多项式分类器。

多项式核函数可以实现将低维的输入空间映射到高维的特征空间，但多项式核函数的参数多，因而当多项式的阶数比较高时，核矩阵的元素值将趋于无穷大或者无穷小，计算复杂度相当大，往往无法计算。

3) 径向基函数（RBF） $K(x,y) = \exp\left(-\frac{|x-y|}{\gamma^2}\right)$

其中，γ 为形状参数，所得分类器与传统 RBF 方法的重要区别是，这里每个基函数中心对应一个支持向量，它们及输出权值都是由算法自动确定的。

高斯径向基函数是一种局部性强的核函数，可以将一个样本映射到一个更高维的空间内，是目前应用最广的核函数之一。无论对于大样本还是小样本其性能都比较好，而且相对于多项式核函数参数要少，因此大多数情况下优先使用高斯核函数。

4) Sigmoid 型函数　　$K(x_i, y_i) = \tanh(a(x_i \cdot y_i)+c)$

其中，a、c 是常数。

当 tanh 是 Sigmoid 函数时，SVM 实现的就是包含一个隐藏层的多层感知器，隐藏层节点数是由算法自动确定的，而且算法不存在困扰神经网络方法的局部极小点问题。

其他形式的核函数有邻域核函数（Neighborhood Kernel Function）、小波核函数（Wavelet Kernel Function）等。它们也都是特定于具体应用而产生的优化算子。

核函数的选择直接影响着 SVM 算法的性能表现，尤其是针对线性不可分的数据。如果对数据有一定的先验知识，就利用先验知识来选择符合数据分布的核函数；否则，通常使用交叉验证方法，来试用不同的核函数，误差最小的即为效果最好的核函数，也可以将多个核函数结合起来，形成混合核函数。

2. SVM 的特点

SVM 是一种适用于小样本的学习方法，算法简单，具有较好的鲁棒性和泛化能力。在 SVM 中，由少数支持向量决定最终结果，计算的复杂性取决于支持向量的数目，而不是样本空间的维数，这在某种意义上避免了“维数灾难”。

SVM 一般只能用于二分类问题，解决多分类问题比较困难，一般需要多个二分类支持向量机的组合来解决。SVM 对参数和核函数的选择比较敏感，性能的优劣主要取决于核函数的选取，但是目前还没有好的方法来解决核函数的选取问题。此外，SVM 需要消耗空间来存储训练样本和核矩阵，当数据量很大时该矩阵的存储和计算将耗费大量的机器内存和运算时间，因而对大规模训练样本难以实施。

4.4　分类结果评估

一个性能良好的分类模型不仅能够很好地拟合训练数据集，而且还应当尽可能准确地预测未知样本的类标签。为了检验分类器在未知样本上的表现，通常需要将原始样本数据的一部分作为训练集去建立模型，再用剩余的数据作为测试集来对得到的模型进行测试和验证。训练集和测试集的选择直接影响着分类器的性能，因此训练集和测试集的合理划分就成为决定分类器性能优劣的关键。在介绍分类模型的评价指标之前，先简要说明常用的训练集和测试集的划分方法。

（1）留出法　将给定的原始数据划分为两个相互独立的集合，即训练集和测试集。划分数据集时，应尽量保持训练集和测试集的数据分布基本一致，一般情况下训练集的数据量应占总数据量的 2/3~4/5。为了保证随机性，需要将数据集多次随机划分为训练集和测试集，然后再对多次划分得到的性能指标取平均，以此作为评价分类器的最终依据。该方法的缺点是容易过拟合并且不便于矫正。

（2）交叉验证　将原始数据集随机分为大小相同并互斥的 k（k 大于 1）个子集，每次运行，都选择其中一个子集作为检验集，其余 k-1 个全部作为训练集，重复运行 k 次，使每个子集都恰好有一次作为测试集，这样将得到 k 组性能指标，对它们取平均即可。

（3）自助法　每次随机从原始数据集（有 m 个样本）抽取一个样本，然后再放回（也有可能样本被重复抽出），m 次后得到有 m 个样本的数据集，将其作为训练集，没有被抽到的数据则构成测试集。自助法在抽样次数趋向于无穷大时，有大约 1/3 的样本不会被抽到。该方法适用于样本量较小，难以划分训练集和测试集的场合。当样本量足够大时，通常采用留出法和交叉验证法。

下面介绍分类模型的性能评价指标。

混淆矩阵（Confusion Matrix）是一种评价分类器性能的常用方法。它描绘样本数据的实际类别与预测类别之间的关系。分类模型的性能是对模型是否能够正确检验记录的能力进行评估。通常将存放这些记录计数的表格称作混淆矩阵。表 4.3 所示为一个针对二元分类结果的简单混淆矩阵。

表 4.3　二元分类结果的简单混淆矩阵

混淆矩阵		实际情况	
		正例	反例
预测情况	正例	TP	FP
	反例	FN	TN

真正例（True Positives，TP）：表示预测结果为正，实际也是正的样本数。

假正例（False Positives，FP）：表示预测结果为正，实际却是负的样本数。

真反例（True Negatives，TN）：表示预测结果为负，实际也是负的样本数。

假反例（False Negatives，FN）：表示预测结果为负，实际却是正的样本数。

虽然混淆矩阵记录了分类模型检验记录的结果，但比较起来不够直观。因此，可以使用一些性能度量（Preformance Metric）来对模型预测效果进行评价，如分类准确率、识别精确率、召回率、ROC 曲线等。

（1）准确率（Accuracy）　准确率的定义如下：

$$\text{Accuracy}=\frac{TP+TN}{TP+TN+FP+FN}$$

式中，分子是所有预测准确的样本数，分母为所有的样本数，分类准确率表达的是预测准确的样本占总样本的比重，分类准确率越高，模型预测的准确度越高。

（2）精确率（Precision）　精确率也称为查准率，它的定义如下：

$$\text{Precision}=\frac{TP}{TP+FP}$$

式中分母为所有预测为正例的样本数，精确率表达的是所有预测为正的样本中预测正确的样本所占的比例，它衡量了模型对正样本的识别能力。

（3）召回率（Recall）　召回率也称为查全率，它的定义如下：

$$\text{Recall}=\frac{TP}{TP+FN}$$

式中分母是实际的正样本数，该指标表示预测为正的样本在实际正样本中所占的比例，它同样用于衡量模型对正样本的识别能力。需要说明的是，精确率和召回率是相互矛盾的。一般情况下，当精确率高时，召回率往往偏低；而召回率高时，精确率又会偏低。

(4) 假正率（False Positive Rate，FPR）　假正率表示实际负样本被预测为正样本的比例，它的定义如下：

$$\mathrm{FPR}=\frac{FP}{FP+TN}$$

(5) 真负率（True Negative Rate，TNR）　真负率表示实际负样本被预测为负样本的比例，它的定义如下：

$$\mathrm{TNR}=\frac{TN}{FP+TN}$$

(6) 假负率（False Negative Rate，FNR）　假负率表示实际正样本被预测为负样本的比例，它的定义如下：

$$\mathrm{FNR}=\frac{FN}{TP+FN}$$

(7) *F* 度量　F 度量（又称为 F_1 分数或 F 分数）是精确率和召回率的综合评价指标，它的定义如下：

$$F_1=\frac{2P\times R}{P+R}$$

由于精确率和召回率是一对矛盾的度量，F 度量是精确率和召回率的调和均值，它赋予二者相等的权重。

另一种是 F_β 度量方法，它的定义如下：

$$F_\beta=\frac{(1+\beta^2)\,P\times R}{\beta^2\times P+R}$$

其中，β 是非负实数。F_β度量是精确率和召回率的加权度量，它赋予召回率权重是精确率的 β 倍。通常使用的 F_β是 F_2和 $F_{0.5}$。

(8) ROC 曲线与 AUC 曲线　ROC 曲线全称是受试者工作特征（Receiver Operating Characteristic，ROC）曲线，是一种最常用的，同时也是非常有效的评价分类模型性能优劣的方法。ROC 曲线是根据一系列不同的二分类方式（分界值或决定阈），以 TPR 为纵坐标，FPR 为横坐标绘制的曲线。该曲线能充分记录出真正率和假正率，有助于比较不同分类器的相对性能。

AUC（Area Under Curve）即 ROC 曲线下方的面积，该曲线下方的面积大小与每种分类模型的优劣密切相关，反映模型正确分类的统计概率。一般情况下，AUC 的取值范围在 0.5~1之间，当 AUC 的值越接近 1 说明该模型的分类效果越好。分类模型的 ROC 曲线如图 4.25所示。

由图 4.25 可以看出，模型 b 比模型 a 的 ROC 曲线更加靠近坐标轴左上方的位置，因此 ROC 曲线下方的面积更大，即 AUC 更大，因此模型 b 的性能优于模型 a 的性能。

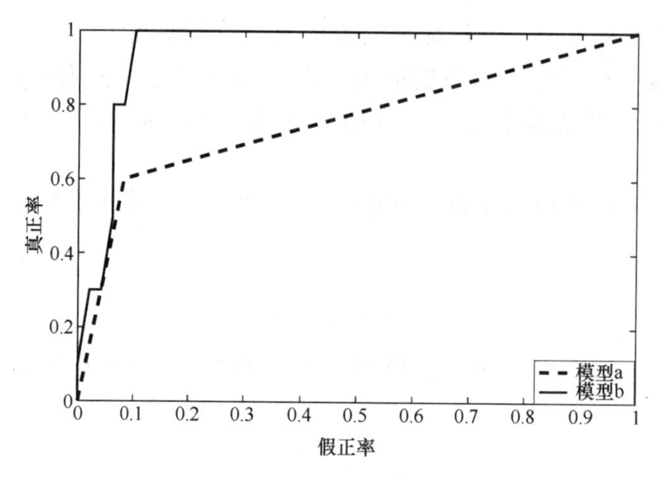

图 4.25　两种不同分类模型的 ROC 曲线

习　题

4.1　什么是分类？分类有哪些应用领域？

4.2　分类的过程包含几个阶段，各阶段的具体工作是什么？

4.3　决策树算法常用的属性选择度量有哪些，它们有什么特点？

4.4　分类问题中常用的评价指标有哪些？

4.5　表 4.4 所示是“泰坦尼克号”沉船事件中的部分乘客数据，其中包含两个属性和一个类标签。属性“乘客”有 1、2、3 三种取值，分别代表头等舱、二等舱和三等舱；属性“性别”取值为 0 和 1，分别代表男性和女性；类标签“是否幸存”有两种取值 0 和 1，分别表示遇难和幸存。请分析表 4.4 中的数据，并利用 ID3 算法构造决策树。

表 4.4　“泰坦尼克号”数据

序　号	舱　位	性　别	是否幸存
1	1	1	1
2	1	0	1
3	1	1	0
4	1	0	0
5	1	1	0
6	1	0	1
7	1	1	1
8	2	0	0
9	2	0	0
10	2	1	1
11	2	0	0
12	2	0	1
13	2	1	1
14	3	0	0
15	3	0	0

（续）

序　　号	舱　　位	性　　别	是否幸存
16	3	1	1
17	3	0	1
18	3	0	1
19	3	1	1
20	3	0	0

4.6　根据表4.4中的数据，利用朴素贝叶斯算法来判断一位乘坐二等舱的女乘客幸存的可能性，并与题4.5所构建的决策树的分类结果进行对比。

4.7　图4.26所示的贝叶斯网络给出了宿醉（Hangover，HO）和脑瘤（Brain Tumor，BT）的临床症状及影响因素，其中Party（PT）表示参加晚会，Headache（HA）表示头疼，Smell Alcohol（SA）表示有酒精味，Pos Xray（PS）表示X射线检查呈阳性。请根据该网络提供的信息，对下面三种情况做出诊断。

（1）没有先验信息，患头疼的概率；

（2）已知参加晚会的情况下，头疼发生的概率；

（3）已知有酒精味、头疼的情况下，患脑瘤的概率。

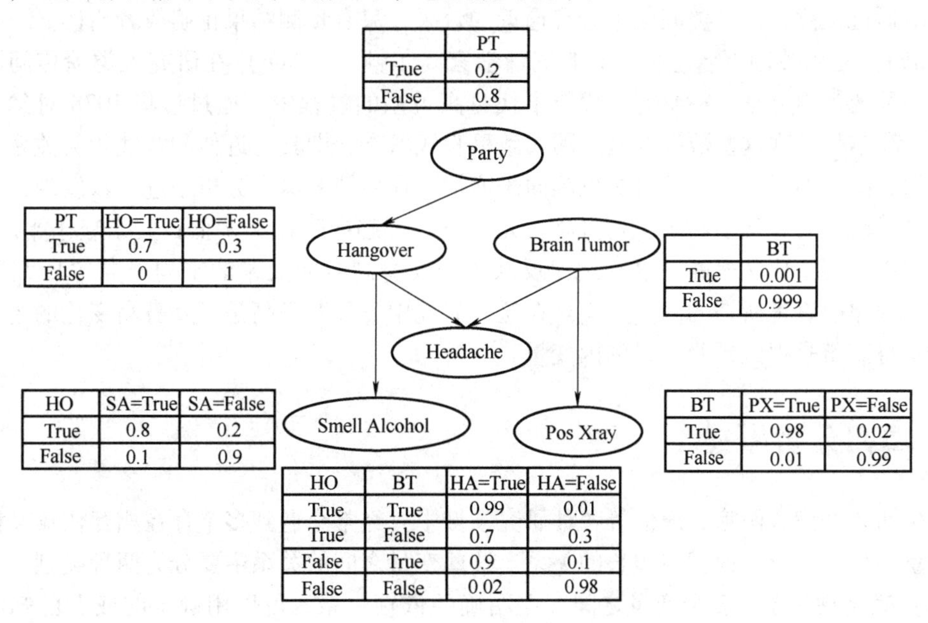

图4.26　疾病诊断贝叶斯网络

4.8　给定训练集$X_{\text{train}}=\{(x_i,y_i,z_i)\mid i=1,2,\cdots,10\}$，其中$x_i$是样本的三维特征向量；$y_i\in\{1,-1\}$是样本的类别。现有$\boldsymbol{x}_1=(-0.5,1,0.4)^{\mathrm{T}}$，$\boldsymbol{x}_2=(0.2,-3,2)^{\mathrm{T}}$，$\boldsymbol{x}_3=(1.2,2.2,-5)^{\mathrm{T}}$，$\boldsymbol{x}_4=(-3.1,-1,2.3)^{\mathrm{T}}$，$\boldsymbol{x}_5=(3.3,1.7,4.1)^{\mathrm{T}}$，$\boldsymbol{x}_6=(-4.5,5,2)^{\mathrm{T}}$，$\boldsymbol{x}_7=(2,-0.6,-1.8)^{\mathrm{T}}$，$\boldsymbol{x}_8=(3,2.7,1.3)^{\mathrm{T}}$，$\boldsymbol{x}_9=(1,2,-4)^{\mathrm{T}}$，$\boldsymbol{x}_{10}=(-3,3.7,1.6)^{\mathrm{T}}$，其中$y_1=y_2=y_3=y_5=y_6=y_8=y_{10}=1$，$y_4=y_7=y_9=-1$。对于未知类标号样本$\boldsymbol{x}=(0.4,\ -3.1,\ 1.2)^{\mathrm{T}}$，分别用最近邻和$k$-近邻（$k=3$）算法对$\boldsymbol{x}$进行分类。

第5章 大数据分析挖掘——回归

在大数据挖掘和分析过程中，分类（Classification）与回归（Regression）都属于监督学习方法。分类问题会根据样本判定其所属类别，并用一个离散的分类标签进行标注；如果预测属性是实数，那就成为一个回归问题。例如，根据最近一段时间的天气变化的历史数据，预测未来一周或者半个月的天气发展趋势。当预测数据比较精确时，回归就是对真实数据的一种无限逼近预测，而分类问题不会有逼近的效果，只有预测结果正确或者错误。

"回归"是由英国著名生物学家兼统计学家高尔顿（Galton）在研究人类遗传问题时所提出的一种统计学方法。在研究父代与子代身高关系的过程中，通过搜集1078对父子的身高数据，高尔顿发现这些数据的散点图大致呈直线状态，即具有近似的线性相关关系，表现为父亲的身高增加时，儿子的身高也倾向于增加。在后续的深入分析中进一步发现，当人类平均身高界定以后，父亲高于平均身高，儿子身高更趋向于比父辈低；父亲矮于平均身高，儿子身高更趋向于比父辈高。这一规律反映了子女身高有向父辈的平均身高"回归"的趋势，这一现象也就是所谓的回归效应。在这一研究中，父辈身高是子女身高变化的主要自变量，子女身高就是得到预测结果的因变量。

5.1 回归分析概述

在生活、经济、医疗、通信等各种研究领域中，经常会遇到多个存在相互依赖又彼此制约的变量，如正方形的面积与边长的关系。这些变量之间的关系主要分为两种类型：

（1）确定性关系 多个变量之间存在明确的依赖关系，可以用确定的或者已知的函数关系来表示，当其中某些变量的取值确定，另一些变量的取值也随之确定下来。例如圆的面积与半径之间的关系可以通过确定的函数关系 $S=\pi R^2$ 来描述。

（2）非确定性关系 多个变量之间存在密切的联系，会互相影响和制约，但由于有不可预知的其他因素存在，这种依赖关系具有不确定性，不能用确定的函数关系来表示。当其中某些变量的取值确定后，无法完全由这些变量值来确定另一些变量的值，或者说另一些变量会有若干个取值。这种变量之间存在相互依赖但又不能通过确定函数来描述的关系称为变量间的统计关系或者相关关系。

在生活中，非确定关系随处可见，如人的身高与体重的关系、年龄与血压的关系、消费人群的年收入与消费支出的关系、工业生产率与产品成本的关系、广告费用支出与商品销售额的关系等。

如图 5.1 所示，x 轴表示广告费用支出，y 轴表示商品销售额，数据点是已知的（广告费用支出，商品销售额）样本数据，斜线表示计算得到的回归预测直线。可以看出，随着广告费用支出的增加，商品的实际销售金额并没有全部确定性的提高，如广告费用投入为 69 万元，通过预测直线得到的商品销售金额为 180 万元，而实际的销售金额仅为 142 万元，这表明商品销售过程中，虽然广告投放效应显著，但市场销售还是会受气候、通货膨胀、生活习惯等多方因素的影响，即不能完全由广告支出取值确定商品销售金额。

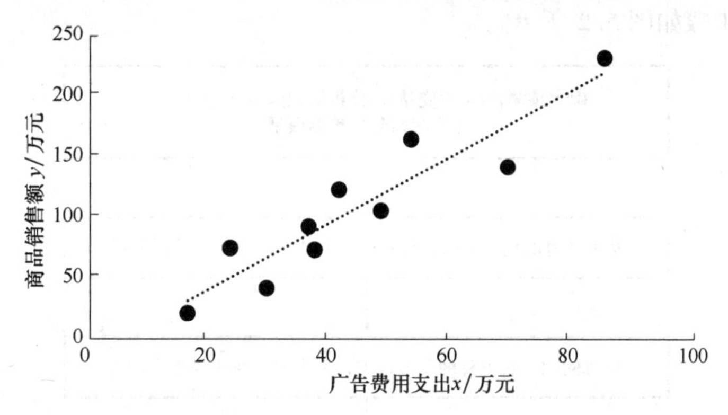

图 5.1　广告费用支出与商品销售额关系图

在变量之间存在的非确定性关系，可以通过对大量观测数据的分析和研究，发现这些变量之间符合一定的统计规律，也就是具有相关关系，可以用适当的数学模型来描述和解释，而分析和研究采用的方法即是回归分析。回归分析也称为预测，可以通过一个或多个变量的取值估计出另一个随机变量的取值，例如用温度、湿度、风速等预测天气情况。

回归分析（Regression Analysis）是基于数据统计的原理，对经过预处理后的大数据进行数学建模，确定一个或者多个独立预测变量（自变量）与响应变量（因变量）之间相互依赖的定量关系，建立相关性较好的回归方程（数学函数表达式），通过数学模型进行描述和解释，并用作预测未来响应变量变化的统计分析方法。其中自变量是数值预测中感兴趣的数值属性，取值是已知的，而因变量就是在建立好的回归方程中可以得到的预测数据。回归分析一般适用于预测连续性数据。

按照自变量个数的多少，可以将回归分析分为一元回归分析和多元回归分析。一元回归分析是最简单的回归形式，通过两个变量间的相关关系由一个自变量预测得到一个因变量的变化趋势；多元回归是一元回归的扩展，分析多个变量间的相关关系由多个自变量预测得到一个因变量的变化趋势。根据自变量和因变量的相关关系来分类，又分为线性回归分析和非线性回归分析。线性回归是指自变量与因变量之间的关系可以用一条直线来近似表达，线性回归分析在实际生活中应用广泛，例如商场某种商品的销售价格与销售数量之间的关系，以及对未来销售数据的预测情况。在处理许多实际应用场景时，变量之间的关系并非简单的直线关系，例如麻醉剂药效与持续作用时间、细菌繁殖曲线、毒物剂量与动物死亡率的关系、肿瘤大小与肿瘤性质（良性或恶性）的关系等，这时就需要采用非线性回归模型进行处理。

部分非线性回归问题可以借助数学手段将其转化为线性回归问题，例如对指数函数取自然对数，可以将其变成加法形式，然后借助线性回归模型的估计和检验方法进行处理。对于不可以线性化的回归模型，也可以采用转换成近似线性化回归模型的方法，例如将其近似表示成多项式，或者展开成泰勒级数，即高斯-牛顿迭代方法。

5.2　回归分析的步骤

应用回归分析的前提是变量之间存在一定的相关关系，否则就会从所建立的模型中得出错误的结论；另外，需要评估回归分析模型的预测精度，确认其有效性，然后才能应用于实际预测中，基本步骤如图 5.2 所示。

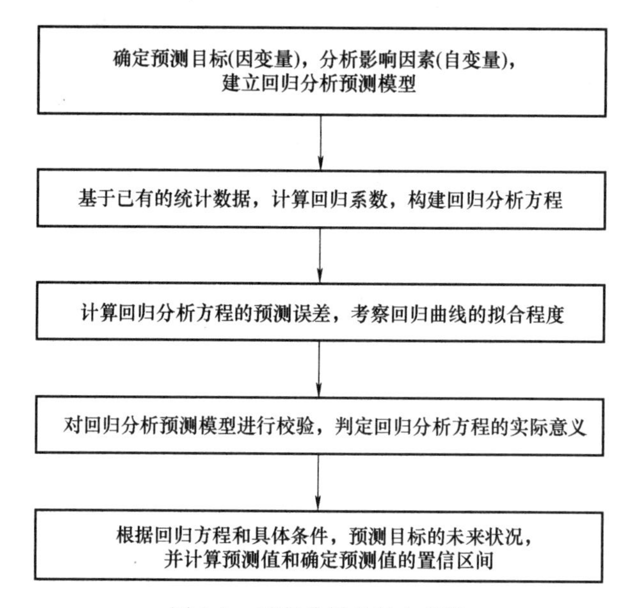

图 5.2　回归分析的基本步骤

回归分析的基本步骤如下：

1）根据背景理论和经验描述，先确定所研究的问题即预测目标（因变量），然后分析找出与该预测目标相关的、对其有影响的主要因素（自变量），建立自变量与因变量之间的数学关系式，即回归分析预测模型。基于自变量和因变量的历史统计数据，计算得到合理的回归系数，构建回归分析方程。

因变量 Y 的观测数据集合为 $\{y_1, y_2, \cdots, y_n\}$，自变量 X 的观测数据集合为 $\{x_1, x_2, \cdots, x_n\}$，假如因变量 Y 与自变量 X 之间的关系满足如下线性模型：

$$Y = a + bX + \varepsilon$$

其中，a、b 称为回归系数，分别称为截距和斜率，ε 为随机误差项或随机干扰项。

每一个观测值可写为

$$y_i = a + bx_i + \varepsilon_i \quad (i = 1, 2, \cdots, n)$$

其中，y_i 表示因变量 Y 的第 i 个观测值，x_i 表示自变量 X 的第 i 个观测值，ε_i 表示在 y_i 近似式中的误差。对线性回归模型进行回归系数估计，得到的回归分析方程为

$$\hat{Y} = \hat{a} + \hat{b}X$$

其中 $\hat{a}$ 和 $\hat{b}$ 为通过参数估计方法得到的回归系数，此时 $\hat{y}_i=\hat{a}+\hat{b}_{X_i}$，$\hat{y}_i$为根据回归方程计算得出的与实际值 y_i对应的预测理论值。

通常采用普通最小二乘法（Ordinary Least Squares，OLS）和最大似然法（Maximum Likelihood，ML）对回归系数进行估计，得到的回归方程就是最佳拟合曲线。最小二乘法是一种比较直观的估计方法，可以使所有实际的观测值到回归曲线的距离平方和最小；最大似然法是基于给定的观测值，在概率分布模型已知的前提下估计该分布模型的参数，使得在此参数下生成已知观测数据的可能性最大的方法。

2）计算回归方程的预测误差，考察所得到的回归曲线对观测数值的拟合程度。

通常用拟合优度（Goodness of Fit）来表示由回归方程得到的回归曲线对观测值的拟合程度，度量拟合优度的统计量为决定系数（Coefficient of Determination），记作 R^2。在一元回归模型中，$R^2\in[0,1]$，R^2 越接近于 1，因变量 y 与自变量 x 的线性关系越明显，表示由回归模型得到的回归直线拟合效果越好；当 R^2 越接近于 0，因变量 y 与自变量 x 的线性关系越不明显，表示它们之间的线性关系几乎不存在，由回归模型得到的回归直线拟合效果很差；当 $R^2=1$ 时，表示由回归模型得到的回归直线与实际数据样本点重合。

在多元回归模型中，自变量从单个增加为多个，会导致决定系数 R^2 变大，但经过研究发现，这种变大与回归方程拟合程度变好无关，因此需要对 R^2 进行适当调整，从而降低自变量数量对 R^2 的影响。为此，人们又定义了调整的 R^2（Adjusted R-Square）。

3）对模型进行校验，从而判断所建立的回归方程是否有意义。

自变量与因变量是否存在相关关系？相关程度如何？怎样判断这种相关关系的程度？相关性校验的目的正是给出这些问题的答案，以保证所建立模型的实际应用效果。

皮尔逊相关系数（Pearson Correlation Coefficient，PCC）常用于度量自变量 X 和因变量 Y 之间的线性相关程度，取值处于-1 与 1 之间。PCC 的绝对值越大，线性相关性越强，即取值接近于 1 和-1。当 PCC 取值接近 1 表示 X 和 Y 存在正相关关系，取值接近-1 表示 X 和 Y 存在负相关关系，而取值越接近于 0，线性相关度越弱。

F 校验（F Test）是用于度量自变量与因变量之间线性关系是否显著的校验方法，也就是考察因变量的变化是否由自变量变化引起。F 数值越大，表示自变量与因变量之间的总体线性关系显著，F 数值越小，则总体线性关系不显著。

t 校验用于对回归系数的显著性进行校验，检测回归方程中某个自变量是否是因变量的一个显著性影响因素。如果某个自变量对因变量没有产生影响或者影响很小，则应当将此自变量的回归系数取值为 0。

4）根据已经得到的回归方程和具体条件，来确定预测目标的未来状况，并计算预测值，对预测值进行综合分析，确定预测值的置信区间。

5.3　回归分析算法

当自变量和因变量都是连续值时，回归分析可以对自变量和因变量之间的联系建立回归模型，通过对回归模型的求解得到因变量的预测值。回归模型的主要构造算法包括线性回归和非线性回归，实际当中很多问题都可以用线性回归解决，而有些问题可以通过变量代换，将非线性问题转换成线性问题来处理。本节主要对线性回归和非线性回归进行详细介绍，其他回归算法如逐步回归分析、岭回归分析等只做简单说明。

5.3.1　线性回归

线性回归采用直线或平面去近似连续自变量与连续因变量之间的关系，是比较基础简洁的一种分析方式。

1. 一元线性回归

作为回归模型中最为基础的一元线性回归，适用于表现一个变量和另一个变量之间的线性关系。假如因变量 Y 与自变量 X 之间的关系满足如下线性模型：

$$Y=\beta_0+\beta_1X+\varepsilon$$

其中 β_0和 β_1是回归模型参数，β_0称为常数或截距，是 X 取 0 时 Y 的预测值，β_1为斜率，表示为当 X 变化一个单位时 Y 的变化，ε 为随机误差项，服从均值为零的正态分布，即 $E(\varepsilon)=0$，反映了随机因素对因变量 Y 的影响程度。

基于已知的观测数据 x_i，$y_i(i=1,2,\cdots,n)$，希望能找到最好的拟合因变量关于自变量的直线，常用方法为最小二乘法，该方法使得每个点到这条直线的垂直距离的平方和达到最小，其中垂直距离即是因变量的误差，具体表示为

$$\varepsilon_i=y_i-\beta_0-\beta_1x_i \quad (i=1,2,\cdots,n)$$

垂直距离的平方和写为 $S(\beta_0,\beta_1)=\sum_{i=1}^{n}\varepsilon_i^2=\sum_{i=1}^{n}(y_i-\beta_0-\beta_1x_i)^2$，通过最小二乘法获得使 $S(\beta_0,\beta_1)$达到最小值的 $\hat{\beta}_0$和 $\hat{\beta}_1$，称为 β_0和 β_1的最小二乘估计，此时得到的直线截距为 $\hat{\beta}_0$，斜率为 $\hat{\beta}_1$，每个点与直线的垂直距离平方和达到最小，这条直线被称为最小二乘回归直线，即回归方程表示为

$$\hat{y}=\hat{\beta}_0+\hat{\beta}_1x$$

（1）回归参数估计　回归分析的核心工作是估计回归系数的最佳值，通常根据数据样本求得。估计目标是使得所有的数据样本点尽可能与回归直线重合，但由于实际的数据样本带有误差，所以无法保证全部的数据样本值都与回归方程的估计值相等。

由数据样本推导得到回归参数的方法众多，例如最小二乘法、梯度下降法、矩方法、最大似然法等，其中最小二乘法（Least Squares Estimation，LSE）又被称作最小平方法，是一种普遍使用的数学优化方法，这里进行简单的介绍。

对于每一个实际的样本数据（x_i,y_i），样本数据编号为 $i=1$，2，…，n。$\hat{y}_i$是通过回归方程得到的估计数据，最小二乘法的基本原理就是求得 $\hat{\beta}_0$和 $\hat{\beta}_1$，使得所有样本数据的实际数值与估计值之间的残差平方和（Residual Sum of Squares，RSS）（即垂直距离平方和）最小，计算公式为

$$\min\sum_{i=1}^{n}(y_i-\hat{y}_i)^2=\min\sum_{i=1}^{n}(y_i-\hat{\beta}_0-\hat{\beta}_1x_i)^2$$

由于残差平方和是关于 $\hat{\beta}_0$和 $\hat{\beta}_1$的二次函数，所以存在极小值，根据微积分学知识可知，对 $\hat{\beta}_0$和 $\hat{\beta}_1$求一阶偏导并使偏导数为 0，就可以由方程解出这个极小值。具体过程如下：

$$\frac{\partial\left[\sum_{i=1}^{n}(y_i-\hat{y}_i)^2\right]}{\partial\hat{\beta}_0}=-2\sum_{i=1}^{n}(y_i-\hat{\beta}_0-\hat{\beta}_1x_i)=0$$

$$\frac{\partial\left[\sum_{i=1}^{n}(y_i-\hat{y}_i)^2\right]}{\partial\hat{\beta}_1}=-2\sum_{i=1}^{n}(y_i-\hat{\beta}_0-\hat{\beta}_1x_i)x_i=0$$

经过求解可得到回归参数 $\hat{\beta}_0$和 $\hat{\beta}_1$的取值如下：

$$\hat{\beta}_0=\bar{y}-\hat{\beta}_1\bar{x}$$

$$\hat{\beta}_1=\frac{\bar{x}\,\bar{y}-\overline{xy}}{\bar{x}^2-\overline{x^2}}$$

其中，

$$\bar{x}=\frac{\sum_{i=1}^{n}x_i}{n},\bar{y}=\frac{\sum_{i=1}^{n}y_i}{n},\overline{xy}=\frac{\sum_{i=1}^{n}x_iy_i}{n},\overline{x^2}=\frac{\sum_{i=1}^{n}x_i^2}{n}$$

当 y 与 x 的线性关系越明显，通过此方程得到的拟合直线就越准确，一般称之为最佳拟合直线。

（2）回归模型的拟合优度　前面已经介绍过拟合优度的概念，它表示回归直线对观测值的拟合程度，通常使用决定系数 R^2（又称确定系数）来衡量。R^2 的定义为

$$R^2=\frac{\text{ESS}}{\text{TSS}}=\frac{\text{TSS}-\text{RSS}}{\text{TSS}}=1-\frac{\text{RSS}}{\text{TSS}}$$

式中各符号的含义如下：

总平方和（Total Sum of Squares，TSS）是因变量 y 的观测值与其均值之差的平方和，即

$$\text{TSS}=\sum_{i=1}^{n}(y_i-\bar{y})^2$$

回归平方和（Explained Sum of Squares，ESS）是因变量 y 的预测值与其均值之差的平方和，表示自变量 x 的变化对因变量 y 取值的影响程度，即

$$\text{ESS}=\sum_{i=1}^{n}(\hat{y}_i-\bar{y})^2$$

残差平方和 RSS 的概念前文已经介绍过，它是因变量 y 的观测值与其预测值的离差平方和，表示实际值与预测值之间的差异程度。

总平方和可以分解为 TSS=RSS+ESS。

（3）参考范例　经过上述分析可得，通过一元线性回归模型可以很好地由自变量 x 的取值来构建回归直线，从而对回归直线上的因变量 y 进行预测。下面通过一个范例来说明一元线性回归模型的构建过程。

生活中单身人群的月收入与其日常消费能力密切相关，我们参考了某社区统计的单身居民消费数据，从中随机抽取出 15 组单身居民家庭月收入、月食品消费与工龄数据，如表 5.1 所示。

表 5.1　单身居民家庭月收入、月食品消费与工龄数据

家庭序号	1	2	3	4	5	6	7	8	9	10	11	12	13	14	15
单身居民家庭月收入/百元	30	35	42	45	60	40	47	50	70	74	80	65	55	58	38
月食品消费/百元	16	19	23	18	29	14	22	21	30	32	39	29	20	25	17
工龄（年）	1	3	6	5	9	3	5	4.5	6.5	5	10	3	5	7	2

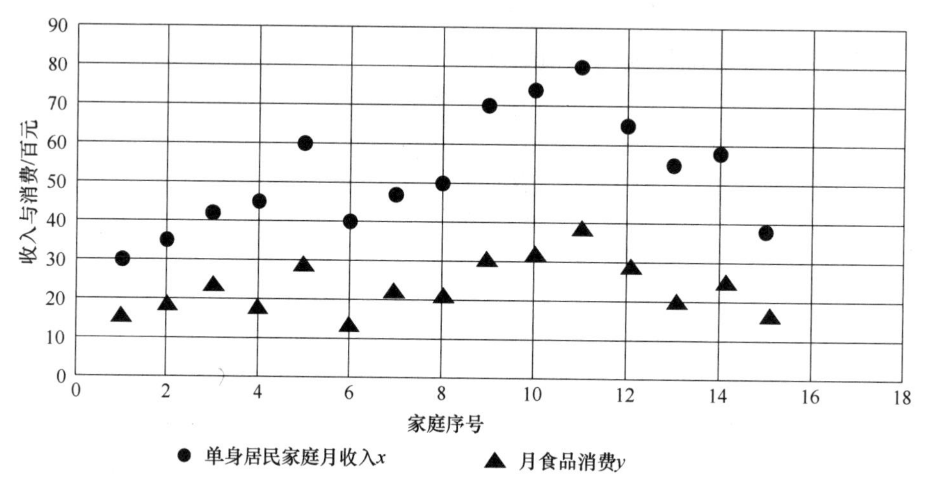

图 5.3　家庭月收入与月食品消费的数据变化趋势

这里仅考虑单个自变量对因变量的影响。设单身居民家庭月收入为自变量 x、月食品消费为因变量 y。由散点图 5.3 中 x 与 y 的观测值分布可以看出，当单身居民家庭月收入 x 增加时，月食品消费 y 呈现上升趋势，而当 x 减少时，y 同样也呈现下降趋势，反映出自变量 x 与因变量 y 之间存在一定的线性关系，因此可以用一元线性回归模型来描述 y 与 x 之间的关系，从图 5.4 展示的散点图能够更直观地看出这一关系。

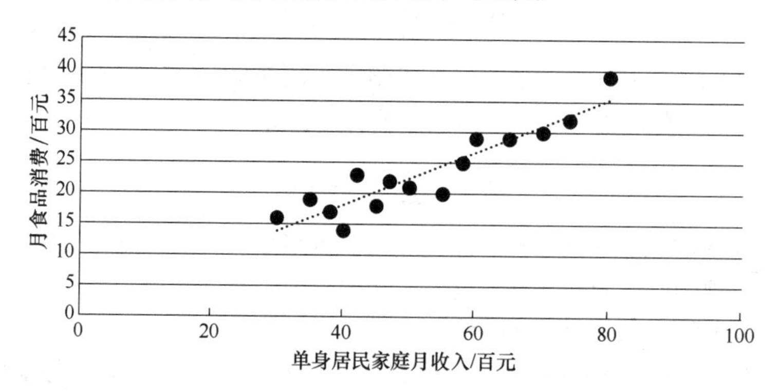

图 5.4　单身居民家庭月收入与月食品消费散点图

在图 5.4 中，数据点近似分布在同一条直线上，说明单身居民家庭月收入 x 与月食品消费 y 之间基本呈现线性关系，而同时这些点与直线之间存在的偏差说明还有一些其他无法控制的随机因素和观测误差在起作用。下面来求解回归方程 $\hat{y}=\hat{\beta}_0+\hat{\beta}_1x$ 的系数。

1）回归方程求解。

由前述回归参数估计可得 $\hat{\beta}_0=\bar{y}-\hat{\beta}_1\bar{x},\hat{\beta}_1=\dfrac{\bar{x}\,\bar{y}-\overline{xy}}{\bar{x}^2-\overline{x^2}}$，因此先要求出$\bar{x}$和 $\bar{y}$。

$$\bar{x}=\frac{\sum_{i=1}^{n}x_i}{n}=\frac{1}{15}(30+35+42+45+60+40+47+50+70+74+80+65+55+58+38)$$
$$=52.6$$

$$\bar{y}=\frac{\sum_{i=1}^{n}y_i}{n}=\frac{1}{15}(16+19+23+18+29+14+22+21+30+32+39+29+20+25+17)$$
$$=23.6$$

$$\overline{xy}=\frac{\sum_{i=1}^{n}x_iy_i}{n}=\frac{1}{15}(30\times16+35\times19+42\times23+45\times18+60\times29+40\times14+47\times22+$$
$$50\times21+70\times30+74\times32+80\times39+65\times29+55\times20+58\times25+38\times17)$$
$$=1331.6$$

$$\overline{x^2}=\frac{\sum_{i=1}^{n}x_i^2}{n}=\frac{1}{15}(30^2+35^2+42^2+45^2+60^2+40^2+47^2+50^2+70^2+74^2+80^2+65^2+55^2+58^2+38^2)$$
$$=2977.13333$$

根据计算得到的$\bar{x}$，$\bar{y}$，$\overline{xy}$，$\overline{x^2}$，进而求解一元回归参数 $\hat{\beta}_0$和 $\hat{\beta}_1$。

$$\hat{\beta}_1=\frac{\bar{x}\,\bar{y}-\overline{xy}}{\bar{x}^2-\overline{x^2}}=\frac{52.6\times23.6-1331.6}{52.6^2-2977.13333}=0.42895$$

$$\hat{\beta}_0=\bar{y}-\hat{\beta}_1\bar{x}=23.6-0.42895\times52.6=1.03714$$

最终可以得到一元线性回归方程为

$$y=1.03714+0.42895x$$

同样，可以利用 Excel 自带的数据分析功能对一元线性回归模型进行参数估计及分析校验，可以得到图 5.5 所示的回归分析结果，可以看出所求得的结果与上述计算结果保持一致，说明求解方法正确。

2）回归模型的拟合优度校验。

根据上述一元线性回归方程得出各家庭月食品消费额的预测值$\hat{y}$，并与居民月收入 x、月食品消费实际值 y 进行汇总，结果如表 5.2 所示。

表 5.2　实际数据与预测数据

居民月收入 x	实际月食品消费数值 y	月食品消费预测值 $\hat{y}$
30	16	13.90564
35	19	16.05039

（续）

居民月收入 x	实际月食品消费数值 y	月食品消费预测值 $\hat{y}$
42	23	19.05304
45	18	20.33989
60	29	26.77414
40	14	18.19514
47	22	21.19779
50	21	22.48464
70	30	31.06364
74	32	32.77944
80	39	35.35314
65	29	28.91889
55	20	24.62939
58	25	25.91624
38	17	17.33724

SUMMARY OUTPUT

回归统计	
Multiple R	0.925683821
R Square	0.856890537
Adjusted R Square	0.845882117
标准误差	2.731172927
观测值	15

方差分析

	df	SS	MS	F	Significance F
回归分析	1	580.629	580.629	77.83956	7.53845E-07
残差	13	96.97097	7.459306		
总计	14	677.6			

	Coefficients	标准误差	t Stat	P-value	Lower 95%	Upper 95%	下限 95.0%	上限 95.0%
Intercept	1.037140322	2.652817	0.390958	0.70216	-4.693923376	6.768204	-4.69392	6.768204
X Variable 1	0.428951705	0.048619	8.822673	7.54E-07	0.323916208	0.533987	0.323916	0.533987

图 5.5　Excel 一元线性回归分析结果

根据总平方和 $\mathrm{TSS}=\sum_{i=1}^{n}(y_i-\bar{y})^2$ 和回归平方和 $\mathrm{ESS}=\sum_{i=1}^{n}(\hat{y}_i-\bar{y})^2$ 来求解回归模型的拟合优度 $R^2=\dfrac{\mathrm{ESS}}{\mathrm{TSS}}=\dfrac{\mathrm{TSS}-\mathrm{RSS}}{\mathrm{TSS}}=1-\dfrac{\mathrm{RSS}}{\mathrm{TSS}}$。

$$
\begin{aligned}
\mathrm{TSS}=\sum_{i=1}^{n}(y_i-\bar{y})^2 &= (16-23.6)^2+(19-23.6)^2+(23-23.6)^2+(18-23.6)^2+\\
&(29-23.6)^2+(14-23.6)^2+(22-23.6)^2+(21-23.6)^2+(30-23.6)^2+\\
&(32-23.6)^2+(39-23.6)^2+(29-23.6)^2+(20-23.6)^2+(25-23.6)^2+(17-23.6)^2\\
&=677.6
\end{aligned}
$$

$$\mathrm{ESS}=\sum_{i=1}^{n}(\hat{y}_i-\bar{y})^2=(13.90564-23.6)^2+(16.05039-23.6)^2+(19.05304-23.6)^2+(20.33989-23.6)^2+(26.77414-23.6)^2+(18.19514-23.6)^2+(21.19779-23.6)^2+(22.48464-23.6)^2+(31.06364-23.6)^2+(32.77944-23.6)^2+(35.35314-23.6)^2+(28.91889-23.6)^2+(24.62939-23.6)^2+(25.91624-23.6)^2+(17.33724-23.6)^2=580.62441$$

$$R^2=\frac{\mathrm{ESS}}{\mathrm{TSS}}=\frac{580.62441}{677.6}=0.85689$$

R^2取值与前面经过 Excel 回归分析得到的拟合优度取值一致，由前述的拟合优度的理论分析可知，R^2的取值接近于 1，表明自变量 x 与因变量 y 的线性关系明显，由样本数据得到的回归方程拟合效果较好，图 5.6 所示是真实数据与预测数据的对比效果。

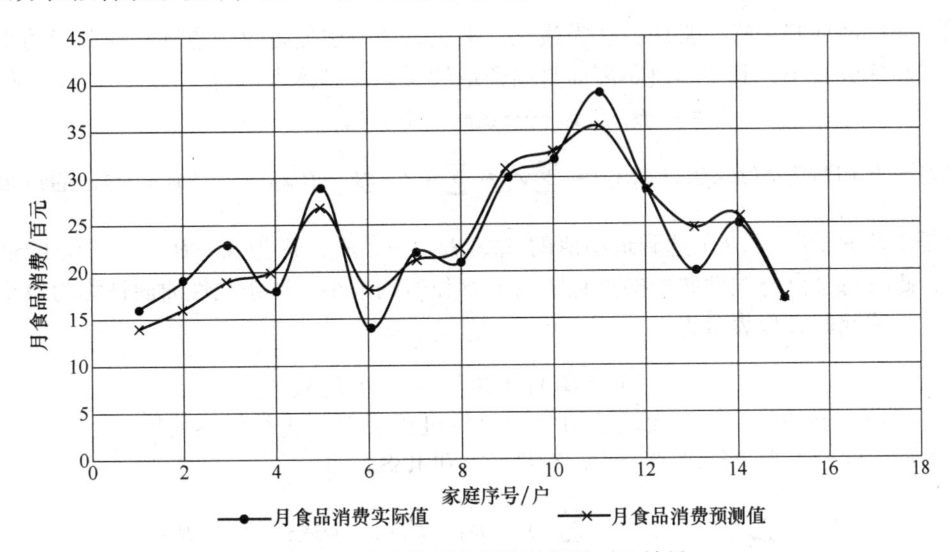

图 5.6　真实数据与预测数据的对比效果

2. 多元线性回归

一元线性回归分析反映了两个变量之间的相关关系，是回归分析的一种特殊形式。在实际应用中，某种事物的发生往往是诸多因素综合影响的结果。因此需要研究一个或多个变量（因变量）与其他多个变量（自变量）之间的相关关系，即多元线性回归分析。

在多元线性回归分析中，如果只考察一个因变量与多个自变量之间的相关关系，则称为一对多型多元回归问题；如果需同时考察多个因变量与多个自变量间的相关关系，则称为多对多型多元回归问题。一个因变量的变化往往受到多个自变量变化的影响，这在实际生活中非常普遍，例如房屋售卖价格与面积、户型、楼层、小区地理位置等多种因素有关，因此这里主要分析一对多型的多元回归模型。

多元线性回归是一元线性回归的推广，与一元线性回归比较，多元回归模型为估计和预测提供了更好的精度。多元线性回归适用于表现一个因变量和多个自变量之间的线性关系。假如因变量 Y 与多个自变量 X_1，X_2，…，X_n 之间的关系满足如下线性模型：

$$Y=\beta_0+\beta_1X_1+\beta_2X_2+\cdots+\beta_nX_n+\varepsilon$$

其中 β_0，β_1，…，β_n 是回归模型参数，ε 为随机误差项，服从均值为零的正态分布，即

$E(\varepsilon)=0$，反映除自变量 X_1，X_2，…，X_n 与因变量 Y 的线性关系之外的随机因素对因变量 Y 的影响程度，一般对因变量 Y 不会产生系统性的偏差效应。

基于已知的 m 组观测数据 x_{i1}，x_{i2}，…，x_{in}，$y_i(i=1,2,\cdots,m)$，如表 5.3 所示，每一组观测值可写为 $y_i=\beta_0+\beta_1 x_{i1}+\cdots+\beta_n x_{in}+\varepsilon_i$。希望能找到最好的拟合因变量关于自变量的线性曲面（平面或超平面）。

表 5.3　多元回归的观测数据

序号	因变量 Y	自变量 X			
		X_1	X_2	…	X_n
1	y_1	x_{11}	x_{12}	…	x_{1n}
2	y_2	x_{21}	x_{22}	…	x_{2n}
⋮	⋮	⋮	⋮	⋮	⋮
m	y_m	x_{m1}	x_{m2}	…	x_{mn}

同一元线性回归一样，常用方法为最小二乘法，该方法使得每个点到线性曲面的垂直距离的平方和达到最小，其中垂直距离即是因变量的误差，具体表示为

$$\varepsilon_i=y_i-\beta_0-\beta_1 x_{i1}-\cdots-\beta_n x_{in}\quad(i=1,2,\cdots,m)$$

误差平方和写为 $S(\beta_0,\beta_1,\cdots,\beta_n)=\sum_{i=1}^{m}\varepsilon_i^2=\sum_{i=1}^{m}(y_i-\beta_0-\beta_1 x_{i1}-\cdots-\beta_n x_{in})^2$，通过最小二乘法获得使 $S(\beta_0,\beta_1,\cdots,\beta_n)$ 达到最小值的 $\hat{\beta}_0$，$\hat{\beta}_1$，…，$\hat{\beta}_n$，称为 β_0，β_1，…，β_n 的最小二乘估计，此时每个点与线性曲面的垂直距离平方和达到最小，这条线性曲面被称为最小二乘回归曲线，即回归方程表示为

$$\hat{y}=\hat{\beta}_0+\hat{\beta}_1 X_1+\hat{\beta}_2 X_2+\cdots+\hat{\beta}_n X_n$$

（1）回归参数估计　与一元线性回归的分析过程类似，通常仍然使用最小二乘法对多元线性方程的回归参数进行求解，计算残差平方和 RSS。即

$$\text{RSS}=\sum_{i=1}^{m}(y_i-\hat{y}_i)^2=\sum_{i=1}^{m}(y_i-\hat{\beta}_0-\hat{\beta}_1 x_{i1}-\hat{\beta}_2 x_{i2}-\cdots-\hat{\beta}_n x_{in})^2$$

由于残差平方和 RSS 是关于回归系数向量 $\hat{\boldsymbol{\beta}}$ 的二次函数，所以存在极小值，通过对 $\hat{\beta}_0$，$\hat{\beta}_1$，…，$\hat{\beta}_n$ 分别求一阶偏导并使其一阶偏导值为 0，可以得到如下方程组：

$$\begin{cases}\dfrac{\partial\left[\sum_{i=1}^{m}(y_i-\hat{y}_i)^2\right]}{\partial\hat{\beta}_0}=0\\[2ex]\dfrac{\partial\left[\sum_{i=1}^{m}(y_i-\hat{y}_i)^2\right]}{\partial\hat{\beta}_1}=0\\\quad\vdots\\\dfrac{\partial\left[\sum_{i=1}^{m}(y_i-\hat{y}_i)^2\right]}{\partial\hat{\beta}_n}=0\end{cases}$$

经过化简可得

$$\begin{cases} -2\sum_{i=1}^{m}(y_i-\hat{\beta}_0-\hat{\beta}_1x_{i1}-\hat{\beta}_2x_{i2}-\cdots-\hat{\beta}_nx_{in})=0 \\ -2x_{i1}\sum_{i=1}^{m}(y_i-\hat{\beta}_0-\hat{\beta}_1x_{i1}-\hat{\beta}_2x_{i2}-\cdots-\hat{\beta}_nx_{in})=0 \\ \vdots \\ -2x_{in}\sum_{i=1}^{m}(y_i-\hat{\beta}_0-\hat{\beta}_1x_{i1}-\hat{\beta}_2x_{i2}-\cdots-\hat{\beta}_nx_{in})=0 \end{cases}$$

对上述方程组进行求解，可得到多元线性回归方程的回归参数估计值 $\hat{\beta}_0$，$\hat{\beta}_1$，…，$\hat{\beta}_n$。

（2）回归方程的拟合优度　传统的决定系数 R^2 不适合校验多元线性回归方程的拟合优度，因为在实际中存在这种情况，当回归方程中新增加一个自变量后，R^2 会随之变大，因此会使人产生一种错觉：增加自变量的数量会使回归方程趋向于最优，因为所得到的决定系数呈现变大趋势。但是经过分析发现，自变量数量的增加而引起的 R^2 变大，并不意味着所构建的回归方程拟合度更好。因此，需要对 R^2 的定义进行调整，由此得到调整的 R^2。

$$\overline{R}^2=1-\frac{\text{RSS}/(n-k-1)}{\text{TSS}/(n-1)}=1-(1-R^2)\frac{n-1}{n-k-1}$$

其中，n 为样本总数，k 为自变量的个数，$n-1$ 为 TSS 的自由度，$n-k-1$ 为 RSS 的自由度，等于观测样本总数减去待估计回归系数的个数。当 $\overline{R}^2$ 取值越大时，表示回归模型的拟合效果越好，$\overline{R}^2$ 取值越小时，表示回归模型的拟合效果越差。

（3）参考范例　在一元线性回归分析参考范例的基础上，同时考虑“工龄”这一项数据，来分析月食品消费与单身居民家庭月收入和工龄之间的关系。

在表 5.1 中，设单身居民家庭月收入为自变量 x_1，工龄为自变量 x_2，月食品消费为因变量 y，试建立 y 与 x_1、x_2 的多元回归模型。

从图 5.7 中可以看出，自变量 x_2 与 y 之间也存在一定的线性关系，因此表 5.1 中的数据可以用多元线性回归方程来描述，具体公式如下：

$$\hat{y}=\hat{\beta}_0+\hat{\beta}_1x_1+\hat{\beta}_2x_2$$

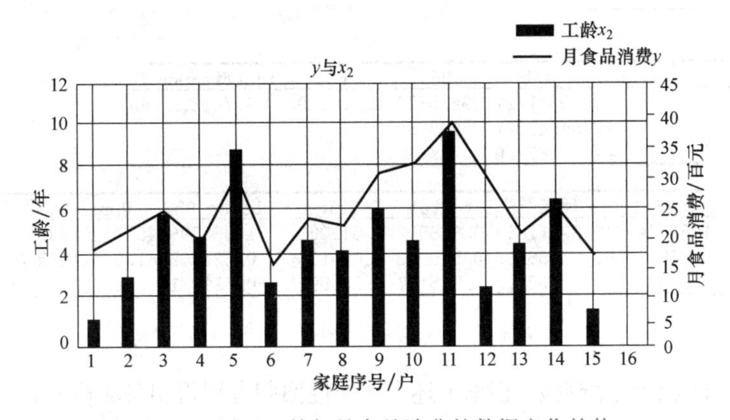

图 5.7　居民工龄与月食品消费的数据变化趋势

1）对多元线性回归方程进行求解。首先计算残差平方和 RSS：

$$\mathrm{RSS} = \sum_{i=1}^{15} (y_i - \hat{y}_i)^2 = \sum_{i=1}^{15} (y_i - \hat{\beta}_0 - \hat{\beta}_1 x_{i1} - \hat{\beta}_2 x_{i2})^2$$

分别对$\hat{\beta}_0$，$\hat{\beta}_1$，$\hat{\beta}_2$求一阶偏导并使其一阶偏导值为 0，可以得到如下方程组：

$$\begin{cases} -2\sum_{i=1}^{15} (y_i - \hat{\beta}_0 - \hat{\beta}_1 x_{i1} - \hat{\beta}_2 x_{i2}) = 0 \\ -2x_{i1}\sum_{i=1}^{15} (y_i - \hat{\beta}_0 - \hat{\beta}_1 x_{i1} - \hat{\beta}_2 x_{i2}) = 0 \\ -2x_{i2}\sum_{i=1}^{15} (y_i - \hat{\beta}_0 - \hat{\beta}_1 x_{i1} - \hat{\beta}_2 x_{i2}) = 0 \end{cases}$$

将表 5.1 中的数据代入方程组中，可得

$$\begin{cases} 354 - 15 \times \hat{\beta}_0 - 789 \times \hat{\beta}_1 - 75 \times \hat{\beta}_2 = 0 \\ \sum_{i=1}^{15} x_{i1} \times y_i - 789 \times \hat{\beta}_0 - 44657 \times \hat{\beta}_1 - 4309 \times \hat{\beta}_2 = 0 \\ \sum_{i=1}^{15} x_{i2} \times y_i - 75 \times \hat{\beta}_0 - 4309 \times \hat{\beta}_1 - 460.5 \times \hat{\beta}_2 = 0 \end{cases}$$

求解过程不再详述，同样用 Excel 自带的回归数据分析功能进行多元线性回归的参数估计，可得到如下结果，如图 5.8 所示。可以求得$\hat{\beta}_0 = 1.610241$，$\hat{\beta}_1 = 0.367021$，$\hat{\beta}_2 = 0.536894$，因此可以得到多元线性回归方程为

$$\hat{y} = 1.610241 + 0.367021x_1 + 0.536894x_2$$

SUMMARY OUTPUT

回归统计	
Multiple R	0.935628676
R Square	0.875401019
Adjusted R Square	0.854634523
标准误差	2.652487342
观测值	15

方差分析

	df	SS	MS	F	Significance F
回归分析	2	593.1717	296.5859	42.15449	3.74185E-06
残差	12	84.42827	7.035689		
总计	14	677.6			

	Coefficients	标准误差	t Stat	P-value	Lower 95%	Upper 95%	下限 95.0%	上限 95.0%
Intercept	1.610240642	2.611899	0.616502	0.549081	-4.080599445	7.301081	-4.0806	7.301081
X Variable 1	0.367020665	0.066189	5.545002	0.000127	0.222806241	0.511235	0.222806	0.511235
X Variable 2	0.536894481	0.402112	1.335187	0.206591	-0.339231609	1.413021	-0.33923	1.413021

图 5.8　Excel 多元线性回归分析结果

2）回归模型的拟合优度校验。根据上述多元线性回归方程得出各家庭月食品消费额的预测值$\hat{y}$，并与单身居民家庭月收入x_1、工龄x_2、月食品消费实际值y进行汇总，结果如表 5.4所示。

表 5.4　实际数据与预测数据

单身居民家庭月收入 x_1	工龄 x_2	实际月食品消费数值 y	月食品消费预测值 $\hat{y}$
30	1	16	13.157765
35	3	19	16.066658
42	6	23	20.246487
45	5	18	20.810656
60	9	29	28.463547
40	3	14	17.901763
47	5	22	21.544698
50	4.5	21	22.377314
70	6.5	30	30.791522
74	5	32	31.454265
80	10	39	36.340861
65	3	29	27.077288
55	5	20	24.480866
58	7	25	26.655717
38	2	17	16.630827

根据总平方和 $\text{TSS}=\sum_{i=1}^{n}(y_i-\bar{y})^2$ 和回归平方和 $\text{ESS}=\sum_{i=1}^{n}(\hat{y}_i-\bar{y})^2$ 来求解多元线性回归模型的拟合优度 $R^2=\frac{\text{ESS}}{\text{TSS}}=\frac{\text{TSS}-\text{RSS}}{\text{TSS}}=1-\frac{\text{RSS}}{\text{TSS}}$，同时计算调整的 $\bar{R}^2=1-\frac{\text{RSS}/(n-k-1)}{\text{TSS}/(n-1)}=1-(1-R^2)\frac{n-1}{n-k-1}$。

由前述一元线性回归范例分析可知 $\bar{y}=23.6$，可得

$$\begin{aligned}\text{TSS}=\sum_{i=1}^{n}(y_i-\bar{y})^2 &= (16-23.6)^2+(19-23.6)^2+(23-23.6)^2+(18-23.6)^2+\\&(29-23.6)^2+(14-23.6)^2+(22-23.6)^2+(21-23.6)^2+(30-23.6)^2+\\&(32-23.6)^2+(39-23.6)^2+(29-23.6)^2+(20-23.6)^2+(25-23.6)^2+(17-23.6)^2\\&=677.6\end{aligned}$$

$$\begin{aligned}\text{ESS}=\sum_{i=1}^{n}(\hat{y}_i-\bar{y})^2 &= (13.157765-23.6)^2+(16.066658-23.6)^2+(20.246487-23.6)^2+\\&(20.810656-23.6)^2+(28.463547-23.6)^2+(17.901763-23.6)^2+(21.544698-23.6)^2+\\&(22.377314-23.6)^2+(30.791522-23.6)^2+(31.454265-23.6)^2+(36.340861-23.6)^2+\\&(27.077288-23.6)^2+(24.480866-23.6)^2+(26.655717-23.6)^2+(16.630827-23.6)^2\\&=593.1724664\end{aligned}$$

$$R^2=\frac{\text{ESS}}{\text{TSS}}=\frac{593.1724664}{677.6}=0.8754$$

$$\bar{R}^2=1-\frac{\text{RSS}/(n-k-1)}{\text{TSS}/(n-1)}=1-(1-R^2)\frac{n-1}{n-k-1}=1-0.1246\times\frac{15-1}{15-2-1}=0.8546$$

与前面的一元线性回归模型拟合所得 R^2 相比，在添加了居民工龄这一自变量后，多元线性回归模型的 R^2 值更接近于1，表明自变量 x_1、x_2 与因变量 y 的线性相关性很强，而 $\overline{R}^2$ 也趋向于1，说明由当前样本数据所得到的回归方程拟合效果很好。

由图5.9可以看出，当前所构建的多元线性回归方程得到的预测值与真实数据比较接近，预测值曲线整体趋势比较吻合真实数据的走势。

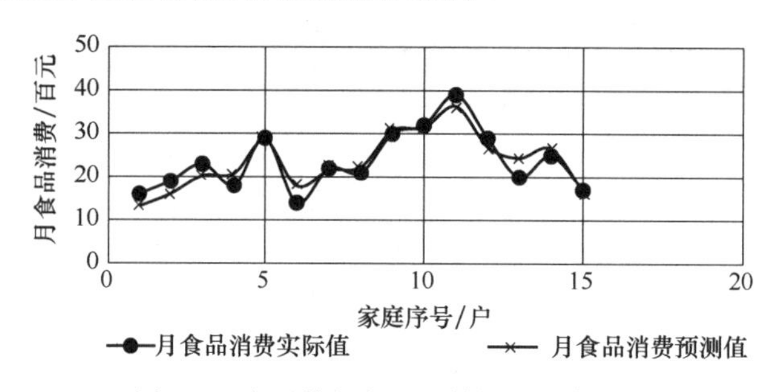

图5.9　实际数据与预测数据的拟合比对

图5.10对一元线性回归与多元线性回归的拟合效果进行了对比。由图可见，在自变量增加的条件下，由于新增自变量“居民工龄”与因变量“月食品消费”之间存在很强的线性相关性，相对一元回归方程，多元回归方程拟合效果更佳，预测曲线贴合真实数据变化趋势，预测误差值变得更小，更接近真实值。

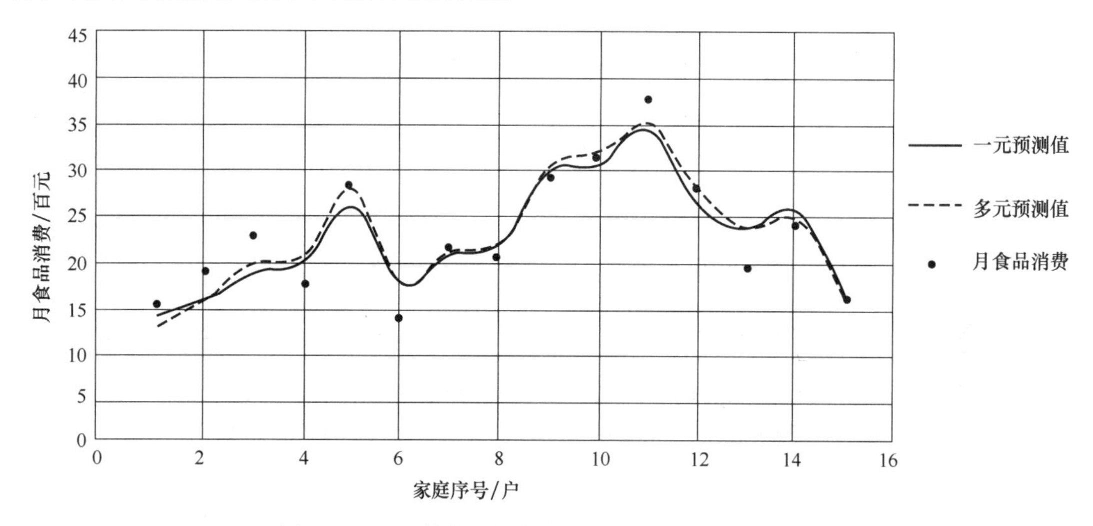

图5.10　一元线性回归与多元线性回归拟合效果比对

5.3.2　非线性回归

在实际应用中，严格的线性相关模型并不是很多，大部分应用场景中，自变量 X 与因变量 Y 之间呈现某种曲线关系，例如商品销售量与广告投放量之间的趋势走向，电子商城交易额与注册用户数、网络覆盖范围、城乡居民消费水平等之间的关系，此时采用非线性回归模型更加符合实际应用需求，由此可以得到比较准确的预测数据。

对于已知的一组真实数据（x_i，y_i）$i=1，2，\cdots，n$，非线性回归模型可以写为

$$Y=f(X,\beta)+\varepsilon$$

其中自变量 $\boldsymbol{x}_i=(x_{i1},x_{i2},\cdots,x_{ik})$，未知回归参数 $\boldsymbol{\beta}=(\beta_0,\beta_1,\cdots,\beta_l)$，同样假定随机误差项 ε 服从正态分布，均值为零，即 $E(\varepsilon)=0$ 且方差 $\mathrm{Var}(\varepsilon)=\sigma^2$。对于一般的非线性回归模型来说，不要求 $k=l$，即自变量的个数与回归参数的数目不一定保持一致，在前述的线性回归模型中，可以看到必然有 $k=l$。

该模型的结构与线性回归模型非常相似，但不同的是，期望函数$\widehat{Y}=\widehat{f}(X,\ \beta)$ 可以是任意表现形式，甚至可以没有表达式。

非线性关系的处理一般可以分为三种情况，第一种是自变量 X 和因变量 Y 之间的关系可以通过函数替换转为线性，然后利用线性回归模型的求解方法估计回归参数，并做出回归诊断，如柯布-道格拉斯（Cobb-Douglas）生产函数等；第二种是自变量 X 与因变量 Y 之间的非线性关系对应的描述函数形式不明确，通常采用多项式回归分析方法，进而转化为多元线性逐步回归来进行求解；第三种是自变量 X 与因变量 Y 之间的非线性关系对应的描述函数形式很明确，但回归参数是未知的，不能像第一种情况那样通过函数替换转化为线性关系，需要采用比较复杂的拟合方法或者数学模型来求解，通常利用泰勒级数展开，并进行数值迭代来近似逼近实际曲线。例如实际应用中的龚珀兹（Gompertz）模型，通常用来拟合社会经济现象的发展趋势，另一重要预测模型为威布尔（Weibull）曲线，也称为人口数预测曲线，常用于人口统计及经济生产等领域的预测。

1. 可转换为线性回归模型的非线性关系

将非线性回归模型实现线性化，一般可以根据已知的样本数据分布，绘制出对应的回归曲线，从而选择合适的曲线回归方程，并通过直接代换或者间接代换方法，将非线性回归问题转换成线性回归问题，用线性回归方程对回归参数进行估计和求解。

（1）直接代换　当变量 x_i，y_i之间是非线性关系，而回归参数之间是线性关系时，可以利用变量直接代换的方法将回归模型线性化。

直接代换的一般步骤如图 5.11 所示。

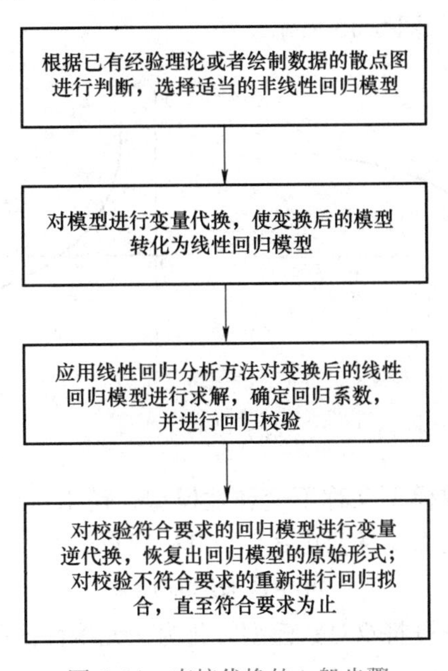

图 5.11　直接代换的一般步骤

1）双曲线模型。双曲线模型的一般形式为

$$\frac{1}{y}=\beta_0+\beta_1\frac{1}{x}+\varepsilon$$

如果设 $y^*=\frac{1}{y}$，$x^*=\frac{1}{x}$，则可将双曲线模型转化为一元线性回归模型

$$y^*=\beta_0+\beta_1x^*+\varepsilon$$

双曲线模型的一般图形如图 5. 12 所示。

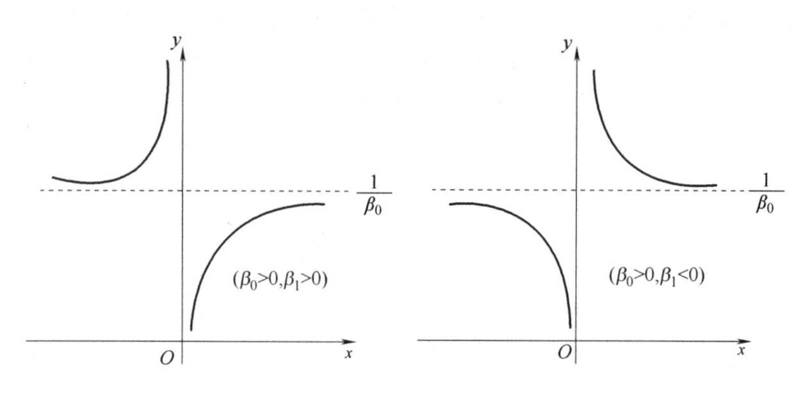

图 5. 12　双曲线模型$\frac{1}{y}=\beta_0+\beta_1\frac{1}{x}+\varepsilon$

2）半对数模型。半对数模型是指自变量与因变量中有一个为对数形式，一般表示为

$$\ln y=\beta_0+\beta_1x+\varepsilon \quad 或 \quad y=\beta_0+\beta_1\ln x+\varepsilon$$

如果设 $y^*=\ln y$，$x^*=\ln x$，则可将半对数模型转化为一元线性回归模型：

$$y^*=\beta_0+\beta_1x+\varepsilon \quad 或 \quad y=\beta_0+\beta_1x^*+\varepsilon$$

半对数模型的一般图形如图 5. 13 所示。

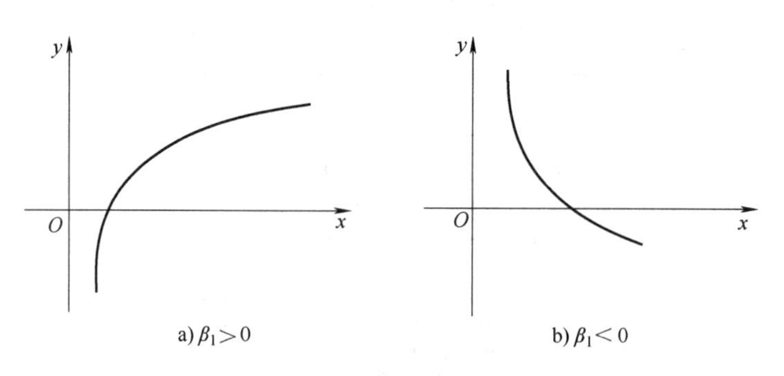

图 5. 13　半对数模型 $y=\beta_0+\beta_1\ln x+\varepsilon$

3）双对数模型。双对数模型又称不变弹性模型，是指自变量与因变量均为对数形式，表示自变量变化 1%，会引起因变量变化 β_1%，其一般形式为

$$\ln y=\beta_0+\beta_1\ln x+\varepsilon$$

设 $y^*=\ln y$，$x^*=\ln x$，则可将双对数模型转化为一元线性回归模型：

$$y^*=\beta_0+\beta_1x^*+\varepsilon$$

4）三角函数模型。三角函数类型众多，为了节省篇幅，这里仅以正弦函数模型为例描述三角函数的一般形式：

$$y=\beta_0+\beta_1\sin x+\varepsilon$$

设 $y^*=y$，$x^*=\sin x$，则可将三角函数模型转化为一元线性回归模型：

$$y^*=\beta_0+\beta_1 x^*+\varepsilon$$

（2）间接代换　在某些经济问题中，变量之间的非线性关系不能通过直接代换方法转化为线性关系，需要先进行某种函数的变形后才能使用直接代换的方法，这种转换方法称为间接代换。间接代换也称为对数代换，目前比较常见的模型包括指数函数模型、幂函数模型等。

1）指数函数模型。指数函数模型的一般形式可写为

$$y=a\mathrm{e}^{bx+\varepsilon}$$

对上式两边取对数可得

$$\ln y=\ln a+bx+\varepsilon$$

再采用前述的直接代换方法，设 $y^*=\ln y$，可得如下线性回归模型：

$$y^*=\ln a+bx+\varepsilon$$

指数函数模型的一般图形如图 5.14 所示。

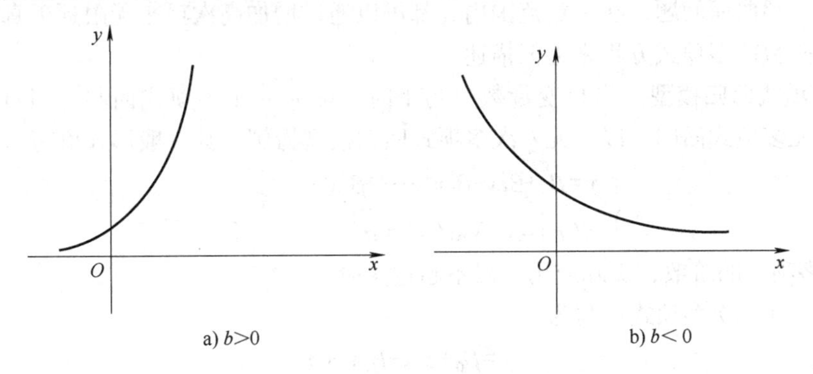

图 5.14　指数函数模型 $y=a\mathrm{e}^{bx+\varepsilon}$

2）幂函数模型。幂函数模型的一般形式为

$$y=ax^b\mathrm{e}^{\varepsilon}$$

对上式两边取对数可得

$$\ln y=\ln a+b\ln x+\varepsilon$$

再采用前述的直接代换方法，设 $y^*=\ln y$，$x^*=\ln x$，可得如下线性回归模型：

$$y^*=\ln a+bx^*+\varepsilon$$

幂函数模型的一般图形如图 5.15 所示。

幂函数一般适用于人口增长、利润或者生产总值增长以及劳动生产率就业等应用场景，例如著名的柯布-道格拉斯（Cobb-Douglas）生产函数就是一种经典的幂函数，主要用于描述在某一恒定技术水平下生产要素投入量与产出量之间的关系，具体函数模型为

$$Q=AL^{\alpha}K^{\beta}\mathrm{e}^{\varepsilon}$$

对函数两边取对数，可得

$$\ln Q=\ln A+\alpha\ln L+\beta\ln K+\varepsilon$$

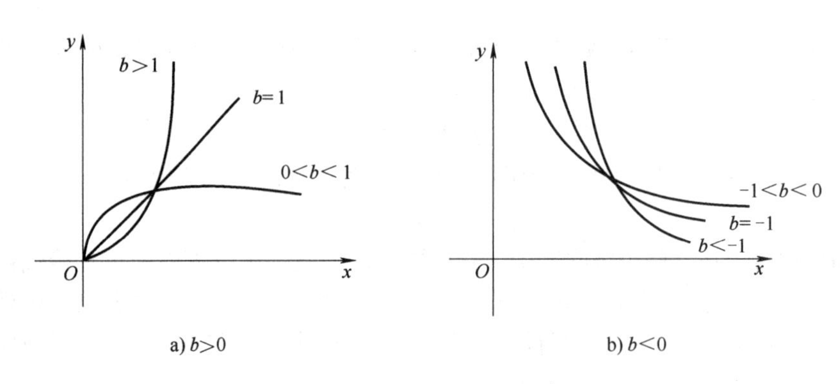

图 5.15　幂函数模型 $y=ax^b e^{\varepsilon}$

2. 多项式回归

多项式回归模型在非线性回归分析中占有重要地位，可以解决生活中一大类非线性回归问题，常用于描述经济生活中的生产成本关系，例如商品总成本与各项产出之间的相关程度，或者麻醉药量与持续作用时间的关系，这些因变量与自变量之间的关系通常都无法用线性回归模型来表示，但是可以用多项式回归方程加以描述。根据泰勒级数展开的原理，任何曲面、曲线、超曲面问题，在一定范围内，都可以通过增加高次项来无限逼近真实数据，因此可用适当阶数的多项式方程来近似描述。

(1) 多项式回归模型　当自变量数目为 1 时，称为一元多项式回归，当自变量大于 1 时，称为多元多项式回归。以一元 k 次多项式回归模型为例，其一般形式可写为

$$\begin{cases} y=\beta_0+\beta_1 x+\beta_2 x^2+\cdots+\beta_k x^k+\varepsilon \\ E(\varepsilon)=0, \mathrm{Var}(\varepsilon)=\sigma^2 \end{cases}$$

其中，k 为多项式的阶数，实际应用一般不超过 4 阶。

例如，一元二次多项式可写为

$$y=\beta_0+\beta_1 x+\beta_2 x^2+\varepsilon$$

图 5.16 所示为一元二次多项式的图形示例。

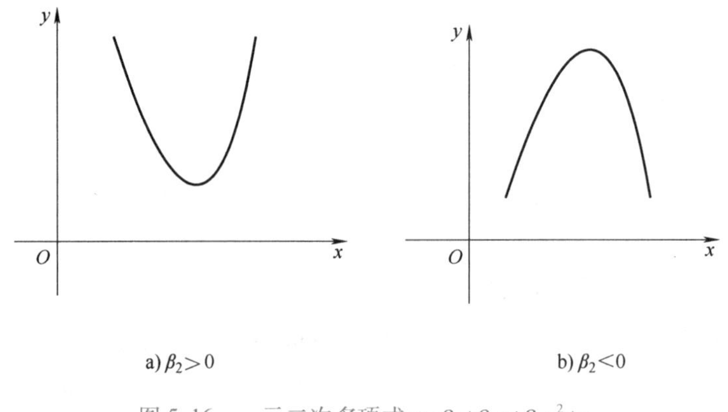

图 5.16　一元二次多项式 $y=\beta_0+\beta_1 x+\beta_2 x^2+\varepsilon$

多项式回归问题通常可以使用变量代换法转化为多元线性回归问题来处理，如果设 $x_1^*=x$，$x_2^*=x^2$，…，$x_k^*=x^k$，则可将多项式回归模型转化为如下的多元线性回归模型：

$$y=\beta_0+\beta_1x_1^*+\beta_2x_2^*+\cdots+\beta_kx_k^*+\varepsilon$$

参照线性回归模型的求解思路，使用最小二乘法（OLS）完成对多项式回归模型的参数估计。需要注意的是，转化过程可能会导致自变量之间存在一定程度的多重共线性问题，一般通过构造正交多项式来解决。限于篇幅，这里不再具体介绍。

（2）参考范例　表 5.5 所示是已知的一组自变量 x 与因变量 y 的观测数据，根据其数据分布使用 Excel 软件绘制出对应的散点图（见图 5.17）。

表 5.5　观测数据集合

序　号	x	y
1	23.68	5.17
2	30.13	10.54
3	38.92	12.86
4	43.52	15.76
5	46.14	16.98
6	53.34	16.76
7	60.15	15.53
8	67.36	13.16
9	69.78	10.85
10	76.23	9.34
11	79.82	8.58
12	85.47	5.13

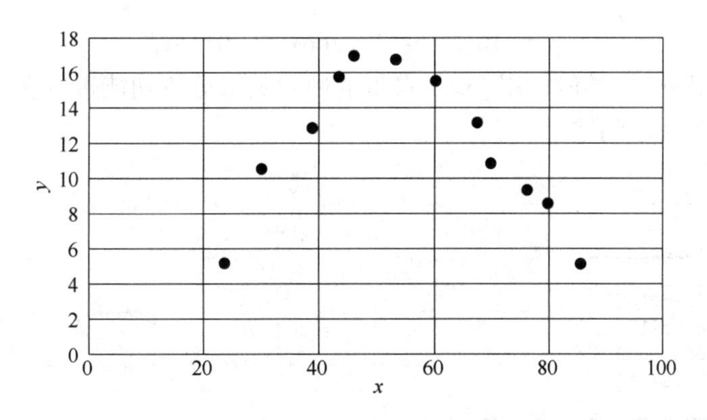

图 5.17　观测数据散点图

由图 5.17 可以看出，数据走势可以用一元二次多项式来近似，因此自变量 x 与因变量 y 之间的关系可以表示为 $y=\beta_0+\beta_1x+\beta_2x^2+\varepsilon$，对应的多项式为 $\hat{y}=\hat{\beta}_0+\hat{\beta}_1x+\hat{\beta}_2x^2$，其中，$\hat{\beta}_0$、$\hat{\beta}_1$、$\hat{\beta}_2$ 分别是 β_0、β_1、β_2 的最小二乘估计。

1）对多项式回归方程进行求解。参照多元线性回归方程的求解思路，计算残差平方和 RSS。则

$$\mathrm{RSS}=\sum_{i=1}^{12}(y_i-\hat{y}_i)^2=\sum_{i=1}^{12}(y_i-\hat{\beta}_0-\hat{\beta}_1x_i-\hat{\beta}_2x_i^2)^2$$

分别对 $\hat{\beta}_0$，$\hat{\beta}_1$，$\hat{\beta}_2$等求一阶偏导并使其一阶偏导数为 0，可以得到

$$
\begin{cases}
-2\sum_{i=1}^{12}(y_i-\hat{\beta}_0-\hat{\beta}_1x_i-\hat{\beta}_2x_i^2)=0\\
-2x_i\sum_{i=1}^{12}(y_i-\hat{\beta}_0-\hat{\beta}_1x_i-\hat{\beta}_2x_i^2)=0\\
-2x_i^2\sum_{i=1}^{12}(y_i-\hat{\beta}_0-\hat{\beta}_1x_i-\hat{\beta}_2x_i^2)=0
\end{cases}
$$

将上述方程组简化可得

$$
\begin{cases}
\sum_{i=1}^{12}y_i-12\times\hat{\beta}_0-\hat{\beta}_1\sum_{i=1}^{12}x_i-\hat{\beta}_2\sum_{i=1}^{12}x_i^2=0\\
\sum_{i=1}^{12}x_iy_i-\hat{\beta}_0\sum_{i=1}^{12}x_i-\hat{\beta}_1\sum_{i=1}^{12}x_i^2-\hat{\beta}_2\sum_{i=1}^{12}x_i^3=0\\
\sum_{i=1}^{12}x_i^2y_i-\hat{\beta}_0\sum_{i=1}^{12}x_i^2-\hat{\beta}_1\sum_{i=1}^{12}x_i^3-\hat{\beta}_2\sum_{i=1}^{12}x_i^4=0
\end{cases}
$$

将表中的数据进行计算代入方程组，此时可以看成是回归参数 $\hat{\beta}_0$，$\hat{\beta}_1$，$\hat{\beta}_2$的三元一次方程组，进行求解可得到

$$\hat{\beta}_0=-16.5329,\ \hat{\beta}_1=1.2266,\ \hat{\beta}_2=-0.0115$$

由此得到的多项式回归方程为

$$\hat{y}=-16.5329+1.2266x_1-0.0115x_1^2$$

同一元线性回归分析类似，用 Excel 自带的回归数据分析功能进行多项式回归的参数估计，可得到图 5.18 所示的结果。

SUMMARY OUTPUT								
回归统计								
Multiple R	0.96910232							
R Square	0.93915932							
Adjusted R Square	0.92563916							
标准误差	1.13714298							
观测值	12							
方差分析								
	df	SS	MS	F	Significance F			
回归分析	2	179.6461	89.82306	69.46366	3.37966E-06			
残差	9	11.63785	1.293094					
总计	11	191.284						
	Coefficient	标准误差	t Stat	P-value	Lower 95%	Upper 95%	下限 95.0%	上限 95.0%
Intercept	-16.534486	2.848096	-5.80545	0.000258	-22.97732687	-10.0916	-22.9773	-10.0916
X Variable 1	1.22662544	0.11152	10.99912	1.61E-06	0.974349004	1.478902	0.974349	1.478902
X Variable 2	-0.0115273	0.001001	-11.5176	1.09E-06	-0.013791331	-0.00926	-0.01379	-0.00926

图 5.18　Excel 求解多项式回归结果

其中所求解系数（Coefficient）中，Intercept = −16.53449，为多项式回归方程中的 $\hat{\beta}_0$，X Variable1 = 1.2266254，X Variable2 = −0.011527，分别为多项式回归方程中的 $\hat{\beta}_1$ 和 $\hat{\beta}_2$，与前面的方程组求解结果非常吻合，表明计算过程正确。

2）多项式回归模型的拟合优度校验。参照线性回归模型的拟合优度 R^2 进行求解，同时计算调整后的 $\overline{R}^2$。

由计算可知 $\bar{y} = 11.72$，可得

$$
\begin{aligned}
\text{TSS} = \sum_{i=1}^{n}(y_i - \bar{y})^2 &= (5.17 - 11.72)^2 + (10.54 - 11.72)^2 + (12.86 - 11.72)^2 + (15.76 - 11.72)^2 + \\
&\quad (16.98 - 11.72)^2 + (16.76 - 11.72)^2 + (15.53 - 11.72)^2 + (13.16 - 11.72)^2 + \\
&\quad (10.85 - 11.72)^2 + (9.34 - 11.72)^2 + (8.58 - 11.72)^2 + (5.13 - 11.72)^2 \\
&= 191.284
\end{aligned}
$$

$$
\begin{aligned}
\text{ESS} = \sum_{i=1}^{n}(\hat{y}_i - \bar{y})^2 &= (6.06 - 11.72)^2 + (9.98 - 11.72)^2 + (13.79 - 11.72)^2 + (15.07 - 11.72)^2 + \\
&\quad (15.58 - 11.72)^2 + (16.17 - 11.72)^2 + (15.64 - 11.72)^2 + (13.91 - 11.72)^2 + \\
&\quad (13.06 - 11.72)^2 + (10.14 - 11.72)^2 + (8.11 - 11.72)^2 + (4.30 - 11.72)^2 \\
&= 177.8595
\end{aligned}
$$

$$
R^2 = \frac{\text{ESS}}{\text{TSS}} = \frac{177.8595}{191.284} = 0.9298
$$

$$
\overline{R}^2 = 1 - \frac{\text{RSS}/(n-k-1)}{\text{TSS}/(n-1)} = 1 - (1 - R^2)\frac{n-1}{n-k-1} = 1 - 0.0702 \times \frac{12-1}{12-1-1} = 0.9228
$$

多项式回归模型的拟合优度 R^2 与调整后的 $\overline{R}^2$ 的取值都接近 1，表明所构造的回归曲线拟合效果很好，得到的多项式回归模型符合实际需求。

3. 不可转换为线性回归模型的非线性关系

还有一类非线性关系无论采用什么代换方式，都不能转化为线性回归模型，通常为复杂函数模型，可以采用高斯-牛顿迭代法进行参数估计，即借助泰勒级数展开式进行逐次的线性近似估计。

（1）逐次迭代估计思路

1）首先尽量运用变量代换简化复杂函数模型，变为较简单的非线性回归模型；然后给所有未知参数 $\hat{\beta}$ 指定一组初始值 $\hat{\beta}^0$，将原方程通过泰勒级数展开，使得非线性方程在初始值附近线性化；

2）对这一线性方程应用最小二乘法（OLS），得出一组新的参数估计值 $\hat{\beta}$；用新的参数估计值 $\hat{\beta}$ 替代初始值 $\hat{\beta}^0$，再次将方程通过泰勒级数展开，使非线性方程在新的参数估计值附近线性化，对新得到的线性方程再次应用 OLS 方法，重新得出一组新的参数估计值；

3）不断重复新参数更新过程，直至所得到的参数估计值收敛，稳定于某一数值，迭代过程至此结束。

例如著名的生产函数 CES（Constant Elasticity of Substitution）将投入要素（K，L）与产出量 Q 之间的关系表述为

$$Q=A(\delta_1 K^{-\rho}+\delta_2 L^{-\rho})^{-\frac{1}{\rho}}e^{\varepsilon},\delta_1+\delta_2=1$$

首先对复杂函数两边采用间接代换方法，即对数置换法，可以得到

$$\ln Q=\ln A-\frac{1}{\rho}\ln(\delta_1 K^{-\rho}+\delta_2 L^{-\rho})+\varepsilon$$

将方程中的 $\ln(\delta_1 K^{-\rho}+\delta_2 L^{-\rho})$ 在 $\rho=0$ 处展开泰勒级数，取得关于 δ_1，δ_2 的线性项，即可以得到一个近似的线性方程，其中包含 0 阶、1 阶、2 阶项，对原方程进行线性逼近，其余项均归入误差中，可得到

$$\ln Q=\ln A+\delta_1\ln K+\delta_2\ln L-\frac{1}{2}\rho\delta_1\delta_2\left(\ln\left(\frac{K}{L}\right)\right)^2$$

接下来应用最小二乘法进行参数估计。反复执行迭代过程，直至参数取值收敛。

（2）常用的数值迭代算法 在此类非线性回归方程求解过程中，常用的数值迭代算法除了高斯-牛顿（Gauss-Newton）法（一阶偏导数）以外，还有牛顿法（一阶、二阶偏导数）、麦夸特（Marquardt）法（一阶偏导数）、梯度下降法（一阶偏导数）、正割法（无须偏导数）等。

数值迭代算法的共同特点是，由未知参数 $\hat{\beta}$ 的初值 $\hat{\beta}^0$ 出发，选定适当的搜索方向向量 $\Delta=(\Delta_1,\Delta_2,\cdots,\Delta_m)$ 和步长 $t(t>0)$，通过逐步迭代公式确定新的 $\hat{\beta}$，具体如下：

$$\hat{\beta}=\hat{\beta}^0+t\cdot\Delta$$

应用最小二乘法进行参数估计，使得残差平方和 $\mathrm{TSS}(\hat{\beta})<\mathrm{TSS}(\hat{\beta}^0)$，再由新得到的 $\hat{\beta}$ 取代 $\hat{\beta}^0$，重复上述迭代过程，直至达到 $\mathrm{TSS}(\hat{\beta})$ 为最小值，迭代过程结束，将最终得到的 $\hat{\beta}$ 代入，可得到非线性回归方程。

5.3.3 其他回归分析方法

应用回归分析方法解决实际问题时，可能会遇到下面的情况：非线性回归问题并不能简单地转化为线性模型或者用已有函数来描述；观测数据中的自变量并不是都对因变量有显著影响；最小二乘法对于回归参数的估计适用范围较窄，当自变量之间存在多重共线性关系时，所得到的回归曲线拟合效果不佳，存在较大偏差。由此很多新的回归分析方法应运而生，如逐步回归分析、岭回归分析、套索回归分析、弹性网回归分析等，这里以逐步回归分析和岭回归分析为例做简单描述。

1. 逐步回归分析

如果实际观测得到的数据集非常庞大，且自变量为数众多，此时应用回归分析的首要问题是如何从中筛选出合适的自变量，进而有效减少后续回归分析的计算量，同时保证所得到的回归方程比较稳定，拟合效果也更佳。

逐步回归分析的基本思想就是将众多自变量按照对因变量的重要程度进行筛选，继而从自变量集合$\{X_1,X_2,\cdots,X_n\}$中得出对因变量 Y 影响最显著的自变量子集$\{X_1,X_2,\cdots,X_p\}(p\leqslant n)$，由该自变量子集构建出的回归方程被认为是最优回归方程。

构造最优回归方程的常用方法包括逐步剔除法、逐步引入法和逐步回归分析法，表 5.6 简单比较了三种方法的基本原理和优缺点。

表 5.6　构造最优方程的三种方法

构造方法	逐步剔除法	逐步引入法	逐步回归分析法
构造原理	又称后向剔除法（Backward），先用全部自变量与因变量构造回归方程，再对自变量逐个进行显著性校验，依次剔除最不显著的自变量	又称前向引入法（Forward），采用递归的方法依次选择当前与因变量相关性最显著的那个自变量，然后与之前已选择的自变量一起建立回归方程；选择一个与因变量最显著相关的自变量，建立回归方程；每次都对新引入的自变量进行显著性校验，直至校验不能通过为止	基本原则是“有进有出”，按照对因变量显著性影响程度的大小，逐次在回归方程中引入单个自变量。需要注意的是：如果之前引入的自变量由于其后引入的自变量而变得不显著，则可将其剔除
优点	显著性校验涉及全部自变量	计算量显著降低	考虑自变量之间对显著性校验的影响，自变量引入和剔除最为灵活
缺点	计算量最大，自变量一旦剔除不再考虑	不能涉及全部自变量，自变量一旦选中，不再剔除	显著性校验计算量大

在上述三种方法中，逐步回归分析法结合了逐步剔除法和逐步引入法两者的优点，其构造的最优方程对于自变量的筛选最具灵活性。

在最优回归方程的求解过程中，主要涉及两个方面：一个是对回归方程中已有的自变量考虑是否剔除；另一个是对非回归方程中的自变量考虑是否引入。判断标准是对考虑剔除或者引入的自变量计算其偏回归平方和以及显著性校验，根据影响程度大小进行自变量的引入或者剔除。这个逐步回归过程会不断重复，直到最终筛选出所有符合要求的自变量，从而构建出最优回归方程。

2. 岭回归分析

在传统的回归分析中，通常采用最小二乘法估计回归参数。然而当回归方程中的自变量之间存在多重共线性关系时，使用普通的最小二乘法是无法对回归方程进行精确估计的，得到的多重线性回归模型很不稳定，而采用岭回归分析方法得到的回归系数比较稳定，标准差较小。

岭回归实质上是一种改进的最小二乘估计方法，是针对共线性数据分析的有偏估计方法。多重线性回归方程的回归系数可以表示为

$$\boldsymbol{\beta}=(\boldsymbol{X}^{\mathrm{T}}\boldsymbol{X})^{-1}\boldsymbol{X}^{\mathrm{T}}\boldsymbol{Y}$$

其中，$\boldsymbol{X}$ 为自变量的 $n\times m$ 阶矩阵，$\boldsymbol{X}^{\mathrm{T}}$ 为转置矩阵，$\boldsymbol{X}^{\mathrm{T}}\boldsymbol{X}$ 为对称的 $m\times m$ 阶矩阵，$(\boldsymbol{X}^{\mathrm{T}}\boldsymbol{X})^{-1}$ 为 $\boldsymbol{X}^{\mathrm{T}}\boldsymbol{X}$ 的逆矩阵，$\boldsymbol{Y}$ 为因变量的 $n\times 1$ 向量，$\boldsymbol{\beta}$ 为待估回归系数的 $m\times 1$ 向量。n 为观测数，m 为待估计回归系数的个数（包括截距）。矩阵形式如下：

$$\boldsymbol{Y}=\begin{pmatrix} y_1 \\ y_2 \\ \vdots \\ y_n \end{pmatrix},\quad \boldsymbol{X}=\begin{pmatrix} 1 & x_{11} & x_{12} & \cdots & x_{1,m-1} \\ 1 & x_{21} & x_{22} & \cdots & x_{2,m-1} \\ \vdots & \vdots & \vdots & & \vdots \\ 1 & x_{n1} & x_{n2} & \cdots & x_{n,m-1} \end{pmatrix},\quad \boldsymbol{\beta}=\begin{pmatrix} \beta_1 \\ \beta_2 \\ \vdots \\ \beta_m \end{pmatrix}$$

当矩阵 $\boldsymbol{X}^{\mathrm{T}}\boldsymbol{X}$ 不满秩或者至少有一个特征根很小（接近于零），此时矩阵 $\boldsymbol{X}$ 为病态矩阵，如果应用最小二乘法进行回归参数估计将会产生较大的偏差，使得估计的回归参数很不稳

定，所得到的均方误差将会变得很大。设想给 $\boldsymbol{X}^{\mathrm{T}}\boldsymbol{X}$ 加上一个正常数矩阵 $k\boldsymbol{I}(k>0)$，那么 $(\boldsymbol{X}^{\mathrm{T}}\boldsymbol{X}+k\boldsymbol{I})$ 接近奇异的程度将会减少很多，即 $\boldsymbol{X}^{\mathrm{T}}\boldsymbol{X}+k\boldsymbol{I}=\boldsymbol{O}$ 的可能性比 $\boldsymbol{X}^{\mathrm{T}}\boldsymbol{X}=\boldsymbol{O}$ 的可能性要更低。

在岭回归中估计多重共线性回归模型的系数时，使用下面的公式：

$$\hat{\beta}(k)=(\boldsymbol{X}^{\mathrm{T}}\boldsymbol{X}+k\boldsymbol{I})^{-1}\boldsymbol{X}^{\mathrm{T}}\boldsymbol{Y}$$

其中 $k>0$ 称为岭参数，取不同的 k 值可以得到不同的岭估计，当 $k=0$ 时，$\hat{\beta}(k)=(\boldsymbol{X}^{\mathrm{T}}\boldsymbol{X})^{-1}\boldsymbol{X}^{\mathrm{T}}\boldsymbol{Y}$ 就是普通的最小二乘估计，如果 k 取与观测数据 $\boldsymbol{Y}$ 无关的常数，则 $\hat{\beta}(k)$ 为线性估计，否则 $\hat{\beta}(k)$ 为非线性估计。本质上加入的 $k\boldsymbol{I}$，其原有的 $\boldsymbol{X}^{\mathrm{T}}\boldsymbol{X}$ 中某些接近于0的特征根得到改善，因此会“打破”自变量矩阵的复共线性，使得应用岭估计得到的均方误差 $\mathrm{MSE}(\hat{\beta}(k))$ 会比采用普通最小二乘法得到的均方误差 $\mathrm{MSE}(\hat{\beta})$ 小很多。

进行岭回归分析的基本思路为：

1）考虑到自变量 $\boldsymbol{X}$ 可能存在量纲上的差异，首先对自变量 $\boldsymbol{X}$ 做中心化和标准化处理，以便不同的自变量可以处于同等数量级，方便进行比较。

2）确定合适的岭参数 k 值，使得 $\mathrm{MSE}(\hat{\beta}(k))$ 达到最小。可以采用岭迹法、方差膨胀因子法、Hoerl-Kennad 公式法等确定选择 k 值。

其中岭迹法是指对所有的自变量 X 绘制岭回归估计 $\hat{\beta}_i(k)(i=1,2,\cdots,m)$ 的变化曲线，即将 $\hat{\beta}(k)$ 的分量 $\hat{\beta}_i(k)$ 的岭迹（即点［k，$\hat{\beta}_i(k)$］构成的变化轨迹）画在同一幅图上。由于 $\hat{\beta}_i(k)$ 随 k 值变化，因此在图中选择尽可能小的 k 值，使得各回归系数的岭估计大体稳定，即各分量 $\hat{\beta}_i(k)$ 在图上的岭迹曲线趋向平行于 X 轴。

k 值选择的一般原则为：①各回归系数的岭估计基本稳定；②用最小二乘法估计得到的不合理回归系数，其岭估计的回归系数将变得合理；③回归系数的大小要与实际相符，即对因变量影响较大的自变量其系数的绝对值也较大；④均方误差增大不太多。

3）根据自变量的岭迹图对自变量进行筛选，判断该自变量是否可以引入回归方程。

4）根据岭回归得到的估计参数写出回归方程，结合专业理论知识综合判断回归方程中各自变量的系数取值是否符合实际情况，预测数值是否基本吻合，从而做出相应结论。

5.4　回归算法评估

在实际应用中，经过训练之后得到的回归模型，其模型拟合效果的好坏应该如何衡量呢？我们需要使用训练，即评估指标。通常采用真实数据与预测数据之间的误差大小来衡量，包括平均绝对误差（Mean Absolute Error，MAE）、均方误差（Mean Squared Error，MSE）、平均绝对百分误差（Mean Absolute Percentage Error，MAPE）、均方根误差（Root Mean Squared Error，RMSE）、均方根对数误差（Root Mean Squared Logarithmic Error，RMSLE）、中位数绝对误差（Median Absolute Error，MedAE）、决定系数 R^2 等评估指标。需要注意的是，不同的评估指标在评价相同的回归模型时，所得到的结论可能会有差别，因此回归模型的优劣也是相对而言的。

假设数据集中共有 n 个样本，每个样本用（x_i，y_i）表示，$\hat{y}_i$ 是通过回归模型得到的预测数据。

1. 平均绝对误差 MAE

平均绝对误差是样本集中所有观测数据与预测数据之间的绝对误差平均值。

$$\mathrm{MAE}(y,\hat{y}) = \frac{1}{n}\sum_{i=1}^{n}|y_i - \hat{y}_i|$$

由公式可以看出，MAE 是非负值，回归模型拟合效果越好，MAE 取值越接近零。

2. 均方误差 MSE

MSE 是使用最普遍的指标之一，是样本集中所有观测数据与预测数据之间的误差平方的平均值，可以很好地反映预测数据偏离真实数据的程度。

$$\mathrm{MSE}(y,\ \hat{y}) = \frac{1}{n}\sum_{i=1}^{n}(y_i - \hat{y}_i)^2$$

MSE 同样也是非负值，回归模型拟合效果越好，MSE 取值越接近零。

3. 平均绝对百分误差 MAPE

MAPE 是相对误差的预期值，它的定义式为

$$\mathrm{MAPE}(y,\hat{y}) = \frac{100}{n}\sum_{i=1}^{n}\left|\frac{y_i - \hat{y}_i}{y_i}\right| \qquad (y_i \neq 0)$$

显然，MAPE 取值越小，表明预测效果越好。如果 MAPE 取值为 20，则表明预测数据平均偏离真实数据 20%。由于 MAPE 是观测数据和预测数据的绝对差值与观测数据之比，所以计算结果与量纲无关，在实际数据分析中相对其他评估指标受限制更少，尤其适用于同一应用场景下不同角度的评估分析。

但需要注意的是，由于 $y_i \neq 0$ 的要求，因此当观测数据中存在 0 时将无法使用。另外由于是平均绝对百分误差，MAPE 对负值误差的惩罚大于正值误差，例如预测一个居民月生活消费支出是 2000 元，真实值是 1800 元的会比真实值是 2200 元所得到的 MAPE 大。

4. 均方根误差 RMSE

RMSE 是回归模型中最常使用的评估指标，其应用前提是假设误差为无偏并遵循正态分布。RMSE 定义为均方误差 MSE 的算术平方根，表示预测值和观测值之差的样本标准差，主要反映样本集内数据的离散程度。

$$\mathrm{RMSE}(y,\hat{y}) = \sqrt{\frac{1}{n}\sum_{i=1}^{n}(y_i - \hat{y}_i)^2}$$

与 MAE 相比，RMSE 对大的误差更加敏感，例如有一组观测数据 $y=[1,3,5]$，如果回归模型 1 对它的预测结果为 $y_1=[2,4,9]$，回归模型 2 的预测结果为 $y_2=[4,5,6]$，则两个模型的 MAE 都等于 2，而模型 1 的 RMSE=2.45，模型 2 的 RMSE=2.16。

5. 均方根对数误差 RMSLE

RMSLE 是观测数据与预测数据之间的均方根对数（二次）误差，定义式为

$$\mathrm{RMSLE}(y,\hat{y}) = \sqrt{\frac{1}{n}\sum_{i=1}^{n}(\log(1 + y_i) - \log(1 + \hat{y}_i))^2}$$

它适用于类似共享单车需求估计、贵重商品定价等存在欠预测比过预测会带来更大损失

的应用场景，例如某电器真实售卖价格为 8000 元，在 RMSE 相同的情况下，RMSLE 对预测价格为 7100 元比预测价格 8900 元引起的误差更敏感。

当 $\hat{y}_i$ 的取值范围较大时，如果有一个非常大的 $\hat{y}_i$ 值存在预测偏差，而大量取值较小的 $\hat{y}_i$ 预测准确，采用 RMSE 算法会导致评估结果被过大的 $\hat{y}_i$ 值主导而变得很大；反之，如果这个大的 $\hat{y}_i$ 值预测准确，即使很多小 $\hat{y}_i$ 值的预测都出现偏差，得到的 RMSE 反而较小。针对实际中出现的这种不合理评估现象，RMSE 先对因变量取对数再计算均方根误差，使评估结果得到改善。

自回归预测法

6. 中位数绝对误差 MedAE

MedAE 是样本集中所有观测数据与预测数据之间绝对误差的中位数，定义如下：

$$\mathrm{MedAE}(y,\hat{y}) = \mathrm{median}(|y_1-\hat{y}_1|,\cdots,|y_n-\hat{y}_n|)$$

MedAE 的取值是非负值，越接近于零，表明回归模型的拟合效果越好。

习　题

5.1　什么是回归分析？回归分析方法包含哪些分类？

5.2　简述回归分析的具体步骤。

5.3　某单位学习报告记录如表 5.7 所示，包含报告的学习时间（以 h 计）与报告测试成绩（以分计）。

表 5.7　学习时间与测试成绩数据

学习时间/h	0.75	1	1.3	1.5	1.75	2	2.25	2.5	3
测试成绩/分	18	15	32	30	22	35	42	50	60

（1）绘制学习时间与测试成绩的散点图；

（2）建立回归方程，利用最小二乘法进行求解，并说明回归系数的含义；

（3）根据决定系数 R^2 分析回归曲线的拟合效果。

5.4　已知某单位员工的工作时间（以 min 计）、工作人数（以人计）与完成任务（以件计）等数据，如表 5.8 所示。

表 5.8　工作时间、工作人数与完成任务数据

序　号	工作时间/min	工作人数/人	完成任务/件
1	100	4	9.3
2	50	1	4.8
3	90	2	6.1
4	65	4	6
5	75	3	7.4
6	80	2	6.2
7	35	3	3.2
8	40	5	5

（1）建立合适的回归模型，对回归方程进行求解；

（2）求解决定系数 R^2，分析回归曲线的拟合效果。

5.5　分析一元线性回归模型与多元线性回归模型的区别。

5.6　已知有一组观测数据如表 5.9 所示，请根据数据分布情况建立合适的回归模型。

表 5.9　观测数据

自变量 x	100	220	290	340	370	450	510	600
因变量 y	33	37	39	40	42	44	47	49

（1）请画出数据分布的散点图；

（2）求解得到合理的回归方程；

（3）求解决定系数 R^2，分析回归曲线的拟合效果。

5.7　将非线性关系转换成线性回归模型的方法有哪些？

5.8　请列举出常见的非线性函数，并说明其线性化方法。

5.9　已知某产品投放的销售点数量与销售额之间的关系如表 5.10 所示。

表 5.10　产品销售点数量与销售额数据

销售点数量	20	36	80	43	51	72	18	126	68	94
销售额/元	3984	11100	39890	13420	18510	34200	3250	98345	31547	55731

（1）试建立一元二次多项式方程，并进行求解；

（2）求解平均绝对百分误差 MAPE，分析回归方程的预测效果；

（3）使用 Excel 软件进行回归分析，对求解的一元二次多项式方程进行结果比对。

5.10　什么是多项式回归？请说明其基本原理。

第6章 大数据分析挖掘——聚类

分类是人类与生俱来的能力，也是人类认识世界的重要方式。在日常生活中，人们不是孤立地看待每件事物，而是会下意识地根据观察到的事物属性对其进行分类，因而有“物以类聚”的说法。分类也是科学研究中常用的一种方法，例如在生物学中，根据形态结构、生理功能、行为习性等特征，将生物划分为界、门、纲、目、科、属、种七个等级，这样有助于分析研究类群之间的亲缘关系和进化关系。在天文学中，通常根据天体的形态、发光性质、光谱特征等进行分类。古希腊天文学家就依据亮度将恒星分成六等，最亮的是一等星，肉眼刚好能看到的为六等星。

在研究分类问题时，会面临两种情况：一种是预先已经划分好类别，要求根据研究对象的特征，确定它们所属的目标类；另一种是预先未定义类别，需要根据研究对象彼此间的相似程度，对它们进行分类。在数据挖掘领域，前一种称为分类（classification）问题，本书第4章已经介绍过；后一种是本章将要重点阐述的聚类（clustering）问题。聚类与分类的区别在于，分类是一种监督式学习方法，而聚类属于非监督式学习，它不要求训练样本数据带有类别标签，也不试图预测新的、无标签样本的目标类别，而是通过样本集合发现数据自身的内部结构，建立起一种有意义的或者有用的归类方法。为此，有时也称聚类为非监督分类。

6.1 聚类分析概述

聚类分析是将物理或抽象对象的集合分成由相似对象组成的多个组（group）或簇（cluster）的过程，其目标是使同一个组内的对象具有很强的相似性，而不同组间的对象存在很大的差异性。从本质上讲，聚类就是对数据进行分组，每个组代表一个类，也称为簇。那么，什么是簇呢？人们至今没有给簇下一个正式的、确切的定义，多数研究者倾向于用“内部同质性、外部可分性”描述簇。根据这一特征，即使不知道簇的明确定义，也很容易识别出图6.1中三组数据点的分簇情况。

图6.1还表明，簇在空间分布上的表现形式是不确定的，会呈现不同的形状，因此很难给出适用于所有场景的统一定义。图6.2所示是实践中经常用到的几种簇的概念。为了更加清晰，图中采用二维数据点作为数据对象，多维数据的分布情况可以据此推广。图6.2a所示为明显分离的簇（well-separated clusters），其特点是每个点到同簇中任意点的距离比到不同簇中

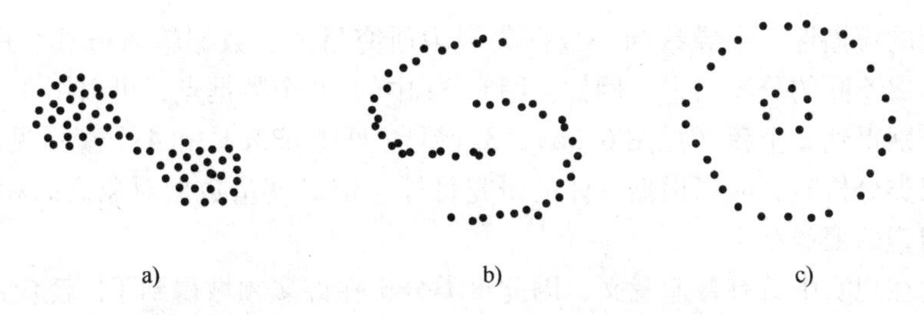

图 6.1　簇的内部同质性和外部可分性

所有点的距离更近。这是一种理想化的簇的定义，适用于由彼此相距很远的自然簇所构成的数据集。图 6.2b 所示是基于中心的簇（center-based clusters），也称为基于原型（prototype-based）的簇，其特点是每个点到所在簇中心的距离比到任何其他簇中心的距离更近。簇的中心通常被称为质心，对于连续型数据，质心是簇中所有点的均值；对于离散型数据，质心是簇中最具代表性的点。图 6.2c 所示是基于邻近的簇（contiguity-based clusters），其特点是每个点到同簇中至少一个点的距离比到不同簇中任意点的距离更近。基于邻近的簇常用于定义形状不规则或者互相盘绕的簇，它的缺点是分簇结果对数据中的噪声比较敏感，在这种情况下，采用基于密度的簇（density-based clusters）将更加合适，如图 6.2d 所示。在基于密度的簇中，簇被视作由低密度区域分开的高密度区域。因此，如果在图 6.2c 中加入噪声，原先最左侧的簇和连接中间两个圆的点桥都会淹没于噪声中，最终得到图 6.2d 中的 3 个簇。图 6.2e 所示是概念簇（conceptual clusters），其特点是簇中的所有点具有某种共同的性质。概念簇可以涵盖前面几种簇的定义，例如，基于中心的簇具有同一个簇内的对象到其质心距离最近的共同性质。

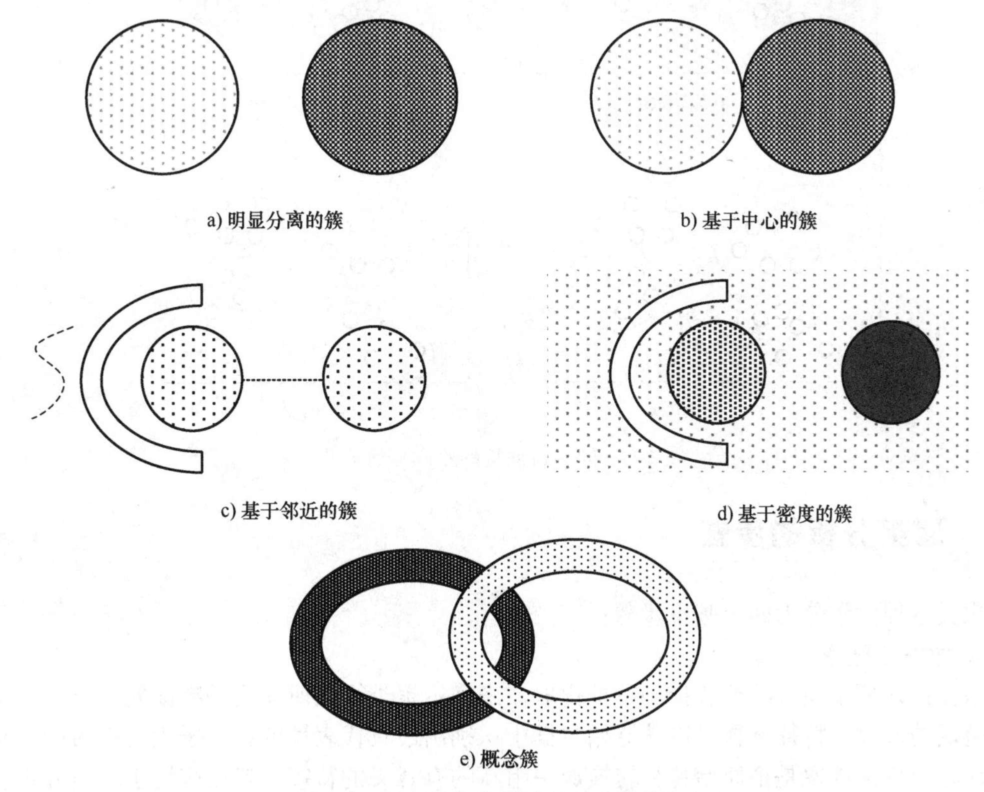

图 6.2　用二维点集描述的各种簇的概念

簇的概念的模糊性，会导致同一数据集因为研究目的、数据输入方式、所选特征的不同，而最终形成不同的分簇结果。例如，图6.3a中的18个数据点，可以用3种不同的方式进行划分，分别得到2个簇（见图6.3b）、3个簇（见图6.3c）和4个簇（见图6.3d）。因此，在进行聚类分析时，应当根据具体的研究目标来定义度量数据对象之间相似性的标准，从而获得所期望的聚类结果。

聚类问题在现实中具有普遍意义，因此聚类分析在许多领域得到了广泛应用，如市场分析、文本挖掘、信息检索、图像分割、生物基因表达分析等。在这些应用中，通常难以获得带标签的样本数据，而聚类算法可以自动分析数据集的分布情况并将其划分成有意义的组，从而有助于研究者理解数据隐藏的真实含义。在商业领域，聚类算法可以根据客户的基本数据和消费数据对客户进行分群，定义不同类型客户的消费行为模式，为企业制定个性化营销方案提供依据。在因特网应用中，聚类分析被用来对用户浏览过的网页文档进行文本挖掘，分析出用户的兴趣模式，以更好地提供信息过滤和主动推荐服务。聚类分析不仅是一种洞察数据分布的独立工具，还常常被用作其他数据挖掘算法的预处理步骤。例如，在分类问题中，当数据集规模非常庞大时，可以先利用聚类算法对数据集进行粗分类，获得数据的基本概况，然后在此基础上再分别对每个簇进行细分类，这样可以有效提高分类的精确度和效率。

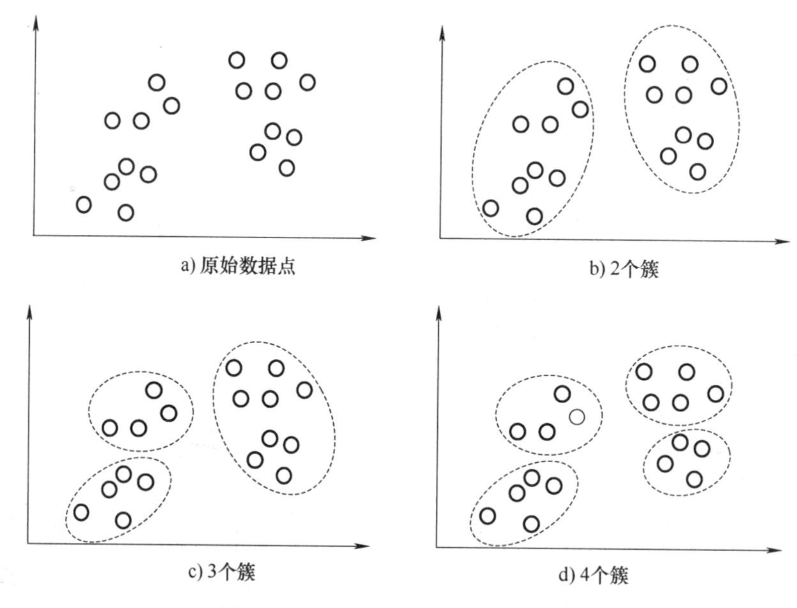

图6.3　同一数据集的不同分簇方式

6.2　聚类分析的步骤

聚类过程大致分为四个基本步骤：

1. 数据预处理

数据预处理是通过特征选择和特征提取，来确定聚类算法所使用的特征的数量、类型和取值范围的过程。特征选择可以从原始数据中识别出最具代表性的特征子集，作为进一步处理的对象；特征提取是把原始特征转换成一组新的有意义的特征，然后应用于聚类分析。特征选择和特征提取在聚类分析中具有重要的作用，因为聚类算法的有效性和聚类结果的质量取决于算法输入的特征集。质量好的特征集应当具有“少而精”的特点：既保留对聚类最有效的特征，同时尽最大可能减少特征维数。这样不仅可以简化算法复杂度、提高算法效率，而且能够获得理想的聚类效果，这一点对于高维数据或复杂数据类型（如文本数据集和图像数据集）显得尤为重要。

2. 相似性度量

相似性代表对象间的近似或相关程度，可作为聚类的依据，决定个体在不同簇之间的归属。在聚类问题中，相似度（similarity）、相异度（dissimilarity）、距离（distance）这几个术语本质上是同一类别的数学问题，都经常用于定量地描述对象间的相似程度。相似度的数值越大，则相异度或距离的数值就越小，表示数据间的关联程度越高；反之，相似度的数值越小，则相异度或距离的数值就越大，表示数据间关联的程度越低。本章将统一使用相似度这一术语。

在聚类分析中，衡量相似度的方法有多种，如距离、相似系数等。具体选择时，需要考虑输入属性的类型、标度以及后续使用的聚类算法。6.3 节将讨论常用的相似度计算方法，以及如何在实际应用中选择合适的方法。

3. 聚类（分组）

分组阶段的任务是建立目标函数，将聚类问题转化为对数据对象进行分割的优化问题，进而采用合适的解法求出聚类结果。在实际应用中，有许多种算法可以实现聚类任务，其中划分法（partitioning methods）和层次法（hierarchical methods）是两类最基本的方法。划分法的主要思想是首先设定一个聚类标准（目标函数），然后从某个初始状态开始，通过不断优化目标函数，最终将数据集合划分成不重叠的子集（簇）。层次法是基于某个标准产生一个嵌套的划分系列，最终将数据集聚类成一个树状图的形式。除此之外，还有基于密度的聚类、基于模型的聚类、基于网格的聚类、基于图的聚类等方法，6.4 节将详细介绍。

4. 聚类结果评估

聚类具有无监督特性，没有任何关于数据对象类别的先验知识。因此，虽然聚类算法总是试图为数据集找到最佳的分簇方式，却无法保证聚类结果与数据集的真实结构相一致。一方面，对于同一个数据集，选择不同的聚类算法会得到不同的分簇结果；另一方面，即使使用相同的聚类算法，当参数取值不同时，也会产生不同的结果。因此，需要对聚类算法输出结果的优劣进行定量评价。聚类结果的评估方法分为三类：外部准则（external criteria）法、内部准则（internal criteria）法和相对准则（relative indices）法。外部准则法通过比较聚类结果与真实分布的匹配程度，对聚类结果进行评价；内部准则法不依赖于原始数据分布的先验信息，直接根据某种衡量标准来评价聚类结果的优劣；相对准则法通过比较不同聚类算法或者同一算法取不同参数值时的输出结果，得出评估结论。

6.3　相似度计算

聚类分析的相似性度量分为两个方面：数据对象（个体）之间的相似关系和类（群体）之间的相似关系。通常有两种途径来描述数据对象之间的相似程度：一种是把每个对象看作是多维空间中的一个点，在多维坐标系中，定义点与点之间的距离，通过距离大小反映对象之间的亲疏程度；另一种是计算对象之间的相关系数（称为相似系数），通过相似系数描述对象之间的亲疏程度。类之间相似程度的描述也有两种方式：一种是通过对两类之间每个对象相似度的汇总来反映类之间的亲疏程度；另一种是分别计算每个类中所有对象的概括统计量，通过概括统计量之间的相似性描述类之间的亲疏程度。

6.3.1　对象之间的相似度

数据对象是通过一组刻画其基本特征的属性表达的。属性也称为特征、变量、特性或字段，它们是计算对象之间相似度的依据。在不同应用领域，对象属性的类型可能不同，有连续型、离散型、混合型等，因此，相似度的计算方法也不尽相同。下面将针对不同的属性类型，分别介绍常用的相似度计算方法。

1. 连续属性

假设数据集包含 m 个数据对象，每个对象用 d 个属性加以描述，第 i 个对象记为 $\boldsymbol{x}_i=(x_{i1},x_{i2},\cdots,x_{id})$。对于连续属性，距离和相似系数都是度量对象之间相似程度的常用手段，只不过距离反映对象之间的相异性，相似系数反映对象之间的相似性。

(1) 距离　两个对象 $\boldsymbol{x}_i$ 和 $\boldsymbol{x}_j$ 之间的距离通过距离函数 $d(\boldsymbol{x}_i,\ \boldsymbol{x}_j)$ 计算，$\boldsymbol{x}_i$ 和 $\boldsymbol{x}_j$ 越相似，$d(\boldsymbol{x}_i,\ \boldsymbol{x}_j)$ 的值越小。距离函数有多种常用的定义方法，它们各有不同的优缺点，在实际应用中，需要根据聚类分析的目的或者研究对象的特征，选择或定义更具有针对性、更适应具体问题的距离函数。但是，需要明确的是，所定义的距离函数必须满足以下条件：

① 对称性：$d(\boldsymbol{x}_i,\boldsymbol{x}_j)=d(\boldsymbol{x}_j,\boldsymbol{x}_i)$

② 非负性：$d(\boldsymbol{x}_i,\boldsymbol{x}_j)\geqslant 0$

③ 自反性：$d(\boldsymbol{x}_i,\boldsymbol{x}_i)=0$

④ 三角不等式：$d(\boldsymbol{x}_i,\boldsymbol{x}_j)\leqslant d(\boldsymbol{x}_i,\boldsymbol{x}_p)+d(\boldsymbol{x}_p,\boldsymbol{x}_j)$

对象之间的距离通常采用表 6.1 中所示的几种函数进行计算。其中数据对象 $\boldsymbol{x}_i=(x_{i1},x_{i2},\cdots,x_{id})$ 和 $\boldsymbol{x}_j=(x_{j1},x_{j2},\cdots,x_{jd})$ 是 d 维的特征向量，并且每一维特征都是连续型的。

表 6.1　连续属性的几种距离函数

名　　称	公　　式
欧氏距离（Euclidean distance）	$d_{ij}=\left[\sum_{k=1}^{d}(x_{ik}-x_{jk})^2\right]^{1/2}$
标准化欧氏距离（Standardized Euclidean distance）	$d_{ij}=\left[\sum_{k=1}^{d}\left(\frac{x_{ik}-x_{jk}}{s_k}\right)^2\right]^{1/2}$
曼哈顿距离（Manhattan distance）	$d_{ij}=\sum_{k=1}^{d}\lvert x_{ik}-x_{jk}\rvert$
切比雪夫距离（Chebyshev distance）	$d_{ij}=\max_k(\lvert x_{ik}-x_{jk}\rvert),\quad k=1,2,\cdots,d$
闵氏距离（Minkowski distance）	$d_{ij}=\left(\sum_{k=1}^{d}\lvert x_{ik}-x_{jk}\rvert^r\right)^{1/r}$
兰氏距离（Lance and Williams distance）	$d_{ij}=\begin{cases}0, & x_{ik}=x_{jk}=0\\ \sum_{k=1}^{d}\frac{\lvert x_{ik}-x_{jk}\rvert}{\lvert x_{ik}\rvert+\lvert x_{jk}\rvert}, & x_{ik}\neq 0 \text{ 或 } x_{jk}\neq 0\end{cases}$
马氏距离（Mahalanobis distance）	$d_{ij}=\sqrt{(\boldsymbol{x}_i-\boldsymbol{x}_j)^{\mathrm{T}}\boldsymbol{\Sigma}^{-1}(\boldsymbol{x}_i-\boldsymbol{x}_j)}$

1）欧氏距离。欧氏距离的全称是欧几里得距离，其定义源于欧氏空间中两点间的距离公式，是一种最常用也最易于理解的距离度量方法。欧氏距离具有几何意义明确、计算方法简单的优点。例如，对于三维空间中的两个点 $\boldsymbol{x}_1=(0,1,2)^{\mathrm{T}}$ 和 $\boldsymbol{x}_2=(5,3,2)^{\mathrm{T}}$，利用表6.1中的欧氏距离公式，很容易计算出它们之间的距离。

$$d_{12}=\sqrt{(5-0)^2+(3-1)^2+(2-2)^2}=\sqrt{29}$$

欧氏距离的计算是基于各维度属性的绝对数值，只有当各个维度的数据值对欧氏距离的贡献同等的时候，才能获得良好的表达效果；反之，当不同维度数据的衡量尺度差异较大时，欧氏距离就不能刻画数据点之间的真实关系，进而导致数据分析失败。例如，某个二维数据集的两个属性的取值范围分别是［100，999］和［10，99］，数据对象 $\boldsymbol{x}_1=[200,\ 20]^{\mathrm{T}}$ 与 $\boldsymbol{x}_2=[300,\ 20]^{\mathrm{T}}$、$\boldsymbol{x}_3=[250,90]^{\mathrm{T}}$ 的欧氏距离分别是 $d_{12}=100$ 和 $d_{13}\approx86$，该结果表明 $\boldsymbol{x}_1$ 与 $\boldsymbol{x}_3$ 的相似度较高，而实际上，$\boldsymbol{x}_1$ 与 $\boldsymbol{x}_2$ 更相似。在这个例子中，造成欧氏距离结果失效的原因在于，第一个维度的尺度过大，压制了第二个维度的影响力。解决此问题的一种有效方法是对属性数据进行标准化，根据均值和标准差将数据转换至同一比较标准（详细方法请参阅2.3.3节），由此得到表6.1中的标准化欧氏距离，其中 s_k 是第 k 个属性的标准差。

2）曼哈顿距离。曼哈顿距离也称为城市街区距离或出租车距离，来源于从一个十字路口到另一个十字路口沿公路穿越曼哈顿街区的实际驾驶距离。想象图6.4所示的网格状街区，其中小方块代表一座座建筑物，方块之间的虚线代表街道。当车辆从 x_1 点驶向 x_2 点时，由于建筑物的阻挡，车辆无法经直线到达目的地（图中用点画线表示，对应欧氏距离），而需要沿着街道行驶。显然，在图6.4中，有多条不同的线路可以到达目的地，折线 $x_1\rightarrow A\rightarrow x_2$ 和 $x_1\rightarrow B\rightarrow C\rightarrow D\rightarrow E\rightarrow F\rightarrow x_2$ 是其中两种。虽然这些折线代表的行驶路线各不相同，但是它们具有相同的里程数，等于 x_1 和 x_2 两点各坐标数值差的绝对值之和，即表6.1中的曼哈顿距离。

3）切比雪夫距离。切比雪夫距离也称为棋盘距离（chessboard distance），起源于国际象棋中国王的走法。我们知道，在国际象棋中，国王每次可以沿着横向、纵向或者斜向走一步，切比雪夫距离就是国王从当前位置走到某一格所需要的最少步数（见图6.5），它等于两点各坐标差的绝对值的最大值。

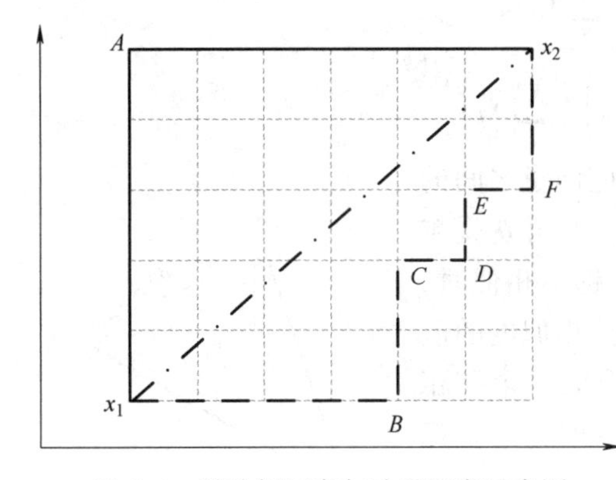

图6.4　曼哈顿距离与欧氏距离示意图

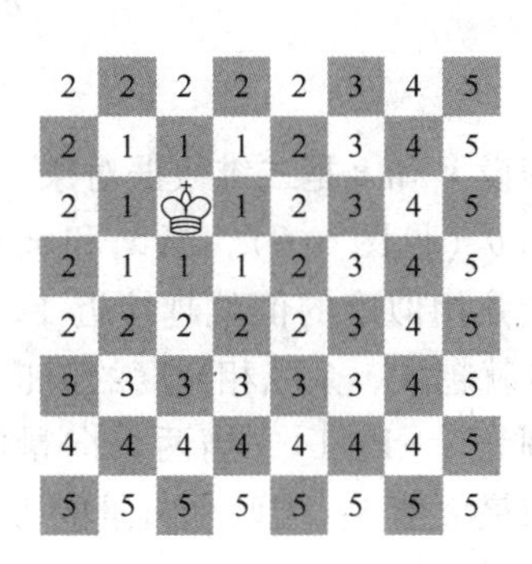

图6.5　切比雪夫距离示意图

4）闵氏距离。闵氏距离的全称是闵可夫斯基距离，它实际上是一组距离的定义，是对多个距离度量公式的概括性描述。在闵氏距离公式中（见表6.1），可变参数 r 可以取任意正整数。当 $r=1$ 时，为曼哈顿距离；当 $r=2$ 时，为欧氏距离；当 $r\to\infty$ 时，为切比雪夫距离。

闵氏距离作为欧氏距离的一种推广形式，同样存在当各属性的单位不同或者取值范围相差很大时，计算结果可能会失效的问题。这时应先对各属性的观测数据进行标准化处理，然后再用标准化后的数据计算距离。

5）兰氏距离。兰氏距离也称为堪培拉距离（Canberra distance），最早由 G. N. Lance 和 W. T. Williams 提出。兰氏距离的定义见表 6.1，它可以看作是曼哈顿距离的加权版本，其优点在于克服了上述几种距离受对象特征尺度影响的缺点，而且对大的异常值不敏感，适用于高度偏斜的数据。如果用兰氏距离计算数据对象 $\boldsymbol{x}_1=[200,20]^{\mathrm{T}}$ 与 $\boldsymbol{x}_2=[300,20]^{\mathrm{T}}$、$\boldsymbol{x}_3=[250,90]^{\mathrm{T}}$ 之间的相似度，得到的结果分别是 $d_{12}=0.2$ 和 $d_{13}\approx 0.75$，即 $\boldsymbol{x}_1$ 与 $\boldsymbol{x}_2$ 更相似。显然，该结果比欧氏距离的计算结果更符合实际情况。

6）马氏距离。马氏距离是由印度统计学家马哈拉诺比斯（Mahalanobis）提出的，表示数据的协方差距离。由表 6.1 中的距离公式可以发现，马氏距离是欧氏距离的推广。当协方差矩阵 $\boldsymbol{\Sigma}$ 为单位阵时，马氏距离就简化为欧氏距离；当协方差矩阵为对角阵时，马氏距离就变为标准化欧氏距离。

马氏距离不仅具有与特征尺度无关的优点，还能够排除特征之间相关性的干扰。而兰氏距离和闵氏距离都没有考虑特征之间的相关性，只是简单地将它们看作是相互独立的，这一点往往与实际情况不相符合。马氏距离的不足之处在于，如果协方差矩阵不能求逆，则马氏距离将无法计算。此外，马氏距离无法对不同特征进行差别化对待，因此可能夸大弱特征的影响。

（2）相似系数　从广义上讲，相似系数包括两种相似的表示方法：余弦相似度和狭义相关系数。后者针对不同类型的属性，又有不同形式的定义，最常用的是皮尔逊相关系数。

1）余弦相似度。如果将数据对象 $\boldsymbol{x}_i$ 和 $\boldsymbol{x}_j$ 看作 d 维空间的向量，余弦相似度就是这两个向量之间夹角的余弦值，它的定义为

$$c_{ij}=\frac{\sum_{k=1}^{d}x_{ik}x_{jk}}{\left[\left(\sum_{k=1}^{d}x_{ik}^{2}\right)\left(\sum_{k=1}^{d}x_{jk}^{2}\right)\right]^{1/2}}$$

假设 $\boldsymbol{x}_i$ 和 $\boldsymbol{x}_j$ 是二维数据对象，它们所对应向量之间的夹角为 θ（见图 6.6）。当 $\boldsymbol{x}_i$ 和 $\boldsymbol{x}_j$ 越相似时，夹角 θ 就越小，余弦相似度的值就越接近 1。当 $\boldsymbol{x}_i$ 和 $\boldsymbol{x}_j$ 越不相似时，夹角 θ 就越大，余弦相似度的值也越小。余弦相似度的取值范围为 [-1, 1]，当两个向量的方向重合时，余弦相似度取最大值 1；当两个向量的方向完全相反时，余弦相似度取最小值-1。

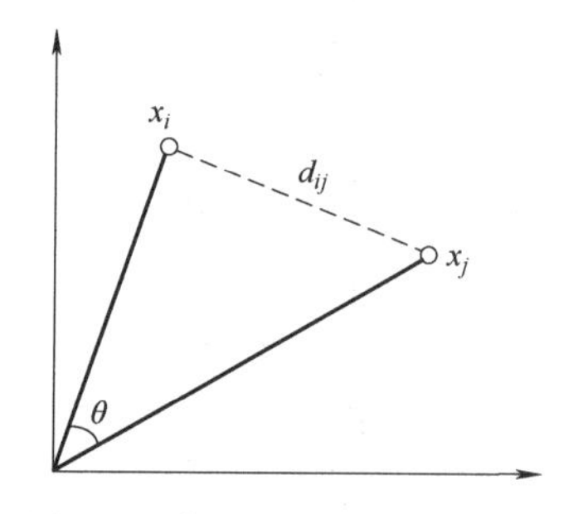

图 6.6　余弦相似度与欧氏距离

图 6.6 比较了余弦相似度与欧氏距离的差异。在欧氏距离中，数据对象 $\boldsymbol{x}_i$ 和 $\boldsymbol{x}_j$ 被视为空间中的点，衡量相似度

的标准是点之间的绝对距离（见图 6.6 中的 d_{ij}）；在余弦相似度中，数据对象被看作空间中的向量，衡量相似度的标准是向量之间夹角的大小。余弦相似度更加注重两个向量在方向上的差异，而与向量的长度无关，因此它的优点是不受坐标轴旋转、放大和缩小的影响。

2）皮尔逊相关系数。皮尔逊相关系数（Pearson correlation coefficient）用于衡量数据对象间的线性关系，它的定义如下：

$$c_{ij} = \frac{\sum_{k=1}^{d}(x_{ik} - \bar{x}_i)(x_{jk} - \bar{x}_j)}{\sqrt{\sum_{k=1}^{d}(x_{ik} - \bar{x}_i)^2}\sqrt{\sum_{k=1}^{d}(x_{jk} - \bar{x}_j)^2}}$$

其中，

$$\bar{x}_i = \frac{1}{d}\sum_{k=1}^{d} x_{ik}, \quad \bar{x}_j = \frac{1}{d}\sum_{k=1}^{d} x_{jk}$$

由定义可知，皮尔逊相关系数等于两个变量的协方差除以它们各自标准差的乘积，取值介于-1 和 1 之间。$c_{ij}>0$ 表示 x_i 和 x_j 正相关，即 x_i 增加时，x_j 也增加；$c_{ij}<0$ 表示 x_i 和 x_j 负相关，即 x_i 增加时，x_j 减小；$c_{ij}=0$ 表示 x_i 和 x_j 不相关，这意味着它们之间没有线性相关关系，但是可能存在其他方式的相关性。$|c_{ij}|$ 越接近于 1，表明 x_i 和 x_j 之间的相关程度越高，它们彼此越相似。

根据皮尔逊相关系数，还可以定义皮尔逊距离：$d_{ij}=\frac{1-c_{ij}}{2}$。需要注意的是，皮尔逊系数的取值范围是［-1，1］，而皮尔逊距离的取值范围是［0，1］。

2. 二值离散属性

二值离散属性只有两个值，通常取 0 和 1。例如用属性 arrear 描述电信客户近三个月是否有欠费的情况，如果 arrear 为 1 表示客户欠费，arrear 为 0 表示客户未欠费，这就是一个二值属性。

二值属性需要采用特定的方法计算相似度，其中一类常用的方法是匹配距离（matching distance）。假设两个数据对象 $\boldsymbol{x}_i=(x_{i1},x_{i2},\cdots,x_{id})$ 和 $\boldsymbol{x}_j=(x_{j1},x_{j2},\cdots,x_{jd})$ 的每个属性都是二值离散型的，而且 0 和 1 两个取值的权重相同，这样可以得到一个 2×2 的列联表（contingency table），如图 6.7 所示。图中 a 表示在 x_i 和 x_j 中取值均为 1 的二值属性的个数；b 表示在 x_i 中取 0 但在 x_j 中取 1 的二值属性的个数；c 表示在 x_i 中取 1 但在 x_j 中取 0 的二值属性的个数；d 表示在 x_i 和 x_j 中取值均为 0 的二值属性的个数。二值离散属性的总数为 p。

		对象 x_i		
		1	0	合计
对象 x_j	1	a	b	$a+b$
	0	c	d	$c+d$
	合计	$a+c$	$b+a$	$p=a+b+c+d$

图 6.7　二值属性的列联表

基于 a、b、c、d 这四个数值，就可以计算出对象 $\boldsymbol{x}_i$ 和 $\boldsymbol{x}_j$ 之间的距离。这里可以继续使

用连续属性的距离公式，如欧氏距离、兰氏距离等。当采用欧氏距离时，计算公式简化为 $d_{ij}=\sqrt{b+c}$；当采用兰氏距离时，计算公式简化为 $d_{ij}=\dfrac{b+c}{2a+b+c}$。此外，信息论中的汉明距离（Hamming distance）也可用于度量二值属性的相似性。汉明距离是将一个数据对象变换为另一个数据对象所需要的最小替换次数，例如，$\boldsymbol{x}_1=(1,0,0,0,1)$ 与 $\boldsymbol{x}_2=(0,0,0,1,0)$ 的汉明距离为3。

在聚类分析中，还定义了一系列的相似系数来衡量二值属性的相似度，表6.2列出了较为常用的几种。

表6.2　二值离散属性的几种相似系数

名　称	公　式
简单匹配系数（Simple Matching Coefficient，SMC）	$c_{ij}=\dfrac{a+d}{a+b+c+d}$
杰卡德系数（Jaccard coefficient）	$c_{ij}=\dfrac{a}{a+b+c}$
Rogers and Tanimoto	$c_{ij}=\dfrac{a+d}{a+2(b+c)+d}$
Sneath and Sokal	$c_{ij}=\dfrac{a}{a+2(b+c)}$
Hamman	$c_{ij}=\dfrac{(a+d)-(b+c)}{a+b+c+d}$
Gower and Legendre	$c_{ij}=\dfrac{a+d}{a+\frac{1}{2}(b+c)+d}$

如果数据对象的属性都是对称的二值离散属性，则可以采用简单匹配系数或者Rogers and Tanimoto系数计算对象之间的相似度。所谓对称，是指属性值取0或1所表示的内容同样重要，例如，性别就是一个对称的二值离散属性，用1表示男性、0表示女性和用0表示男性、1表示女性，这两种方式是等价的。

一般情况下，二值属性取0或1所表示内容的重要性是不同的，1表示比较重要的或者出现概率较小的测量结果，0表示其他情况，这样的属性称为非对称的二值离散属性。例如，电信企业在进行客户流失预测时，客户欠费属性就是不对称的，因此通常用1来表示欠费，用0表示正常缴费。给定两个非对称的二值属性，二者取值皆为1的情况被认为比二者取值皆为0的情况更有意义，因此后者被忽略不计，由此得到Jaccard系数的计算公式。类似地，Sneath and Sokal系数也适用于计算非对称二值属性的相似度。

3. 多值离散属性

多值离散属性是二值离散属性的推广，是状态数量大于2的离散属性。例如，电信用户付款方式就是一个多值离散属性，它有四种状态，分别代表现金支付、银行卡自动转账、信用卡自动扣缴和电子支付四种方式。

假设一个多值离散属性有 N 种状态，这些状态可以用字母、符号或者一组整数（如1，2，…，N）表示。对于给定的两个 d 维数据对象 $\boldsymbol{x}_i$ 和 $\boldsymbol{x}_j$，如果每一维属性都是多值离散型的，那么计算它们之间相似度最常用的方法就是简单匹配法，具体计算公式如下：

$$d_{ij}=\frac{d-m}{d}$$

其中，d 是对象属性的总数，即维数；m 是匹配数，即 $\boldsymbol{x}_i$ 和 $\boldsymbol{x}_j$ 中取值相同的属性个数。

另一种计算 $\boldsymbol{x}_i$ 和 $\boldsymbol{x}_j$ 之间相似度的方法是先将多值离散属性转换成多个二值离散属性，然后利用表 6.2 中的相似系数计算公式算出结果。在对多值离散属性进行转换时，需要为每种状态创建一个相应的二值属性，当给定对象具有某个状态时，代表该状态的二值属性就置为 1，否则置为 0。例如，用二值属性表示电信用户付款方式时，需要为前面提到的四种支付方式分别创建一个二值属性。如果对象 x_i 采用现金支付方式，x_j 采用银行卡自动转账方式，那么经过属性转换后，表示现金支付的二值属性在 x_i 中应设为 1，而在 x_j 中应设为 0。

4. 混合类型属性

实际中的数据集通常含有多种类型的属性，对于这种数据，有几种不同的方式来计算对象之间的距离。第一种方式是把数据对象的连续属性通过二分法进行离散化，然后利用二值离散属性的距离函数计算对象之间的距离。第二种方式是将离散属性转化为连续属性，然后将对象的所有属性规范化到相同的区间上，最后利用连续属性的距离函数进行求解。第三种方式是根据每种属性的类型，分别选择合适的距离函数，然后将所有属性计算出的距离值进行加权组合，得到最终结果。前两种方式比较容易理解，第三种方式较为复杂，下面通过一个具体的设计方案加以说明。

在第三种方式中，聚类之前需要对对象的属性值进行预处理。对于连续属性，需要通过规范化处理转换到相同的值域区间［0.0，1.0］上；对于多值离散属性，需要转换成多个二值离散属性。经过预处理后的数据对象，仅包含连续属性和二值离散属性两种类型。此时，两个 d 维数据对象 $\boldsymbol{x}_i$ 和 $\boldsymbol{x}_j$ 之间的距离公式定义如下：

$$d_{ij}=\frac{\sum_{k=1}^{d}\delta_{ij}^{(k)}d_{ij}^{(k)}}{\sum_{k=1}^{d}\delta_{ij}^{(k)}}$$

其中，$d_{ij}^{(k)}$ 表示 $\boldsymbol{x}_i$ 和 $\boldsymbol{x}_j$ 在第 k 个属性上的距离，它需要根据具体属性类型进行计算：

1）若属性 k 为二值离散型，当 $x_{ik}=x_{jk}$ 时，$d_{ij}^{(k)}=0$；否则，$d_{ij}^{(k)}=1$；

2）若属性 k 为连续型，则 $d_{ij}^{(k)}=\dfrac{|x_{ik}-x_{jk}|}{\max\limits_h(x_{hk})-\min\limits_h(x_{hk})}$，其中 h 是属性 k 的所有非空缺对象。

$\delta_{ij}^{(k)}$ 表示属性 k 对 x_i 和 x_j 之间距离的贡献，它的计算方法是：

1）如果 x_{ik} 或 x_{jk} 缺失，即对象 x_i 或 x_j 没有属性 k 的测量值，则 $\delta_{ij}^{(k)}=0$；

2）如果 $x_{ik}=x_{jk}=0$，且属性 k 是不对称的二值离散型，则 $\delta_{ij}^{(k)}=0$；

3）除了上述 1）和 2）之外的其他情况下，$\delta_{ij}^{(k)}=1$。

6.3.2　类之间的相似度

在聚类过程中，除了需要度量个体之间的相似程度，还常常需要度量个体与类或者类与类之间的相似程度。如果将个体看作是只有一个成员的类，那么个体与类之间相似性的度量就成为类与类之间相似性度量的一个特例。下面仅讨论衡量类与类之间相似度的方法。

一种方法是将类之间的相似程度转化为个体之间的相似程度。假设有 C_i和 C_j 两个类，x 和 y 分别是这两个类中的对象，C_i和 C_j之间的相似度常用下面几种距离函数进行计算。

（1）最远距离　最远距离法也称为全连接法（complete linkage），它将两个类之间的距离定义为这两个类两两对象之间的最远距离，即

$$d(C_i,C_j)=\max_{x\in C_i,y\in C_j} d(x,y)$$

（2）最近距离　最近距离法也称为单连接法（single linkage），它将两个类之间的距离定义为这两个类两两对象之间的最近距离，即

$$d(C_i,C_j)=\min_{x\in C_i,y\in C_j} d(x,y)$$

（3）平均距离　平均距离法也称为平均连接法（average linkage），它将两个类之间的距离定义为这两个类两两对象之间的平均距离，即

$$d(C_i,C_j)=\frac{\sum_{x\in C_i}\sum_{y\in C_j} d(x,y)}{N(C_i)N(C_j)}$$

其中，N（·）代表类的基数，即类中对象的个数。

在上述距离函数中，对象 x 与 y 之间的距离 $d(x, y)$ 可以利用之前介绍过的各种距离公式计算得到，其中最常用的是欧氏距离。

另一种方法是先计算类中对象的某种统计平均量，然后以该统计量为代表计算类之间的距离。这种方法只适用于衡量类与类之间的相似度，下面给出两种常用的形式。

（1）重心距离　两个类之间的距离由它们的重心之间的距离来衡量。所谓重心，就是类中所有对象在各个属性上的均值。重心距离法的定义如下：

$$d(C_i,C_j)=d(m_{C_i},m_{C_j})$$

其中，m_{C_i} 和 m_{C_j} 分别表示 C_i 和 C_j 的重心，$m_{C_i}=\frac{\sum_{x\in C_i} x}{N(C_i)}$，$m_{C_j}=\frac{\sum_{y\in C_j} y}{N(C_j)}$。

对于由离散属性构成的数据对象，重心 m_{C_i}对应的点可能会落在取值空间之外，在这种情况下，用均值中心或者中值中心来代表类将更加合适。一个类的均值中心 m_c是与类内其他对象的距离和最小的对象，即满足

$$m_c\in C \text{ 且} \sum_{x\in C} d(m_c,x) \leqslant \sum_{x\in C} d(y,x),\ \forall y\in C$$

类似地，可以将类的中值中心 $m_{med}\in C$ 定义为

$$\mathrm{med}(d(m_{med},x)\mid x\in C)\leqslant \mathrm{med}(d(y,x)\mid x\in C),\ \forall y\in C$$

其中，med(T) 表示数据集 T 的中位数。

（2）离差平方和　离差平方和法的思想来自于方差分析，最早由 Ward 提出，因此也称为 Ward 法。它的定义如下：

$$d(C_i,C_j)=\sqrt{\frac{N(C_i)N(C_j)}{N(C_i)+N(C_j)}}d(m_{C_i},m_{C_j})$$

其中，m_{C_i}和 m_{C_j}可以取 C_i和 C_j的重心、均值中心或者中值中心。

6.3.3　相似性度量方法的选择

相似性度量方法显著影响着聚类分析的效果。一般来说，同一个数据集如果采用不同的相似性度量方法，就会得到不同的聚类结果。究其原因，主要是因为不同的度量方法代表了不同意义上的相似性。每种距离函数或者相似性系数，都有自己的优点和缺陷，不存在一种普适的“最优”度量方法，因此，在实际应用中，需要根据属性类型、数据性质、聚类算法等因素来选择合适的度量方法。

首先，相似性度量方法的选择与数据属性类型密切相关。前面已经介绍过，连续型、离散型、混合型等不同类型的属性，分别有各自的相似性度量方法。而具体到每种属性类型，又存在多种距离函数或相似系数的定义。因此，在研究具体问题时，应当明确属性及其取值在实际应用中的意义，并据此选择合适的度量方法。例如，在衡量二值离散属性的相似度时，如何理解 $\boldsymbol{x}_i$和 $\boldsymbol{x}_j$同时取 0 这种情况的重要性，将决定是否选择计算公式中含有 d 这一项的相似系数（参见表 6.2）。

其次，数据本身的性质是决定如何选择相似性度量方法的一种重要因素。一方面，数据维度的差异会影响度量方法的有效性。例如，皮尔逊相关系数在处理低维数据集时表现较差，但是对于复杂的高维数据集，则能获得较好的效果。另一方面，在某些情况下，为了简化计算过程或者改善聚类效果，需要对数据属性的类型进行适当变换。例如，研究人员在对流域进行分类时，考虑将水体中农药和重金属的含量是否适合鱼类养殖作为分类的部分依据。农药和重金属含量原本属于连续属性，但是因为研究人员已经预先知道它们的毒性阈值，因此可以通过二分法先将这两种属性转换为二值离散属性，然后再利用二值属性的距离函数或者相似系数计算相似度。

最后，相似性度量方法的选择还受到聚类算法的影响。参考文献［46］对连续属性常用的 12 种度量方法进行比较后发现，对于二维数据集，马氏距离在 k-means 算法中的效果最优，但是在 k-medoids 算法中却不是。

此外，选择相似性度量方法时，还应当考虑计算量大小、研究目标等因素。例如，如果聚类分析的目标不仅仅是分类，而是注重分类对象的同构性，则不宜采用距离函数，而应该采用相似系数。

6.4　聚类算法

作为一种涉及统计学、机器学习、数据挖掘等多个领域的研究课题，聚类分析已经有很多年的研究历史。迄今为止，针对不同应用的独特需求，人们已经提出近百种的聚类算法。根据聚类原理的不同，现有聚类算法主要分为以下几类：基于划分的方法、基于层次的方法、基于密度的方法、基于模型的方法、基于网格的方法、基于图论的方法、基于模糊聚类的方法、基于分形理论的方法等，不少聚类算法是这些方法的综合。

6.4.1　基于划分的方法

基于划分的方法是聚类分析中最简单、最基本的一类算法，它的基本思想是：对一个具

有 n 个对象的数据集 D，给定要生成的簇的个数 k（$k \leqslant n$），算法从某个初始的划分方式出发，通过反复迭代不断调整 k 个簇的成员，直到每个簇的成员稳定为止。大多数基于划分的聚类算法通过距离衡量对象间的相似度，一个好的划分方式是使同一个簇中的对象之间尽可能接近，而不同簇间的对象尽可能远离，即实现“内部同质性，外部可分性”。

基于划分的聚类技术有很多，最典型的是 k-means 算法和 k-medoids 算法。这两种算法都采用基于原型的簇（参见 6.1 节），k-means 用质心定义原型，其中质心是同一个簇内所有点的均值；k-medoids 用中心点定义原型，其中中心点是同一个簇内所有点中最具代表性的点。下面分别介绍这两种算法。

1. *k*-means 算法

k-means 算法也称为 k-平均或 k-均值算法，由 J. B. MacQueen 于 1967 年提出，是最常用也最为经典的一种基于划分的聚类方法。目前，k-means 算法已经被许多著名的统计分析软件包（如 SPSS、SAS 等）和数据挖掘软件包（如 Elementine、iDA、DBMiner 等）所包含，并且在图像分析、市场研究、生物信息学、医学信息学等领域得到了广泛的应用。

k-means 算法的处理过程是：首先指定需要划分的簇的个数 k，然后在数据集中任意选择 k 个数据点作为初始的聚类中心，依次计算其余各个数据对象到这些聚类中心的距离，并将数据对象划归到最近的那个中心所处的簇中，接着重新计算调整后的每个簇的中心，循环往复执行，直到前后两次计算出来的聚类中心不再发生变化为止。图 6.8 描述了 k-means 算法的工作流程。

k-means 算法是典型的基于距离的聚类算法，通常采用欧氏距离衡量数据对象与聚类中心之间的相似度。根据应用场合的不同，也可以选择其他的相似性度量方法，如对于文本，采用余弦相似度或者 Jaccard 系数的效果更好。

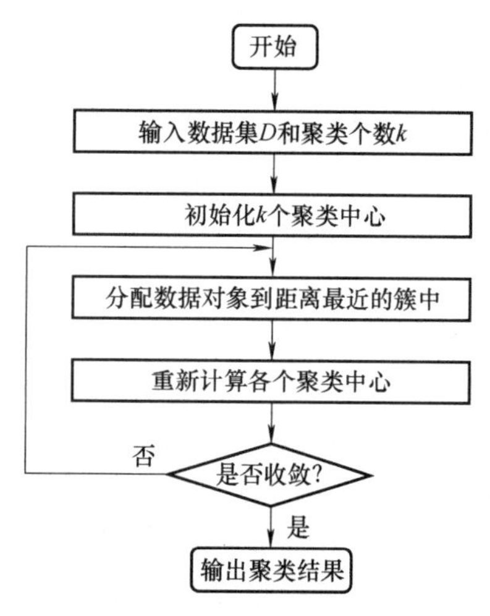

图 6.8　k-means 算法的工作流程

在 k-means 算法中，每一轮迭代完成后，都需要判断聚类结果是否收敛。为此，通常会定义一个准则函数（也称为目标函数），其中最常用的是误差平方和函数（Sum of the Squared Error，SSE），它的定义如下：

$$\text{SSE} = \sum_{i=1}^{k} \sum_{x \in C_i} d(x, c_i)^2$$

其中，x 是集合 D 中的数据对象，C_i 代表第 i 个簇，c_i 是 C_i 的中心，$c_i = \frac{1}{m_i} \sum_{x \in C_i} x$，$m_i$ 是 C_i 中数据对象的个数。k-means 算法迭代执行过程中，SSE 的值会不断减小。当前后两轮迭代所得到的 SSE 保持不变，或者二者之间的差异小于某个预设的门限值 ε，就可以认为算法已收敛。

下面通过一个例子来说明 k-means 算法是如何工作的。假设二维数据集合中有 $a \sim j$ 共 10 个数据对象，如表 6.3 所示，要求划分的簇的数量为 $k=2$ 个。

表 6.3　数据集

a	b	c	d	e	f	g	h	i	j
(2, 1)	(1, 2)	(2, 2)	(3, 2)	(2, 3)	(3, 3)	(2, 4)	(5, 5)	(4, 4)	(5, 3)

数据分布如图 6.9 所示。

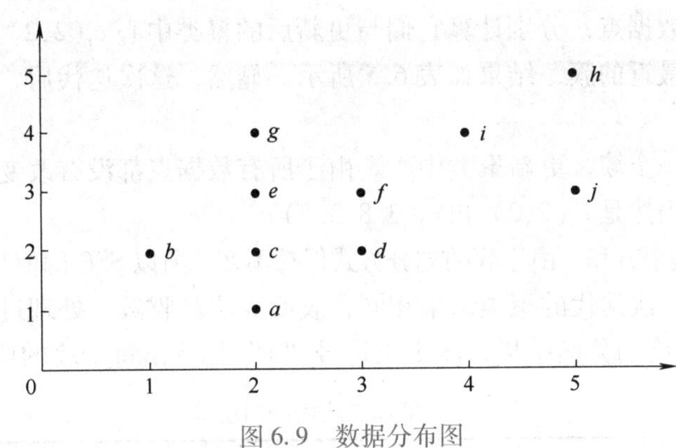

图 6.9　数据分布图

初始化：选择点 c 和 f 为初始的聚类中心，即 $c_1=c=(2,2)$，$c_2=f=(3,3)$。

第一次迭代

步骤一：对每个数据点，分别计算它们与聚类中心 $c_1(2,2)$ 和 $c_2(3,3)$ 的距离，并划分给距离最近的簇。例如，对于点 a，有

$$d(a,c_1)=\sqrt{(2-2)^2+(2-1)^2}=1$$

$$d(a,c_2)=\sqrt{(3-2)^2+(3-1)^2}=\sqrt{5}$$

显然，$d(a,c_1)<d(a,c_2)$，故将 a 划分到簇 C_1。其他点也按照同样的方法处理，最终得到表 6.4中的结果，簇 C_1包含点$\{a, b, c, d, e\}$，C_2包含点$\{f, g, h, i, j\}$。

步骤二：对划分出的新簇，更新聚类中心。

簇 C_1：
$$c_1=\left(\frac{2+1+2+3+2}{5},\ \frac{1+2+2+2+3}{5}\right)=(2,\ 2)$$

簇 C_2：
$$c_2=\left(\frac{3+2+5+4+5}{5},\ \frac{3+4+5+4+3}{5}\right)=(3.8,\ 3.8)$$

表 6.4　第一次迭代后的结果

数据对象	与聚类中心的距离		最小距离	划分到的簇
	$c_1(2,\ 2)$	$c_2(3,\ 3)$		
a	1	$\sqrt{5}$	1	C_1
b	1	$\sqrt{5}$	1	C_1
c	0	$\sqrt{2}$	0	C_1
d	1	1	1	C_1
e	1	1	1	C_1
f	$\sqrt{2}$	0	0	C_2
g	2	$\sqrt{2}$	$\sqrt{2}$	C_2
h	$3\sqrt{2}$	$2\sqrt{2}$	$2\sqrt{2}$	C_2
i	$2\sqrt{2}$	$\sqrt{2}$	$\sqrt{2}$	C_2
j	$\sqrt{10}$	2	2	C_2

步骤三：计算每个簇的误差平方和，得到 $SSE_1=4$，$SSE_2=9.6$。总的误差平方和为 $SSE=SSE_1+SSE_2=4+9.6=13.6$

由于聚类中心发生了变化，所以需要回到步骤一，开始第二次迭代。

第二次迭代

步骤一：对每个数据点，分别计算它们与更新后的聚类中心 $c_1(2,2)$ 和 $c_2(3.8,3.8)$ 的距离，并划分给距离最近的簇，结果如表 6.5 所示。显然，这次迭代后，所有数据点的分类都没有发生变化。

步骤二：对于每一个簇，更新聚类中心。由于所有数据点都没有改变簇成员关系，因此聚类中心保持不变，仍然是 $c_1(2,2)$ 和 $c_2(3.8,3.8)$。

步骤三：计算误差平方和。由于簇的划分方式保持不变，所以 SSE 的值与第一次迭代相同。

第二次迭代与第一次迭代的聚类结果相同，表明算法已收敛，处理过程结束。

图 6.10 所示是最终的分簇结果，图中用符号“+”标注出每个簇的质心。

表 6.5　第二次迭代后的结果

数据对象	与聚类中心的距离		最小距离	划分到的簇
	$c_1(2,2)$	$c_2(3.8,3.8)$		
a	1	3.329	1	C_1
b	1	3.329	1	C_1
c	0	2.546	0	C_1
d	1	1.970	1	C_1
e	1	1.970	1	C_1
f	$\sqrt{2}$	1.131	1.131	C_2
g	2	1.811	1.811	C_2
h	$3\sqrt{2}$	1.697	1.697	C_2
i	$2\sqrt{2}$	0.283	0.283	C_2
j	$\sqrt{10}$	1.442	1.442	C_2

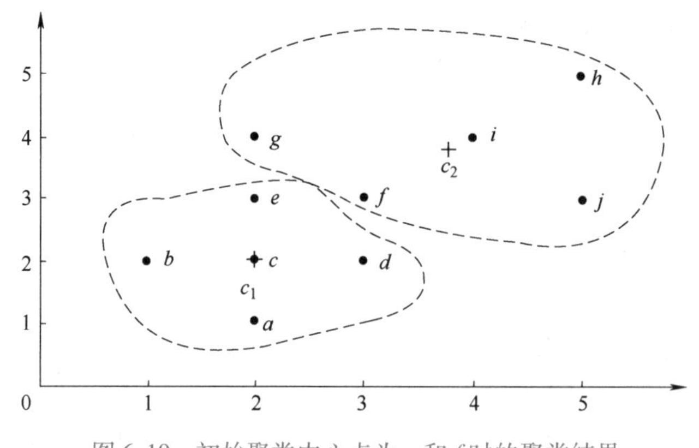

图 6.10　初始聚类中心点为 c 和 f 时的聚类结果

k-means 算法的优点是简单、快速，算法的时间复杂度和空间复杂度都相对较低。其中，

空间复杂度为 $O((m+k)d)$，这里 m 是数据对象的个数，d 是数据的维度，k 是分簇个数；时间复杂度为 $O(tkmd)$，t 是迭代次数。通常有 $k<<m,d<<m,t<<m$，即算法执行时间基本与数据集的规模呈线性关系，因此处理大数据集时的效率较高。

k-means 算法的缺点主要有以下几方面：

1）算法要求用户事先给出分簇的数目 k，如果用户没有关于数据集的先验信息，k 值的估计将非常困难。在这种情况下，可以设置不同的 k 值，多次执行 k-means 算法，通过对比最终的聚类效果，选出最优的 k 值。另外，也可以先利用层次聚类法对数据集进行预处理，确定分簇的数目 k，然后再利用 k-means 算法对数据进行聚类。

2）算法对初始聚类中心的选取较为敏感，不同的初始值会造成不同的聚类结果。例如，对于表 6.4 的数据集，如果在初始化阶段选择点 $f(3,3)$ 和 $h(5,5)$ 为聚类中心，那么得到的聚类结果是：簇 $C_1=\{a,b,c,d,e,f,g\}$，簇 $C_2=\{h,i,j\}$，如图 6.11 所示。这时的聚类中心分别为 $c_1\left(\frac{15}{7},\frac{17}{7}\right)$ 和 $c_2\left(\frac{14}{3},4\right)$，误差平方和为 SSE = 11.24。

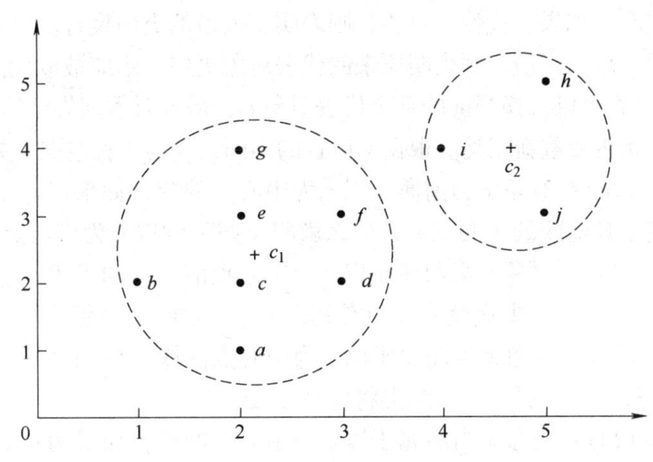

图 6.11　初始聚类中心点为 f 和 h 时的聚类结果

解决这个问题的常用方法是，多次运行 k-means 算法，每次随机选择一组不同的初始聚类中心，最终所得到的 SSE 最小的一组就是最优方案。对于表 6.4 的数据集，初始聚类中心选择 $c_1(2,2)$ 和 $c_2(3,3)$ 时的效果要劣于选择 $c_1(3,3)$ 和 $c_2(5,5)$，因为后者的 SSE 更小。

3）k-means 算法只有在簇的均值被定义的情况下才能使用，而无法直接处理离散型数据。解决该问题的一种思路是重新定义 k-means 算法的距离函数和计算聚类中心的方法，如 k-modes 算法就是在 k-means 算法的基础上，用简单匹配系数作为衡量相似度的指标，并以簇的众数作为聚类中心，用基于频率的方法来进行簇的更新。

4）k-means 算法采用欧氏距离度量数据对象之间的相似性，以误差平方和最小化为优化目标，导致该算法对球状簇有较好的聚类效果，却不适合非球状的簇。而且，当数据集所包含的各个簇在规模和密度上有很大差异时，k-means 算法的聚类质量较差。

5）对于离群点数据敏感。因为 k-means 算法是以均值作为聚类的中心，在计算时容易受到离群点的影响造成中心偏移，产生聚类分布上的误差。为了避免离群点影响聚类结果，可以通过数据预处理提前发现离群点并删除它们，或者采用下文介绍的 k-medoids 算法进行聚类。

2. k-medoids 算法

k-medoids 算法也称为 k-中心点算法，它是在 k-means 算法的基础上，利用簇的中心点代替均值点作为聚类中心，然后根据各数据对象与这些聚类中心之间的距离之和最小化的原则，进行簇的划分。与 k-means 算法相比，k-medoids 具有对离群点不敏感、可以处理离散型数据的优势。

PAM 算法举例

PAM（Partitioning Around Medoids）算法是最早提出的 k-medoids 算法之一。该算法的处理过程由两个阶段构成：建立阶段和交换阶段。建立阶段的任务是随意选择 k 个代表对象作为 k 个簇中心，依次衡量其他数据点与各簇中心之间的距离，并将数据点分配到最近的一个簇中。交换阶段的任务是反复地用非代表对象（普通数据点）替代代表对象，目的是试图找出更好的簇中心，以改进聚类的质量。在每次迭代中，当前某个代表对象被一个非代表对象替换后，数据集中所有其他的数据对象需要重新进行归类，并计算交换前后各数据点与所在簇的中心点之间的距离差，以此作为该点因簇的代表对象变化而产生的代价。交换的总代价是所有对象的代价之和。如果总代价为负值，则表明交换后的类内聚合度更好，原来的代表对象将被替代；如果总代价为正值，则表明原来的代表对象更好，不应被取代。为了确定任意一个非代表对象 c_{random} 是否可以替换当前的某个代表对象 c_j，需要对数据集中的所有非代表对象 x 进行检查，以确定 x 是否要重新归类。根据 x 位置的不同，分为 4 种情况，如图 6.12所示。

情况 1（见图6.12a）：对象 x 当前属于以 c_j 为中心点的簇，如果用 c_{random} 替换 c_j 作为新的代表对象，x 将更接近其他簇的中心点 c_i，那么就将 x 归类到以 c_i 为中心点的簇中。

情况 2（见图6.12b）：对象 x 当前属于以 c_j 为中心点的簇，如果用 c_{random} 替换 c_j 作为新的代表对象，x 将更接近 c_{random}，那么就将 x 归类到以 c_{random} 为中心点的簇中。

情况 3（见图6.12c）：对象 x 当前属于以 c_i 为中心点的簇，如果用 c_{random} 替换 c_j 作为新的代表对象，x 仍然最接近 c_i，那么 x 的归类将保持不变。

情况 4（见图6.12d）：对象 x 当前属于以 c_i 为中心点的簇，如果用 c_{random} 替换 c_j 作为新的代表对象，x 将更接近 c_{random}，那么就将 x 归类到以 c_{random} 为中心点的簇中。

PAM 算法在每次迭代中都需要交换每个簇的代表对象与该簇中的所有非代表对象，从而得到可以改善聚类质量的候选对象集，然后再将这些候选对象作为下一次迭代的代表对象。每次迭代的计算复杂度为 $O(k(n-k)^2)$，其中 n 是数据对象的总数，k 是分簇数量。显然，当数据对象与簇的数目增大时，PAM 算法的执行代价很高，因此有许多算法针对 PAM 进行修改以适用于大数据集，如 CLARA 和 CLARANS。

CLARA（Clustering LARge Application）算法是 PAM 的扩展，它利用抽样的方法，能够有效处理大规模数据所带来的计算开销和 RAM 存储问题。CLARA 算法不是从整个数据集中发现代表对象，而是取其中一小部分数据作为代表（称作样本），然后利用 PAM 算法从这个样本中选出中心点。如果样本是以随机方式选取的，那么它就应该能够近似地代表原来的数据集。这样，从样本中选取出来的聚类中心将会很接近从整个数据集中选择出来的聚类中心。然而，实际中不能保证抽取样本的方法是真正随机的。因此，为了更好地达到近似，CLARA 要求抽取多个样本，然后对每个样本应用 PAM 算法，并将最好的聚类作为输出。

CLARA 算法的有效性依赖于样本的大小、分布及抽样质量。如果样本包含的数据点过少，可能会没有把全部的最佳聚类中心都选中，这样就不能找到最好的聚类结果。也就是

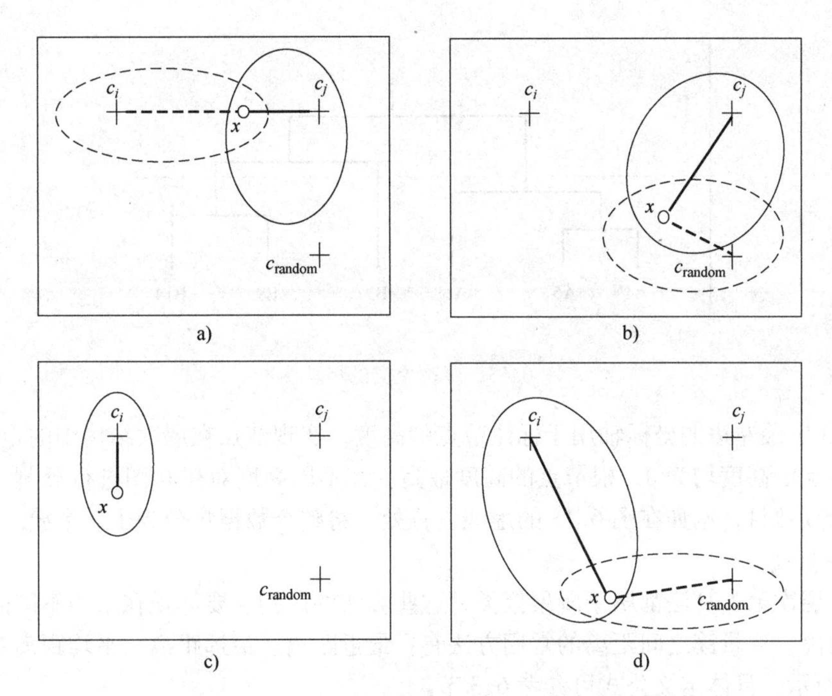

图 6.12　交换后数据对象重新归类的四种情况

说，如果样本发生偏斜，基于样本的一个好的聚类不一定代表整个数据集的一个好的聚类。反之，如果样本的数据量很大，虽然能够提升聚类质量，但是算法效率会明显下降，因为 CLARA 算法每一轮迭代的计算复杂度是 $O(ks^2+k(n-k))$，其中 s 是样本中的对象个数。

CLARANS（Clustering Large Applications based upon RANdomized Search）是另外一种 k-medoids算法，它对 CLARA 的聚类质量和可扩展性进行了改进，不像 CLARA 那样在每轮迭代中都选取一个固定样本，而是采用动态抽样的方法，在搜索的每一步都以某种随机方式进行抽样，因而比 CLARA 方法和 PAM 方法更有效，但是计算复杂度也相应增高，其为 $O(n^2)$。

6.4.2　基于层次的方法

基于层次的聚类算法，是通过将数据组织为若干组（簇）并最终形成一个树状结构的聚类方法。根据聚类层次形成方向的不同，这类算法又分为自底向上的凝聚聚类（Agglomerative Clustering）和自顶向下的分裂聚类（Divisive Clustering）。凝聚聚类方法最初将每个数据对象作为一个簇，然后通过逐步合并相近的簇从而形成越来越大的簇，直到所有的对象都在一个簇中，或者满足一定的终止条件为止。分裂聚类方法恰好相反，初始时是将所有对象置于一个簇中，然后逐步将其细分为较小的簇，直到每个对象自成一个簇，或者满足一定的终止条件（如两个最近簇之间的距离大于某个阈值）为止。

层次聚类的结果通常用树状图（dendrogram）表示，图 6.13 所示是一个简单的例子。图中最顶部的根节点表示整个数据集，中间节点代表由若干个对象构成的子簇，最底部的叶子节点（A1、B2 等）代表数据集中的对象，子簇还可以进一步划分为更小的簇，在图中对应为该节点的子节点。

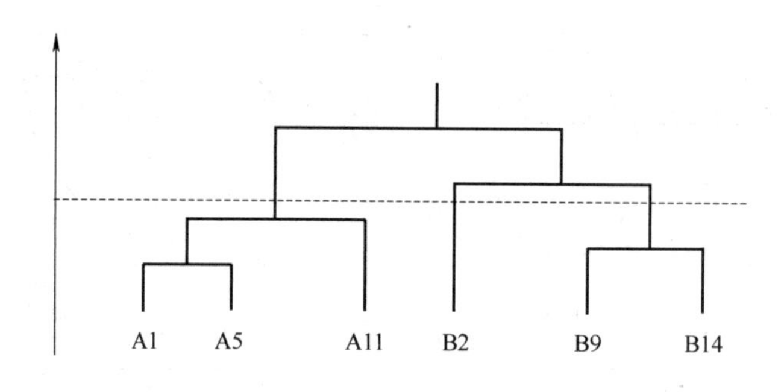

图 6.13　层次聚类的树状图

图 6.13 中最左边的坐标轴用于标注节点的高度，实现节点在层次结构中的定位。通常，所有叶子节点的高度均为 0，根节点的高度最高。在不同高度对树状图进行分割，可能会得到不同的分簇数目，例如在图 6.13 的虚线位置处，将整个数据集分为了 3 个簇。

1. 凝聚聚类

大多数层次聚类算法都属于凝聚聚类，这些算法的区别主要体现在采用不同的方式定义簇之间的距离。度量簇之间距离的常用方法有：最近距离、最远距离、平均距离等，其含义如图 6.14 所示，具体定义公式可参考 6.3 节。

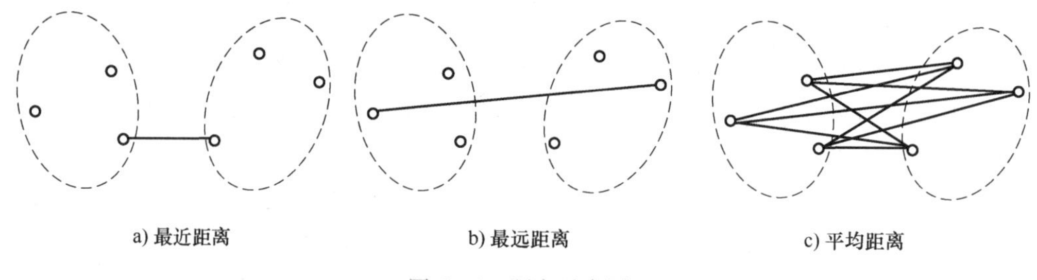

图 6.14　距离示意图

凝聚聚类的典型代表是 AGNES（AGglomerative NESting）算法，它的处理步骤是：①将数据集中的每个对象作为一个簇；②每次找到距离最近的两个簇进行合并；③合并过程反复进行，直至不能再合并或者达到结束条件为止。

AGNES 算法的伪代码如下：

输入：数据集 $\boldsymbol{X}=(x_1,x_2,\cdots,x_m)^{\mathrm{T}}$

输出：树状图 C

1. 初始化：将每个数据对象当成一个初始簇，分别计算每对簇之间的距离，结果存入距离矩阵 $\boldsymbol{D}=(d_{ij})$
2. 寻找距离最近的一对簇 C_i 和 C_j
3. 构造一个新簇 $C_k=C_i\cup C_j$，这一过程相当于在树状图中新增一个节点，并将该节点分别连接代表簇 C_i 和 C_j 的节点
4. 更新距离矩阵，即计算簇 C_k 与其他簇（除了 C_i 和 C_j）之间的距离
5. 从矩阵 $\boldsymbol{D}$ 中删除对应 C_i 和 C_j 的行和列，增加对应 C_k 的行和列
6. 重复 2~5，直到所有数据对象都在同一个簇中

AGNES 算法与 k-means 算法相比，不需要用户预知分簇的数目 k。当算法迭代结束后，

还要根据一定的准则，在树状图中寻找合适的切割线（见图 6.13 中的虚线），从而将数据集划分为最佳数量的分簇。AGNES 算法也允许用户预先输入希望得到的分簇数目，作为迭代的终止条件，此时算法将直接输出分簇结果而非树状图。

下面以表 6.3 中的数据集为例，说明 AGNES 算法的执行过程。

1）在初始化阶段，每个对象单独构成一个簇，共形成 10 个簇：$C_1=\{a\}$，$C_2=\{b\}$，$C_3=\{c\}$，$C_4=\{d\}$，$C_5=\{e\}$，$C_6=\{f\}$，$C_7=\{g\}$，$C_8=\{h\}$，$C_9=\{i\}$，$C_{10}=\{j\}$，簇之间的距离即为对象间的距离，计算得到的距离矩阵 $\boldsymbol{D}$ 如表 6.6 所示。

表 6.6　初始阶段的距离矩阵 $\boldsymbol{D}$

	a	*b*	*c*	*d*	*e*	*f*	*g*	*h*	*i*	*j*
a	0	1.4142	1	1.4142	2	2.2361	3	5	3.6056	3.6056
b	1.4142	0	1	2	1.4142	2.2361	2.2361	5	3.6056	4.1231
c	1	1	0	1	1	1.4142	2	4.2426	2.8284	3.1623
d	1.4142	2	1	0	1.4142	1	2.2361	3.6056	2.2361	2.2361
e	2	1.4142	1	1.4142	0	1	1	3.6056	2.2361	3
f	2.2361	2.2361	1.4142	1	1	0	1.4142	2.8284	1.4142	2
g	3	2.2361	2	2.2361	1	1.4142	0	3.1623	2	3.1623
h	5	5	4.2426	3.6056	3.6056	2.8284	3.1623	0	1.4142	2
i	3.6056	3.6056	2.8284	2.2361	2.2361	1.4142	2	1.4142	0	1.4142
j	3.6056	4.1231	3.1623	2.2361	3	2	3.1623	2	1.4142	0

2）第一次迭代：将两个距离最近的簇合并为一个簇。从表 6.6 中可以看到，C_1 与 C_3、C_2与 C_3、C_3与 C_4、C_3与 C_5、C_4与 C_6、C_5与 C_6、C_5与 C_7的距离最近，均为 1，可以任意选择一对进行合并。假设合并 C_1与 C_3，这样就产生了一个新簇 $C_{13}=\{a,c\}$。此时，簇的总数减少至 9 个，包括 8 个单对象的簇和 1 个双对象的簇。

计算 C_{13}与其他簇之间的距离。如前所述，这里有多种度量方法可以选择：

- 若使用最近距离，则簇 C_{13}与 C_2间的距离为 $D_{\min(C_{13},C_2)}=D_{b\&c}=1$。
- 若使用最远距离，则簇 C_{13}与 C_2间的距离为 $D_{\max(C_{13},C_2)}=D_{b\&a}=1.4142$。
- 若使用平均距离，则簇 C_{13}与 C_2间的距离为 $D_{\text{avr}(C_{13},C_2)}=\dfrac{D_{b\&c}+D_{b\&a}}{2}=1.2071$。

这里采用最近距离，得到更新后的距离矩阵如表 6.7 所示。

表 6.7　第一次迭代后的距离矩阵 $\boldsymbol{D}$

	a&c	*b*	*d*	*e*	*f*	*g*	*h*	*i*	*j*
a&c	0	1	1	1	1.4142	2	4.2426	2.8284	3.1623
b	1	0	2	1.4142	2.2361	2.2361	5	3.6056	4.1231
d	1	2	0	1.4142	1	2.2361	3.6056	2.2361	2.2361
e	1	1.4142	1.4142	0	1	1	3.6056	2.2361	3
f	1.4142	2.2361	1	1	0	1.4142	2.8284	1.4142	2
g	2	2.2361	2.2361	1	1.4142	0	3.1623	2	3.1623
h	4.2426	5	3.6056	3.6056	2.8284	3.1623	0	1.4142	2
i	2.8284	3.6056	2.2361	2.2361	1.4142	2	1.4142	0	1.4142
j	3.1623	4.1231	2.2361	3	2	3.1623	2	1.4142	0

3）第二次迭代：合并 $\{C_4\}$ 与 $\{C_6\}$，得到新簇 $C_{46}=\{d,f\}$，产生2个双对象簇和6个单对象簇。

4）继续簇的合并过程，直到所有对象合并到一个簇中。

最后得到的结果如图6.15所示。

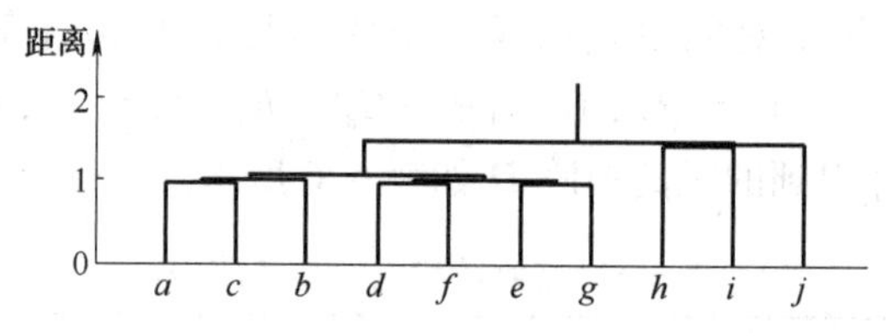

图6.15　AGNES算法聚类产生的树状图

为了获得最佳的分簇结果，需要应用6.5节的聚类效果评估技术，对树状图中包含的各种分簇方案进行比较，选择其中质量最好、定义最明确的作为最终输出。

2. 分裂聚类

分裂聚类的典型代表是DIANA（DIvisive ANAlysis）算法，它的处理步骤是：①将数据集中的所有对象作为一个簇；②根据某种准则，每次将当前最大的簇分裂成两个子簇；③分裂过程反复进行，直至每个簇只包含一个对象或者达到结束条件为止。

为了确定当前的最大簇，DIANA算法定义了簇的直径这一概念，它是簇中任意两个数据对象之间距离的最大值。DIANA算法还定义平均相异度作为进行簇分裂的依据，它的计算公式如下：

$$d_{\text{avg}}(x,C)=\begin{cases}\dfrac{1}{|C|-1}\sum\limits_{y\in C,y\neq x}d(x,y),x\in C\\ \dfrac{1}{|C|}\sum\limits_{y\in C}d(x,y),x\notin C\end{cases}$$

其中，$d_{\text{avg}}(x,C)$表示对象x与簇C的平均相异度，即x与C中所有对象（不包括x）之间距离的平均值。$|C|$表示簇C中对象的个数，$d(x,y)$是对象x与对象y之间的距离。$d_{\text{avg}}(x,C)$越大，表明x与C中其他对象的差异性越大，进行簇的分裂时，应当优先将x分离出去。

DIANA算法的伪代码如下：

输入：数据集 $\boldsymbol{X}=(x_1,x_2,\cdots,x_m)^{\mathrm{T}}$

输出：树状图 C

1. 初始化：将所有数据对象作为一个初始簇 C_0，并初始化簇的集合 $C=\{C_0\}$
2. 将对象集合 U_{new} 与 U_{old} 置空
3. 从 C 中挑选出具有最大直径的簇 C_k，找出 C_k 中平均相异度最大的点 p，将 p 放入 U_{new}，将 C_k 中剩余的对象放入 U_{old}
4. 在 U_{old} 中找出平均相异度之差满足 $d_{\text{avg}}(x,U_{\text{old}})-d_{\text{avg}}(x,U_{\text{new}})>0$ 的对象，选择其中差值最大的点 q 加入 U_{new}，并将 q 从 U_{old} 中删除
5. 重复4，直到 U_{old} 中不存在满足 $d_{\text{avg}}(x,U_{\text{old}})-d_{\text{avg}}(x,U_{\text{new}})>0$ 的对象为止
6. 创建两个新簇 C_i 和 C_j，$C_i=U_{\text{new}}$，$C_j=U_{\text{old}}$，将 C_i 和 C_j 加入集合 C 中，将 C_k 从集合 C 中删除
7. 重复2~6，直到所有数据对象都单独构成一个簇

3. 其他聚类方法

凝聚聚类和分裂聚类方法尽管简单，但是经常会遇到如何选择合并或分裂点的问题。因为算法每执行一次分裂或合并操作后，聚类进程将在此基础上进行，已执行过的动作不能被撤销，簇之间的对象也不能进行交换。因此，如果在某一阶段所做出的合并或分裂决策不恰当，那么就可能导致聚类质量降低。此外，这类方法在做出合并和分裂决策前需要检测和估算大量的对象或簇，因此可扩展性较差，几乎不能在大数据集上使用。

为了改进层次聚类算法的聚类质量，新的研究从层次聚类与其他聚类技术结合入手，将层次聚类和其他聚类技术进行集成，形成多阶段的聚类。比较常见的有 BIRCH、CURE、CHAMELEON、ROCK 等算法。

（1）BIRCH 算法　BIRCH 算法的全称是利用层次方法的平衡迭代归约和聚类（Balanced Iterative Reducing and Clustering using Hierarchies），由 Tian Zhang 等人于 1996 年提出。该算法是一种适用于大规模数据集的综合性层次聚类算法，首先利用层次聚类方法对数据集进行划分，然后利用其他聚类方法进行优化，以改善聚类质量。

BIRCH 算法引入聚类特征（Clustering Feature，CF）和聚类特征树（CF 树）的概念来描述簇的整体特征。聚类特征是一个三元组，概括了子簇的统计信息。假定一个子簇包含 n 个 d 维的数据对象 $\boldsymbol{x}_i$，那么这个子簇的 CF 被定义为

$$\mathrm{CF}=(n,\mathrm{LS},\mathrm{SS})$$

其中，n 是子簇中对象的数目，LS 是 n 个对象的线性和（即 $\mathrm{LS}=\sum_{i=1}^{n}\boldsymbol{x}_i$），SS 是对象的平方和（即 $\mathrm{SS}=\sum_{i=1}^{n}\boldsymbol{x}_i^2$）。从统计学的观点来看，$n$、LS 和SS 分别是簇的零阶矩、一阶矩和二阶矩，利用它们可以方便地计算簇的中心、簇的范围（半径或直径），以及簇内或者簇间的距离。

簇的中心、半径、直径和两个簇之间距离的计算公式分别为

簇中心：
$$\boldsymbol{x}_o=\frac{1}{n}\sum_{i=1}^{n}\boldsymbol{x}_i \tag{6.1}$$

簇半径：
$$R=\left[\frac{1}{n}\sum_{i=1}^{n}(\boldsymbol{x}_i-\boldsymbol{x}_o)^2\right]^{\frac{1}{2}} \tag{6.2}$$

簇直径：
$$D=\left[\frac{1}{n(n-1)}\sum_{i=1}^{n}\sum_{j=1}^{n}(\boldsymbol{x}_i-\boldsymbol{x}_j)^2\right]^{\frac{1}{2}} \tag{6.3}$$

两簇之间的距离：
$$D'=\left[\frac{\sum_{i=1}^{n_1}\sum_{j=1}^{n_2}(\boldsymbol{x}_i-\boldsymbol{x}_j)^2}{n_1n_2}\right]^{\frac{1}{2}} \tag{6.4}$$

其中，半径 R 是数据对象到簇中心的平均距离，直径 D 是簇内两两对象间距离的平均值，它们都反映了簇的紧凑程度。D'是两个簇 C_1 和 C_2 的平均距离，反映这两个簇的接近程度。在式（6.4）中，n_1 和 n_2 分别代表簇 C_1 和 C_2 中对象的个数。

式（6.1）~式（6.4）进行数学演算后，可以通过 CF 加以表达，具体为

簇中心：
$$x_o=\frac{\mathrm{LS}}{n} \tag{6.5}$$

簇半径：
$$R=\left[\frac{\mathrm{SS}-(\mathrm{LS})^2/n}{n}\right]^{\frac{1}{2}} \tag{6.6}$$

簇直径：
$$D=\sqrt{\frac{2\mathrm{SS}}{n-1}-\frac{2\mathrm{LS}^2}{n(n-1)}} \tag{6.7}$$

两簇之间的距离：
$$D'=\sqrt{\frac{\mathrm{SS}_1}{n_1}+\frac{\mathrm{SS}_2}{n_2}-\frac{2\mathrm{LS}_1\mathrm{LS}_2}{n_1n_2}} \tag{6.8}$$

可见，聚类特征足以用来计算簇的距离，并且由于它概括了子簇的信息，所以需要的存储空间远小于子簇内所有数据对象占用的空间，因而是一种有效的信息存储方法。

CF具有线性性质，可以快速实现BIRCH算法中两个簇的合并操作。例如，有两个簇 C_1 和 C_2，C_1 包含3个二维的数据对象：(1，1)、(1，2) 和 (2，1)，C_2 包含2个对象：(3，2) 和 (3，3)。C_1 和 C_2 的聚类特征 CF_1 和 CF_2 分别为

$$\mathrm{CF}_1=(3,(1+1+2,1+2+1),(1^2+1^2+2^2,1^2+2^2+1^2))=(3,(4,4),(6,6))$$
$$\mathrm{CF}_2=(2,(3+3,2+3),(3^2+3^2,2^2+3^2))=(2,(6,5),(18,13))$$

如果合并 C_1、C_2 为一个新簇 C_{12}，则 C_{12} 的聚类特征为

$$\mathrm{CF}_{12}=\mathrm{CF}_1+\mathrm{CF}_2=(3+2,(4+6,4+5),(6+18,6+13))=(5,(10,9),(24,19))$$

CF树是一棵高度平衡树，存储着层次聚类的聚类特征。图6.16显示了CF树的一般结构，其中每个节点都包含一系列的CF。在叶子节点中，每个CF条目对应一个由若干数据对象组成的子簇。根节点和非叶节点中的每个CF条目是相应子节点中的所有CF条目之和。

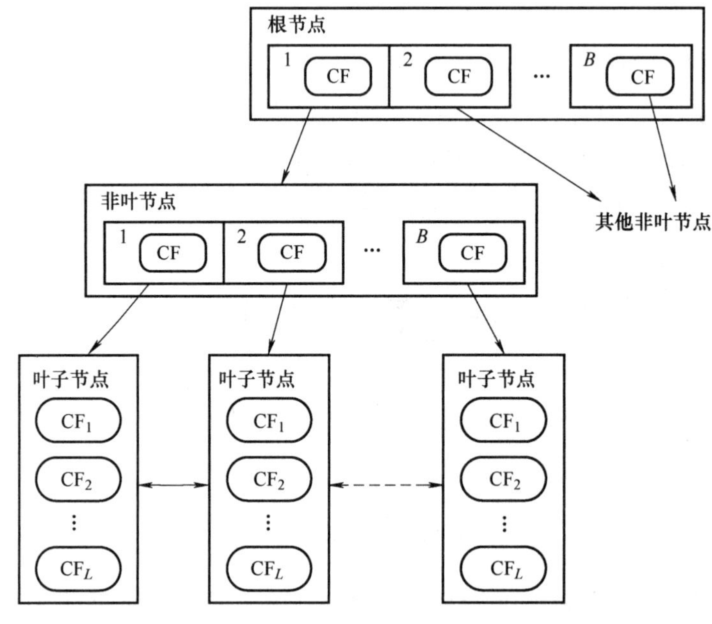

图6.16　CF树结构图

CF树有3个重要的参数：分支因子 B、阈值 T 和叶子节点包含的最大CF条目数 L。B 用于限定非叶节点拥有的最大子节点数，T 指定了存放在叶子节点中的子簇的最大直径，改变 T 可以改变树的大小。T 越大，表明簇越松散，其中所包含的数据对象就越多，从而整个

数据集上的分簇总数就越少，相应的 CF 树的节点也越少，此时树较小。

BIRCH 算法的工作过程分为两个阶段：

阶段一：扫描数据集，构建一个存放于内存的初始 CF 树。这棵树可以看成是对数据集的压缩，但是仍然保留着数据内在的聚类结构信息。

阶段二：采用某个聚类算法对 CF 树的叶子节点进行聚类。该阶段可以选择任意现有的聚类算法，如 k-means 算法。

下面重点介绍阶段一的处理过程。在此阶段，BIRCH 每次扫描一个对象，并决定是否应当将给定的对象分配给已经存在的某个簇或者构造一个新簇。随着对象不断被插入，CF 树动态地构造起来。具体构建过程分为以下五个步骤。

- 确定根节点 CF：对于每一个待插入的对象 x，BIRCH 比较该对象与根节点中每个 CF 的位置关系，将其放入最接近的根节点 CF 中。
- 确定非叶节点 CF：将对象 x 下传到上述根节点 CF 所对应的非叶节点，比较 x 与非叶节点中各个 CF 的位置关系，并将它放入最接近的非叶节点 CF 中。如果 CF 树中存在多级非叶节点，这一步将重复执行多次。
- 确定叶子节点 CF：根据上一步所确定的最低一级非叶节点 CF，将 x 下传到这个 CF 所对应的叶子节点中。比较 x 的位置与叶子节点中每个 CF 的位置，初步将其分配给最接近的叶子节点 CF。假设该 CF 所代表的簇的名称为 C_i。
- 修改叶子节点：检验 C_i 能否容纳对象 x 并且不违反阈值 T 的规定。如果符合阈值的要求，则确定将 x 分配给 C_i，并更新相应的 CF 值；否则，为 x 新建一个 CF 并插入叶子节点中。如果叶子节点没有足够的空间（即其中 CF 的数量超过了最大值 L），则会被分裂为两个叶子节点。分裂时，将距离最远的一对 CF 作为叶子节点的种子，其他 CF 按照最邻近标准分配到这两个叶子节点中。
- 修改根节点到叶子节点的路径：把对象 x 插入叶子节点后，必须更新根节点到叶子节点路径上所有节点中的 CF 信息。如果上一步中不存在叶子节点分裂，则只需要把 x 的值添加到叶子节点的父节点及祖先节点的 CF 三元组中；如果存在分裂，则需要在叶子节点的父节点中加入一个新的 CF。如果父节点有足够的空间容纳新的 CF，则只需要更新 CF 的值，反之必须分裂父节点。这一过程将一直回溯到根节点。如果根节点也存在分裂，则 CF 树的高度增加 1。

下面通过一个例子来详细分析 BIRCH 算法构建 CF 树的过程。设有一维数据集 $X=\{x_1=0.5, x_2=0.25, x_3=0, x_4=0.65, x_5=1, x_6=1.4\}$，用 BIRCH 算法对其进行聚类，CF 参数设置为 $T=0.27, B=2$，$L=2$。

- 输入第一个对象 $x_1=0.5$。因为初始时 CF 为空，因而创建一个根节点，并将对象放入其中。该节点同时也是叶子节点，其中只有一个 CF。计算根节点的 CF 值，得到的 CF 树如图 6.17 所示。
- 输入第二个对象 $x_2=0.25$。由于根节点当前只有一个 CF（即 CF_1），因此将 x_2 暂时分配给 CF_1，得到更新后的值为 $CF_1=(2, 0.75, 0.3125)$。计算此时簇 1 的直径 D，为 0.25，小于阈值 $T=0.27$，因此 x_2 可以分配给 CF_1。更新 CF 树，得到的结果如图 6.18 所示。
- 输入第三个对象 $x_3=0$。同样将新对象暂时分配到根节点中的 CF_1，则 CF_1 更新为（3，0.75，0.3125）。相应地，簇 1 的直径增加为 $D=0.354$，大于阈值 $T=0.27$，因此 x_3 不

应当分配给 CF_1，需要新建一个簇 CF_2，将 x_3放入其中。更新后的 CF 树如图 6.19 所示。

图 6.17　加入第一个对象后的 CF 树　　图 6.18　加入第二个对象后的 CF 树

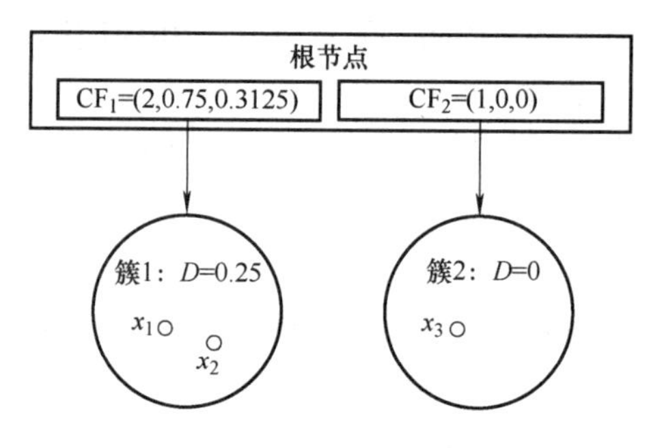

图 6.19　加入第三个对象后的 CF 树

- 输入第四个对象 $x_4=0.65$。此时需要比较 x_4与 CF_1及 CF_2的位置关系，找到更靠近 x_4的那个簇。如果采用 CF 的均值 $x_o=\dfrac{\mathrm{LS}}{n}$进行度量，则有 $x_{o\_CF_1}=0.75/2=0.375$，$x_{o\_CF_2}=0/1=0$，显然 x_4距离 $x_{o_CF_1}$更近，所以暂时将 x_4放入 CF_1中。这样，更新后的 CF_1为（3，1.4，0.735），簇 1 的直径变为 $D=0.286$，大于阈值 $T=0.27$，故 x_4不能分配给 CF_1，需要创建一个新的簇 CF_3来容纳 x_4。然而，这时根节点中的 CF 数量将增加到 3，超过了规定的最大值$B=2$，因此必须分裂根节点。这样，CF 树的高度增加至 2，包括 2 个叶子节点和 1 个根节点，如图 6.20 所示。

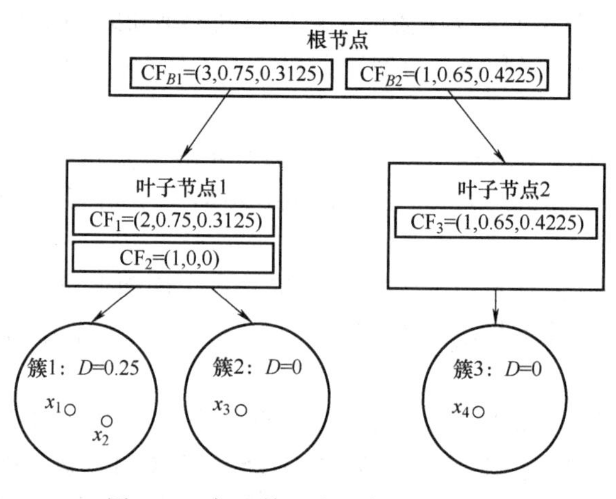

图 6.20　加入第四个对象后的 CF 树

- 输入第五个对象 $x_5=1$。首先比较 x_5与根节点中的 CF_{B1}及 CF_{B2}的位置关系。因为

$x_{o\_CF_{B1}}=0.75/3=0.25$，$x_{o\_CF_{B2}}=0.65/1=0.65$，可见 x_5 更接近 CF_{B2}，因此将 x_5 暂时放入叶子节点2中的 CF_3（即簇3）。此时 CF_3 更新为（2，1.65，1.4225），簇3的直径增长为 $D=0.35$，大于 $T=0.27$，这样 x_5 就不应分配给 CF_3，需要创建一个新的簇 CF_4，并将 x_5 分配给这个簇。输入五个对象后的CF树如图6.21所示。

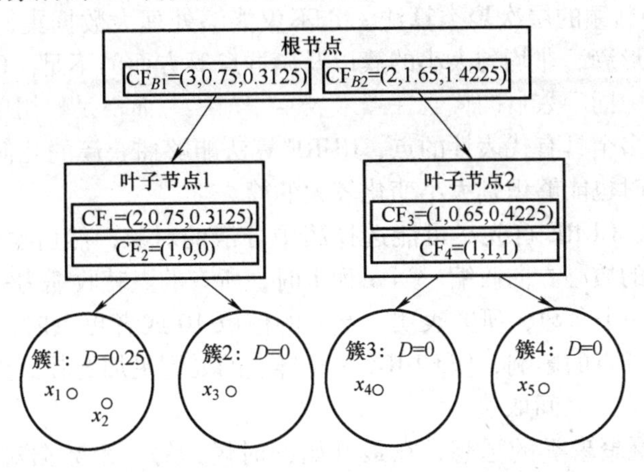

图6.21 加入第五个对象后的CF树

- 输入最后一个对象 $x_6=1.4$。首先，在根节点比较 x_6 与 CF_{B1} 及 CF_{B2} 的邻近程度。$x_{o\_CF_{B1}}=0.75/3=0.25$，$x_{o\_CF_{B2}}=1.65/2=0.825$，因而 x_6 更靠近 CF_{B2}，将它暂时放入 CF_{B2}，并进一步下传到叶子节点2。在叶子节点2中，需要比较 x_6 与 CF_3 及 CF_4 的位置关系。由于 $x_{o\_CF_3}=0.65/1=0.65$，$x_{o\_CF_4}=1/1=1$，x_6 更接近 CF_4，因此将 x_6 暂时放入 CF_4 中。更新后的 CF_4 为（2，2.4，2.96），簇4的直径增加到 $D=0.4$，大于 $T=0.27$，故不能将 x_6 分配给 CF_4。这意味着需要在叶子节点2中再新建一个簇 CF_5，但是，该操作会使叶子节点2中CF的数量超过最大值 $L=2$，因此必须对叶子节点2进行分裂，创建一个新的叶子节点3。相应地，根节点将会有3个分支，分别对应3个叶子节点，这就违反了分支因子 $B=2$ 的限制，所以必须分裂根节点，新建一级非叶节点，如图6.22所示。

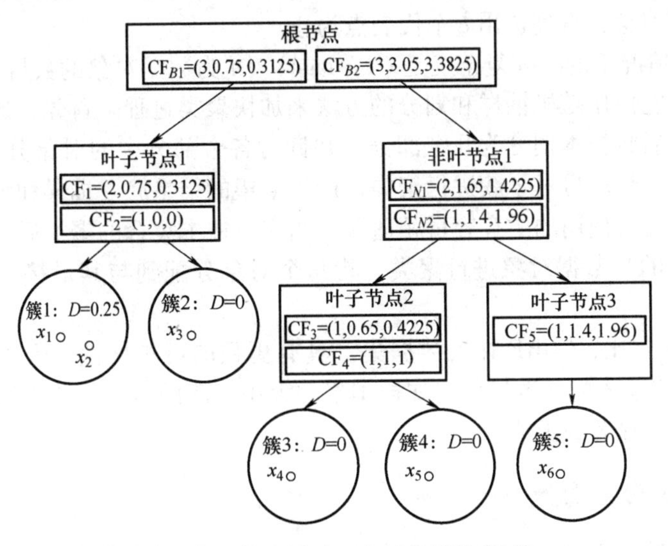

图6.22 加入最后一个对象后的CF树

BIRCH 算法的优点是在大规模数据集上具有较快的处理速度和可扩展性，其计算复杂度为 $O(n)$，n 表示对象的数目。该算法的缺点是对非球状簇的聚类效果不好，而且聚类结果依赖于数据对象的插入顺序。

（2）CURE 算法　CURE（Clustering Using Representatives）算法由 Sudipto Guha 等人于 1998 年提出，是一种新颖的层次聚类算法。它不仅能够处理大数据集，而且克服了大多数聚类算法在处理非球形簇、非均匀大小的簇以及离群点等方面的不足。CURE 算法最突出的特点是利用数据空间中固定数目的代表性点来表示一个簇，而不是仅用单个的质心或数据对象来描述。通过使用多个具有代表性的点，CURE 算法能够捕获簇的几何形状，从而更好地适应非球形的簇，同时也能够识别大小变化较大的簇。

在选择代表点时，CURE 首先尽可能选择簇中分散的对象，然后通过应用收缩因子 α，使这些分散的点向簇的质心方向收缩。当 α 为 1 时，所有的点就收缩为一点——质心。代表点的个数 c 是算法的一个参数，研究表明，当 c 的值取 10 或者更大时，聚类效果较好。收缩因子有助于控制离群点的影响，使 CURE 对离群点的处理更加健壮。为了获得较好的聚类效果，α 通常在 0.2~0.7 之间取值。

CURE 算法采用凝聚聚类的思想，在最开始的时候，每一个数据对象就是一个独立的簇。在聚类过程中，每次将距离最近的两个簇进行合并。两个簇之间的距离被定义为二者代表点之间距离的最小值。在合并簇的过程中，需要计算新产生的簇的质心和代表点，计算方法如下：

$$C_{12.\,\text{mean}}=\frac{|C_1|C_{1.\,\text{mean}}+|C_2|C_{2.\,\text{mean}}}{|C_1|+|C_2|} \tag{6.9}$$

$$C_{12.\,\text{rep}}=p+\alpha(C_{12.\,\text{mean}}-p) \tag{6.10}$$

式（6.9）用于计算新簇的质心，其中 C_1、C_2表示合并前的两个簇，C_{12}表示合并后产生的新簇。$|C_1|$表示簇 C_1中对象的数目，$C_{1.\,\text{mean}}$表示簇 C_1的质心。式（6.10）用于计算新簇的代表点，其中 p 和 $C_{12.\,\text{rep}}$分别表示收缩前后簇 C_{12}中的代表点。对于新簇 C_{12}，选择代表点 p 的原则是：如果簇内的对象数量小于或等于 c，那么所有对象都是代表点；反之，将选择距离该簇质心最远的对象作为第一个代表点，其后的代表点是选取距离前一个选出的代表点距离最远的数据对象，直到选出 c 个代表点为止。

CURE 在最坏情况下的时间复杂度是 $O(n^2\log n)$（n 为数据对象的数目），不适合于处理大型数据集，因此它使用随机抽样和划分的方法来加快聚类过程。首先，通过随机抽样得到一个样本集合，然后将样本划分为几个部分，并针对各个部分中的对象分别进行局部聚类，形成一系列的子簇；最后再对子簇进行聚类，产生期望的结果簇。抽样和划分是为了保证进行聚类的数据规模与可使用的主存容量相适应。当完成样本集合的聚类后，再对磁盘上的其他（即未被抽样到的）数据对象进行聚类，将每个对象分配到与其最接近的代表点表示的簇中。

与 BIRCH 算法相比，CURE 在大数据集上具有更强的可扩展性，聚类质量也更高。但是，CURE 要求用户输入的参数较多，如样本集的大小、簇的数量、收缩因子等，而且参数取值对聚类结果会有显著的影响。

6.4.3　基于密度的方法

基于划分的聚类算法和基于层次的聚类算法往往只能发现凸形的聚类簇，而且多数容易受离群点的影响。为了更好地发现各种形状的聚类簇，人们提出了基于密度的聚类算法。这类算法的主要思想是寻找被低密度（噪声）区域分离的高密度区域，而数据空间中的对象就位于这些高密度区域。根据密度定义的不同，有 DBSCAN、OPTICS、DENCLUE 等典型算法。

1. DBSCAN 算法

DBSCAN（Density-Based Spatial Clustering of Applications with Noise）是一种基于密度的空间聚类算法，由 Martin Ester 等人于 1996 年提出。该算法的基本思想是每个簇的内部点的密度比簇的外部点的密度要高得多，簇是密度相连的点的最大集合，聚类是在数据空间中不断寻找最大集合的过程。DBSCAN 采用简单的基于中心的方法定义密度，数据空间中特定点的密度通过其给定半径邻域内点的数目（包括该点本身）来估计。

下面介绍 DBSCAN 中定义的几个基本概念。

- ε-邻域：对于给定的对象 p，以 p 为中心，以 ε 为半径的区域称为对象 p 的 ε-邻域。
- 核心对象：对于给定的正整数 MinPts，如果对象 p 的 ε-邻域内至少包含 MinPts 个对象，则称对象 p 为核心对象。例如在图 6.23 中，如果 MinPts 设为 5，则点 A 为核心对象。
- 边界对象：如果对象 p 位于某个核心对象的邻域内，但其本身又不满足核心对象的条件，则称 p 为边界对象。图 6.23 中的点 B 为边界对象。既不是核心对象，也不是边界对象的点被视为噪声点，如图 6.23 所示的点 C。

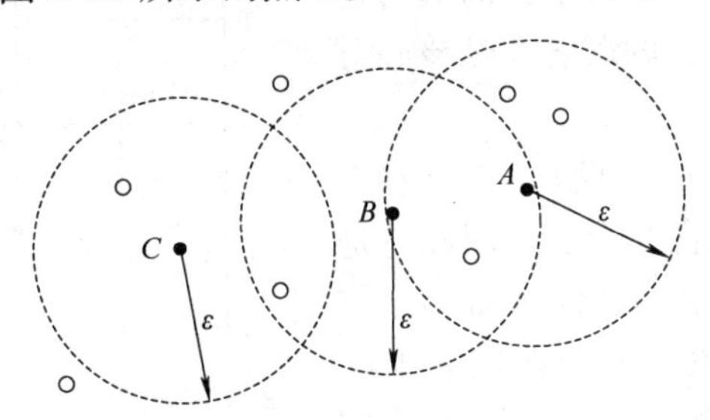

图 6.23　核心对象、边界对象和噪声点

- 直接密度可达：给定一个数据对象集合 D，如果对象 p 在对象 q 的 ε-邻域内，而 q 是一个核心对象，则称对象 p 从对象 q 出发是直接密度可达的。直接密度可达具有方向性，只有当 p 和 q 都是核心对象时，它们才是相互直接密度可达的。例如，在图 6.24a 中，p 从 q 出发直接密度可达，而 q 却不是从 p 出发直接密度可达的。
- 密度可达：给定一个数据对象集合 D，如果存在一个对象序列 p_1，p_2，…，p_n，$p_1=q$，$p_n=p$，对于 $p_i \in D$，$1 \leqslant i \leqslant n$，$p_{i+1}$是从 p_i出发关于 ε 和 MinPts 直接密度可达的，则称对象 p 是从对象 q 出发关于 ε 和 MinPts 密度可达的。密度可达是直接密度可达的传递闭包，与直接密度可达相类似，这种关系也是非对称的。图 6.24b 中，p 从 q 出发密度可达，反过来却不成立。
- 密度相连：如果对象集合 D 中存在一个对象 o，使得对象 p 和 q 都是从对象 o 出发关于 ε 和 MinPts 密度可达的，则称对象 p 和 q 是关于 ε 和 MinPts 密度相连的。密度相连是对称关系，如图 6.24c 所示。

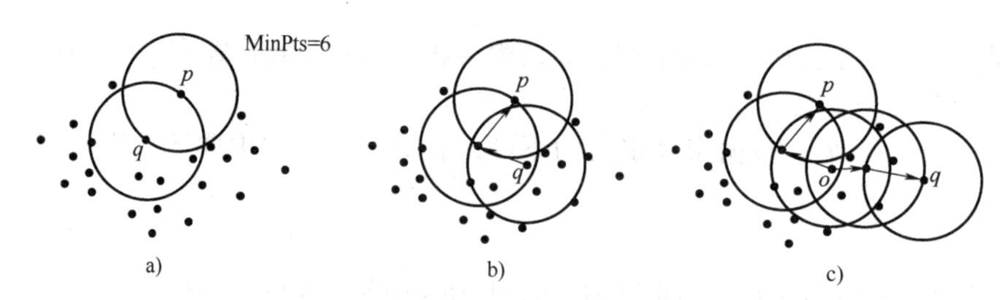

图 6.24　直接密度可达、密度可达和密度相连

DBSCAN 算法的执行流程如下：

1）从数据对象集合中选择一个未处理过的对象 p，判断 p 在（ε,MinPts）的条件下是否为核心对象；

2）如果 p 为核心对象，扫描对象集合，找出 p 关于 ε 和 MinPts 密度可达的所有对象，形成一个簇；

3）如果 p 是非核心对象，则访问数据集中的下一个对象；

4）重复 1）~3）步，直到数据集合中的所有对象都被处理。

下面利用 DBSCAN 算法对图 6.25 中的数据集进行聚类处理。设 $\varepsilon=1$，MinPts=4，对象之间的距离采用欧氏距离进行度量。

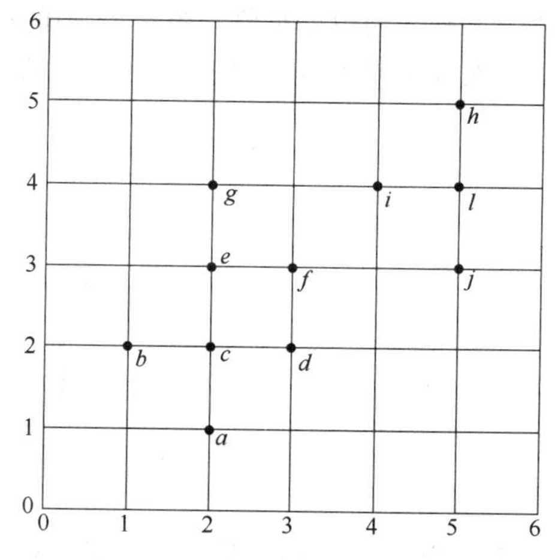

图 6.25　数据对象分布情况

第 1 步：在数据集中任意选择一点，假定是 a，由于在以它为圆心，以 $\varepsilon=1$ 为半径的圆内包含 2 个点（小于 MinPts=4），因此它不是核心对象，选择下一个点。

第 2 步：在数据集中选择一点 c，在以它为圆心，以 1 为半径的圆内包含 5 个点，因此它是核心对象。在其 ε-邻域内，点 a、b、d 都不是核心对象，而点 e 是核心对象，因为在以 e 为圆心，以 1 为半径的圆内包含 4 个点，如图 6.26 所示。继续在点 e 的 ε-邻域内寻找新的核心对象，显然点 g 和点 f 都不是，这样就得到一个新的簇 $C_1=\{a,b,c,d,e,f,g\}$。

第 3 步：在数据集中选择未处理过的一点 h，在以它为圆心，以 1 为半径的圆内包含 2 个点，因此它不是核心对象，选择下一个点。

第 4 步：在数据集中选择未处理过的一点 i，在以它为圆心，以 1 为半径的圆内包含 2 个点，因此它不是核心对象，选择下一个点。

第 5 步：在数据集中选择未处理过的一点 j，在以它为圆心，以 1 为半径的圆内包含 2 个点，因此它不是核心对象，选择下一个点。

第 6 步：在数据集中选择点 l，在以它为圆心，以 1 为半径的圆内包含 4 个点，因此它是核心对象。在其 ε-邻域内的点 h、i、j 都不是核心对象，因此得到一个新的簇 $C_2=\{h,i,j,l\}$。

这样，数据集最终被划分成两个簇，如图 6.27 所示。

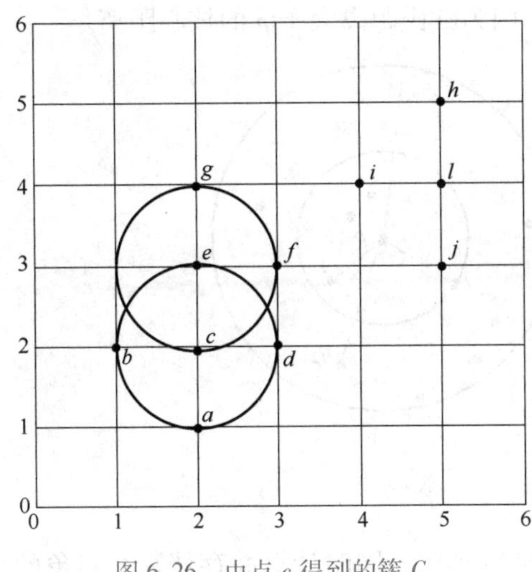

图 6.26 由点 c 得到的簇 C_1

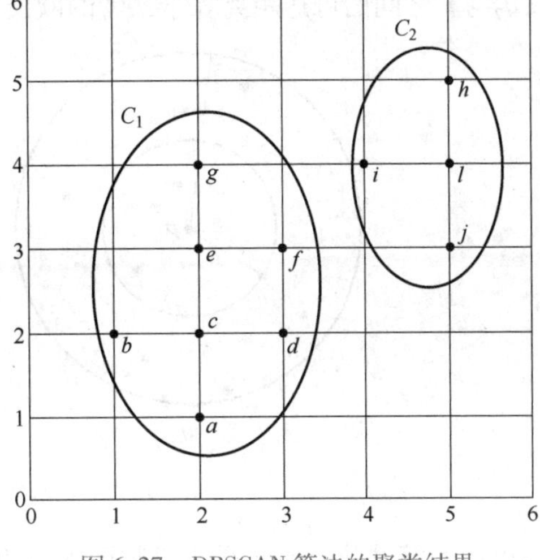

图 6.27 DBSCAN 算法的聚类结果

2. OPTICS 算法

虽然 DBSCAN 算法能够过滤噪声和离群点数据，并且可以处理任意形状和大小的簇，但是它对参数 ε 和 MinPts 的取值较为敏感，而参数的设置通常依靠用户的经验，往往难以确定，对于现实世界的高维数据集尤其如此。而且，真实的高维数据经常具有差异很大的密度分布，因此单一的参数往往不能刻画各个局部的聚类结构。为此，Mihael Ankerst 等人在 1999 年提出一种基于簇排序的聚类分析方法——OPTICS（Ordering Points To Identify the Clustering Structure）。

OPTICS 以 DBSCAN 算法为基础，但是它并不显式地产生一个数据集的聚类，而是基于密度建立起一种簇排序（cluster ordering）。该序列蕴涵了数据集的内在聚类结构，它包含的信息等同于从一系列参数设置所获得的基于密度的聚类。

在 DBSCAN 算法中，参数 ε 和 MinPts 是由用户输入的常数。对于给定的 MinPts，当邻域半径 ε 取值较小时，聚类所得到的簇的密度较高，簇的数量也较多；反之，簇的密度和数量都会减小，但是聚类结果可能会过于粗糙。因此，OPTICS 算法对 ε 赋予一系列不同的取值，以获得一组密度聚类结果，从而适应不同的密度分布。考虑到在 MinPts 一定时，具有较高密度的簇包含在具有较低密度的簇中，OPTICS 在处理数据集时，按照邻域半径参数 ε 从小到大的顺序来进行，以便高密度的聚类能够先被执行。基于这个思路，OPTICS 引入了两个参数：核心距离（core-distance）和可达距离（reachability-distance）。

- 核心距离：对于一个给定的 MinPts，对象 p 的核心距离是使得 p 成为核心对象的最小邻域半径，记作 ε'。如果 p 不可能成为核心对象，则 p 的核心距离没有定义。
- 可达距离：一个对象 p 和另一个对象 q 的可达距离是 p 的核心距离与 p、q 之间的欧氏距离中的较大者。如果 p 不是核心对象，则 p 与 q 之间的可达距离没有定义。

图 6.28 显示了核心距离与可达距离的概念。假设 $\varepsilon=6$，MinPts=4，在 OPTICS 算法中，ε 称为生成距离（generating distance），它确定了邻域半径取值的上限。对象 p 的核心距离是 p 的第 4 个最近点与 p 的距离，即 $\varepsilon'=3$，如图 6.28a 所示。在图 6.28b 中，对象 q_1 与 p 之间的可达距离等于 p 的核心距离（即 $\varepsilon'=3$），因为 p 的核心距离大于 p 与 q_1 之间的欧氏距离。

对象 q_2与 p 之间的可达距离等于二者的欧氏距离，因为欧氏距离大于 p 的核心距离。

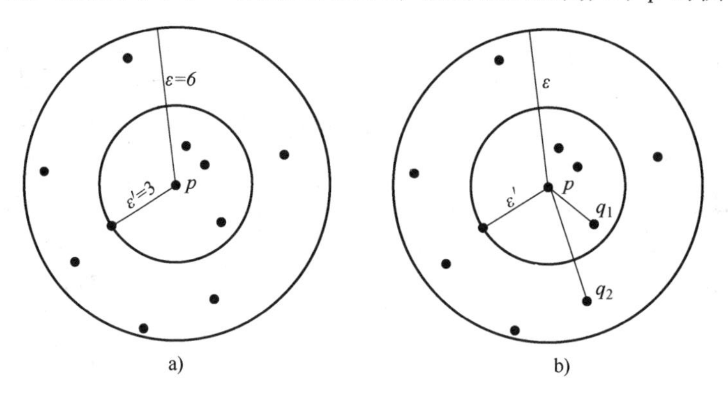

图 6.28　核心距离与可达距离的概念

OPTICS 算法执行时，需要对数据集中的对象进行排序，同时计算并存储每个对象的核心距离与可达距离，这些信息足以使用户获得邻域半径小于或等于 ε 范围内的所有聚类结果。为了更加直观地理解 OPTICS 算法对数据集的排序结果，可以用图形化的方式加以描述。例如，图 6.29 所示是一个简单的二维数据集合的可达性图，其中纵坐标是各对象的可达距离，横坐标是对象的簇排序。图中箭头所指向的三个低谷，表明数据集中存在三个簇。

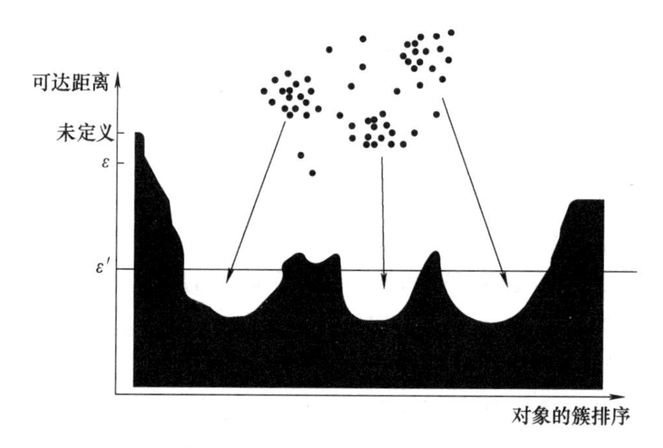

图 6.29　OPTICS 算法的簇排序

6.4.4　基于网格的方法

基于网格的聚类算法的基本思想是：将数据空间的每一维分别划分成有限数目的单元，从而构成一个可以进行聚类分析的网格结构。当网格足够小时，同一网格单元内的数据对象属于同一个簇的可能性较大，它们将被视为一个对象进行处理，即所有的聚类操作都在网格单元上进行，这样算法的处理时间就与数据对象的数目无关，而只与网格单元的数量有关，因此处理速度很快。

利用网格进行聚类的算法有很多，其中大部分是基于密度或部分基于密度的，例如 STING、WaveCluster、CLIQUE、MAFIA、OptiGrid 等。虽然这些算法使用不同的网格划分方式，并对网格数据结构进行了不同的处理，但它们的核心步骤基本相同，即利用网格单元内数据的统计信息对数据进行压缩表达，再基于这些统计信息判定高密度网格单元，最终将相连的高密度单元识别为簇。由此可见，网格方法本质上只能看作一种压缩手段，它必须与密度结合起来才能进行聚类分析。

1. STING 算法

STING（STatistical INformation Grid，统计信息网格）是 Wang Wei 等人提出的一种基于网格的多分辨率聚类技术。它将空间区域划分为矩形单元，通常存在多级矩形单元分别对应不同级别的分辨率，从而形成一个层次结构：第 1 层是最高层，对应整个空间区域，高层的每个单元被划分为多个低一层的单元，如图 6.30 所示。

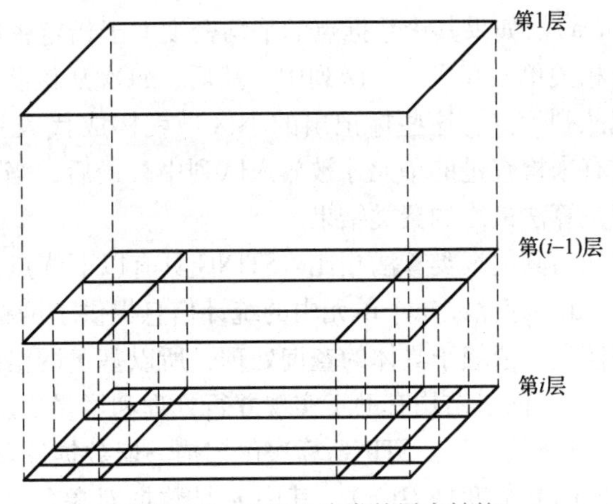

图 6.30 STING 聚类的层次结构

每个网格单元的属性由一系列统计参数加以描述，这些参数包括：n（计数）、m（均值）、s（标准差）、min（最小值）、max（最大值），以及该单元中属性值遵循的分布类型，如正态分布、均匀分布、指数分布或未知分布。网格单元的统计信息被预先计算并存储下来，高层单元的统计信息可以很容易地从低层单元的参数计算得到。当数据存入数据库时，首先根据数据计算出最底层单元的参数 n、m、s、min 和 max，而数据分布可以由用户指定（如果事先知道分布的类型），或者通过假设检验（如χ^2检验）来获得。高层单元中的参数通过以下公式计算得到。

$$n = \sum_i n_i$$

$$m = \frac{\sum_i m_i n_i}{n}$$

$$s = \sqrt{\frac{\sum (s_i^2 + m_i^2) n_i}{n} - m^2}$$

$$\min = \min_i(\min_i)$$

$$\max = \max_i(\max_i)$$

其中，n_i、m_i、s_i、$\min_i$和 $\max_i$是由高层单元划分出的第 i 个低层单元的相应参数值。高层单元的数据分布类型可以根据它对应的低层单元中占多数的数据分布类型，利用一个阈值过滤过程来计算。如果低层单元中的数据分布彼此不同且阈值测试失败，那么高层单元中的数据分布设为未知。

STING 算法自顶向下地使用网格单元中的统计信息，来寻找满足指定查询条件的区域。首先，根据查询需求，在层次结构中选定一层作为查询过程的起始点，通常该层包含少量单元。对于当前层次中的每个单元，利用其统计参数计算该单元在某种预设的置信级别上与查询条件相关的可能性。不相关单元在后续处理过程中将不再考虑。对于相关单元，需要继续进入下一层，对其划分出的每个子单元进行同样的处理。这个处理过程不断重复，直到完成最底层单元的检查。此时，如果满足查询要求，则停止查询过程；否则，还需要进一步检索和处理落在相关单元中的数据，直到获得满足查询要求的结果为止。

找出所有相关单元后，利用广度优先法很容易发现满足指定密度要求的区域（簇）。具体过程是：首先对于每个相关单元，检查该单元周围一定距离内的所有单元构成的小区域（area）。如果其中数据点的平均密度大于指定密度，标记该局部区域，并把刚才检查过的所有相关单元存入一个队列中。然后，每次从该队列中取出一个单元，重复上述处理过程，直到队列为空。这些标记出的小区域就构成代表一个簇的大区域（region）。需要注意的是，只有未检查过的单元才被放入队列中。最后，当所有相关单元检查完毕，得到的大区域集合就是算法最终的聚类结果。

与其他聚类算法相比，STING 具有以下优点：

1）存储在每个单元中的统计信息提供了网格单元中所有数据对象的汇总信息。由于这些信息不依赖于具体的查询处理，所以基于网格的计算过程与查询过程相互独立。

2）网格结构有助于实现并行处理和增量更新。

3）效率高。STING 算法仅扫描一遍数据库就能获得各单元的统计信息，因此它产生簇的时间复杂度是 $O(n)$，其中 n 是数据对象的数目。在层次结构建立后，查询处理时间是 $O(g)$，其中，g 是最底层网格单元的数目，它通常远小于 n。

STING 算法存在的问题是聚类质量依赖于网格结构最底层的粒度。如果粒度很细，处理的代价会显著增加；反之，如果粒度太粗，将会降低聚类分析的质量。例如，对于图 6.31a 中的二维数据集，如果网格单元的粒度设置得较大，聚类结果将得到图 6.31b 中的两个簇；如果网格单元的粒度设置得较小，聚类结果将得到图 6.31c 中的四个簇。

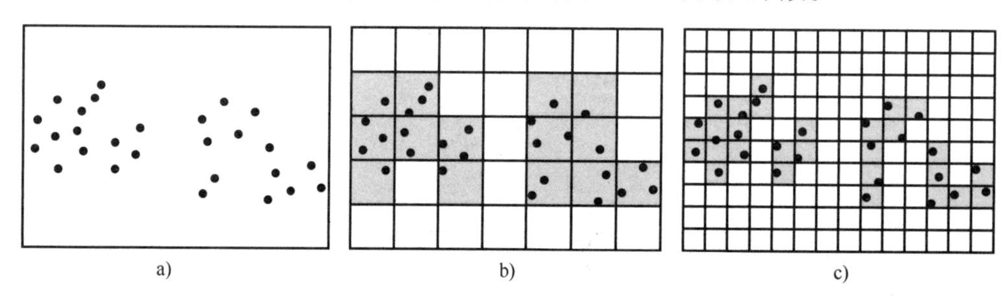

图 6.31　网格单元粒度对聚类结果的影响

此外，STING 在构建一个高层（父亲）单元时，没有考虑低层（子女）单元与其相邻单元之间的空间联系，导致所获得的簇边界不是水平的就是垂直的，而没有斜的分界线，这可能会降低聚类的质量和准确性。

2. CLIQUE 算法

大多数聚类算法的设计目标是实现低维数据对象的聚类，通常会使用所有的维度（属性）来发现簇。在处理高维数据集时，这些算法会遇到一些问题：①高维数据集中一般只存在少量与簇相关的属性，大量无关的属性会形成聚类噪声而掩盖待发现的簇；②高维空间中的数据分布非常稀疏，使得在所有维度中存在簇的可能性几乎为零；③在高维空间中，对象间距几乎相等的情况普遍存在，传统基于距离的聚类方法甚至难于定义有效的距离函数。子空间聚类（Subspace clustering）是解决大规模高维数据聚类的一种有效方法，它的特点是只在相关属性构成的子空间上执行聚类任务，通过一定的搜索策略和评测标准从不同的子空间中筛选出需要聚类的簇。

CLIQUE（CLustering In QUEst）算法是最早且最具代表性的子空间聚类算法，由 Rakesh Agrawal 等人于 1998 年提出。该算法综合了基于密度的和基于网格的聚类方法，可以对大型数据库中的高维数据进行有效聚类。

对于多维数据对象组成的大型数据集，通常数据对象在整个数据空间的分布是不均衡的。因此，CLIQUE 算法采用基于密度的方法，区分空间中密集的和稀疏的区域（即网格单元），以发现数据集合的全局分布模式。判断一个网格单元是否密集的依据是，统计该单元中数据对象的数目，如果这个值超过了预先输入的某个模型参数，则该单元是密集的。在 CLIQUE 中，簇定义为相连的密集单元的最大集合。

在搜索密集单元的过程中，CLIQUE 采用了一种自底向上的方法。首先扫描数据库，找出所有一维子空间中的密集单元；然后通过某种候选单元产生算法，从已经确定的 $k-1$ 维密集单元中生成候选的 k 维密集单元，如此重复，直到不再产生新的候选集为止。候选单元的产生是依据关联规则挖掘中的先验性质：如果一个 k 维单元是密集的，那么它在 $k-1$ 维空间的投影也是密集的。也就是说，给定一个 k 维候选密集单元，若检查发现它的 $k-1$ 维投影单元中有不密集的，则可判断这个 k 维候选单元一定也不密集。例如，图 6.32a 所示的三维数据集，在整个数据空间中形成 3 个簇，分别用菱形、正方形和三角形标记。此外，还有一个用圆形标记的点集，它不是三维空间的簇。图 6.32b、c、d 所示分别是这个数据集在 3 个二维空间 $x-y$、$x-z$ 和 $y-z$ 上的投影。从图 6.32b 可以发现，在 x 轴上存在 3 个一维的簇（菱形、正方形、三角形），它们正好对应于整个空间的 3 个簇；y 轴上也存在 3 个一维的簇，分别由圆点、正方形点以及菱形和三角形点组成。从图 6.32c 可以发现，在 z 轴上存在 2 个一维的簇，一个对应于圆形表示的点，另一个由菱形、正方形和三角形点共同构成。

这个例子更加直观地表明：存在于整个数据空间或者高维子空间的簇，在低维子空间中也会作为簇出现。但是，在整个数据空间不能形成簇的点集，却有可能在子空间中形成簇，如图 6.32 中圆形表示的点。因此，许多在子空间发现的簇可能只是较高维簇的“影子”（投影），在聚类过程中需要筛除它们。

CLIQUE 算法的执行分为三个阶段：

第一阶段：将 n 维数据空间划分为互不重叠的矩形单元，采用以下过程识别出其中的密集单元。

1）找出对应于每个属性的一维空间中的所有密集区域，得到一维密集单元的集合；

2）$k \leftarrow 2$；

3）**repeat**；

4）由 $k-1$ 维密集单元产生所有候选的 k 维密集单元；

5）删除点数少于指定阈值 ξ 的单元；

6）$k \leftarrow k+1$；

7）**until** 不存在候选的 k 维密集单元。

第二阶段：运用深度优先算法从上一阶段输出的密集单元集合中识别出簇。对于 k 维子空间的密集单元集合 D，CLIQUE 从它的某个单元 u 开始，找出所有和 u 连通的单元，并且用序号 1 进行标记，表明它们属于第 1 个簇；然后，随机选择一个没有被标记的密集单元继续进行搜索，并对新发现的簇按照升序进行编号，直到 D 中所有的密集单元都被搜索过为止。

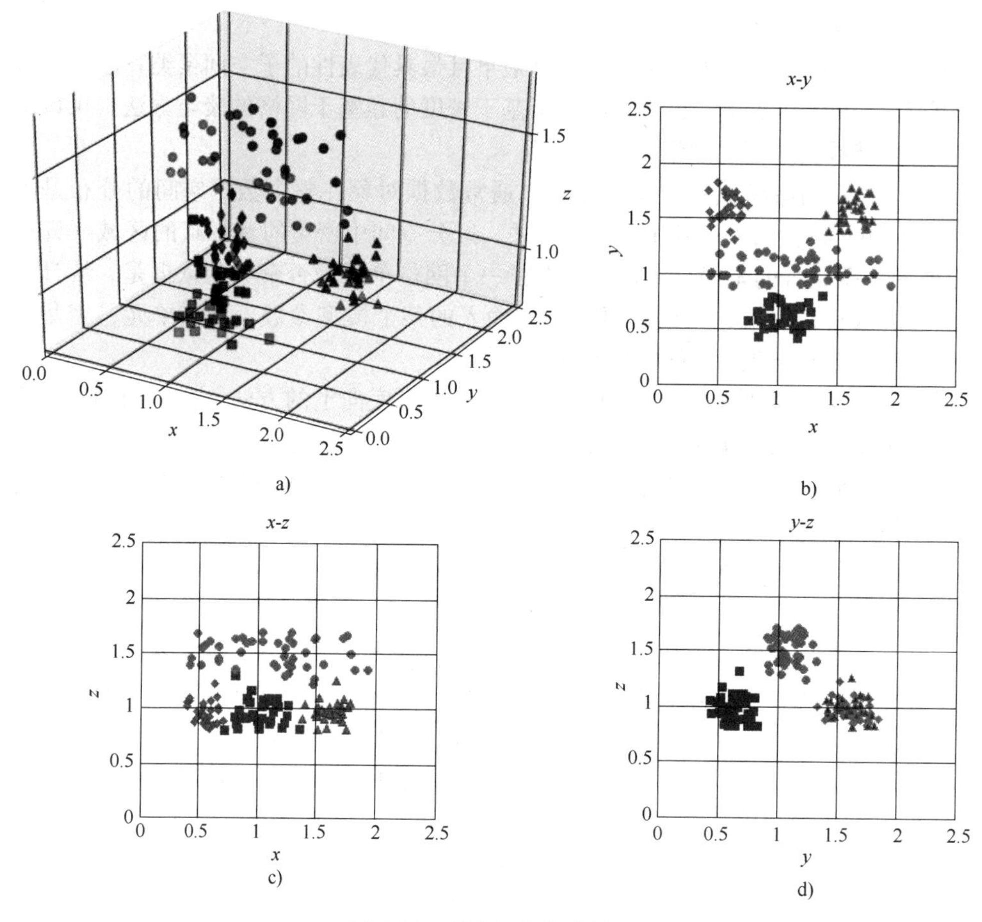

图6.32　子空间聚类的例子

第三阶段：CLIQUE算法为每个簇生成最小化的描述。具体做法是：对于每个簇，首先使用贪婪算法确定覆盖相连的密集单元的最大区域，然后从这个最大覆盖区域中移走所含矩形单元数目最少的多余最大区域（该区域内的单元同时位于别的最大区域中），重复此过程直到没有多余的最大区域为止。

CLIQUE算法的优点是能够自动发现最高维空间及其子空间中存在的簇，而且对输入数据的顺序不敏感，也无须假设数据集存在任何典型的分布模式。此外，它可以随输入数据的大小线性地扩展，当数据的维数增加时具有良好的可扩展性。CLIQUE的缺点是在所有的子空间中都采用相同的网格尺寸和密度阈值，虽然使算法得以简化，但是聚类结果的精度也会随之降低。

6.4.5　基于模型的方法

基于模型的聚类方法假定目标数据集是由一系列潜在的概率分布所决定的，它的基本思想是为每个簇假设一个分布模型，然后在数据集中寻找能够符合这个模型的数据对象，试图使给定数据与该数学模型达成最佳拟合。基于模型的聚类方法主要有三种：混合模型法、概念聚类法和神经网络法，其中前两种方法又同属于统计学聚类法，下面分别介绍。

1. 混合模型法

混合模型法是将整个数据集看作是有限（k）个概率分布的混合，其中每个单独的概率分布被称为组件分布（component distribution），代表一个簇。在聚类过程中，选择合适的聚类方法和分簇数目的问题被转化为如何选择统计模型的问题，包括概率分布的数量、每个组件分布的类型及其参数的取值。高斯混合模型（Gaussian Mixture Model，GMM）算法是这类方法的典型代表，由 Friedman 和 Russel 于 1997 年提出。GMM 假设数据集是由多个符合高斯分布的组件分布混合而成的，它的定义为

$$p_M(\boldsymbol{x}) = \sum_{i=1}^{k} \alpha_i p(\boldsymbol{x} \mid \boldsymbol{\mu}_i, \boldsymbol{\Sigma}_i) \tag{6.11}$$

该分布由 k 个组件分布构成，其中 $\boldsymbol{\mu}_i$、$\boldsymbol{\Sigma}_i$ 是第 i 个组件分布的均值向量和协方差矩阵，$\alpha_i>0$ 为混合系数，代表第 i 个组件分布占总体分布的比例，$\sum_{i=1}^{k} \alpha_i = 1$。

如果已知数据集的分簇数目 k 和各组件分布 $p(\boldsymbol{x} \mid \boldsymbol{\mu}_i, \boldsymbol{\Sigma}_i)$，就可以计算出数据对象隶属于每个簇的概率，并将对象分配给具有最大概率值的那个簇。然而，式（6.11）中的模型参数 $\{\alpha_i, \boldsymbol{\mu}_i, \boldsymbol{\Sigma}_i \mid 1 \leqslant i \leqslant k\}$ 是未知的，因此在 GMM 算法中，首先需要进行参数估计。

参数估计常采用最大似然法，即寻找参数的最优取值，使得数据集 D 在估计的概率密度函数上有最大的概率值。由于概率值通常很小，所以对它取对数，得到

$$LL(D) = \ln\left(\prod_{j=1}^{m} p_M(\boldsymbol{x}_j)\right) = \sum_{j=1}^{m} \ln\left(\sum_{i=1}^{k} \alpha_i p(\boldsymbol{x}_j \mid \boldsymbol{\mu}_i, \boldsymbol{\Sigma}_i)\right)$$

其中，m 是样本个数。最大似然估计就是求如下最大化问题的解：

$$\underset{\theta}{\operatorname{argmax}}(LL(D)), \boldsymbol{\theta} = \{\alpha_i, \boldsymbol{\mu}_i, \boldsymbol{\Sigma}_i\} \tag{6.12}$$

通常采用期望最大化（Expectation Maximization，EM）算法求解式（6.12）。该算法分为两个步骤：

期望步（E 步）：在给定 GMM 参数的情况下，计算每个数据对象属于各个簇的概率。对于第 j 个对象 $\boldsymbol{x}_j$，它属于第 i 个簇的概率为

$$\boldsymbol{\varpi}_j(i) = \frac{\alpha_i p(\boldsymbol{x}_j \mid \boldsymbol{\mu}_i, \boldsymbol{\Sigma}_i)}{\sum_{l=1}^{k} \alpha_l p(\boldsymbol{x}_j \mid \boldsymbol{\mu}_l, \boldsymbol{\Sigma}_l)}$$

这一步假设模型的参数是已知的，它们由上一轮迭代得到或者由初始值决定。

最大化步（M 步）：使用 E 步获得的概率值重新计算 GMM 的参数。计算公式如下：

$$\boldsymbol{\mu}_i = \frac{\sum_{j=1}^{m} \boldsymbol{\varpi}_j(i) \boldsymbol{x}_j}{\sum_{j=1}^{m} \boldsymbol{\varpi}_j(i)}$$

$$\boldsymbol{\Sigma}_i = \frac{\sum_{j=1}^{m} \boldsymbol{\varpi}_j(i)(\boldsymbol{x}_j - \boldsymbol{\mu}_i)(\boldsymbol{x}_j - \boldsymbol{\mu}_i)^{\mathrm{T}}}{\sum_{j=1}^{m} \boldsymbol{\varpi}_j(i)}$$

$$\alpha_i = \frac{1}{m} \sum_{j=1}^{m} \boldsymbol{\varpi}_j(i)$$

EM 算法交替执行 E 步和 M 步，直到达到指定的迭代次数，或者模型参数收敛为止。

GMM 算法与 k-means 算法相类似，也需要用户预先指定簇的数目 k，不同之处在于 k-means递归地估计簇中心，并将数据对象指派到最近的簇中；而 GMM 则递归地估计模型参数，并将对象指派给隶属概率最大的簇。k-means 是一种“硬”聚类算法，它明确地指出每个对象所属的簇，而且每个对象属于且仅属于一个簇，簇之间有明确的界线，不存在交集；GMM 则是一种“软”聚类算法，它没有严格划分簇的界限，也没有直接指出对象所属的簇，而是通过概率值来衡量对象隶属于各个簇的程度。

GMM 的缺点是每一步迭代的计算量较大，而且求解所采用的 EM 算法可能陷入局部极值，这与参数初始值的选取密切相关。

2. 概念聚类法

概念聚类（conceptual clustering）是聚类的一种形式，它与传统聚类方法的不同之处在于，后者的主要目标是识别相似对象，而概念聚类在此基础上更进一步，它要找出每一个类的特征描述。因此，概念聚类包括两个步骤：首先完成聚类，然后进行特征描述。这样，聚类的质量不仅仅是单个对象的函数，还包含了其他一些因素，如特征描述的普遍性和简明性。

概念聚类方法种类繁多，有基于树结构的 COBWEB、CLASSIT、COBBIT 算法，基于图的 LC、RGC 算法，基于进化模型的 EMO-CC、GAIL 算法，基于网格的 MCC、GALOIS 算法，等等。其中，COBWEB 是一个常用的简单增量式概念聚类方法，用于处理具有离散属性的数据。

COBWEB 采用分类树（classification tree）的形式进行层次聚类，图 6.33 所示是一个动物数据的分类树。树的每个节点代表一个概念（类），其中包含这个概念的概率描述，该描述用于概括归类于这个节点的所有数据对象。概率描述包括概念类的概率和 $P(A_i=v_{ij} \mid C_k)$ 形式的条件概率，其中 A_i代表数据对象的第 i 个属性，v_{ij}表示属性 A_i的第 j 个取值，C_k代表第 k 个概念类。例如在图 6.33 中，C_1表示概念类“鱼”，概率 $P(C_1)$ 表示属于鱼类的对象在整个动物数据集中的占比，条件概率 P(鳞片 $\mid C_1$) 表示“体表覆盖物”属性取值为“鳞片”的对象在所有鱼类对象中的占比。为了计算这些概率值，节点需要累计并保存属于它的数据对象的个数。

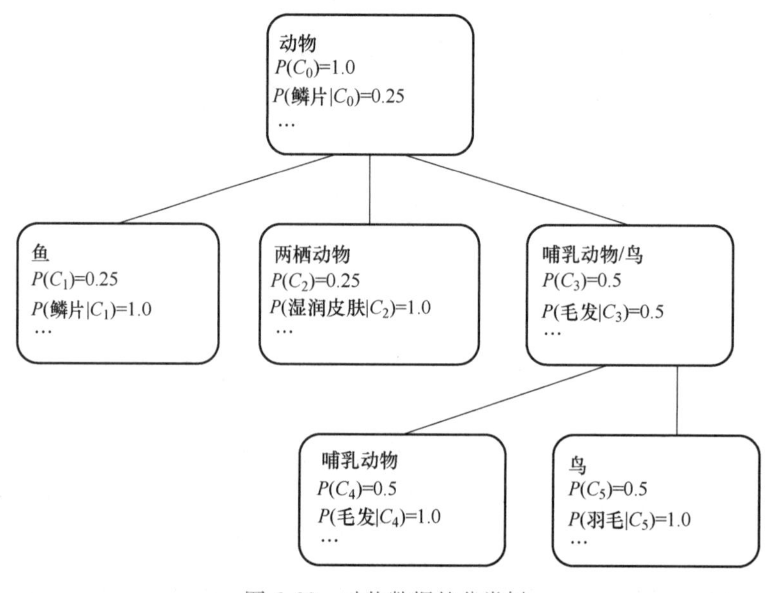

图 6.33　动物数据的分类树

COBWEB 算法通过逐个插入对象的方法增量式地构造分类树。当要插入一个对象时，COBWEB 从根节点开始，沿着分类树中一条“最合适”的路径自顶向下，寻找可以分类该对象的最佳节点。这个判定是基于将对象临时置于每个节点，并计算划分结果的分类效用（Category Utility，CU），根据最大的分类效用做出相应的动作。分类效用定义如下：

COBWEB 算法举例

$$\mathrm{CU}=\frac{\sum_{k=1}^{n}P(C_k)\left[\sum_i\sum_j P(A_i=v_{ij}\mid C_k)^2-\sum_i\sum_j P(A_i=v_{ij})^2\right]}{n} \tag{6.13}$$

其中，n 是划分出的簇的个数，也是分类树中节点（概念）的数目。在式（6.13）中，$\sum_i\sum_j P(A_i=v_{ij}\mid C_k)^2$ 项表示在给定划分 $\{C_1,C_2,\cdots,C_n\}$ 的情况下，能够被正确猜出的属性值的预期数量，$\sum_i\sum_j P(A_i=v_{ij})^2$ 项表示在没有分簇信息的情况下，能够被正确猜出的属性值的预期数量，分类效用反映了分簇带来的该数值的增加情况。显然，产生最高分类效用的节点就是适合对象插入的最佳位置。

事实上，在确定对象最终插入位置时，COBWEB 还会考虑为对象创建一个新的节点所获得的分类效用，并将其与基于现有节点的计算结果进行比较。根据划分所获得的最高分类效用值，要么将对象直接放入一个现成的节点中，要么新建一个节点。因此，COBWEB 具有自动调整分簇数量的能力。

由于上述两种操作（插入和新建）对输入对象的顺序非常敏感，COBWEB 又定义了两个附加的操作来缓解这一问题，这两个操作就是合并与分裂。在合并操作中，分类效用值最高的两个节点被合并为一个节点，从而使相似性高的对象尽量被合并到一个簇中；在分裂操作中，分类效用值最大的节点将被删除，如图 6.34 所示。

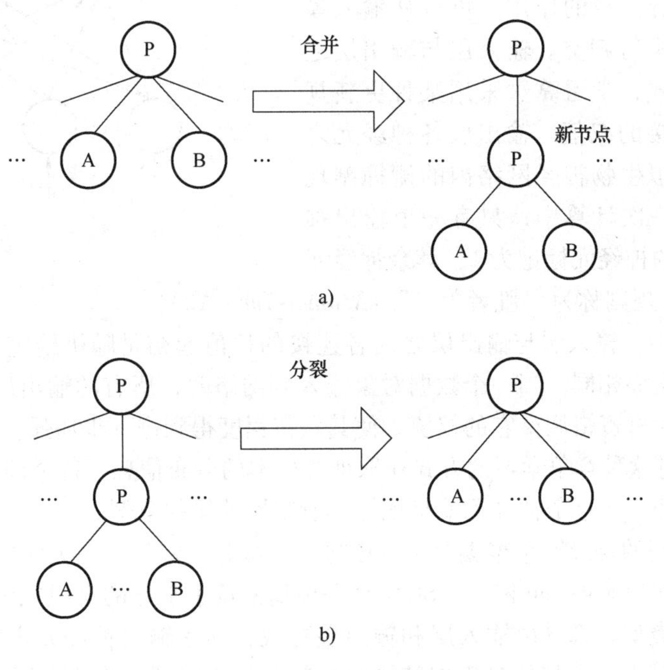

图 6.34　合并与分裂操作

COBWEB 算法的优点是可以自动修正分簇的数目，不需要用户提供输入参数。它的局限性表现在：①COBWEB 假设各属性的概率分布是彼此独立的，而现实数据的属性间经常存在相互关联，因此这种假设并不总是成立；②簇的概率分布的表示、更新和存储的复杂程度，取决于每个属性取值的个数，当属性有大量取值时，算法的时间和空间复杂度会显著提高；③分布偏斜的数据集会造成分类树不是高度平衡的（height balanced），这会导致算法的时间和空间复杂度急剧增加。

3. 神经网络法

与传统统计方法相比，神经网络具有分布式存储、并行协同处理以及自学习等优点，因此在聚类分析领域得到了广泛的应用。基于神经网络的聚类方法种类繁多，最简单的一种形式是基于竞争学习的 SCL（Simple Competitive Learning）网络，在它的基础上，又发展出形形色色的自组织竞争网络，如 SOM（Self-Organizing feature Maps）、ART（Adaptive Resonance Theory）以及它们的各种变体。在这些算法中，每个簇被描述为一个范例（exemplar）。范例作为簇的原型，类似于 *k*-means 中的质心，不一定对应一个特定的数据对象。在进行聚类时，算法通过某种距离度量方法，比较一个新的数据对象与各个范例的相似程度，并将其分配到最相似的簇中。

SCL 算法采用竞争学习的思想，它的生理学基础是神经网络的侧抑制现象，即当一个神经细胞兴奋后，会对其周围的神经细胞产生抑制作用。这种侧抑制使神经细胞呈现出竞争，开始时可能多个细胞同时兴奋，但一个兴奋程度最强的神经细胞对周围神经细胞的抑制作用也更强，结果使其周围神经细胞兴奋度减弱，该神经细胞成为这次竞争中的“胜者”。

SCL 采用图 6.35 所示的层次型网络结构，由输入层和输出层组成。输入层负责接收外界信息并将输入模式向输出层传递；输出层也称为竞争层，起分析比较的作用，负责从输入模式中找出规律并进行归类。输入层与输出层之间采用全连接方式，学习算法采用某种更新规则来确定这些连接的权值。输出层各神经元之间的连接用于模拟生物神经网络内的侧抑制现象，从而保证在一次计算中，只有一个输出神经元获胜，获胜的神经元标记为 1，其余神经元均标记为 0，这一规则称为“胜者为王”（Winner-Take-All）。

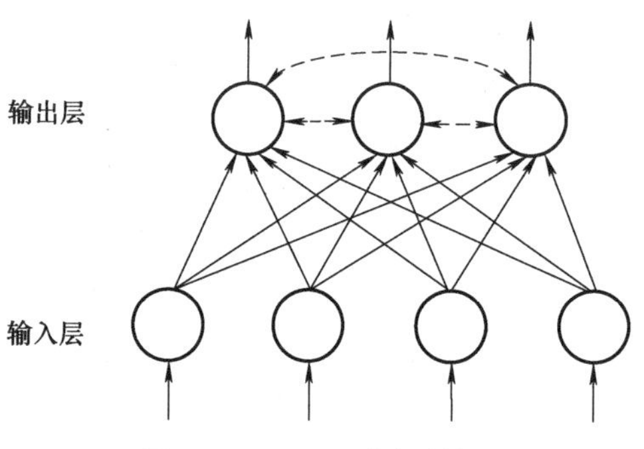

图 6.35　SCL 网络的结构

在 SCL 网络中，输入层与输出层之间各连接的权值起初是随机给定的，因此每个输出层神经元获胜的概率相同。当一个数据对象输入到网络时，所有的输出层神经元互相竞争，只有获胜的神经元有资格调整它的权值，使其兴奋程度得到进一步加强，而其他神经元则保持不变。SCL 通过这种竞争学习的方式获取训练样本的分布信息，每个训练样本都对应一个兴奋的竞争层神经元，这个神经元就是该样本所归属的簇的范例。

SOM 是最常用的神经网络聚类分析方法之一，由芬兰赫尔辛基大学的 Teuvo Kohonen 教授提出，因此也称为 Kohonen 网络。SOM 是一种基于竞争学习的自组织映射网络，一方面，它与 SCL 网络相类似，都是由输入层和输出层构成，而且输出神经元之间具有竞争性；另一方面，SOM 还模拟了人脑的自组织特性。生物学研究表明，在人脑的感觉通道上，神经元组织是有序排列的。人脑通过感官接受外界特定的时空信息时，大脑皮层的特定区域兴奋，而且类似的外界信息所对应的兴奋区域也是邻近的。这表明，人脑中的不同区域有着不同的功能，不同的感官输入会刺激不同位置的神经元产生兴奋，这种特性不完全来自遗传，更依赖于后天的学习和训练。同样地，当 SOM 神经网络接受外界输入模式时，也会分为不同的对应区域，各区域对输入模式具有不同的响应特征，这个过程也是自动完成的。

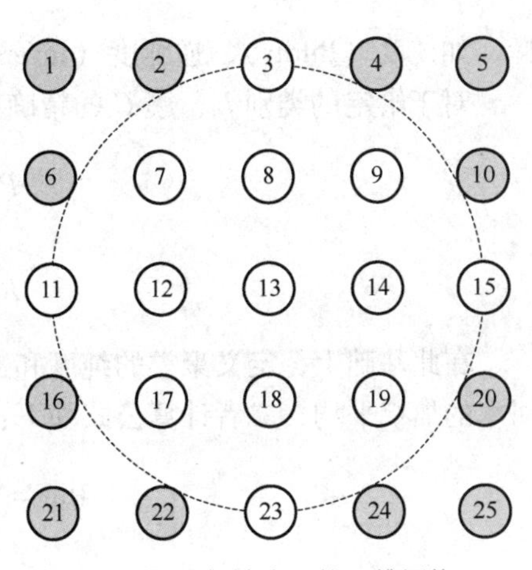

图 6.36　邻域为 2 的二维网格

在 SOM 网络中，输入层神经元通过权值向量将外界信息汇集到竞争层的各神经元，输入层神经元数目与数据对象的维数相等；竞争层也是输出层，神经元的排列有多种形式，如一维线阵、二维网格阵和三维栅格阵等，其中二维网格阵是最典型的组织方式。图 6.36 显示了由 25 个神经元组成的二维网格结构。

SOM 网络的学习算法称为 Kohonen 算法，它是在胜者为王算法的基础上改进而成的。二者的主要区别在于：在胜者为王算法中，只有竞争获胜的神经元才能调整连接权值，而在 SOM 中，每个神经元附近一定邻域内的神经元也会得到更新，较远的神经元则不会更新。例如，在图 6.36 所示的网格中，假设邻域 $d=2$，则第 13 号神经元的邻域内包含的神经元为 $N_{13}(2)=\{3,7,8,9,11,12,13,14,15,17,18,19,23\}$。当第 13 号神经元获胜时，集合 $N_{13}(2)$ 内的神经元对应的权值都会得到更新。一般在训练过程的初始阶段，SOM 将邻域半径设置得较大，随着训练过程的不断进行，邻域半径也会逐步减小。经过一段时间的训练后，簇的结构模型就会在竞争层的神经元集合上显现出来。

SOM 的优点是能够使互为邻居的簇之间比非邻居的簇之间更相关，这种联系有利于聚类结果的解释和可视化。SOM 最早被用于图像和声音分析领域，后来在信号处理、雷达测量、电信、化学、生物医学等领域也得到了应用。在电信领域，SOM 可用于电信业务的配置和监控、电信软件复杂性分析、LTE 网络的切换管理、无线通信话务量预测等。

6.5　聚类结果评估

聚类算法的目标是发现数据集的隐含结构。通常，找到数据集合的最佳隐含结构是一个 NP（Non-deterministic Polynomial）难问题，实用的聚类算法只能得到其近似解，因此需要验证聚类结果的有效性，即考察聚类结果与数据真实的最佳隐含结构有多大差别。

聚类质量的度量方法大致可分为外部准则、内部准则和相对准则 3 大类。

1. 外部准则法

外部准则法属于有监督的度量方法，它假设数据集中各对象的真实类别已知，通过比较聚类结果与已知类别的匹配程度来判断聚类质量的优劣。现有外部评价指标分为基于集合匹配度的指标、基于信息熵的指标和基于样本对的指标。

（1）基于集合匹配度的指标　这类度量方法认为待评测的聚类集 C 与真实的分类集 L 之间具有一一对应的关系，并利用信息检索中的精确率和召回率等概念来构造不同的评价指标，如纯度（Purity）、逆纯度（Inverse Purity）、F 测度（F-measure）等。

对于给定的类别 L_j，簇 C_i 的精确率和召回率分别定义为

$$P(C_i,L_j)=\frac{|C_i \cap L_j|}{|C_i|}$$

$$R(C_i,L_j)=\frac{|C_i \cap L_j|}{|L_j|}$$

在此基础上，定义聚类的纯度和逆纯度。前者是最大精确率的加权平均，后者是最大召回率的加权平均，二者计算公式如下：

$$\text{Pur} = \sum_{C_i \in C} \frac{|C_i|}{N} \max_{L_j \in L} P(C_i,L_j)$$

$$\text{Inv}P = \sum_{L_j \in L} \frac{|L_j|}{N} \max_{C_i \in C} R(C_i,L_j)$$

其中，N 为样本个数。

F 测度将精确率和召回率的概念相结合，从而更好地评估聚类结果。它的定义如下：

$$F = \sum_{L_i \in L} \frac{|L_j|}{N} \max_{C_i \in C} \frac{2 \times P(C_i,L_j) \times R(C_i,L_j)}{P(C_i,L_j) + R(C_i,L_j)}$$

（2）基于信息熵的指标　这类度量方法利用信息论中信息熵和互信息的概念来评价聚类质量。聚类熵被定义为聚类结果中所有簇的熵的平均值，它的计算公式为

$$\text{Ent} =- \sum_{i} \frac{|C_i|}{N} \sum_{j} P(i,j) \times \log_2 P(i,j)$$

其中，求和式 $-\sum_{j} P(i,j) \times \log_2 P(i,j)$ 表示簇 C_i 的熵，它反映了所有类在该簇内的分布情况；$P(i,\ j)$ 表示属于 L_j 类的对象出现在簇 C_i 中的概率。聚类熵的取值范围是[0, 1]，0表示每个簇都是由单个类组成的纯净簇，而1表示每个簇内的类是均匀分布的，显然熵值越小，聚类效果越好。

互信息 MI（Mutual Information）用于度量聚类结果 C 与数据真实分布 L 之间的相似程度，它表示在已知对象真实类别的条件下，可以多大程度地减少对象随机选簇的不确定性。MI 的定义为

$$\text{MI}(C,L) = \sum_{i=1}^{|C|} \sum_{j=1}^{|L|} P(C_i,L_j)\log_2 \frac{P(C_i,L_j)}{P(C_i)P(L_j)}$$

其中，概率 $P(C_i)$、$P(L_j)$ 和 $P(C_i,\ L_j)$ 分别为

$$P(C_i)=\frac{|C_i|}{N}$$

$$P(L_j)=\frac{|L_j|}{N}$$

$$P(C_i,L_j)=\frac{|C_i \cap L_j|}{N}$$

在互信息的基础上，还定义有标准化互信息 NMI（Normalized Mutual Information）和调整互信息 AMI（Adjusted Mutual Information），它们的计算公式分别为

$$\mathrm{NMI}(C,L)=\frac{\mathrm{MI}(C,L)}{\sqrt{H(C)H(L)}}$$

$$\mathrm{AMI}(C,L)=\frac{\mathrm{MI}-E(\mathrm{MI})}{\max(H(C),H(L))-E(\mathrm{MI})}$$

其中，$E(\mathrm{MI})$ 是互信息 MI 的数学期望，$H(C)$ 和 $H(L)$ 分别代表 C 和 L 这两种分布的熵。

MI 和 NMI 的取值范围都是 [0，1]，AMI 的取值范围是 [-1，1]。它们的值越接近 1，表明聚类效果越好。

(3) 基于样本对的指标　这类评价指标的定义类似于二值离散属性的相似系数（参见 6.3 节），即先要根据样本对在聚类结果和真实分类中的分布情况构造列联表，然后将列联表中的四个参量以某种形式进行组合，得到不同的评价标准。

列联表中四个参量的定义如下：

f_{00}：属于不同类别而且不同分簇的样本对数量；

f_{01}：属于不同类别但是相同分簇的样本对数量；

f_{10}：属于相同类别但是不同分簇的样本对数量；

f_{11}：属于相同类别而且相同分簇的样本对数量。

其中，f_{00}和f_{11}反映聚类结果与真实类结构的一致性，f_{01}和f_{10}反映其偏差。在此基础上定义的评价指标有兰德指数（Rand Index，RI）、调整兰德指数（Adjusted Rand Index，ARI）、Jaccard 系数和 FMI 指数（Folkes-Mallows Index）等。

兰德指数的定义为

$$\mathrm{RI}=\frac{f_{00}+f_{11}}{f_{00}+f_{01}+f_{10}+f_{11}}$$

它的取值范围是 [0，1]，值越大，表明聚类结果越接近真实分类情况。RI 的缺点是在聚类结果随机产生的情况下，不能保证取值接近 0。为了克服这一问题，Hubert 和 Arabie 提出调整兰德指数，它的定义如下：

$$\mathrm{ARI}=\frac{\mathrm{RI}-E(\mathrm{RI})}{\max(\mathrm{RI})-E(\mathrm{RI})}$$

式中，$E(\mathrm{RI})$ 是 RI 的数学期望。ARI 的取值范围是 [-1，1]，它的值越接近 1，表明聚类结果与数据的真实分布越吻合。

Jaccard 系数和 FM 指数的定义分别是

$$J=\frac{f_{11}}{f_{01}+f_{10}+f_{11}}$$

$$\mathrm{FMI}=\sqrt{\frac{f_{11}}{f_{11}+f_{01}}\times\frac{f_{11}}{f_{11}+f_{10}}}$$

2. 内部准则法

内部准则法是非监督的度量方法，它没有可参考的外部信息，只能依赖数据集自身的特征和量值对聚类结果进行评价。在这种情况下，需要从聚类的内在需求出发，考察簇的紧密度、分离度以及簇表示的复杂度。紧密度（Cohesion）反映簇内成员的凝聚程度；分离度（Separation）表示簇与簇之间的相异程度，理想的聚类效果应该具有较高的簇内紧密度和较大的簇间分离度。大多数评价聚类质量的方法都是基于这两个原则，如轮廓系数（Silhouette

Coefficient）、Calinski-Harabasz（CH）指标、Davies-Bouldin（DB）指标、In-Group Proportion（IGP）指标、Xie and Beni（XB）指标、Dunn 指标、Hartigan 指标等。这里主要介绍轮廓系数、CH 指标和 DB 指标。

（1）轮廓系数 轮廓系数由 Kaufmann 和 Rousseeuw 提出，它的基本思想是将数据集中的任一对象与本簇中其他对象的相似性以及该对象与其他簇中对象的相似性进行量化，并将量化后的两种相似性以某种形式组合，以获得聚类优劣的评价标准。

对于数据集 D 中的任意对象 x_i，假设聚类算法将 x_i 划分到簇 C，则该对象的轮廓系数 s_i 定义为

$$s_i=\frac{b_i-a_i}{\max(a_i,b_i)}$$

其中，a_i 是 x_i 与本簇中其他对象之间的平均距离，它反映了 x_i 所属簇的紧密程度，该值越小，簇的紧密度越好。b_i 是 x_i 与最近簇的对象之间的平均距离，它表示 x_i 与其他簇的分离程度，该值越大，分离度越高。

轮廓系数 s_i 的值在-1 和 1 之间，可用于评价对象 x_i 是否适合所属的簇。若 s_i 接近 1，说明包含 x_i 的簇是紧凑的，并且 x_i 远离其他簇，因此对 x_i 所采取的分配方式是合理的。若 s_i 为负值，则意味着 x_i 距离其他簇的对象比距离本簇的对象更近，当前对 x_i 的分簇是错误的，将其分配到最近邻的簇会获得更好的效果。

为了评价聚类方案的有效性，需要对 D 中所有对象的轮廓系数求平均值，得到平均轮廓系数 s，即

$$s=\frac{1}{n}\sum_{i=1}^{n}s_i$$

其中，n 是 D 中对象的个数。同样地，s 值越大，表明聚类质量越好。

（2）CH 指标 CH 指标通过类内协方差矩阵描述紧密度，类间协方差矩阵描述分离度，它的定义为

$$\mathrm{CH}(k)=\frac{\mathrm{tr}\boldsymbol{B}(k)/(k-1)}{\mathrm{tr}\boldsymbol{W}(k)/(n-k)}$$

其中，n 为数据集中对象的个数，k 为簇的个数，$\mathrm{tr}\boldsymbol{B}(k)$ 和 $\mathrm{tr}\boldsymbol{W}(k)$ 分别是类间协方差矩阵 $\boldsymbol{B}(k)$ 和类内协方差矩阵 $\boldsymbol{W}(k)$ 的迹。

$$\mathrm{tr}\boldsymbol{W}(k)=\frac{1}{2}\sum_{i=1}^{k}(|C_i|-1)\bar{d}_i^2$$

$$\mathrm{tr}\boldsymbol{B}(k)=\frac{1}{2}\left[(k-1)\bar{d}^2+(n-k)A_k\right]$$

式中，$|C_i|$ 表示簇 C_i 中对象的数量，$\bar{d}_i^2$ 是 C_i 中对象间的平均距离，$\bar{d}^2$ 是数据集中所有对象间的平均距离，且有

$$A_k=\frac{1}{n-k}\sum_{i=1}^{k}(|C_i|-1)(\bar{d}^2-\bar{d}_i^2)$$

CH 指标值越大表示聚类结果的性能越好。

（3）DB 指标 DB 指标的定义为

$$\mathrm{DB}(k)=\frac{1}{k}\sum_{i=1}^{k}\max_{j=1,\cdots,k,j\neq i}\frac{\rho(C_i)+\rho(C_j)}{d(C_i,C_j)}$$

其中，$\rho(C_i)$ 表示簇 C_i内的对象与其质心间的平均距离，$d(C_i, C_j)$ 表示簇 C_i与簇 C_j质心间的距离，k 是簇的数目。可以看出，DB(k) 越小表示类与类之间的相似度越低，从而聚类效果越好。

3. 相对准则法

相对准则法用于比较不同聚类的结果，通常是针对同一个聚类算法的不同参数设置进行算法测试（如不同的分簇个数），最终选择最优的参数设置和聚类模式。相对准则法在进行聚类比较时，直接使用外部准则法或者内部准则法定义的评价指标，因而它实际上并不是一种单独的聚类质量度量方法，而是前两类度量方法的一种具体应用。例如，可以利用 CH 指标或 DB 指标确定 k-means 算法的最佳分簇数目 k^*，具体过程是：首先给定 k 的取值范围 $[k_{\min}, k_{\max}]$，然后使用同一聚类算法、不同的 k 值对数据集进行聚类，得到一系列聚类结果，再分别计算每个聚类结果的有效性指标，最后比较各个指标值，对应最佳指标值的 k 就是最佳分簇数目。

习　题

6.1　比较聚类分析与分类分析的异同点。

6.2　简述衡量数据对象之间相似度的主要方法。

6.3　表 6.8 是我国部分省份 2018 年电话用户情况统计数据，试通过 k-means 算法对其进行分析。要求采用欧氏距离，分簇数量取 3。

表 6.8　我国部分省份 2018 年电话用户数据

省　份	城市固定电话/万户	农村固定电话/万户	移动电话/万户
北 京	506.7	107.5	4009.2
天 津	316.6	3.8	1648.5
河 北	568	101.9	8195.6
山 西	229.5	35.8	3961.5
内蒙古	191.1	22.1	3044.4
辽 宁	563.3	109.7	4880.7
吉 林	359.6	102.9	3001.1
黑龙江	312.5	41.9	3833.6
上 海	650	0	3722.3
广 西	188.7	72.1	5045.3
贵 州	195.8	43.1	3940.4
云 南	229.4	45.9	4659.1
陕 西	498.3	117.2	4688.6
青 海	89.9	22.4	686.4
浙 江	934.1	219.4	8308.8
广 东	1670.1	512.3	16823.3
福 建	453.3	279.5	4553.5
江 苏	945.9	418.1	9794
新 疆	325.1	89.9	2703.8

（数据来源：工业和信息化部官方网站）

6.4　试用 DIANA 算法对表 6.3 的数据集进行聚类，要求采用欧氏距离，终止条件取 $k=2$。

6.5　表 6.9 所示是某数据集的距离矩阵，要求分别采用最近距离法和最远距离法进行凝聚聚类，并画出聚类产生的树状图。

表 6.9　习题 6.5 中数据集的距离矩阵

	x_1	x_2	x_3	x_4	x_5	x_6
x_1	0	0.90	0.57	0.46	0.65	0.32
x_2	0.90	0	0.34	0.52	0.03	0.11
x_3	0.57	0.34	0	0.56	0.15	0.04
x_4	0.46	0.52	0.56	0	0.24	0.26
x_5	0.65	0.03	0.15	0.24	0	0.19
x_6	0.32	0.11	0.04	0.26	0.19	0

6.6　设有一维数据集 $X=\{x_1=0.4, x_2=0.25, x_3=1, x_4=0.7, x_5=0.6\}$，要求用 BIRCH 算法生成 CF 树。CF 参数设置为 $T=0.2$，$B=2$，$L=2$。

6.7　简述评价聚类结果质量的主要方法。

6.8　表 6.10 所示是某数据集的距离矩阵，若数据对象 x_1 和 x_2 被划分到簇 C_1，x_3 和 x_4 被划分到簇 C_2，试计算每个对象的轮廓系数以及数据集的轮廓系数。

表 6.10　习题 6.8 中数据集的距离矩阵

	x_1	x_2	x_3	x_4
x_1	0	0.10	0.56	0.66
x_2	0.10	0	0.70	0.58
x_3	0.56	0.70	0	0.26
x_4	0.66	0.58	0.26	0

6.9　试采用 DB 指标对图 6.10 和图 6.11 的聚类结果进行评价。

第7章 大数据分析挖掘——关联规则

在许多应用场景中，人们会关注两个或多个事务共同发生的频率。例如一个网站会通过网络日志记录所有访问者的浏览路径及输入信息，包括访问者的初始及目的页面、访问时间、页面请求是否成功等。基于这样的日志信息，可以找到部分用户经常访问的一些网页集合，这些“频率”数据集合能够统计出用户浏览行为的一些特征，基于这些特征规律可以完善网站，进一步提高用户的浏览体验。

挖掘频繁模式的需求在其他很多领域也有，最典型的应用就是购物篮分析，通过分析购物篮发现哪些商品频繁地被顾客同时购买。一旦挖掘到了频繁项集，就可以从这些项集里面提取出关联规则，即两个项集共同发生或有条件发生的可能性。举个例子，在网络日志的频繁项集中，能够提取出这样的规则：那些访问了主页、笔记本信息及折扣信息页面的用户也会访问购物车和结账页面，这些信息表明，可能这些特殊的折扣会增加笔记本的销量。在超市的销售记录中，我们能发现类似“买牛奶和麦片的顾客也很可能买香蕉”的关联规则，这种信息可以帮助零售商做选择性销售和合理安排货架空间，增加销售量。本章将介绍频繁模式、关联规则的基本概念、频繁项集数据挖掘的主要算法——Apriori 和 FP-Growth，以及评估关联规则的几种常用相关性度量。

7.1 关联规则的概念

设 $I=\{x_1,x_2,\cdots,x_m\}$ 是项目的集合，其中的元素称为项目（item），例如超市中所有售卖的商品，一个网站中网页的集合等。一个集合 $X\subseteq I$ 被称为一个项集，包含 k 个项的集合称为 k-项集，例如，集合{啤酒、尿布、奶粉}是一个3-项集。通常用 $I^{(k)}$ 表示所有 k-项集的集合，也就是说所有拥有 k 个项的 I 的子集。设 $I=\{x_1,x_2,\cdots,x_m\}$ 是由数据库中所有项目构成的集合，事务数据库 $T=\{t_1,t_2,\cdots,t_n\}$ 是由一系列具有唯一标识的事务组成，唯一标识符记作 TID（Transaction Identifier），每一个事务 $t_i(i=1,2,\cdots,n)$ 包含的项集都是 I 的子集。例如，某位顾客在商场里一次购买多种商品，购物车信息在数据库中有一个唯一的标识，用以标识这些商品是同一顾客同一次购买，则称该用户本次购物活动对应一个数据库事务。

事务通常用元组 $<t, X>$ 形式来表示，$t(t\in T)$ 表示一个唯一的事务标识符，X 是一个项集。事务集合 T 可以表示一个超市所有顾客的集合、所有订单的集合；一个网站所有访客的集合等。

当数据库中事务的存储量达到一定规模时，可以统计出频繁出现的项目，在这些频繁出现的项目中可能会存在某些项集同时出现的规律，例如从超市的订单记录中发现，买香草饼干的顾客中有 60%同时购买了香蕉，这就是我们要找的关联规则：它表示项集之间的关系或关联，一般用形如 $X \Rightarrow Y$ 的蕴含式表达，其中 $X \subset I$，$Y \subset I$，并且 $X \cap Y = \phi$。X 称为规则的前提，Y 称为规则的结果。关联规则反应 X 中项目出现时，Y 中的项目也跟着出现的规律。衡量关联规则有两个基本度量：支持度和置信度。

1. 支持度

关联规则的支持度（support）是事务集中同时包含 X 和 Y 的事务数与所有事务数之比，它反映了 X 和 Y 中所含的项在事务集中同时出现的概率，记为 support（$X \Rightarrow Y$），即

$$\text{support}(X \Rightarrow Y) = \text{support}(X \cup Y) = P(X \cup Y) \tag{7.1}$$

举个例子，support（$A=>B$）等于购物车里同时含有 A 和 B 的百分比，A 的项可能是香草饼干，B 的项可能是香蕉。要计算项集的支持度，就是统计同时含有这些项的订单数量占所有订单数量的百分比。用支持度这种方式可以表达某些集合共同发生的概率，以及是否计算出的概率能被称为频繁。如果我们发现{香草饼干，香蕉}共同出现在订单里的概率是 90%，是否意味着一定是频繁项集吗？如果概率是 50%或 5%呢？

为了使支持度更有意义，需要设置一个**最小支持度阈值（min_sup）**，它描述了关联规则的最低重要程度。为方便计算，用 0~100%之间的值表示支持度。如果一个项集的支持度超过了最小支持度阈值，那么我们可以认为这个项集是**频繁项集**。

2. 置信度

在事务集中一旦发现了频繁项集，就开始考虑集合中的一个或多个项目是否会引导其他项目的发生。举个例子，所有购买香草饼干的顾客中有 75%又买了香蕉，但是，所有购买香蕉的顾客中只有 1%还买了香草饼干。为什么？这是因为买香蕉的人要比买香草饼干的人多很多，购买香蕉很普遍而购买香草饼干不普遍，所以这种购买的导向关系是不对称的。这样就引出了一个很关键的概念——置信度。它的定义如下：

置信度（confidence）是事务集中，同时包含 X 和 Y 的事务数与包含 X 的事务数（不考虑是否包含 Y）之比，反映了包含 X 的事务中出现 Y 的条件概率，记为 confidence（$X=>Y$），即

$$\text{confidence}(X \Rightarrow Y) = P(Y|X) = \frac{\text{support}(X \cup Y)}{\text{support}(X)} \tag{7.2}$$

规则 $X=>Y$ 的置信度容易从 X 和 $X \cup Y$ 的支持度计算推出。置信度高说明 X 发生引起 Y 发生的可能性高，也就是说，规则 Y 依赖 X 的可能性比较高。置信度用于度量关联规则的准确度，一旦得到 X 和 Y 的支持度与置信度，则可以导出对应的关联规则 $X=>Y$ 和 $Y=>X$。**最小置信度阈值（min_conf）**规定了关联规则必须满足的最低可靠性。如果存在 support（$X \Rightarrow Y$）$\geqslant$min_sup 且 confidence（$X \Rightarrow Y$）$\geqslant$min_conf，则称关联规则 $X=>Y$ 为强关联规则，否则称 $X=>Y$ 为弱关联规则。通常所说的关联规则一般指强关联规则。

7.2　关联规则挖掘的一般过程

现在知道了如何确定频繁项集，以及如何计算支持度和置信度，我们就能够从频繁项集

里找到关联规则。例如，从超市购买了香草华夫的顾客也趋向于同时购买香蕉和鲜奶油，可以用以下关联规则表示：

香草华夫=>香蕉，鲜奶油　　(7.3)

[support=1%，confidence=40%]

规则的支持度和置信度是规则兴趣度的两种度量，分别反映所发现规则的有用性和确定性。关联规则（7.3）的支持度为1%，意味着1%的顾客同时购买了香草华夫、香蕉和鲜奶油。置信度40%意味着购买香草华夫的顾客中有40%又买了香蕉和鲜奶油。该规则的左侧是决定项，称为前项。右侧是结果项，称为后项。如果我们切换左侧的项到右侧，则需要计算不同的关联规则，因为香蕉很受欢迎，会导致规则变成这样：

香蕉=>香草华夫，鲜奶油　　(7.4)

[support =1%，confidence=10%]

下面以一个商店的10条购物清单为例进行分析，表7.1所示是该商店筛选出的10条购物清单，每条清单包含3种商品。

表 7.1　某商店购物清单

购物清单	商品1	商品2	商品3
1	香草华夫	香蕉	狗粮
2	香蕉	面包	酸奶
3	香蕉	苹果	酸奶
4	香草华夫	香蕉	鲜奶油
5	面包	香草华夫	酸奶
6	牛奶	面包	香蕉
7	香草华夫	苹果	香蕉
8	酸奶	苹果	香草华夫
9	香草华夫	香蕉	牛奶
10	香蕉	面包	花生酱

首先，需要计算商店中所有单独商品的支持度。在这10条清单里共有9种商品，每种商品的支持度统计如表7.2所示。

表 7.2　商品支持度统计表

商品	支持度
苹果	3
香蕉	8
面包	4
狗粮	1
牛奶	2
花生酱	1

（续）

商　品	支持度
香草华夫	6
酸奶	4
鲜奶油	1

为了简化例子，只计算频繁项集{香草华夫，香蕉}的关联性，两种商品的支持度分别为6和8。该2项集的支持度是计算同时包含香草华夫和香蕉的清单的百分比，由表7.1所示数据集得出有4条清单（1、4、7、9）同时包含这两项。因此，香草华夫=>香蕉或者香蕉=>香草华夫这两条规则的支持度都是40%，因为10条订单中有4个同时包含两者。现在，开始使用这些支持度计算提议的两条关联规则的置信度：

$$\text{confidence}(\text{香草华夫}\Rightarrow\text{香蕉})=\frac{\text{support}(\text{香草华夫}\cup\text{香蕉})}{\text{support}(\text{香草华夫})}=\frac{4}{6}=0.67=67\%$$

$$\text{confidence}(\text{香蕉}\Rightarrow\text{香草华夫})=\frac{\text{support}(\text{香草华夫}\cup\text{香蕉})}{\text{support}(\text{香蕉})}=\frac{4}{8}=0.5=50\%$$

写成关联规则，可以得到规则“香草华夫=>香蕉”强于（支持度相同，置信度更高）规则“香蕉=>香草华夫”。

香草华夫=>香蕉［support=40%，confidence=67%］

香蕉 =>香草华夫［support=40%，confidence=50%］

香草华夫=>香蕉［s=40%，c=67%］这样的规则是令人满意的。但是，这是一个非常小的数据集，只是为了举例而人为制作的。在某些情况下，关联规则可能很容易引起误导。换一个例子，如果香草华夫和香蕉的支持度是下面这种情况，即：商品的单独支持度相当高，但是商品组合的支持度较低。

假设存在10000个超市订单（10000个事务），其中购买香草华夫（A事务）的6000个，购买香蕉（B事务）的7500个，4000个同时包含两者。那么通过上面支持度的计算方法可以计算出：

香草华夫（A事务）和香蕉（B事务）的支持度为$P(A\cup B)=4000/10000=0.4$。香草华夫（$A$事务）对香蕉（$B$事务）的置信度（包含$A$的事务中同时包含$B$的占包含$A$的事务比例）为4000/6000=0.67；这说明在购买香草华夫后，有67%的用户还购买了香蕉。香蕉（B事务）对香草华夫（A事务）的置信度（包含B的事务中同时包含A的占包含B的事务比例）为4000/7500=0.53，说明在购买香蕉后，有53%的用户还购买了香草华夫。

由上面可以看到香草华夫对香蕉的置信度为67%，看似还不错，但其实这是一个误导，为什么这么说呢？因为在没有任何条件下，香蕉出现的比例是75%，而出现A事务，且同时出现B事务的比例是67%，也就是说设置了A事务出现这个条件，B事务出现的比例反而降低了，这说明A事务和B事务是排斥的。因此，**有些商品自身的表现好于作为关联规则后的表现，即使规则符合某些最小支持阈值，也必须考虑商品在规则之外的表现。**下面就有了提升度的概念。

提升度（Lift）表示“包含 X 的事务中同时包含 Y 的事务的比例”与“包含 Y 的事务的比例”的比值。其公式为

$$\text{Lift}(X \Rightarrow Y) = \frac{P(Y \mid X)}{P(Y)} = \frac{P(X \cup Y)}{P(A)P(B)} \tag{7.5}$$

提升度反映了关联规则中 X 与 Y 的相关性，提升度>1 且越高表明正相关性越高，提升度<1 且越低表明负相关性越高，提升度 = 1 表明没有相关性。在上面的例子中，把 0.67/0.75的比值作为提升度，即 $P(B \mid A)/P(B)$，称之为 A 条件对 B 事务的提升度，即有 A 作为前提，对 B 出现的概率有什么样的影响，如果提升度 = 1 说明 A 和 B 没有任何关联，如果小于 1，说明 A 事务和 B 事务是排斥的，大于 1 则认为 A 和 B 是有关联的，但是在具体的应用之中，一般认为提升度>3 才算作值得认可的关联。

提升度是一种很简单的判断关联关系的手段，但是在实际应用过程中受零事务的影响比较大，零事务在前面例子中可以理解为既没有购买香草华夫也没有购买香蕉的订单。数值为10000−4000−2000−3500 = 500，可见在本例中，零事务非常小，但是在现实情况中，零事务是很大的。在本例中如果保持其他数据不变，把 10000 个事务改成 1000000 个事务，那么计算出的提升度就会明显增大，此时的零事务很大（1000000−4000−2000−3500 = 990500），可见提升度是与零事务有关的。

7.3 Apriori 算法

通过前面的论述可以得出，寻找关联规则的基础是首先寻找频繁项集。此后，只需要根据之前统计的计数进行计算。帮助更快找到频繁项集的一条重要原则称为向下封闭性，指的是，只有在项集的所有项目都频繁出现时，该项集才是频繁项集。换言之，如果项集中包含的项目不都是频繁出现的，则计算项集的支持度就毫无意义。为什么了解向下封闭性原则很重要？因为这一原则将节约许多计算可能项集的时间。在拥有数十万种商品的商店中计算每个可能项集的支持度明显不实际，应尽可能减少项集的数量。降低项集数量的策略之一是利用向下封闭性构建如下算法：

1）首先，设置一个支持阈值。

2）构建一个 1 项集（单例）列表。该列表称为 CandidateSingletonList。为此，从每种可能项目的列表开始，计算 CandidateSingletonList 中每个单独项目的支持度。仅保留符合支持度阈值的单例，并将其加入 CandidateSingletonList 列表。

3）构造一个 2 项集（双个体集）列表。为此，从 CandidateSingletonList 入手，建立 CandidateSingletonList 中项目的所有可能配对的列表，这个列表称作 CandidateDoubletonList。仅保留符合支持度阈值的候选二元组，将其添加到列表 CandidateDoubletonList 中。

4）构建 3 项集（三个体集）列表。为此，从 CandidateDoubletonList 入手，建立 CandidateDoubletonList 中出现的每个可能单项的列表，将其与 CandidateDoubletonList 中的每个项目匹配，建立三元组。这个列表称为 CandidateTripletonList。仅保留符合支持度阈值的候选三元组，将其添加到列表 CandidateTripletonList 中。

5）重复 4），用前面构建的列表中的单项生成 n 项集，直到频繁项集用完。

这个算法称作 Apriori 算法，1994 年 Agarwal 和 Srikant 的论文“Fast algorithms for mining association rules in large databases”（挖掘大型数据库中关联规则的快速算法）中率先提出该算法。从那时起，人们提出了许多其他算法对其进行优化，包括利用并行性和更有趣数据结构（如树）的方法。还有用于特种篮子数据的算法，例如，篮子中是有序的项目，或者篮子中包含分类或者层次数据。但是，对于基本的频繁项集生成，Apriori 算法是经典的选择。

Apriori 算法是一种先验概率算法，它的计算量主要集中在生成频繁 2 项集上。如果能够有效减少候选集的数量，则可以显著提升算法执行的效率。根据前面提到的向下封闭性，一个项集的支持度不会超过它的子集的支持度，因此可以使用最小支持度过滤掉无用的候选项集，减少需要比较的项目数量。为此，需要设置一个最小支持度阈值，注意这个阈值不是固定的，应当根据项目的实际情况进行调整。

下面介绍 Apriori 算法产生频繁项集的过程。

Apriori 算法的先验知识

首先，通过扫描数据库，积累每个项的计数，并收集满足最小支持度阈值的项，找出频繁 1 项集的集合，该集合记为 L_1。然后，使用 L_1 找出频繁 2 项集的集合 L_2，使用 L_2 找出 L_3，如此下去直到不能再找到频繁 k 项集。

产生频繁项集的过程主要分为连接和剪枝两步：

（1）连接步　为找到 $L_k(k\geqslant 2)$，通过 L_{k-1} 与自身做连接产生 k 项集的集合 C_k。设 l_1 和 l_2 是 L_{k-1} 中的项集。记 $l_i[j]$ 表示 l_i 的第 j 个项。Apriori 算法假定事务或项集中的项按字典次序排序；对于（$k-1$）项集 l_i，对应的项排序为 $l_i[1]<l_i[2]<\cdots<l_i[k-1]$。如果 L_{k-1} 的元素 l_1 和 l_2 的前($k-2$)个对应项相等，则 l_1 和 l_2 可连接。即如果 $(l_1[1]=l_2[1])\cap(l_1[2]=l_2[2])\cap\cdots\cap(l_1[k-2]=l_2[k-2])\cap(l_1[k-1]<l_2[k-1])$ 时，l_1 和 l_2 可连接。条件 $l_1[k-1]<l_2[k-1]$ 可以保证不产生重复。连接 l_1 和 l_2 产生的结果项集为 $(l_1[1],l_1[2],\cdots,l_1[k-1],l_2[k-1])$。

（2）剪枝步　C_k 是 L_k 的超集，C_k 的成员不能确定是否是频繁项集，但所有的频繁 k 项集都包含在 C_k 中。每挖掘一层 L_k 就需要扫描整个数据库一遍，以确定 C_k 中每个候选的计数，从而根据最小支持度阈值确定 L_k。然而，C_k 可能很大，因此涉及的计算量就很大，为了压缩 C_k，需要使用 Apriori 算法的先验性质：**任一频繁项集的所有非空子集也是频繁的，任意非频繁项集的所有超集也是非频繁的**。意思就是说，生成一个 k 项集的候选项时，如果这个候选项有子集不在 L_{k-1} 中时，那么这个候选项就不用拿去和支持度判断了，直接删除。

下面通过实例具体说明 Apriori 算法的处理过程。

实例一：假设有一个数据库 D，其中有 4 个事务记录，分别表示为

标识符	T1	T2	T3	T4
项　集	I1，I3，I4	I2，I3，I5	I1，I2，I3，I5	I2，I5

这里预定最小支持度 min_sup=2，下面用图例说明算法运行的过程：

1）扫描 D，对每个候选项进行支持度计数得到表 C_1：

项　集	{I1}	{I2}	{I3}	{I4}	{I5}
支持度计数	2	3	3	1	3

2）比较候选项支持度计数与最小支持度 min_sup，产生一维最大项集 L_1：

项　集	{I1}	{I2}	{I3}	{I5}
支持度计数	2	3	3	3

3）由 L_1 产生候选项集 C_2，并扫描 D，对每个候选项集进行支持度计数：

项　集	{I1，I2}	{I1，I3}	{I1，I5}	{I2，I3}	{I2，I5}	{I3，I5}
支持度计数	1	2	1	2	3	2

4）比较候选项支持度计数与最小支持度 min_sup，产生二维最大项集 L_2：

项　集	{I1，I3}	{I2，I3}	{I2，I5}	{I3，I5}
支持度计数	2	2	3	2

5）由 L_2 产生候选项集 C_3，比较候选项支持度计数与最小支持度 min_sup，产生三维最大项集 L_3，至此算法终止。

项　集	{I2，I3，I5}
支持度计数	2

实例二：以图 7.1 所示的数据库为例，在数据库中有 4 个事务，即 $|D|=4$。每个事务都用唯一标识符 TID 做标记，事务中的项按字典存放，设 min_sup = 2。下面描述 Apriori 算法寻找 D 中频繁项集的过程。

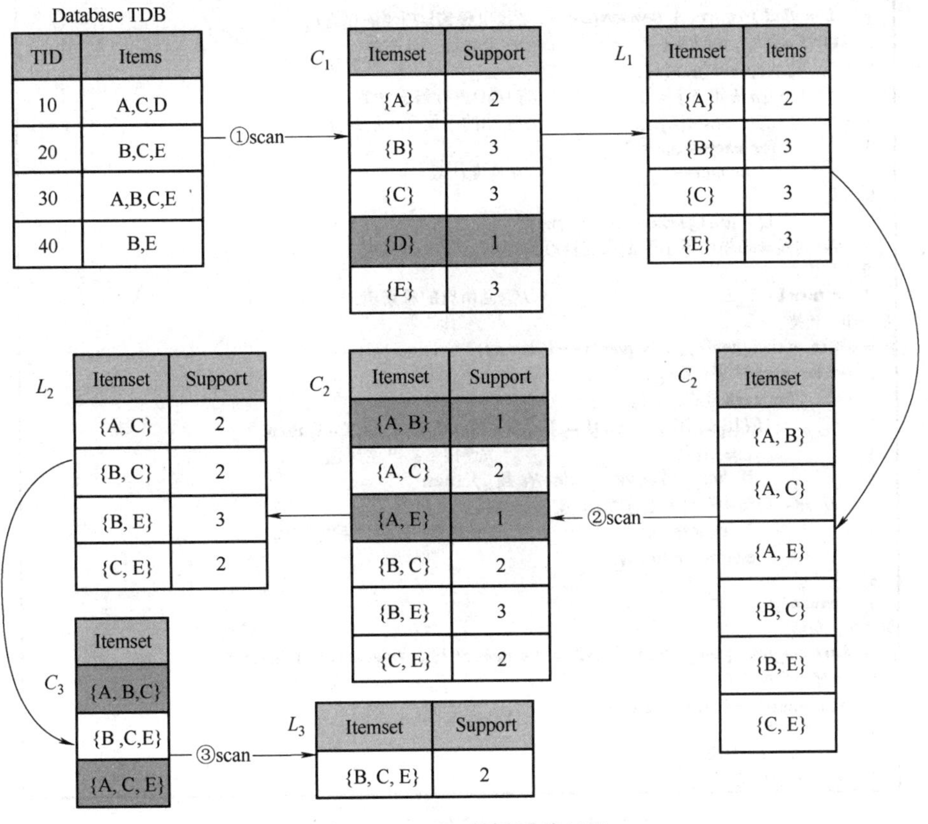

图 7.1　Apriori 算法迭代过程

1）扫描数据库 D 获得每个候选项的计数集合 C_1，由于最小事务支持度为2，删除不符合条件的项集，确定频繁1项集的集合 L_1。

2）为了发现频繁2项集的集合 L_2，算法使用连接 $L_1 \times L_1$ 产生候选2项集 C_2，扫描 D 中事务，累计 C_2 中每个候选项集的支持计数，然后，确定频繁2项集的集合 L_2，它由 C_2 中满足最小支持度的候选2项集组成。

3）通过算法 $L_2 \times L_2$ 产生候选3项集的集合 C_3，即

$$C_3 = L_2 \times L_2 = \{\{A,B,C\},\{A,C,E\},\{B,C,E\}\}$$

根据先验性质，频繁项集的所有子集必须是频繁的，可以确定前两个候选不可能是频繁的，把它们从 C_3 中删除。$\{A, B, C\}$ 的2项子集是 $\{A, B\}$，$\{A, C\}$，$\{B, C\}$，其中 $\{A, B\}$ 不是 L_2 的元素，所以 $\{A, B, C\}$ 不是频繁的；$\{A, C, E\}$ 的2项子集是 $\{A, C\}$，$\{A, E\}$，$\{C, E\}$，其中 $\{A, E\}$ 不是 L_2 的元素，所以 $\{A, C, E\}$ 也不是频繁的；$\{B, C, E\}$ 的2项子集是 $\{B, C\}$，$\{B, E\}$，$\{C, E\}$，它的所有2项子集都是 L_2 的元素，因此保留这个选项。

4）这样，剪枝后得到 $C_3 = \{\{B, C, E\}\}$，扫描 D 事务以确定 L_3，它由 C_3 中满足最小支持度的候选3项集组成，至此，算法终止，找出了所有的频繁项集。图7.2给出了 Apriori 算法和它相关过程的伪代码。

```
ALgorithm: Apriori算法流程
输入:    事务数据库D
         最小支持度阈值min_sup
输出:    D中的频繁项集L
方法:
  1   L1 = find_frequent_1_itemsets(D);          //找出频繁1-项集的集合L
  2   for(k = 2; Lk-1 ≠ φ; k++){                 //产生候选，并剪枝
  3       Ck = apriori_gen(Lk-1);
  4       for each事务 t ∈ D{                    //扫描D进行候选计数
  5           Ct = subset(Ck, t);                //得到t的子集，它们是候选
  6           for each候选c ∈ Ct
  7               c.count++;                     //支持度计数
  8       }
  9       Lk = {c ∈ Ck / c.count ≥ min_sup}
    //返回候选项集中不小于最小支持度的项集
  10  }
  11  return L = ∪k Lk                           //返回所有的频繁集
第一步：连接
procedure apriori_gen(Lk-1 : frequent (k-1)itemset)
  1     for each项集 l1 ∈ Lk-1
  2         for each项集 l2 ∈ Lk-1
  3             if(l1[1] = l2[1]) ∧ … ∧ (l1[k-2] = l2[k-2]) ∧ (l1[k-1] < l2[k-1])then{
  4               c = l1连接l2;                  //连接步：产生候选
  5               if has_infrequent_subset(c, Lk-1) then
    //若K-1项集中已经存在子集c，则进行剪枝
  6                   delete c;                  //剪枝步：删除非频繁候选
  7               else add c to Ck;
  8   }
  9   returnCk;
第二步：剪枝
procedure has_infrequent_subset(c : candidate k itemset; Lk-1 : frequent(k-1)itemset)
  1   //使用先验定理
  2   for each(k-1)subset s of c
  3       if s ∉ Lk-1 then
  4       return TRUE;
  5   return FALSE;
```

图7.2　发现频繁项集的 Apriori 算法

7.4 FP-Growth 算法

在 Apriori 算法中，每次计算支持度都需要扫描数据库，因此当数据集很大的时候，会造成很大的 I/O 开销，降低算法的运行效率，所以有很多 Apriori 的变种算法都是针对该问题进行优化，其中 FP-Growth 算法很好地解决了这个问题。

FP-Growth 算法（Frequent Pattern-Growth）是另一种找出频繁项集的方法，与先生成规则再筛选的 Apriori 算法不同，FP-Growth 算法是将数据库中符合频繁 1 项集规则的事务映射在一种图数据结构中，即 FP 树，而后据此再生成频繁项集，整个过程只需要扫描两次数据集。下面我们通过一个例子来解释如何生成 FP 树。

数据库 D 内有 10 个事务，即 $|D|=10$，如表 7.3 所示，每个事务都用唯一标识符 TID 做标记，事务中的项按字典存放，设 min_sup = 20%。下面描述 FP-Growth 算法寻找 D 中频繁项集的过程。

表 7.3　某店铺数据库事务数据

TID	Items	TID	Items
1	{A, B}	6	{A, B, C, D}
2	{B, C, D}	7	{B, C}
3	{A, C, D, E}	8	{A, B, C}
4	{A, D, E}	9	{A, B, D}
5	{A, B, C}	10	{B, C, E}

7.4.1 FP Tree 数据结构

为了减少 I/O 次数，需要先引入一些数据结构来临时存储数据，包括三部分，如图 7.3 所示。

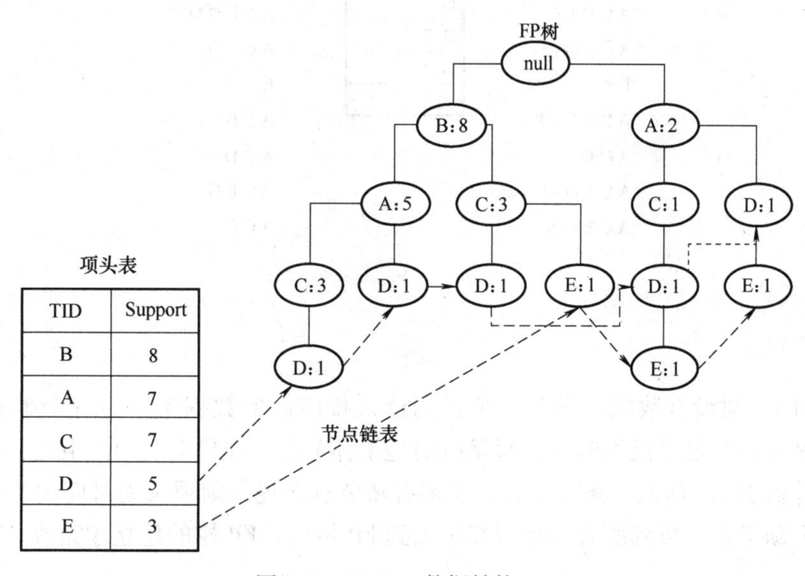

图 7.3　FP Tree 数据结构

第一部分是项头表，里面记录了所有的频繁 1 项集出现的次数，按照次数降序排列。例如，图 7.3 中 *B* 在所有 10 组数据中出现了 8 次，因此排在第一位。第二部分是 FP 树（FP Tree），它将原始数据集映射到了内存中的一棵 FP 树，这个 FP 树是怎么建立的呢？稍后会详细介绍。第三部分是节点链表，所有项头表里的频繁 1 项集都是一个节点链表的头，依次指向 FP 树中该频繁 1 项集出现的位置。这样做主要是方便项头表和 FP 树之间的联系查找和更新。下面介绍项头表和 FP 树的建立过程。

7.4.2　项头表的建立

FP 树的建立依赖于项头表。所以首先说明如何建立项头表。第一次扫描数据，得到所有频繁 1 项集的计数。然后删除支持度低于阈值的项，将频繁 1 项集放入项头表，并按照支持度降序排列。接着第二次也是最后一次扫描数据，将读到的原始数据剔除非频繁 1 项集，并按照支持度降序排列。上面这段话很抽象，我们用具体例子来解释。

图 7.4 中有 10 条数据，首先第一次扫描数据并对 1 项集计数，发现 O，I，L，J，P，M，N 都只出现一次，支持度低于最小阈值 20%，因此它们不会出现在项头表中。剩下的 A，C，E，G，B，D，F 按照支持度的大小降序排列，组成了项头表。接着第二次扫描数据，对于每条数据剔除非频繁 1 项集，并按照支持度降序排列。例如，数据项 ABCEFO，里面 O 是非频繁 1 项集，因此被剔除，只剩下 ABCEF。进一步按照支持度的顺序排序，就得到了 ACEBF。其他的数据项以此类推。为什么要将原始数据集里的频繁 1 项集进行排序呢？这是为了在后面建立 FP 树时，可以尽可能地共用祖先节点。通过两次扫描，项头表已经建立，排序后的数据集也得到了，下面就可以开始建立 FP 树。

数据	项头表 支持度大于20%	排序后的数据集
A B C E F O	A:8	A C E B F
A C G	C:8	A C G
E I	E:8	E
A C D E G	G:5	A C E G D
A C E G L	B:2	A C E G
E J	D:2	E
A B C E F P	F:2	A C E B F
A C D		A C D
A C E G M		A C E G
A C E G N		A C E G

图 7.4　项头表建立过程

7.4.3　FP 树的建立

开始时 FP 树没有数据，需要一条条的读入排序后的数据集，为每个事务创建一个分支，排序靠前的节点是祖先节点，而靠后的是子孙节点。如果有共用的祖先，则对应的共用祖先节点计数加 1。插入一条事务后，如果有新节点出现，则项头表对应的节点会通过节点链表链接上新节点。直到所有的数据都插入到 FP 树后，FP 树的建立才完成。下面继续用上例来描述：

首先，插入第一条数据 ACEBF，如图 7.5 所示。此前 FP 树没有节点，因此 ACEBF 是一个独立的路径，所有节点计数为 1，项头表通过节点链表链接上对应的新增节点。

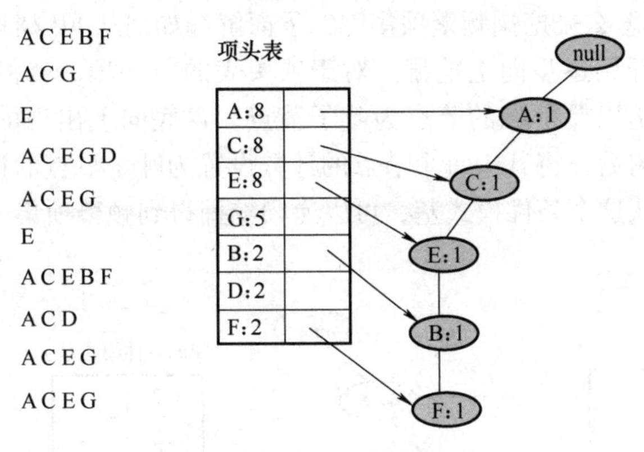

图 7.5　插入第一条数据 ACEBF

接着插入数据 ACG，如图 7.6 所示。由于 ACG 和现有的 FP 树存在共有的祖先节点序列 AC，因此只需要增加一个新节点 G，将新节点 G 的计数记为 1。同时 A 和 C 的计数加 1 成为 2。当然，对应的 G 节点的节点链表也要更新。

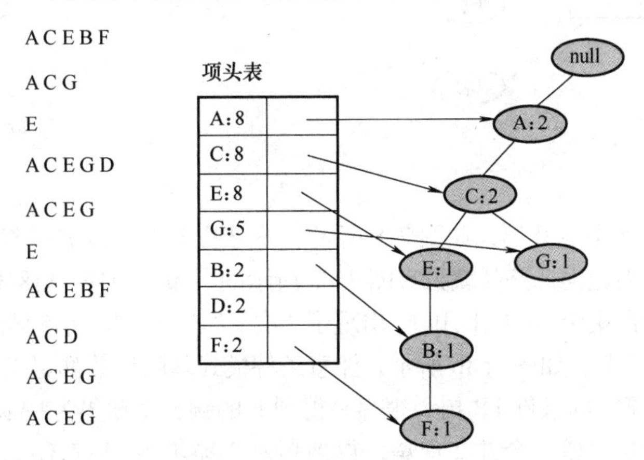

图 7.6　插入第二条数据 ACG

同样的办法可以更新后面 8 条数据，最终生成的 FP 树如图 7.7 所示。

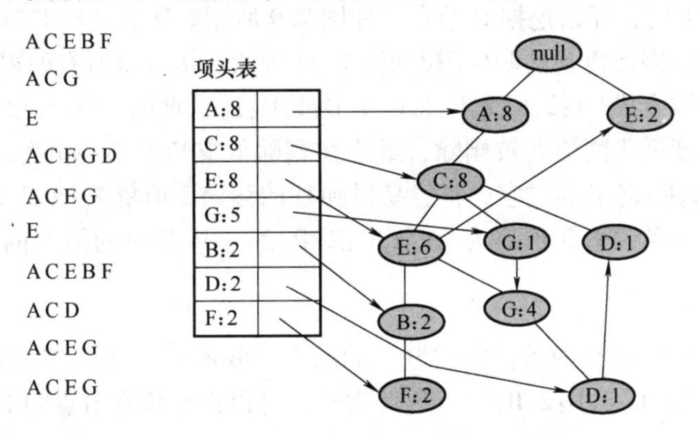

图 7.7　存放全部数据集的 FP 树

7.4.4　FP树的挖掘

FP树建立起来后怎么去挖掘频繁项集呢？下面解释如何从FP树里挖掘频繁项集。首先要从项头表的底部项开始逐步向上挖掘。对于项头表的每一项，我们要找到它的条件模式基。所谓条件模式基是以要挖掘的节点为叶子节点，自底向上出现的前缀路径集，也称为FP子树。获得FP子树后，将其中每个节点的计数设置为叶子节点的计数，并删除计数低于最小支持度的节点。从这个条件模式基，可以递归挖掘得到频繁项集。具体步骤还是以前面的例子来讲解。

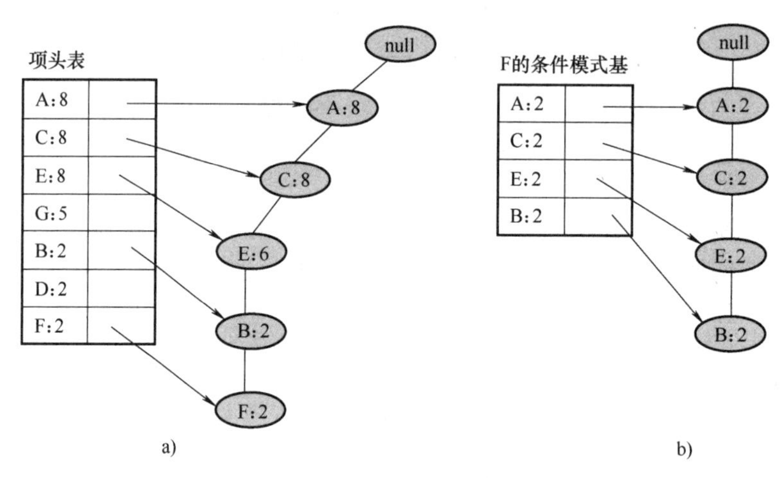

图7.8　F节点条件FP子树

首先从最底部的F节点开始，如图7.8所示。先寻找F节点的条件模式基，由于F在FP树中只有一个节点，因此候选路径就只有图7.8a所示的一条，对应{A:8,C:8,E:6,B:2,F:2}，它代表的意义是原数据集中{A,C,E,B,F}出现了2次。“F”的唯一前缀路径{(A C E B:2)}构成了“F”的条件模式基，如图7.8b所示。注意条件模式基的计数都定义为“F”的计数。根据条件模式基构建“F”的条件FP树，很容易得到F的频繁2项集为{A:2,F:2}，{C:2,F:2}，{E:2,F:2}，{B:2,F:2}。递归合并2项集，得到频繁3项集为{A:2,C:2,F:2}，{A:2,E:2,F:2}，…，还有一些频繁3项集，这里不逐一列出了。一直递归下去，最大的频繁项集为频繁5项集，为{A:2,C:2,E:2,B:2,F:2}。

F节点挖掘结束后，开始挖掘D节点，如图7.9所示。D节点比F节点复杂一些，因为它有两个叶子节点，因此得到的FP子树如图7.9a所示。接着将所有的祖先节点计数设置为叶子节点的计数，即变成{A:2,C:2,E:1,G:1,D:1,D:1}，此时E节点和G节点由于在条件模式基里面的支持度低于阈值而被删除，最终在删除低支持度节点并除去叶子节点后D的条件模式基为{A:2,C:2}。通过它，很容易得到D的频繁2项集为{A:2,D:2}，{C:2,D:2}。递归合并2项集，得到频繁3项集为{A:2,C:2,D:2}。D对应的最大的频繁项集为频繁3项集。

同样的方法可以得到B的条件模式基，如图7.10b所示，递归挖掘到B的最大频繁项集为频繁4项集{A:2,C:2,E:2,B:2}。以此类推，可以得到所有节点的FP子树。

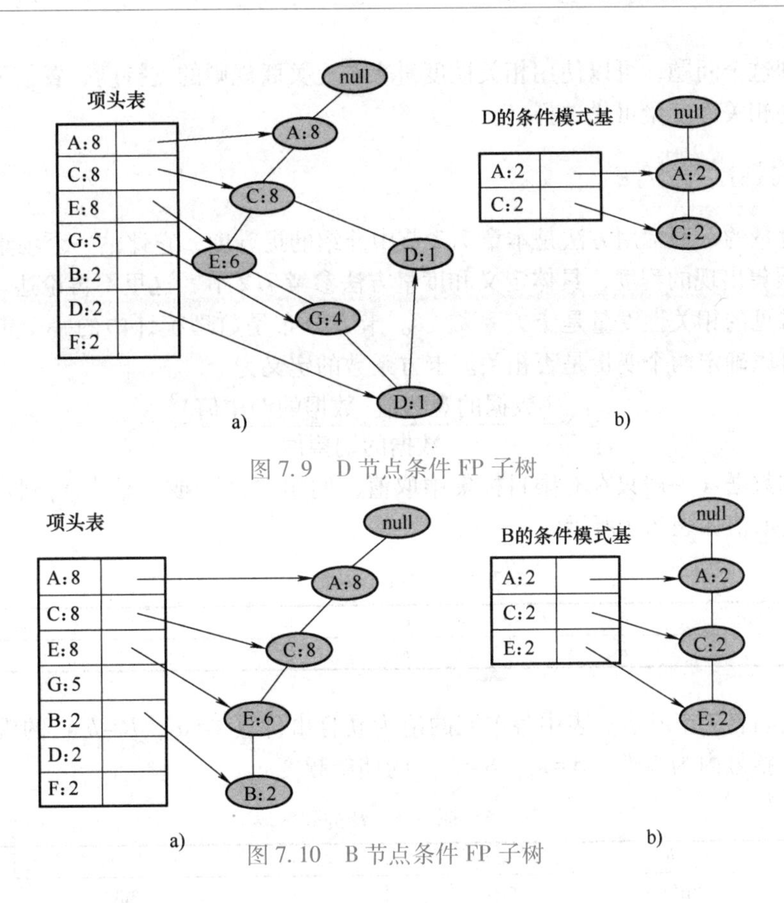

图 7.9　D 节点条件 FP 子树

图 7.10　B 节点条件 FP 子树

7.4.5　FP 树算法归纳

这里对 FP-Growth 算法流程做一个归纳，算法包括五步：

1）扫描数据库，得到所有频繁 1 项集的计数。然后删除支持度低于阈值的项，将频繁 1 项集放入项头表，并按照支持度降序排列。

2）扫描数据库，将读到的原始数据剔除非频繁 1 项集，并按照支持度降序排列。

3）读入排序后的数据集，插入 FP 树。插入时按照排序后的顺序，排序靠前的节点是祖先节点，而靠后的是子孙节点。如果有共用的祖先，则对应的共用祖先节点计数加 1。插入后，如果有新节点出现，则项头表对应的节点会通过节点链表链接上新节点。直到所有的数据都插入到 FP 树后，FP 树的建立才完成。

4）从项头表的底部项依次向上找到项头表项对应的条件模式基。从条件模式基递归挖掘得到项头表项目的频繁项集。

5）如果不限制频繁项集的项数，则返回步骤 4 所有的频繁项集，否则只返回满足项数要求的频繁项集。

7.5　关联模式评估

从上文的例子不难看出，大部分关联规则挖掘都是用支持度-置信度框架。尽管最小支持度和最小置信度阈值有助于排除大量无趣规则的探查，但仍不足以过滤掉无趣的关联规则。为了处理这个问题，可以使用相关性度量来扩充关联规则的支持度、置信度框架。目前有许多不同的相关性度量可供选择。

7.5.1　相关性度量方法

相关性度量的一种常用方法是本章 7.2 节中介绍的提升度，它评估一个项集的出现“提升”另一个项集出现的程度，具体定义和度量方法参考 7.2 节，这里不再论述。

第二种常见的相关性度量是卡方系数 χ^2。卡方分布是数理统计中的一个重要分布，利用卡方系数可以确定两个变量是否相关。卡方系数的定义为

$$\chi^2=\sum\frac{(\text{数据的观测值}-\text{数据的期望值})^2}{\text{数据的期望值}}$$

对于标称数据（一般只在有限目标集中取值，例如“真”或“假”），假设 A、B 为 2 个属性值，其取值如表 7.4 所示。

表 7.4　属性 A、B 的取值

属性 A	a_1	a_2	…	a_i
属性 B	b_1	b_2	…	b_j

其列联表如表 7.5 所示。表中各单元的值为联合事件（$A=a_i$，$B=b_j$）的观测频度，即实际计数 o_{ij}，括号内为事件（$A=a_i$，$B=b_j$）的期望频度 e_{ij}。

表 7.5　属性 A、B 的列联表

	b_1	b_2	…	b_j	…
a_1	$o_{11}(e_{11})$	$o_{12}(e_{12})$	…	$o_{1j}(e_{1j})$	…
a_2	$o_{21}(e_{21})$	$o_{22}(e_{22})$	…	$o_{2j}(e_{2j})$	…
⋮	⋮	⋮		⋮	
a_i	$o_{i1}(e_{i1})$	$o_{i2}(e_{i2})$	…	$o_{ij}(e_{ij})$	…
⋮	⋮	⋮		⋮	

由表 7.5 可得卡方值

$$\chi^2=\sum_{i=1}^{i}\sum_{j=1}^{j}\frac{(o_{ij}-e_{ij})^2}{e_{ij}}$$

其中 $e_{ij}=\dfrac{\text{count}(A=a_i)\times\text{count}(B=b_j)}{n}$，count$(A=a_i)$ 是 A 上具有 a_i 的元组个数，count$(B=b_j)$ 是 B 上具有 b_j 的元组个数。下面通过例 7.1 解释该统计度量的使用。

例 7.1　如果 A 对应于游戏的销售，B 对应于录像的销售，设 $\overline{\text{game}}$ 表示不包含游戏的事务，$\overline{\text{video}}$ 表示不包含录像的事务，这些事务可以汇总在一个列联表中，如表 7.6 所示。

表 7.6　game 与 video 的列联表

	game	$\overline{\text{game}}$	$\sum_{\text{row}}$
video	4000（4500）	3500（3000）	7500
$\overline{\text{video}}$	2000（1500）	500（1000）	2500
$\sum_{\text{col}}$	6000	4000	10000

表 7.6 括号中表示的是期望值，它通过公式 $e_{ij}=\dfrac{\text{count}(A=a_i)\times\text{count}(B=b_j)}{n}$ 计算出。例如：（买录像，买游戏）的期望值 $E=\dfrac{6000\times7500}{10000}=4500$，因为在总体记录中有 75%的人买录像，而买游戏的有 6000 人，于是我们期望这 6000 人中有 75%（即 4500）的人买录像。其他三个期望值可以类似计算得到。为了计算 χ^2 值，需要计算列联表相应位置（A、B 对）的观测值和期望值差的平方，然后除以期望值，最后对所有位置的计算结果求和。现在来计算买游戏与买录像的卡方系数：

$$\chi^2=\sum\frac{(\text{数据的观测值}-\text{数据的期望值})^2}{\text{数据的期望值}}$$

$$=\frac{(4000-4500)^2}{4500}+\frac{(3500-3000)^2}{3000}+\frac{(2000-1500)^2}{1500}+\frac{(500-1000)^2}{1000}$$

$$=555.6$$

卡方系数需要查表才能确定值的意义，对于这个 2×2 的表，自由度$(r-1)(c-1)=$(行数-1)(列数-1)= 1，在 0.001 的置信度下，查表得到拒绝假设的值为 6.63，555.6 大于 6.63，因此拒绝 A、B 独立的假设，即认为 A、B 是相关的。而（买录像，买游戏）的期望值 $E=4500>4000$，因此认为 A、B 呈负相关。这里需要一定的概率统计知识，读者如果想了解，可以查阅概率论与数理统计相关的书籍。

上面的讨论表明，不使用简单的支持度-置信度框架来评估模式，使用其他度量，如提升度和卡方系数，常常可以揭示更多的模式内在联系。除此之外，研究人员还经常会用到以下 4 种度量：全置信度、最大置信度、Kulc 系数和余弦。

（1）全置信度（all_confidence）　给定两个项集 A 和 B，A 和 B 的全置信度定义为

$$\text{all\_confidence}(A,B)=\frac{\sup(A\cup B)}{\max\{\sup(A),\sup(B)\}}=\min\{P(A|B),P(B|A)\}$$

其中，$\max\{\sup(A),\sup(B)\}$ 是 A 和 B 的最大支持度，因此，all_confidence(A，B）又是两个关联规则“$A=>B$”和“$B=>A$”的最小置信度。对于前面的例子，all_confidence(买游戏，买录像) = min{confidence(买游戏→买录像)，confidence(买录像→买游戏)} = min{66.7%，53.3%} =53.3%。全置信度有 2 点性质：①零不变性。即它的值不受空数据的影响。②向下封闭性。如果一个模式全置信，它的子模式也全置信。如果一个模式是非全置信的，那么该模式增长后也达不到最小全置信度阈值。由此得出，如果阈值设置得足够高，那么全置信度能够度量项集的强关联属性。

（2）最大置信度（max_confidence）　最大置信度与全置信度相反，求的不是最小的置信度而是最大的置信度，$\text{max\_confidence}(A,B)=\max\{\text{confidence}(A\rightarrow B),\text{confidence}(B\rightarrow A)\}$，很显然，最大置信度衡量了共同部分对较小支持度项的影响。

（3）Kulc 系数　Kulc 系数就是对两个置信度求平均。给定两个项集 A 和 B，A 和 B 的 Kulc 系数度量定义为

$$\text{Kulc}(A,B)=\frac{1}{2}(\text{conf}(A\Rightarrow B)+\text{conf}(B\Rightarrow A))=\frac{P(A|B)+P(B|A)}{2}$$

该度量可以看作两个置信度的平均值，更确切地说，它是两个条件概率的平均值。

（4）余弦（cosine）　给定两个项集 A 和 B，A 和 B 的余弦度量 cosine（A，B）定义为

$$\text{cosine}(A,B)=\frac{P(A\cup B)}{\sqrt{P(A)\times P(B)}}=\frac{\sup(A\cup B)}{\sqrt{\sup(A)\times\sup(B)}}=\sqrt{P(A|B)\times P(B|A)}$$

余弦度量可以看作调和提升度度量，和提升度的公式类似，不同之处在于余弦对 A 和 B 的概率乘积取平方根。通过取平方根，余弦值仅受 A、B 和 $A\cup B$ 的支持度的影响，而不受事务总个数的影响。

以上四个度量仅仅受条件概率 $P(A|B)$ 和 $P(B|A)$ 的影响，而不受事务总个数的影响。并且取值都在 0~1 范围内，值越大，表明 A 和 B 的联系越紧密。

7.5.2　关联模式评估度量比较

下面通过一个例子比较以上 6 种度量方法。表 7.7 显示一组事务数据集，分别统计了牛奶和咖啡两种商品的购买情况，其中 mc 表示同时包含牛奶和咖啡的事务数量，$\overline{m}c$ 表示不包含牛奶但包含咖啡的事务数量，$m\overline{c}$表示包含牛奶但不包含咖啡的事务数量，$\overline{mc}$表示既不包含牛奶也不包含咖啡的事务数量。

表 7.7　使用不同数据集比较 6 种关联模式评估度量

数据集	mc	$\overline{m}c$	$m\overline{c}$	$\overline{mc}$	χ^2	提升度	全置信度	最大置信度	Kulc 系数	余弦
D_1	10000	1000	1000	100000	90557	9.26	0.91	0.91	0.91	0.91
D_2	10000	1000	1000	100	0	1	0.91	0.91	0.91	0.91
D_3	100	1000	1000	100000	670	8.44	0.09	0.09	0.09	0.09
D_4	1000	1000	1000	100000	24740	25.75	0.50	0.50	0.50	0.50
D_5	1000	100	10000	100000	8173	9.81	0.09	0.91	0.50	0.29
D_6	1000	10	100000	100000	965	1.97	0.01	0.99	0.50	0.10

先考察前 4 个数据集 D_1~D_4，从表中可以看出，m 和 c 在数据集 D_1 和 D_2 中是正相关的，在 D_3 中是负相关的，而在 D_4 中是不相关的。对于 D_1 和 D_2，m 和 c 是正相关的，因为 mc（10000）显著大于$\overline{m}c$（1000）和 $m\overline{c}$（1000）。直观地，对于购买牛奶的人（m=10000+1000=11000）而言，他们非常可能也购买咖啡（conf(m=>c)= 10/11=91%），反之亦然。新介绍的 4 个度量在 D_1 和 D_2 数据集上都产生了度量值 0.91，显示 m 和 c 是强正相关的。然而，由于对$\overline{mc}$敏感，提升度和χ^2对 D_1 和 D_2 产生了显著不同的度量值。事实上，在许多实际情况下，$\overline{mc}$通常都很大并且不稳定。因此，好的度量不应该受不包含感兴趣项的事务影响，否则会产生不稳定的结果。类似地，对于 D_3，4 个新度量都正确地表明 m 和 c 是强负相关的，因为 mc 和 c 之比等于 mc 与 m 之比，即 100/1100=9.1%。然而，提升度和χ^2都错误地与此相悖。对于 D_4，提升度和χ^2都显示了 m 和 c 之间强正相关，而其他度量都指示不相关，因为 mc 和$\overline{m}c$ 之比等于 mc 和 $m\overline{c}$之比，均为 1。这意味着如果一位顾客购买了咖啡（或牛奶），则他同时购买牛奶（或咖啡）的概率为 50%。

由此可见，当遇到零事务（不包含任何考察项集的事务）的个数大大超过个体购买个

数的数据集时，提升度和χ^2识别数据集关联关系的能力比较差，在以上例子中，$\overline{mc}$表示零事务的个数，提升度和χ^2都受$\overline{mc}$的影响很大。所以，常用的判断方法并不是提升度，而是 Kulc 度量+不平衡比（IR），可以有效降低零事务造成的影响。前文介绍过 Kulc 系数的概念，这里简单说明 IR 的概念，它的定义为

$$\text{IR}(A,B)=\frac{|\sup(A)-\sup(B)|}{\sup(A)+\sup(B)-\sup(A\cup B)}$$

IR 定义两个项集 A 和 B 的不平衡程度。其中，分子是项集 A 和 B 支持度之差的绝对值，分母是包含项集 A 或 B 的事务数。如果 A 和 B 两个项集的支持度相同，则 $\text{IR}(A, B)=0$；否则，两者之差越大，不平衡比就越大。这个比例独立于零事务的个数，也独立于事务总数。同样，$\text{Kulc}=0.5P(B|A)+0.5P(A|B)$，该公式避开了支持度的计算，因此也不会受零事务的影响。实际应用中，零事务的个数可能大大超过个体购买的个数，在上面讨论的 6 种度量中，除了提升度和χ^2，其他 4 个度量都对有趣的模式关联有很好的指示作用，因为它们的定义不受零事务个数的影响。

上面的讨论表明，度量值独立于零事务的个数是非常有用的。总之，仅用支持度和置信度度量来挖掘关联可能产生大量规则，但其中大部分规则用户是不感兴趣的。附加的度量显著地减少了所产生规则的数量，并且会发现更有意义的规则。

关联规则算法举例

习　题

7.1　某数据库有 5 个事务，如表 7.8 所示。设 min_sup=60%，min_conf=80%。

表 7.8　购买商品清单

TID	购买的商品
T100	{m, o, n, k, e, y}
T200	{d, o, n, k, e, y}
T300	{m, a, k, e}
T400	{m, u, c, k, y}
T500	{c, o, k, y, e}

（1）分别使用 Apriori 算法和 FP-Growth 算法找出频繁项集，比较两种挖掘过程的有效性。

（2）列举所有与以下规则匹配的前关联规则（给出支持度 s 和置信度 c），其中，X 是代表顾客的变量，item_i是表示项的变量（如“m”“o”等）：

$$\forall x\in \text{数据库事务}, \text{buys}(X,\text{item}_1)\wedge \text{buys}(X,\text{item}_2)\Rightarrow \text{buys}(X,\text{item}_3)$$

7.2　表 7.9 所示是一个简单的用户收入信息表，包含性别、年龄、教育程度、职业及工资收入，设 min_sup=0.5，min_conf=0.7，请根据该数据库事务表求得所有强关联规则。

表7.9　用户收入信息表

记录号（TID）	性　别	年　龄	学　历	职　业	薪　资
100	男	46	博士	教师	7500
200	女	32	硕士	教师	6500
300	男	35	本科	工程师	4900
400	男	40	硕士	教师	6000
500	男	37	博士	教师	7000
600	男	25	本科	工程师	4000

7.3　表7.10所示的列联表汇总了超市的事务数据。其中，hot dogs表示包含热狗的事务，$\overline{\text{hot dogs}}$表示不包含热狗的事务，hamburgers表示包含汉堡包的事务，$\overline{\text{hamburgers}}$表示不包含汉堡包的事务。$\sum_{row}$ 表示当前行事物数的总和，$\sum_{col}$ 表示当前列事物数的总和。

表7.10　hot dogs和hamburgers列联表

	hot dogs	$\overline{\text{hot dogs}}$	$\sum_{row}$
hamburgers	2000	500	2500
$\overline{\text{hamburgers}}$	1000	1500	2500
$\sum_{col}$	3000	2000	5000

（1）假设挖掘出了关联规则“hot dogs => hamburgers”。若给定最小支持度阈值20%，最小置信度阈值50%，请问该关联规则是强规则吗？

（2）根据给定的数据，买hot dogs独立于买hamburgers吗？如果不是，两者之间存在何种联系？

（3）在给定的数据上，将全置信度、最大置信度、Kulc系数的分析结果与提升度进行比较。

第8章 大数据可视化技术

在大数据时代，种类繁多的信息源产生大量的数据，复杂繁多的数据已远远超出了人脑分析解释这些数据的能力，那么如何将大数据的处理信息更加直观地呈现出来，以帮助人们理解数据，同时找出包含在海量数据中的规律或者信息就显得尤为重要。数据可视化是根据数据的特性，将大型数据以直观、生动、易理解的方式呈现给用户，给予人们深刻与意想不到的洞察力，可以有效提升数据分析的效率和效果。

本章首先介绍数据可视化的概念、原则、重要性及其发展历程，然后分别介绍可视化分析工具及编程工具，最后介绍数据可视化在医学、金融和电信行业的应用。

8.1 可视化技术概述

海量烦琐复杂的数据对人们来说是枯燥无趣的。数据可视化是指将枯燥无趣的数据通过图表形式表示出来，使之变得生动、有趣。数据可视化不仅有助于简化人们的分析过程，也在很大程度上提高了分析数据的效率，发现数据中隐含的价值，从而实现简洁高效地传达信息。

数据可视化（Visualization）是关于数据视觉表现形式的研究，是利用计算机图形学和图像处理技术将大型集中的数据以图表形式表示，并进行交互处理的理论、方法和技术。它使人们不再局限于通过关系数据表来观察和分析数据信息，而是更加明了地通过直观图形图像来发现数据中不同变量潜在联系的过程。它是一门综合艺术、计算机、统计、心理学的学科，并随着大数据时代的发展而进一步繁荣。

8.1.1 数据可视化的原则

数据可视化让数据的信息变得更有意义，更好地展示了数据的价值，它可以优美地将大数据中的繁杂信息简化成既美观又富有意义的可视化图形，让读者可以轻松地了解数据背景，得到所需信息。数据可视化的原则通常有以下几点：

1. 理解数据源及数据

数据源即为数据的来源，数据可视化关键的第一步是确保了解需要进行可视化的数据，它可以是各种数据类型，数据源必须可靠、实用、完整、真实且具备更新能力。在数据可视化工作开始之前，应当做好一些前期基础工作，如对数据有全局宏观的理解，了解被收集的数据可以展现什么样的价值，只有这样才能有针对性地进行下一步工作，创造出既有意义又人性化的数据可视化结果。

2. 明确数据可视化的目的

好的数据可视化不仅是形式上美观，还要能够帮助人们去解读之前无法触及的内容，并使这些内容赋有意义和指导性。因此在进行数据可视化操作之前，除了应当了解数据源及数据之外，还必须要明确数据可视化的目的。要呈现的是什么样的数据，这些数据是被谁使用的，需要起到什么样的作用和效果，想要看到什么样的结果，是针对一个活动的分析还是针对一个发展阶段的分析，是研究用户还是研究销量等。

3. 注重数据的比较

从大量的数据中想要了解数据所反映出的问题，就必须要有所比较。数据比较是相对的，不仅在于量的呈现，更能够看到问题所在。一般同比或者环比使用得较多。

4. 建立数据指标

在数据可视化的过程中，建立数据指标才会有对比性，才知道对比的标准在哪里，也才能更好地知道问题所在。数据指标的设置要结合具体的业务背景，科学地进行处理，不是凭空设置。用户可根据现有的数据指标进行深层次的自我思考，而不是仅仅给用户呈现一个数据形式及结果。

5. 简单法则

数据可视化是将数据意义以一种简单直观的方式呈现给用户，而不是让用户接收冗余的过载信息。其关键就在于采用用户第一的理念，专注简单的设计方法。这样才能将复杂或者零散的信息变得切实可行，易于理解。

6. 数据可视化的艺术性

艺术性是指数据的可视化呈现应当具有艺术性，符合审美规则以吸引读者的注意力。数据展示的形式从总体到局部，要有一个逻辑清晰的思路，对问题才会有针对性的解决办法。在保证基础数据被展示的同时，还要增加图形的可读性和生动性。只有让数据表格或者数据图形呈现的方式更加多样化，才能进一步引起读者的兴趣，提升体验感。

8.1.2 数据可视化的重要性

随着大数据时代的到来，数据的容量和复杂性在不断增加，从而限制了普通用户对数据的理解，更不能直接从中获取价值。而再重要的结论，如果用户无法理解或无法获取有用价值，都是没有任何意义的。数据可视化就是这样一种帮助用户分析、理解和共享信息的极好媒介。因此，可视化的需求越来越大，依靠可视化手段进行数据分析必将成为大数据分析流程的主要环节之一。

从人类大脑处理信息的方式看，人类的视觉系统更容易接受来自外界的信息，因而理解大量复杂数据时使用图表要比传统的查看电子表格或报表更容易。数据可视化可以将大量复杂数据以图表的方式展现出来，使枯燥无味的数据变得更加通俗易懂，从而使人们从中获得大量有价值的信息。

数据可视化可以使人们通过视觉形象比较直观地从海量数据中获取数据之间不同模式或过程的联系与区别。数据可视化有助于人们更加方便快捷地理解数据的深层次含义，有效参与复杂的数据分析过程，提升数据分析效率，改善数据分析效果。

数据可视化能够使人们有效地利用数据，使用更多的数据资源，从中获取更多的有用信息，提出更好的解决方案。利用可视化分析的结果，人们能够快速地获取诸如需要注意的问题或改进的方向、不利因素、预测等问题的答案。这样，就能最大限度地提高生产力，让信息的价值最大化。

数据可视化可以增强数据对人们的吸引力。它将枯燥的数据以数据图表动态、立体地呈现出来，使读者一目了然，能够在短时间内消化和吸收数据的内容，极大地提高了人们理解数据知识的效率，增强读者的阅读兴趣。

8.1.3　数据可视化发展历程

数据可视化源于 20 世纪 50 年代，随着计算机的出现及计算机图形学的发展，人们可以利用计算机技术在计算机屏幕上绘制出各种图形。1857 年“提灯女神”南丁格尔设计的“鸡冠花园”（又称玫瑰图），以图形的方式直观地呈现了英国在克里米亚战争中牺牲战士的数量和死亡原因，有力地说明了改善军队医院的条件对减少战争伤亡的重要性。数据可视化的发展虽已经历数世纪之久，但其依旧处在不断变革的过程中。

随着大数据时代的到来，每时每刻都有海量数据不断生成，大规模、高维度、非结构化数据层出不穷，计算机运算能力也随之迅速提升，建立起规模越来越大、复杂程度越来越高的数据模型，从而构造出各种巨大的数据集。人类开始有意识地收集数据，用图形描绘量化信息就是人类对世界进行的观察、测量和管理的需求之一。这就需要我们对数据进行及时、全面、快速、准确地分析，呈现数据背后的价值。数据可视化技术可以更好地协助我们理解和分析数据，可以将这些数据以可视化形式完美地展示出来。

可视化技术开启了全新的发展阶段。最初，可视化技术被大量应用于统计学领域，用来绘制统计图表，如圆环图、柱状图、饼图、直方图、时间序列图、等高线图、散点图等。显然传统的可视化技术已很难满足大数据时代的需求，因此出现了高分高清大屏幕拼接可视化技术，它具有超大画面、纯真彩色、高亮度、高分辨率等显著优势。后来，又逐步应用于地理信息系统、数据挖掘分析、商务智能工具等，让使用者更加方便地进行数据的理解和空间知识的呈现。因而，可视化成为大数据分析最后的一环和对用户而言最重要的一环。

8.2　数据可视化工具

目前已经出现了许多数据可视化工具供用户选择使用，其中大部分都是免费的，可以满足各种可视化需求。在众多可视化工具面前到底选择哪一种工具才最为合适，这将取决于数据本身以及用户进行数据可视化的目的。一些工具适合用来快速浏览数据，而另一些工具则适合用户设计图表。通常情况是，将某几个工具有效地结合起来使用才是最合适的。

数据可视化工具主要有两大类：可视化分析工具和可视化编程工具。前者用户可以直接通过单击或者拖拽等进行数据可视化；而后者需要用户调用其中的可视化工具包，进行简单的代码编写，以实现数据可视化。不论是哪种工具其目的都是协助用户理解数据。

在大数据时代，可视化工具必须具有以下几个特征：

(1) 实时简单　数据可视化工具必须能高效地收集和分析数据，并对数据信息进行实时更新，并且满足快速开发、易于操作的特性，能适应互联网时代信息多变的特点。

（2）多种数据源　数据可视化工具应该能够帮助用户在进行可视化分析时方便接入各种系统和数据文件，包括文本文件、数据库及其他外部文件。

（3）数据处理　用户往往会在数据处理环节耗费大量时间，在大多数情况下，采集到的数据常常包含许多含有噪声、不完整，甚至不一致的数据，例如，缺少字段或者包含没有意义的值。这就要求可视化工具具有高效、便捷的数据处理能力，可以帮助用户快速完成这一过程，从而提高工作效率。

（4）分析能力　数据可视化工具必须具有数据分析能力，用户可以通过数据可视化实现对图表的支持及扩展，并在此基础上进行数据的钻取、交互和高级分析等。

（5）协作能力　在越来越重视团队协作的今天，用户不仅需要简单、易用、灵活的可视化工具，更需要一个可以实现共享数据、协同完成数据分析流程的平台，以便管理者可以基于该平台进行问题沟通并做出相应决策。

8.2.1　可视化分析工具

可视化分析工具，就是那种安装后即可用的软件，可以让更多的用户短时间内实现数据可视化，快速处理数据。它能够满足大众的可视化需求，是一种比较常规通用的可视化工具，支持用户通过直接单击或者拖拽等方式进行数据可视化。

1. Microsoft Excel

Microsoft Excel 作为入门级工具，是微软公司旗下目前最受欢迎的办公套件 Microsoft Office 中的主要成员之一，具有管理、计算和自动处理数据、制作表格、绘制图表以及金融管理等多方面能力。它是创建电子表格并进行快速分析及处理数据的理想工具，可以自动计算表格里面的整列数字，也可以根据用户输入的简单表格或者软件内置的更加复杂的公式进行其他计算，也能创建供内部使用的数据图，将数据转换成各种形式的彩色图表。

Microsoft Excel 支持通过图表、数据条和条件格式等形式将工作表数据转换成图片，具有较好的数据可视化效果，可以快速表达用户的观点，方便用户查看数据的差异、图案及预测趋势等。例如，用户不必分析工作表中多个数据列就可以很清楚地看到各个班级成绩的分布情况（见图8.1、图8.2），非常方便地了解班级学生对知识的掌握情况。但是 Microsoft Excel 在颜色、线条和样式上选择的范围非常有限，因此不容易制作出符合专业出版物或网站需求的数据图。

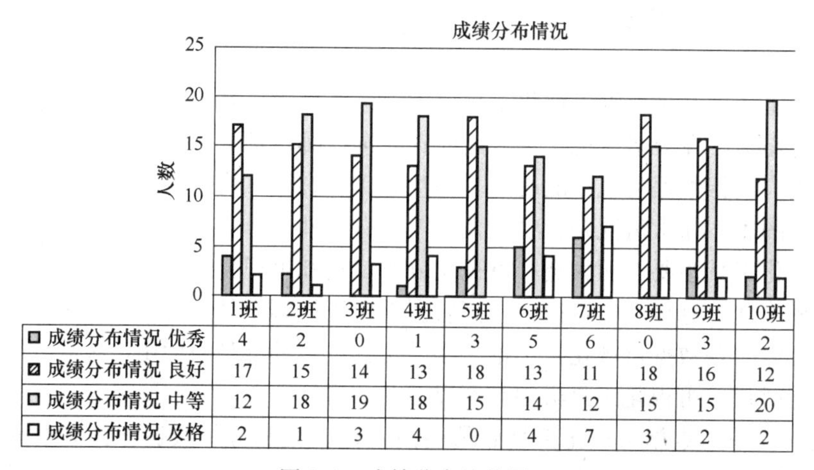

	1班	2班	3班	4班	5班	6班	7班	8班	9班	10班
成绩分布情况 优秀	4	2	0	1	3	5	6	0	3	2
成绩分布情况 良好	17	15	14	13	18	13	11	18	16	12
成绩分布情况 中等	12	18	19	18	15	14	12	15	15	20
成绩分布情况 及格	2	1	3	4	0	4	7	3	2	2

图8.1　成绩分布柱状图

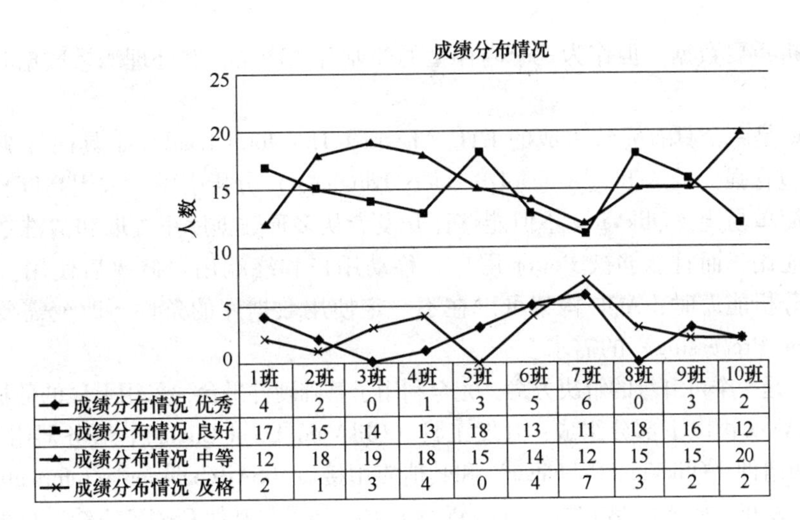

图 8.2　成绩分布折线图

2. Google Spreadsheets

Google Spreadsheets 其实是 Microsoft Excel 的云版本，两者的界面非常相似，而且都提供了标准的图标类型，因此可以将 Google Spreadsheets 看作是谷歌版的 Excel，只是它用起来更容易，而且是在线的。它的数据都存储在 Google 的服务器上，用户只要登录 Google 账号就可以跨越不同的设备快速访问自己的数据，也可以通过内置的聊天和实时编辑功能进行写作，这样就可以方便与他人分享表格、实时协作。用户可以通过 import HTML 和 import XML 函数将从网络抓取的数据存储为需要的类型。在可视化方面，Google Spreadsheets 有更多优势：其 Gadget 小工具中提供很多其他的图表类型，例如可交互的时间序列图表、地图等，用户可以为自己的时间序列创建运动图表，可视化效果较好。

3. Tableau

Tableau 是桌面系统中最简单且易操作的交互式商业智能工具之一，它提供了许多交互式工具，可以从 Excel、文本文件和数据库服务器中导入数据，生成标准的时间序列图表、柱状图、饼图、基本地图等多种图形，能够将数据运算与美观的图形图表完美地结合在一起。Tableau 的控制台操作灵活，用户可以完全自定义配置，对于非专业的用户，不需要进行代码编写，可以直接利用其简便的拖放式界面，自定义视图、布局、形状、颜色等，快速生成美观的图表、坐标图、仪表盘与工作表等形式来实现交互式和可视化，帮助用户展现自己的数据视角。

相对于 Excel，Tableau 不需要编程就可以对数据做更深入的分析，可以挂接动态数据源，将大量数据拖放到数字“画布”上；可以快速创建各种图表，将各种图形混合搭配形成定制视图或整合成仪表盘视图。用户可以随时关注数据的动态，并能够将创建的交互图形轻松地在线发布。为此用户必须公开自己的数据，把数据上传到 Tableau 服务器。因而，Tableau 更适合企业和部门内部进行日常数据分析的可视化工作。

4. QlikView

QlikView 是 QlikVech 旗下产品，也是一款完整商业智能的数据可视化分析软件，使开发者和分析者能够构建和部署强大分析的应用。QlikView 的开发和使用较为简单，数据分析处理灵活且高效，可以使各种各样的终端用户以一个高度可视化、功能强大和创造性的方式，互动分析重要数据。但作为一个内存型的商业智能产品，在处理海量数据时，对硬件的要求较高。

QlikView是一个具有完整集成的ETL（Extract Transform Load）工具向导驱动的应用开发环境，它包含强大的AQL（ArangoDB Query Language）分析引擎，采用高度直觉化的用户操作界面，简单易用。QlikView不但能够让开发者从多种数据库里提取和清洗数据，建立强大、高效的应用，而且能够被Power用户、移动用户和终端用户修改后使用。当它提供灵活、强大的分析能力时，AQL构架可以在不一定使用数据库的条件下改变需要OLAP（On Line Analytical Processing）的需求。

QlikView是一个可升级的解决方案，完全利用了基础硬件平台，采用上亿的数据记录进行业务分析。QlikView由以下部分组成：开发工具（QlikView Local Client）、服务器组件（QlikView Server）、发布组件（QlikView Publisher）和其他应用接口（SAP/Salesforce/Informatica）。服务器支持多种方式发布，如Ajax客户端、ActiveX客户端，还可与其他CS/BS系统进行集成。

5. Power BI

Power BI是微软为Office组件提供的一套商业智能增强版业务分析工具，通过这些功能，使用户具备自助分析自己的所有有用数据的能力。Power BI包括以下的一些组件和服务：查询增强版（Power Query）、建模增强版（Power Pivot）、视图增强版（Power View）、地图增强版（Power Map）及商业智能增强版网站、商业智能Q&A、查询和数据化管理、商业智能增强版Windows AppStore和IT基础设施服务。

Power BI通过其所包含的组件和服务可以轻松地连接数百个公众或企业数据源，直接在Excel中创建复杂的数据模型、创建报表和交互式数据可视化分析视图，体验3D地图标注地理空间数据；可以分享、查看并与BI网站进行互动，可以使用日常用语去发现、挖掘并上报用户数据，分享、管理、查询数据的来源。

8.2.2　可视化编程工具

在使用可视化分析工具时，用户要想从中获取到新的特征或方法，就必须等开发人员实现工具的更新，从而限制了用户对数据更深层次的理解。因此出现了一大批可编程的可视化工具。用户通过调用可视化编程工具包，可以编写程序生成个性化的数据图表，而且程序与结果的调整是同步进行的。

1. R语言

R语言是一个用于统计计算、图形绘制的开源编程语言和操作环境，属于GNU系统的一个自由、免费、开源的软件。它有UNIX、LINUX、MacOS和WINDOWS版本，都可以免费下载和使用。R是一套完整的数据处理、计算和制图软件系统，是大多数统计学家和数据挖掘者最中意的用于开发统计和数据分析的分析软件。

R语言图形功能很强大，它在基础分发包之上可以通过第三方插件库和加载配置资源项轻松实现扩展。其基础绘图函数功能强大、灵活且可定制性强，扩展包可以绘制复杂的图形，使得统计学绘图（和分析）操作变得更为简单方便，如Ggplot2、Ggpubr、Recharts、Ggmaps、NetworkD3、Aplpack等。

Ggplot2是R语言中最常用的一款功能强大的图形可视化工具包，是一种统计学可视化框架。它提供了一个全面的、基于语法的、连贯一致的绘图系统，可以创建出新颖的、有创新性的数据可视化图形，定制化程度高，而且作图方式简单易懂。

Ggpubr 是基于 Ggplot2 的可视化工具包，用于绘制符合要求的图形。它能够使初学者较容易地创建易于发布的图表，自动在图形中添加一些元素，轻松地在同一页面上排列和注释多个图表，并更改颜色和标签等参数。

Recharts 是一个用于可视化的 R 加载包，它提供了一套面向 JavaScript 库 ECharts2 的接口。即使 R 用户不精通 HTML 或 JavaScript，也能用很少的代码做出 Echarts 交互图。

Ggmaps 包在使用了 Ggplot2 包的基础上创建基于谷歌地图、OpenStreetMap 及其他地图的空间数据可视化工具。它的语法结构跟 Ggplot2 非常相似，与 Ggplot2 相结合可以方便快速地绘制基于地图的可视化图表。

NetworkD3 工具包可以创建出基于 Htmlwidgets 框架的带有节点和边的网络图。目前支持三种类型网络图的绘制：力导向图，能够显示复杂的网络划分关系；桑基图（Sankeydiagram），可以展现分类维度间的相关性，并以流的形式呈现共享同一类别的元素数量；Reingold-Tilford 树形图，可以把一个树形结构的数据以紧凑、分层且不重叠的形式展示出来。

Aplpack 包中 faces 函数绘制脸谱图，脸谱图可以用来分析多维度数据，将多个维度的数据用人脸部位的形状或大小来表征。脸谱图在平面上能够形象地表示多维度数据，并给人以直观的印象，可帮助使用者形象地记忆分析结果，提高判断能力，加快分析速度。

下面就用两个简单实例来说明 R 实现数据的可视化的过程。

1）用 Ggplot2 工具包绘制箱线图（见图 8.3）。

```
library(ggplot2)
class1<-c(87,78,85,99,76,88,100,94,89,52)
class2<-c(68,78,89,76,96,96,70,74,90,51)
boxplot(class1,class2,names=c('一班','二班'),col=c("green","red"))
```

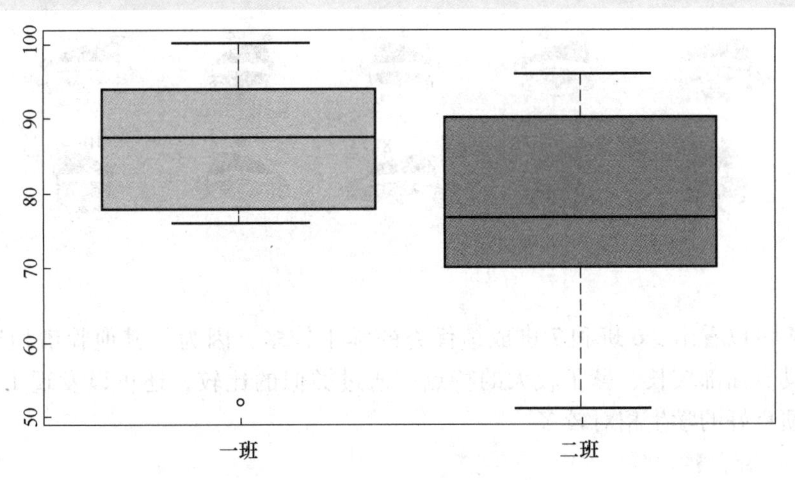

图 8.3　成绩分布箱线图

箱线图以一种直观简洁的方式描述一组或多组连续型数据的分布情况。它利用数据集的五个统计量：最小值、第一四分位数（Q_1）、中位数（Q_2）、第三四分位数（Q_3）与最大值，来反映数据的离散程度、离群值和分布差异等。所谓四分位数，是将全部数据分成相等的四部分，其中每部分包括 25%的数据，处在各分位点的数值就是四分位数。在图 8.3 中，矩形框上下边界分别表示 Q_3 和 Q_1 对应的成绩（一班为94分和78分，二班为90分和70分）；矩形框中的黑线表示处于中位数的成绩（一班是88分，二班是78分）；矩形框上方的线段表示最高成绩（一班为100分，二班为96分），矩形框下方的线段表示除过离群值之后的最低成绩（一班是76分，二班是51分）。左侧箱线图底部的小圆圈代表离群值，对应于一班的最低成绩（52分），而二班成绩中不存在离群值。

2）使用Aplpack包中faces函数绘制成绩脸谱图（见图8.4）。脸谱图是描述多维数据的一种常用图形工具，它通过脸谱中不同部位的形状或大小来表征不同的维度，例如脸的宽度、嘴巴厚度、头发长度、鼻子高度等。下面是一个绘制脸谱图的简单例子。假设有10个班的学生成绩，分为优秀、良好、中等和及格四个档次。图8.4通过圣诞老人的脸部特征反映各班成绩的分布情况，例如：脸的高度、嘴的宽度、头发长度和鼻子宽度反映成绩优秀的学生数量；脸的宽度、微笑表情、头发宽度和耳朵宽度反映成绩良好的学生数量。

```
data <-read.csv ("d:/zy_data1.csv",as.is = TRUE) #读取文件名为:data-set01.csv的数据
name=strsplit(paste(data $ manufact,data $ Integra,sep = "_",collapse
=","),',')
nm=1:10
for (i in 1:10)
  nm[i]= i
matrix_data<-as.matrix(data[,2:5])
rownames(matrix_data)<-nm
library(aplpack)
faces(matrix_data,nrow.plot=4,ncol.plot=5,face.type=2)
```

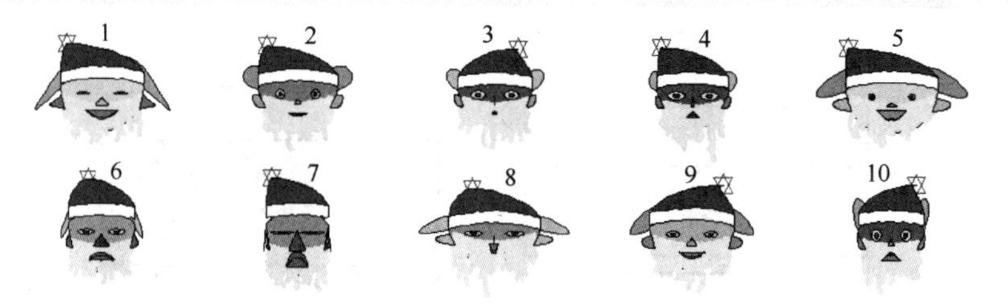

图8.4 成绩分布脸谱图

从图8.4可以看出，6班和7班成绩优秀的学生较多，因为与其他脸谱相比，6班和7班脸谱明显具有面部较长、鼻子较大的特点。通过类似的比较，还可以发现1班、5班、8班和9班成绩良好的学生相对较多。

2. JavaScript、HTML、SVG和CSS

在可视化方面，很多软件都是基于Web端，随着Web浏览器的运行速度越来越快，功能也越来越完善，人们对浏览器越来越依赖，可视化方式也有了相应的转变，借助HTML、JavaScript和CSS，可直接在浏览器中运行可视化展现的程序。

JavaScript可以用来控制HTML，具有很大的灵活性，提供大量的选项，以方便用户做出想要的各种效果。除了可缩放矢量图形（SVG）之外，一些功能强健的工具包和函数

库还可以帮助用户快速创建交互式和静态的可视化图形，例如 jQuery 库能让编程更加高效，且代码更易读；jQuery sparklines 可以通过 JavaScript 生成静态及动画的微线图；Protovis 是一个专门用于可视化的 JavaScript 库；Google Charts 只需修改 URL 即可动态创建传统形式的图表。

3. Processing

Processing 是一门适合于设计师及数据艺术家的开源编程语言。它是 Java 语言的延伸，支持许多现有的 Java 语言架构，只是在语法方面做了一些简化，并具有许多贴心及人性化的设计。它可以在 Windows、MACOSX、MAC OS 9、Linux 等操作系统上使用。

Processing 具有一个简单的接口、一个功能强大的语言以及一套丰富的用于数据及应用程序导出的机制。它是一个轻量级的编程环境，用户能够很快上手，只需几行代码就能创建出带有动画和交互功能的图形。用户可依照自己的需要自由裁剪出最合适的使用模式，这样的设计使所有用户的互动性与学习效率大幅增加。

4. Flash 和 ActionScript

目前网上大多数动画数据图都是通过 Flash 和 ActionScript 开发的。Flash 是一款所见即所得的软件，用户可以直接用它来设计图形，在 ActionScript 的帮助下，Flash 可以更好地控制交互行为。现在很多应用都不是在 Flash 环境下完全用 ActionScript 编写，但其中的代码还是作为 Flash 应用来进行编译。虽有很多 ActionScript 函数库是免费的、开源的，但 Flash 软件和编译器还是比较昂贵。

5. Python

Python 是一门跨平台、开源、免费通用型面向对象的解释型高级动态编程语言。它拥有高级数据结构，语法简洁清晰、干净易读，能够用简单而又高效的方式进行编程。Python 支持伪编译，可以将 Python 源程序转换为字节码来优化程序和提高运行速度。Python 语言的优点有：拥有大量成熟的扩展库；善于处理大批量的数据，性能良好不会造成宕机；可以把多种不同语言编写的程序融合到一起实现无缝拼接，更好地发挥不同语言和工具的优势，满足不同应用领域的需求；尤其适合繁杂的计算和分析工作。

目前 Python 有很多支持数据图形创建的扩展库，例如：Matplotlib、Pandas、Seaborn、Ggplot、Bokeh 等。

Matplotlib 是 Python 中比较常用的绘图库，可以快速地将计算结果以不同类型的图形展示出来。Matplotlib 模块依赖于 NumPy 模块和 Tkinter 模块，它通过简单的几行代码就可以轻松绘制出线图、直方图、功率谱、条形图、错误图、散点图等可视化图形。

Pandas 是基于 NumPy 的数据分析模块，提供大量标准数据模型和高效操作大型数据集所需要的工具，可以结合 Matplotlib 展现其绘图能力，实现数据可视化。

Seaborn 是 Python 的高水平绘图库，可以使复杂的图表创建过程得以简化。Seaborn 是基于 Matplotlib 产生的一个模块，通常用于统计可视化，可以用来绘制特定类型的图，也可以和 Pandas 进行无缝链接。

Ggplot 是基于图形语法的 Python 绘图系统，能够用更少的代码绘制更专业的图形。它在不需要重复使用相同代码的情况下，使用 API 来实现线、点等元素的添加，颜色的更改等不同类型可视化组件的组合或添加。类似 Seaborn 建立于 Matplotlib，Ggplot 与 Pandas 联系紧密。

Bokeh 是一个专门针对 Web 浏览器呈现功能的交互式可视化 Python 库，这是与其他可视化库最核心的区别。它不依赖于 Matplotlib，其目标是能够提供优雅、简洁、新颖的图形化风格，同时提供大型数据集的高性能交互功能。可以快速便捷地创建交互式绘图、仪表板和数据应用程序等。

下面就用几个简单实例来说明如何使用 Python 实现数据的可视化。

（1）绘制基础散点图（见图 8.5）

```
import matplotlib.pylab as pd          #导入 pylab 库
import numpy as np                     #导入 numpy 库
x=np.random.random(150)                #生成 150 个[0.0,1.0)之间的随机数,存入数组 x
y=np.random.random(150)                #生成 150 个[0.0,1.0)之间的随机数,存入数组 y
pl.scatter(x,y,s=x*75,c=u'b',marker=u'+')
                                       #画散点图,横坐标为 x,纵坐标为 y,用"+"作为
                                        各点的标记,大小是 x 值的 75 倍,颜色为蓝色
pl.show                                #显示散点图
```

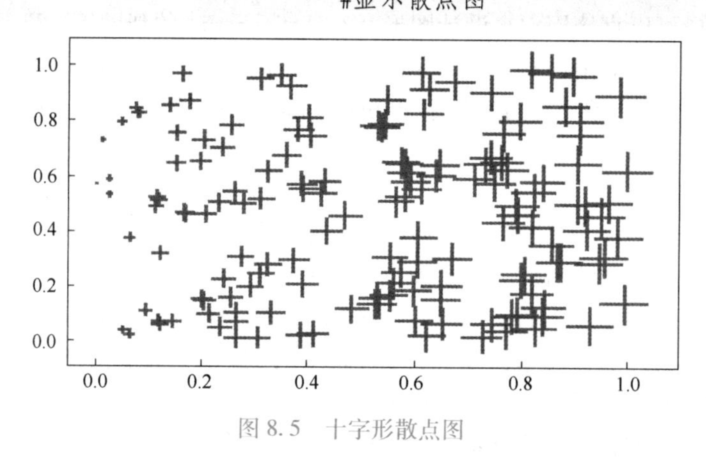

图 8.5　十字形散点图

（2）绘制曲线图（见图 8.6）

```
import pandas as pd                    #导入 pandas 库
import numpy as np                     #导入 numpy 库
import matplotlib.pyplot as plt        #导入 pyplot 库
df=pd.DataFrame(np.random.randn(1500,4),columns=['A','B','C',
'D']).cumsum()
```

#随机生成一个符合正态分布的 1500 行 4 列的矩阵，将各列依次命名为 A、B、C、D，然后逐行计算矩阵的累加和，并存入二维表格 df 中

```
df.plot(style=['-','--','-.',':'],color=['lightgray','darkgray',
'dimgray','black'])
#定义 A、B、C、D 各列的线形及灰度
plt.show                               #显示图
```

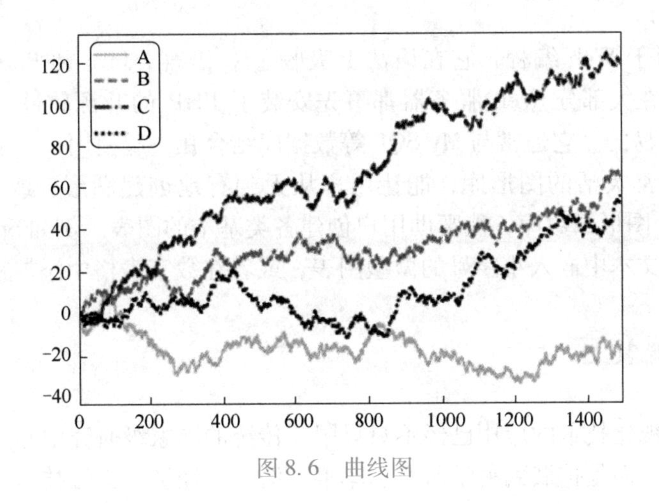

图 8.6　曲线图

（3）绘制三维曲面图形（图 8.7）

```
import numpy as np                    #导入 numpy 库
import matplotlib.pyplot as plt       #导入 pyplot 库
import mpl_toolkits.mplot3d           #导入 mplot3d 库
x,y=np.mgrid[-6:6:40j,-6:6:40j]       #生成 40×40 的二维矩阵,每一维的取值都
                                       在[-6,6)区间上均匀分布
z=20*np.sin(x+y)                      #计算 z 为 sin(x+y)*20
ax=plt.subplot(111,projection='3d')
                                      #将画布设置为只有 1 行 1 列 1 个子图,图
                                       形类型为 3D
ax.plot_surface(x,y,z,rstride=2,cstride=1,cmap=plt.cm.Greens_r)
                                      #根据 xyz 画三维图, 行之间跨度为 2,
                                       列之间跨度为 1, 颜色偏绿
plt.show                              #显示三维图
```

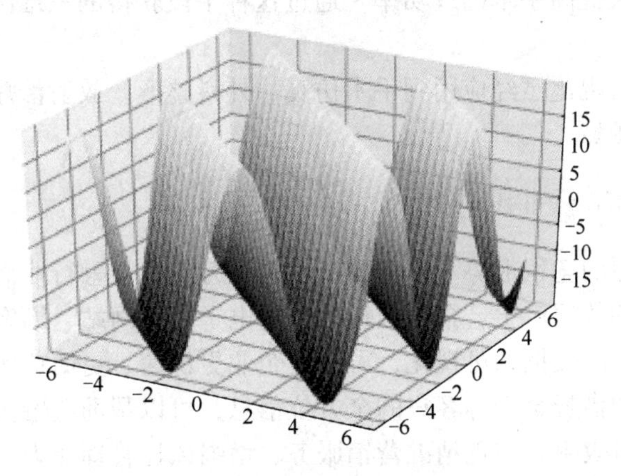

图 8.7　三维曲面图

6. PHP

PHP 主要适用于 Web 编程，它在语法上吸收了 C 语言、Java 和 Perl 的特点，便于学习，使用广泛。现在大部分 Web 服务器都事先安装了 PHP 的开源软件，因此要想着手写 PHP 程序是非常容易的。它通常与 My SQL 等数据库结合在一起使用，较适合处理大型的数据集。PHP 还有非常灵活的图形库，能让用户从无到有地创建图形，或者修改已有图形。另外还有很多 PHP 图形函数库，能帮助用户创建各类基本的图表。例如 Sparkline（微线表）库，它允许用户在文本中嵌入小字号的微型图表，或者在数字表格中添加视觉元素。

8.3　数据可视化应用

近年来数据可视化技术的应用已经不只局限于传统的国家级研究中心、高水平的大学和大公司的研发中心，而是扩展到科学研究、军事、医学、经济、工程技术、金融、通信和商业等各个领域。下面简单介绍几种典型的应用领域。

8.3.1　可视化在医学上的应用

医学信息的可视化，已成为信息可视化领域中最为活跃的研究领域之一。数据可视化在医学领域的主要表现形式为医学图像数据的可视化。医学图像可视化是一种利用现代计算机技术，将收集到的二维医学图像数据重构成物体的三维图像的技术。最早起源于 1989 年美国国家医学图书馆提出的“Visible Human Project（人体可视化项目）”，该项目开启了医学数据可视化的大门。2002 年，我国首例人体可视化数据集在第三军医大学通过试验获得。近年来，医学图像可视化技术已经趋于成熟。

在临床诊断中，传统的计算机断层扫描（CT）、磁共振成像（MRI）和正电子放射断层扫描（PET）技术只能形成病变组织或器官的二维图像，医生常常根据自身经验对这些二维图像进行分析，制定具体治疗方案。随着医学可视化技术的产生与发展，医生将收集到的病人有关部位的一组二维医学图像，通过计算机重构技术生成人体病变组织或器官的三维图像，从三维图像中看到人体内部的真实结构，从而更加精准地定位病变组织，进而通过人机交互，从不同角度、多层次分析人体病变组织或器官，确定病灶的大小，进而制定更加合理的手术方案，从而大大提高手术的成功率。通过这种手段获得的三维医学图像对临床应用具有非常实用的价值。

目前，医学图像可视化已经应用到手术仿真、外科整形，放射治疗，仿真内镜以及临床解剖教学等多个医学领域。

8.3.2　可视化在金融行业的应用

在互联网金融激烈的竞争形势下，金融市场瞬息万变，金融行业面临诸多挑战。金融行业每时每刻都有海量的数据产生，金融数据多来自电子商务网站、顾客来访记录、商场消费信息等渠道。通过对金融数据的可视化，可以使企业更快速、更简单实时地掌控企业的日常业务动态、客户数量和借贷金额等客户的全方位信息，可以帮助金融机构加强对市场的监督和管理，提升企业决策效率、实现精准营销服务、增强风控管理能力。通过对核心数据多维度的分析和对比，可以指导公司科学调整运营策略，制定发展方向，不断提高公司风控管理能力和竞争力，为企业的发展带来不可估量的效益。

8.3.3　可视化在电信行业的应用

随着通信技术的发展，电信行业大数据时代的到来也成为运营商千载难逢的发展机遇，电信运营商实现从传统的运营商业模式转向数据资产运营模式已成为一种必然的趋势。作为电信数据的持有者，电信运营商拥有的海量用户身份、消费、位置、社交和喜好等数据是其他企业无法比拟的优势。电信行业面临着如此多样化的数据，能否有效利用和分析这些数据，成为市场竞争的关键。通过对大量数据的处理分析，可以帮助电信运营商进行合理决策，可视化技术在其中起到了十分重要的作用。

数据可视化对于电信业务的规划和实施有着十分重要的意义。例如，运营商在进行网络规划之前必须对周边环境进行全面分析，而可视化技术可以从三维空间的角度呈现施工项目周边环境的人口、建筑物、商业区、行政区和住宅区的分布情况。

通过可视化技术对海量的用户数据进行分析，运营商可以了解用户的消费习惯和生活方式，建立合理的客户价值评估模型，通过分析比较实现客户分群。根据不同客户群，准确定位客户的消费需求，主动营销，依此实现精准化、个性化的营销服务。

在通信行业激烈竞争的时代，手机用户数量已基本饱和，维护老用户比获取新用户更容易。通过对用户数据的分析，区分出哪些是高价值用户，哪些是低价值用户，例如将那些使用通话和流量比较多、套餐金额比较大的用户定义为高价值用户，运营商可将工作重点放在这些用户上，采取相应的运营策略预防其流失。对于流失用户，可以分析其流失的主要原因，是优惠福利不满意还是竞争对手在某些方面比自己有优势，据此采取不同的营销策略加以挽留，以实现企业利润的最大化。

习　题

8.1　什么是数据可视化？

8.2　数据可视化应遵循怎样的原则？

8.3　数据可视化的重要性体现在哪些方面？

8.4　数据可视化的工具有哪些特点？

8.5　请使用 Python 语言展示表 8.1 中数据的柱状图。

表 8.1　成绩分布情况

班　级	优　秀	良　好	中　等	及　格
1 班	4	17	12	2
2 班	2	15	18	1

第9章 电信行业大数据应用

移动互联网的发展和新型智能移动设备的普及，使得电信行业的数据业务量呈现爆炸式增长。根据爱立信公司的统计报告，截至2020年第3季度，全球移动用户数量接近79亿，月平均移动数据流量达到54.8EB，同比增长50%。与此同时，电信运营商的基础语音业务和短信业务却在不断萎缩，导致传统收入急剧下滑，加之OTT厂商和虚拟运营商的逐渐崛起，电信运营商正逐步沦为“流量管道”，网络流量收入和网络建设成本之间的剪刀差不断增加，利润逐渐减少。如何在这激烈的角逐中不至于被彻底“边缘化”，并努力拓展新业务，是全球各国的电信运营商和设备制造商都在积极思考的问题。

电信网络作为承载国民经济信息化的重要平台，流通和汇聚着丰富的数据资源。这些数据资产作为电信运营商重要的核心资产，为运营商带来巨大的机遇，成为有可能发掘新增长的一个发力点。

9.1 电信大数据概述

电信行业是率先开展大数据研究和应用的领域之一。早在2013年6月，英国电信与媒体市场调研公司（Informa Telecoms & Media）的调查就显示，全球120家电信运营商中，约有48%的运营商已经开始实施大数据业务，大数据运营已经成为电信行业转型发展的新趋势。

9.1.1 电信大数据发展现状

当前，电信大数据应用呈现出蓬勃发展的态势。综合国内外情况来看，国际运营商对大数据的应用起步较早，在2011年大数据发展初期，就已经开始大数据业务的布局。发展初期的主要任务是建设大数据能力基础平台，并设立大数据业务专业化运营团队，为后续开展大数据业务做好准备。随后，国际运营商以企业内部应用为出发点，利用大数据为各部门的生产与管理提供服务，从而达到提升系统效率、提高用户满意度、提升营销效果的目标。同时，国际运营商还利用自身位置数据的优势，对外提供基于位置的精准营销服务，并以此为突破点，不断丰富和深化在零售、医疗和智慧城市等多个垂直领域的数据应用。在此期间，美国运营商AT&T、Verizon，西班牙电信公司Telefonica，日本运营商NTT Docomo，法国电信公司Orange等国外知名的电信运营商，纷纷开展了大数据的相关项目。例如，AT&T与星巴克合作，通过客户在星巴克门店附近的通信行为分析用户的位置信息，挑选高忠诚度客户，并在获得用户允许的情况下，将这些信息售卖给星巴克，后者则通过对这些数据的挖掘做出个性化推荐。目前，国际运营商的大数据运营能力已经逐渐成熟，内外部应用持续拓展，产业合作模式不断创新和完善，大数据应用市场进入稳定发展期。

在国内，中国移动、中国电信、中国联通等主要运营商在2013—2014年也陆续开始大数据应用的探索与尝试，并逐步确定将大数据业务定位于公司转型升级与创新发展的战略方向。虽然国内运营商在大数据业务布局上起步稍晚，但是却拥有得天独厚的优势，因此发展速度很快，大有赶超国外同行的势头。首先，我国移动通信网络的规模和用户总量均居世界第一，运营商拥有规模庞大和类型丰富的数据资源；其次，我国政府高度重视大数据产业的发展，在政策上为大数据产业创造了良好的发展环境；最后，国外运营商提供了可以参考的经验借鉴。因此，国内运营商在短时间内顺利渡过了大数据发展的起步和成长阶段，实现大数据在市场营销、网络优化和运营管理等多个层面的应用支撑，并以金融、政务等垂直领域为试点，不断拓展电信大数据对外应用与价值变现的渠道。当前，国内运营商大数据应用市场需求不断增长，相关产业、技术逐渐成熟，大数据应用已进入快速发展期。

9.1.2　电信大数据的类型

电信运营商是“天生”的大数据企业，其网络通道、业务平台、支撑系统每天都在产生大量有价值的数据。根据数据来源的不同，大致可以分为业务支撑系统（Business Support System，BSS）数据、运营支撑系统（Operation Support System，OSS）数据、管理支撑系统（Management Support System，MSS）数据和深度包检测（Deep Packet Inspection，DPI）数据。

BSS（B域）是电信运营商进行市场营销、客户服务的应用支撑平台，其中包含客户资料管理、计费、结算、客服、营销等数据，具体如用户的手机号码、IMEI（International Mobile，Equipment Identity，国际移动设备识别码）、IMSI（International Mobile Subscriber Identity，国际移动用户识别码）、终端机型、套餐信息、通话时长、流量消耗、用户投诉/咨询情况等。OSS（O域）是电信业务开展和运营所必需的支撑平台，该系统中包括综合网管、网络优化、信令监测、资源管理、故障管理、性能分析、告警监控、安全管理等数据。MSS（M域）是电信企业的信息化基础平台，包括企业资源管理系统（ERP）、企业信息门户、办公自动化系统等组成部分，用于实现企业对财务、人力资源、工程项目以及资产的管理。该系统中主要有资产数据、财务数据、合同数据、预算数据等。

DPI是一种基于应用层的流量检测和控制技术，它具有深度分析的能力，能够较好地识别网络上的流量类别和应用内容。电信运营商通过DPI系统，可以监控网络的流量流向，分析用户的使用行为，为网络提供建设依据，为对内对外增值业务提供数据基础。DPI系统中包含的数据主要有：HTTP/WAP访问日志数据、URL解析数据、APP应用解析数据、网络轨迹数据、WLAN解析数据等。这些数据经过二次解析后，可以为运营商刻画出精准的用户画像，从而判断出用户的兴趣及关注点。

从商业需求的角度来看，电信运营商的大数据资源中最具价值的数据主要有以下几类：

（1）身份数据　无论是手机用户还是宽带用户，都需要提供实名认证信息，包括姓名、年龄、身份证号码等。

（2）消费数据　用户选择的套餐业务、通信消费额度、欠费情况等数据，能够在一定程度上反映用户的支付能力和消费类型，有助于构建用户信用模型。

（3）位置数据　基于移动终端附着的基站、使用的 WiFi 热点等数据可以获取用户的位置信息，根据移动信令数据可以分析用户的运动轨迹。

（4）社交数据　每个电信用户都是通信社交网络中的一个节点，用户的通信交往圈（含语音、短信、彩信等）可以反映其社交范围、频率等信息。

（5）偏好数据　用户上网行为是其线上生活的记录仪，从网页浏览、软件下载、APP应用等数据中容易获得用户的偏好信息。

9.1.3　电信大数据的特征

电信大数据在数据体量、结构类型、产生速度、数据质量等方面均符合大数据的“4V”特征。而且，与以百度、阿里巴巴、腾讯为代表的互联网企业相比，电信运营商在大数据应用领域有着先天的优势。

首先，在数据体量方面，互联网企业仅拥有行业纵深数据且局限于自有网站，而电信运营商的数据来源更加多样化，且数据维度丰富、信息量巨大。运营商的这一优势主要得益于庞大的用户基数，以及电信网络对用户行为的全面记录。以我国为例，截至 2020 年年底，三大电信运营商的移动电话用户总数达到 15.94 亿，其中 4G 移动宽带用户数为 12.89 亿，固定电话用户总数为 1.82 亿。运营商不仅已掌握数亿用户的客户资料、终端数据、通信和上网行为数据，而且每天还有 TB 乃至 PB 量级的新数据在不断产生。

其次，在数据类型方面，电信运营商的业务运营系统每天都会产生大量的结构化数据，如行业综合数据、电信业务分布与收入数据等。随着互联网应用的普及和智能管道的发展，还逐步积累起海量的非结构化数据，如图片、文本、音频、视频等。在用户信息的全面性和多样性方面，运营商拥有用户全量的互联网访问行为、通信行为、位置、消费能力等数据，而互联网企业只能获得各自生态体系内的网站/APP 访问数据，例如百度仅记录有用户的搜索行为数据，阿里只拥有用户的交易及信用数据，腾讯则掌握着用户的社交关系数据，而运营商可以同时获得这些信息。

再次，从数据产生速度来看，只要用户开机，电信运营商就能够实时、连续地获取用户的相关数据，保证数据的可持续性和一致性；而互联网企业只有在用户使用其服务（如运行 APP 应用）时才能收集数据，具有很大的碎片性。

最后，在数据质量方面，电信运营商拥有最真实的客户资料、产品数据、账单、资源和订单等数据资产。目前，我国已实行电话用户实名制，运营商能够了解用户的年龄、性别、工作单位等真实详细的个人基本信息，还可以通过技术手段获得精准的用户位置信息，以及基于通信数据的用户真实社会网络信息。这些数据通过用户的统一账户（手机号码）关联起来，使得运营商能够更加准确全面地分析用户的消费水平、位置轨迹、个人偏好等信息。与之相比，互联网数据的真实性和精准度都相对较低，而且同一个用户通常会注册多个 ID，各 ID 相关的数据会形成一个个数据孤岛，很难关联融合在一起并形成充分的用户画像。

虽然电信大数据的全面性、多维性、可靠性、完整性是互联网数据难以比拟的，但应当说明的是，这种优势只是相对的，互联网大数据也有其显著特征，是不可替代的。

9.2 电信大数据应用

早在2012年，美国加德纳公司通过调研电信运营商数据，识别出运营商在数据应用领域当前已有和未来可能出现的各种应用，归纳总结出最受关注的八类数据应用案例。其中有六类应用面向运营商内部运营，主要目标是借助大数据转变经营理念、改善内部管理、提高运营效率、提升服务水平；还有两类应用面向外部服务，目的是通过开放数据资产，实现运营商商业模式的创新。

1. 内部应用

目前，国内外运营商在大数据应用上的首要选择，仍然是利用大数据技术支撑公司内部的运营管理，同时基于自身数据资源优势开发大数据产品，不断拓展内部商业应用。这类应用主要涉及的领域包括：网络管理和优化、市场与精准营销、客户关系管理、企业运营管理等，如图9.1所示。

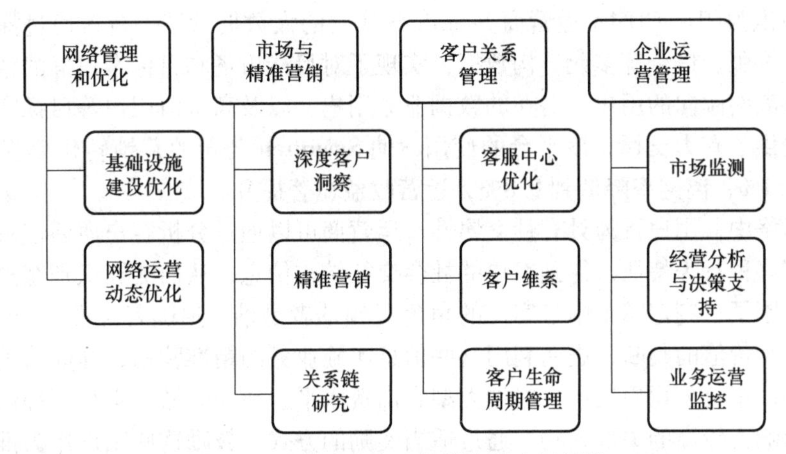

图9.1　电信运营商大数据内部应用领域

（1）网络管理和优化　大数据技术有助于电信运营商实现智能化的网规网优。

在基础设施建设优化方面，运营商通过大数据分析，将全面了解当前网络资源的配置和使用情况、用户分布状况、用户未来需求等，从而及时进行网络扩容升级或者调整网络资源配置，确保网络覆盖和资源利用的最大化。例如，通过对无线网络接入用户数及网络流量数据的建模分析，能够发现用户密集区域与流量热点区域，实现基站和WLAN热点的精确选址。同时，运营商还可以通过建立评估模型，对已有基站的效率和成本进行评估，精简低流量使用区域的基站，避免资源浪费。

在网络运营动态优化方面，运营商借助大数据技术，可以突破传统网优分析中数据源较为单一的限制，除测量报告和呼叫详细跟踪等常规数据之外，还会分析相关接口的信令信息、位置数据、网络日志、网管数据等，从而实现全网优化，提升网络质量和网络利用率。国内外运营商在这方面已有较多的应用案例。例如，法国电信公司Orange通过分析掉话率数据，能够诊断出超负荷运转的网络区域，进而优化网络布局，改善用户的服务体验。中国电信通过综合分析网络话务统计数据、指标数据和客户投诉数据，对无线网络中存在的信号覆盖不足、无主导小区的覆盖和切换问题进行诊断，并给出相应的优化措施。

（2）市场与精准营销　电信运营商为了拓展市场，通常会针对潜在用户推出各种直接营销活动。但是，传统营销方式存在目标客户定位不精确的问题，往往无法达到预期效果，造成营销成本的浪费，有时还会引起客户的反感甚至投诉。因此，利用大数据技术挖掘分析用户的真实需求，实现精准化营销，将有助于运营商扩大用户市场，增加经济效益。

在客户洞察方面，运营商基于客户基础数据（如年龄、性别等）、客户属性数据（如套餐订购信息、业务消费情况等）、行为属性数据（如APP使用、内容访问、位置轨迹等）、营销接触数据等，识别客户特征与习惯偏好，为每个客户打上消费行为、上网行为和兴趣爱好的标签，从而完善客户的360°画像。此外，借助分类、聚类等数据挖掘技术，运营商可以建立客户超级细分模型，以便针对不同的客户群开展差异化营销。例如，意大利电信公司通过对客户数据的洞察，有效预测出收入状况和客户行为的关联性，在此基础上推出诸多个性化产品来满足客户需求。

运营商在客户画像的基础上，建立以客户使用习惯、终端偏好、消费行为等数据为依据的营销模型，在推送渠道、推送时机、推送方式等各方面满足客户的需求，实现精准营销。例如，中兴通讯为印尼CDMA运营商Smartfren建立的大数据营销平台，通过深度挖掘分析营账、计费、客服、信令等多元异构数据，实现了对目标市场和目标客户群的精确细分，准确识别出具有离网倾向的用户、潜在的数据业务用户，以及高价值用户等目标客户群，为市场营销活动提供了有力支撑。该平台的使用，使Smartfren公司的营销转化率提高到6.6%，月利润增长3.1%，离网率降低到0.8%，运营收益显著提升。

在通信网络中，用户行为具有社交属性。运营商可以通过分析客户通话记录、上网信息和驻留位置等多种行为特征，得到客户的社会交往结构信息，从而测算识别客户与客户之间关系所形成的圈子，判定圈子中各客户的角色（领袖者是谁，追随者是谁），形成企业对各个客户影响力和价值的判断，进而利用这些信息实施业务的精准营销，开辟营销新渠道。例如，中国移动山东分公司根据用户终端类型、消费水平、活动区域、交往圈等信息，挖掘出社交网络中影响力较高的关键人物，通过适当奖励的方式，鼓励这些用户作为推销员去发展WLAN业务的新客户，不仅高效提升了WLAN业务的渗透率，而且降低了整体营销成本。

（3）客户关系管理　客户关系管理是现代企业维护经营利益、提高综合竞争力的有力武器。电信运营商通过大数据，能够更全面、更深入地洞察客户需求，并以此促进企业形成更加科学和及时的运营管理决策，构建良好的客户关系，为企业高效运营管理提供保障。

客服中心是运营商与客户接触的第一界面，拥有丰富的数据资源。运用大数据技术，可以深入分析客服热线呼入客户的行为特征、访问路径、等候时长等；同时结合客户历史接触信息、套餐消费情况、业务特征、客户机型等数据，可以建立客户热线智能识别模型，从而在客户下次呼入前预测其大体需求和投诉风险，并以此为依据设计访问路径和处理流程，合理控制人工处理量，缩短处理时间，为客服中心内部流程优化提供数据支撑。运用大数据技术进行智能语义分析，还能识别热点问题及用户情绪，及时预警和优化，降低客户投诉率。

随着通信市场竞争的日益激烈和需求的逐渐饱和，运营商发展新用户的难度不断增大，而保持现有存量客户比获取新客户的成本低很多，所以存量用户的维系保有成为企业经营的重中之重。为了增强客户对企业的黏性，降低流失率，运营商需要关注客户近期消费行为的变化情况，利用客户离网预警模型评估客户离网、转网的概率，再结合客户画像系统、客户营销触点和场景，进一步分析离网的原因，最后利用市场细分的各种技术手段，确定需要采取的应对策略。例如，T-Mobile 公司利用 Informatica 数据集成平台，对通话详单、网络日志、账单数据、社交媒体信息等数据进行综合分析，寻找高级客户流失的原因并采取相应的挽留措施，最终使单个季度内的用户流失率减半。

生命周期理论是运营商开展客户关系管理的重要理论支撑。电信客户生命周期是指客户从开始进入电信运营网络、享受电信通信服务到退出该网络所经历的时间历程，大体分为客户获取、提升、成熟、衰退和离网五个阶段。在不同阶段，客户通信的消费量和给电信企业带来的利润都会发生一定的规律性变化，因此运营商需要根据各阶段的特点制定营销策略组合，以获取更大的经济效益。在客户获取阶段，通过大数据分析算法识别客户特征，发现潜在客户，并通过有效的营销渠道获得新客户。在客户提升阶段，将来自不同渠道的客户信息进行整合，准确了解客户偏好、购买习惯、价值取向等特征，然后采取关联规则等算法进行有针对性的销售，将客户培养成企业的高价值客户。在客户成熟阶段，通过 RFM（Recency Frequency Monetary）模型、聚类等方法对客户进行分群，并采取差异化营销策略，进一步培养和维护客户对企业产品或服务的忠诚度。在客户衰退阶段，需要进行流失预警，提前发现高流失风险客户，努力挽留有价值的客户，延长其生命周期。在客户离开阶段，通过大数据挖掘算法分析客户离网的诱导因素，开展针对性的保留和赢回计划，争取客户的重新回流。

（4）企业运营管理　大数据正在改变电信企业的运营管理决策方式，它不仅能为企业提供更多获取数据的渠道，而且使企业能够利用各种分析工具更加深刻全面地实现客户洞察，为企业形成及时、科学、有效的运营管理决策提供支撑。

在市场监测方面，运营商借助大数据技术，跟踪分析客户使用各种业务、产品和服务的情况以及竞争对手的发展情况，从中筛选出有利于企业发展的市场信息，或者及时发现市场异常变化，以便采取科学合理的应对措施，使企业在激烈的市场竞争中立于不败之地。

在经营分析与决策支持方面，大数据技术能够对企业日常经营数据、用户数据、外部社交网络数据、技术和市场数据进行分析挖掘，并自动生成经营报告和专题分析报告，为企业决策者和各级管理者提供经营决策依据，从而提高运营商整体运营效率以及企业核心竞争力。

在业务运营监控方面，运营商通过大数据分析，可以从网络、业务、用户和业务量、业务质量、终端等多个维度对监控管道和客户运营情况进行洞察，构建灵活可定制的指标模块、指标体系和异动智能监控体系，从宏观到微观全方位快速准确地掌控运营状况及异动原因。

2. 对外应用

对外数据服务是电信大数据应用的高级阶段。在这个阶段，电信运营商不再局限于利用大数据来提升内部管理效益，而是将数据封装成服务，提供给行业客户，进而实现从单一网络服务提供商的管道模式向多元信息服务提供商的智能模式转变。在这类应用中，运营商以大数据提供者的角色出现，向第三方开放数据或提供大数据分析服务，实现数据价值的货币化。

运营商早期的对外数据服务形式比较简单，是将源数据进行脱敏处理后，以售卖、租赁等方式直接提供给数据需求者，使其获得数据资产中所蕴含的价值。例如，T-Mobile 公司向数据挖掘企业等合作方提供部分用户的匿名地理位置数据，使之掌握人群出行规律，从而有效地与一些 LBS（Location Based Services）应用服务对接。这种直接出售数据的方式存在较高的信息安全风险，而且市场空间有限，因此难以成为运营商发展大数据对外服务的主要模式。

运营商拓展对外应用的重点方向是将大数据分析处理成果以服务的形式提供给合作伙伴，满足其现实应用需求，帮助他们获取更大的社会经济价值。这种基于数据分析的服务模式具有丰富的用户需求，广阔的市场前景，是运营商未来实现大数据变现的核心价值点。目前，国内外运营商已积累了许多成功案例，涉及政务、交通、医疗、金融、旅游、教育等各个领域。以下列举部分案例。

在城市交通优化方面，法国电信公司 Orange 与 IBM 合作，对阿比让（科特迪瓦的最大城市）500 万手机用户半年内产生的 2.5 亿条通话记录及位置数据进行预处理，筛选出与公交出行相关的 50 万条电话记录。通过对这些记录数据进行分析挖掘，使政府相关部门了解市民在城市中的流动规律、高峰时间段、持续时长等信息，为优化城市交通运输结构提供科学的决策依据。根据分析结果，当地政府决定新增两条线路、延长一条线路，这一举措为乘客节省了 10%的出行时间。

在医疗监测方面，日本运营商 NTT DoCoMo 在 2010 年率先尝试利用大数据解决方案实现医疗资源的社会化创新。NTT 针对日本老龄化明显的特点，为用户和各种专业医疗与保健服务提供商共同建立一个标准、安全、可靠的生命参数采集和分发平台。该平台聚合大量的用户健康监测信息、健康管理数据、医疗专业信息，网聚大批的医疗行业专业人士，根据用户行为挖掘其潜在需求并将需求反馈给专业医疗人士，实现个性化服务。

在商业选址方面，西班牙电信公司 Telefonica 与市场研究机构 GFK 合作，在英国、巴西等地推出一款名为“智慧足迹（Smart Steps）”的大数据产品。该产品采集手机用户的全天活动位置数据，从中分析出特定时段、特定区域内的人流情况及人员特征，帮助零售商了解该区域内的顾客来源、驻留时长、消费特征、消费能力等信息，为新店规划选址、促销方式设计提供决策支撑。

在政府流动人口分析方面，电信运营商积累的用户身份、位置变化、消费行为等海量数据，能够客观反映出流动人口的发展状况及规律，为实现流动人口的快速动态监测、短周期内流动人口规模统计提供较为准确的判定依据，为预测流动人口发展趋势、指导流动人口服务管理政策的科学调整提供重要参考。例如，中国电信利用大数据技术，对某省会城市辖区内流动人口的比例、构成以及人群特点进行分析，预测出其在医疗卫生方面的需求，为政府相关部门推进服务建设、完善服务措施提供参考。

在金融征信方面，电信运营商基于客户基本信息、业务数据、消费数据、上网行为数据、位置数据等，实现用户各类特征的多维度洞察，据此向金融行业输送个人通信征信信息，弥补个人金融信用信息的缺失，提高个人信用的完整性。例如，中国移动东莞分公司与当地某银行在信用卡授信方面开展合作，根据移动公司拥有的客户实名信息和客户综合信用评分，为银行解决发放信用卡时面临的申请人资料真实性核验和信用卡额度评估等问题。

在旅游方面，运营商不仅拥有游客的姓名、年龄、性别、客源等静态数据，而且通过实时的信令数据分析，还可以获取游客的动态数据，如即时位置信息、旅游线路、在各景点的停留时长等。运营商对这些数据进行综合分析挖掘，可以提供旅游趋势预测、客源分析、智慧营销、人流量监控及预警、旅游交通规划等多方面的服务，为景区信息化建设及市场推广提供数据支撑，为旅游管理和旅游营销提供决策支持。例如，中国移动河北分公司在秦皇岛等地市进行旅游大数据应用试点，通过对信令数据的采集和挖掘，输出游客游览景区的行为规律，帮助旅游和景点管理部门掌握景区流量、优化景区设施。

9.3　案例 1——网络优化

移动通信网是一个复杂的动态网络，网络结构、无线环境、网络负载、用户行为和业务类型都在不断发生着变化。因此，电信运营商需要不断地对网络进行调整，以便优化资源配置，合理调整设备参数，使得网络在覆盖、容量、性能等方面达到最优。

移动通信网络优化包括无线网络优化和核心网优化两部分。由于核心网的网元相对较少，且运行环境较为稳定，因此无线网络优化是移动通信网优化工作的重点内容。本节主要讨论无线网络优化问题。

9.3.1　无线网络优化概述

所谓无线网络优化，就是对投入运行的无线网络进行数据采集和分析，找出影响网络运行质量的原因，然后通过技术手段或者调整系统参数，使网络达到最佳运行状态，使网络资源获得最佳效益。

无线网络优化是一项长期、复杂、艰巨的系统工程，贯穿于网络规划、设计、工程建设和维护管理的全过程，涉及覆盖优化、话务量优化、设备优化、干扰分析及优化等诸多方面。依据实施阶段和工作目标的不同，可以把网络优化分为工程优化和运维优化两部分。工程优化是在网络新建或者经历较大规模扩容后开展的，主要目的是解决网络建设的工程遗留问题，并对即将投入运营的网络进行评估，了解工程建设后的网络运行状况，通过调测和优化使网络达到验收指标并可以正常开通。运维优化是网络正常运行过程中的优化，它把优化工作融入网络的日常维护中，目标是保持和提高网络质量，有效利用网络资源。

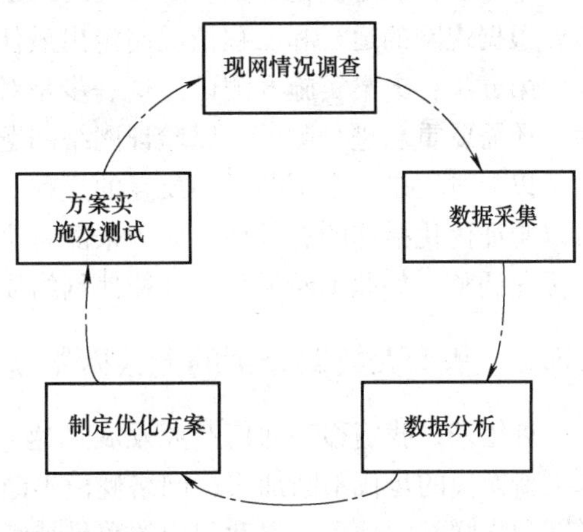

图 9.2　无线网络优化的工作流程

无线网络优化的关键工作流程大致分为 5 个步骤，如图 9.2 所示。

第一步：现网情况调查。这一阶段的主要目标是对待优化网络的整体情况进行充分了解，通过收集反映网络设计指标和现网设备运行状况的数据，为后续具体进行数据采集、深入分析和问题定位做好准备。

第二步：数据采集。数据采集的主要任务是通过各种网络优化工具和系统，采集无线网络的各类数据，包括路测数据（Drive Test，DT）、拨打测试数据（Call Quality Test，CQT），OMC（Operation and Maintenance Center）性能统计数据、用户投诉信息、系统告警信息等。

DT 测试是指在网络覆盖区域内的选定路径上移动，同时利用路测设备记录各种测试数据和位置信息的过程。路测采集的数据包括：测试路线区域内各个基站的位置、基站间的距离、各频点的场强分布、接收信号的电平和质量、邻小区状况、覆盖和切换情况等。

CQT测试是在覆盖区域内重点位置进行的定点测试，主要通过人工拨打电话并对通话的结果和主观感受进行记录和统计。CQT测试采集的数据包括：接通率、掉话率、呼叫时延、通话质量、呼叫保持时间等。DT测试和CQT测试是无线网络优化的两种重要手段。

OMC性能统计数据是指在OMC设备采集的全网话务统计数据，主要包括：接入成功率、信道可用率、掉话率、拥塞率、切换成功率和话务量等。OMC数据从统计的观点反映了整个网络的运行质量状况，一般将它作为评估网络性能的最主要依据。

普通用户作为网络服务的最终使用者，对于网络性能的感受是最直接的。通过用户投诉，可以发现网络覆盖和服务质量上的问题，如信号覆盖差、呼叫困难、掉话等。

系统告警信息表明网络设备在运行过程中出现了异常情况，主要包括无线网络的网元和核心网后台网管发出的告警信息。

此外，在网络优化过程中，还会利用信令分析系统、网络流量测试系统、语音质量评估系统等采集的数据，来对网络问题进行辅助定位。

第三步：数据分析。数据分析是对采集到的数据进行汇总、统计和分析，从而评估网络运行质量，发现和定位网络中可能存在的问题，并给出优化建议。无线网络的问题一般集中在以下几个方面：设备软、硬件问题，工程参数问题，无线参数问题和网络容量问题等。

第四步：制定优化方案。定位网络问题后，通常有一套或几套解决方案可供选择，此时需要根据现网的运行和工程情况制定出最佳的优化调整方案。

第五步：方案实施及测试。这一步是对制定的优化方案进行具体实施。在网络优化完成后，还需要重新进行测试，以验证网络问题是否被解决或者网络性能是否得到改善。

以上过程是一个不断循环反复的过程。在优化方案实施后，需要重新进行数据采集和分析以验证优化措施的有效性，对于未能解决的网络问题或由于调整不当带来的新问题需要重新优化调整，如此不断循环，才能使网络质量逐步提高，使网络保持最佳的运行状态。

9.3.2 基于大数据分析的无线网络优化

近年来，我国移动通信产业发展迅速，从2G、3G、4G到刚刚商用的5G，移动通信技术更新换代的步伐不断加快，网络规模不断扩大，网络结构日趋复杂。与此同时，在移动互联网和物联网驱动下，移动用户的数量持续增长，移动业务的种类更加丰富，用户对网络质量也提出了更高的要求。在此形势下，传统的网络优化技术已经难以确保网络高质量运行，优化费用高、支撑手段匮乏、优化分析效率低下等问题尤为突出，因此需要将大数据、云计算等技术引入到网络优化工作中。借助大数据技术，可以实现对海量数据的快速分析处理和问题的精准分析定位，从而提升无线网络优化的效率。

在无线网络优化工作中，大数据技术主要体现在数据的存储调取和分析挖掘两个方面。在数据存储方面，网络优化涉及测试数据、业务数据、网络数据、话务统计数据、终端数据和用户感知数据等，如何有效地对这些多来源、多格式的海量数据进行存储成为一大难题。目前最为有效的解决方案是采用分布式虚拟化存储技术，通过集群应用将大量不同类型的存储设备集合起来协同工作，共同对外提供数据存储和业务访问功能。这种方式能够提升普通服务器的存储能力，实现将多元化的数据和文件有效地整合到一个存储平台，并且隐藏复杂的管理细节，使存储服务变得有弹性、可扩展和易管理。在数据分析方面，利用大数据技术进行多数据源的关联性分析，可以深挖隐藏在数据下面的规律和模式，通过分析、筛选，提取出其中的有用信息，从而最大限度地满足问题分析的精准性，增强优化建议的针对性，最终实现面向用户体验的端到端优化调整。

基于大数据分析的无线网络优化系统采用图 9.3 所示的架构，包括采集层、存储层、处理层和应用层四个部分。

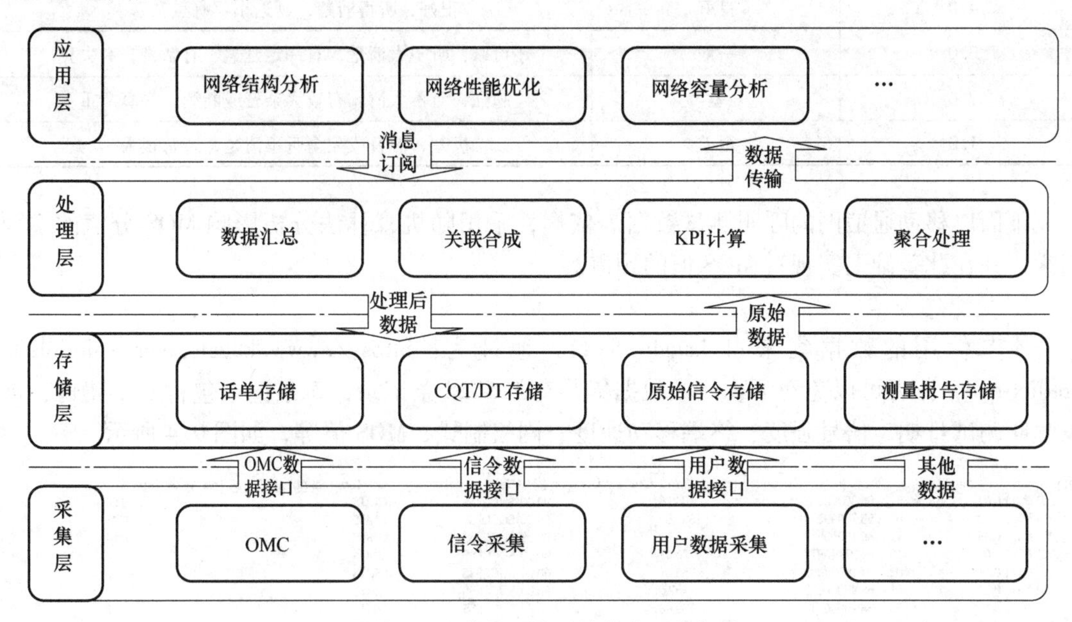

图 9.3　大数据无线网络优化系统架构

采集层通过 DT/CQT 测试、设备采集、探针采集、用户投诉采集等各种手段全面获取网络数据，同时还可以通过各种接口输入话单、用户资料等企业内部数据和气候、重大事件、自然灾害等外部数据。存储层采用分布式云存储系统，以支持高工作负荷和大并发量访问。处理层对来自存储层的原始数据进行分析和预处理，然后根据需求从中提取信息，进行数据的合成、统计和挖掘，或者直接将原始数据提供给应用层进行处理。应用层通过制定基于业务体验和用户感知的网络质量评判标准，根据从处理层得到的数据快速定位网络问题，分析原因，并给出优化建议。

9.3.3　移动通信网络语音质量 MOS 值预测

语音业务是移动用户最核心的业务需求之一，在电信运营商的运营收入中占据极大的比重。长期以来，运营商一直关注语音质量的优化提升问题，确保为用户随时随地提供高体验的语音服务。优化提升语音质量的前提是要有能正确评估语音质量的方法，通常采用 MOS（Mean Opinion Score，平均意见得分）评分法。

MOS 是从用户主观感受的角度评估语音质量的一个指标，它将用户对语音质量的感知量化为 5 个等级，如表 9.1 所示。MOS 分值是通过人工或者专门的仪器和软件测试得到的，虽然它能够比较直观准确地反映用户的感受，但是测试过程相当烦琐，需要依赖 DT/CQT 测试，不仅成本很高，而且会受到天气、时间、区域等因素的约束。如果能够利用其他的日常网优采集数据，对 MOS 分值进行预测，就可以更加全面地监测整个网络的语音质量状况，同时还能显著降低网络优化人员的工作量。

表 9.1　MOS 分值对照表

MOS 分值	主观意见	听觉感受
5.0	优秀	非常好，听得很清楚，无延迟感，无失真感
4.0	良好	很好，听得清楚，延迟小，有点杂音
3.0	一般	还可以，听不太清楚，有一定延迟，有杂音，有失真
2.0	差	勉强，听不太清，有较大杂音或断续，失真严重
1.0	很差	极差，静音或完全听不清楚，杂音很大

下面以移动通信网的呼叫测试数据为依据，采用随机森林法分析影响 MOS 分值的主要因素，并在此基础上实现对 MOS 值的预测。

1. 数据集介绍

本节使用的数据集来自 kaggle 平台，地址为：https://www.kaggle.com/valeriol93/predict-qoe，读者可以免费下载。该数据集共有 105828 条记录，每条记录包含 9 个属性，涉及呼叫测试日期、信号强度、终端移动速度、网络制式、MOS 值等，如图 9.4 所示。

Date Of Test	Signal (dBm)	Speed (m/s)	Distance from site (m)	Call Test Duration (s)	Call Test Result	Call Test Technology	Call Test Setup Time (s)	MOS
2017/7/1 0:00	-61	68.80000305	1048.6	90.00	SUCCESS	UMTS	0.56	2.1
2017/7/1 0:02	-61	68.76999664	1855.54	90.00	SUCCESS	UMTS	0.45	3.2
2017/7/1 0:05	-71	69.16999817	1685.62	90.00	SUCCESS	UMTS	0.51	2.1
2017/7/1 0:08	-65	69.27999878	1770.92	90.00	SUCCESS	UMTS	0	1
2017/7/1 0:10	-103	0.819999993	256.07	60.00	SUCCESS	UMTS	3.35	3.6
2017/7/1 0:10	-61	68.86000061	452.5	90.00	SUCCESS	UMTS	0	1
2017/7/1 0:13	-63	68.76000214	899.88	90.00	SUCCESS	UMTS	0.49	2.1
2017/7/1 0:17	-73	70.01999664	296.19	90.00	SUCCESS	UMTS	0	1
2017/7/1 0:20	-78	27.79000092		90.00	SUCCESS	LTE	0.42	4.4
2017/7/1 0:23	-61	22.12000084	21532.25	90.00	SUCCESS	UMTS	0.52	2.1
2017/7/1 0:23	-105	0.819999993	256.07	60.00	SUCCESS	UMTS	3.26	3.7
2017/7/1 0:25	-63	18.78000069	889.38	90.00	SUCCESS	UMTS	1.3	4.3
2017/7/1 0:27	-116	31.03000069		50.35	FAILURE - DROP CAL	LTE	1.13	4.4
2017/7/1 0:29	-106	0		90.00	SUCCESS	LTE	2.7	4.4
2017/7/1 0:30	-83	31.03000069	1385.85	90.00	SUCCESS	UMTS	0	4.4
2017/7/1 0:32	-106	0	786.53	90.00	SUCCESS	LTE	2.45	4.4
2017/7/1 0:32	-87	31.03000069	17496.52	90.00	SUCCESS	UMTS	0	1
2017/7/1 0:34	-106	0	786.09	90.00	SUCCESS	LTE	2.47	4.4

图 9.4　数据集的结构

各属性的含义如下：

- Date Of Test：呼叫测试日期。测试从 2017 年 7 月 1 日 0 时开始，一直到 2017 年 10 月 31 日 24 时结束，共持续 4 个月。
- Signal：接收信号强度。表示终端在测试地点测量到的基站信号强度，单位为 dBm 分贝毫瓦。
- Speed：移动速度。表示终端在呼叫过程中的平均移动速度，单位为 m/s。
- Distance from site：距离。表示测试地点与基站之间的距离，单位为 m。
- Call Test Duration：呼叫持续时长，单位为 s。
- Call Test Result：呼叫测试结果，有成功（SUCCESS）、掉话（DROP CALL）、建立失败（SETUP FAIL）三种情况。
- Call Test Technology：网络制式，有 2G（GSM）、3G（UMTS）、4G（LTE）三种类型。
- Call Test Setup Time：呼叫建立时延，指主叫终端从发出呼叫请求到接收到振铃消息所经历的时间，单位为 s。

- MOS：MOS 值。

在数据集中，“Call Test Result”和“Call Test Technology”是离散属性，“Signal”“Speed”“Distance from site”“Call Test Duration”和“MOS”都属于连续属性。

2. 数据导入

下载的数据集以 .xlsx 文件的形式保存，处理时需要通过 pandas.read_excel( ) 函数导入，并存储在一个 DataFrame 类型的数据结构中。DataFrame 是 pandas 库定义的一种二维表结构，每行对应一个样本，每列代表一个属性，列的名称即为相应属性的名称。考虑到部分属性的名称过长，不便于引用，程序中对它们重新命名，新旧名称的对应关系如表 9.2 所示。

表 9.2　各属性新旧名称的对应关系

原 名 称	新 名 称
Date Of Test	Date
Signal（dBm）	Signal
Speed（m/s）	Speed
Distance from site（m）	Distance
Call Test Duration（s）	Duration
Call Test Result	Result
Call Test Technology	Technology
Call Test Setup Time（s）	Delay
MOS	MOS

3. 数据预处理

从图 9.4 可以发现，该数据集中存在缺失值，而且还有不符合常理的数据（如呼叫建立时延为0），所以先要对这些数据进行清洗，使进入数据挖掘模型的垃圾数据最小化。

（1）处理缺失数据　首先检查数据集中哪些属性存在缺失值。图 9.5 所示是统计出的所有属性的缺失值数量，显然，只有 Signal 和 Distance 两个属性存在缺失值。

```
The number of missing data:
Date              0
Signal            7
Speed             0
Distance      10359
Duration          0
Result            0
Technology        0
Delay             0
MOS               0
```

图 9.5　各属性缺失值的数量

Signal 属性的缺失值很少，可以直接删除含有缺失值的记录。Distance 属性的数据缺失量较大，如果简单地做删除处理，可能会改变数据集的结构，同时也浪费了其他属性的信息。因此程序中采用插值法，依据样本的其他属性对缺失值进行估计和填充。

（2）处理不合理数据　对于连续属性，可以调用 pandas.DataFrame.describe( ) 函数观察它们的取值范围和统计信息，结果如图 9.6 所示。每个属性的统计数据包括：计数（count）、均值（mean）、标准差（std）、最小值（min）、第一四分位数（25%）、中位数（50%）、第三四分位数（75%）和最大值（max）。

	Signal	Speed	Distance	Duration	Delay	MOS
count	105821.000000	105821.000000	105821.000000	105821.000000	105821.000000	105821.000000
mean	-78.653623	8.627585	7425.367318	84.190803	2.662882	3.105864
std	18.631699	18.006517	47765.270181	66.219179	2.057078	1.252353
min	-140.000000	-1.000000	1.410000	12.900000	0.000000	1.000000
25%	-92.000000	0.000000	242.850000	60.000000	0.640000	2.100000
50%	-79.000000	0.000000	444.860000	90.000000	3.510000	3.100000
75%	-63.000000	7.770000	813.730000	90.000000	4.080000	4.400000
max	-51.000000	86.310516	745483.680000	900.000000	45.330000	4.400000

图9.6　连续属性的统计信息

以Speed属性为例，它的中位数为0，说明数据集中的大多数记录是在静止状态下测得的。Speed的最大值为86.310516m/s，即310km/h，猜测相应样本可能是在高铁等交通工具上测试得到的。Speed的最小值为-1m/s，考虑到在移动通信中，终端移动速度不可能取负值，因此很有可能是测试者记录错误，或者-1是缺失数据的填充值。由于统计后发现，Speed值为-1的记录共有16128个，因此后一种情况的可能性更大。对于这些不合常理的数据，可采用与缺失值相类似的处理方法，例如通过插值法进行替换。

（3）识别离群值　有时在样本属性中会存在一些不寻常的取值，它们明显偏离属性的典型值，我们称为离群值。离群值可能是数据输入出错导致的，但也可能是出现概率极小的有效值，因此需要加以识别，以防止错误数据引起不可靠的结果。

识别连续属性离群值的方法有很多，如IQR（InterQuartile Range，四分位数间距）法、Z-Score法、聚类法等。本案例采用IQR法，它是一种简单稳健的方法，基本思想是利用四分位数Q_1（第一四分位数）、Q_2（第二四分位数）和Q_3（第三四分位数）将数据集等分为4个部分，在此基础上定义IQR作为数据离散程度的度量。

$$\text{IQR}=Q_3-Q_1$$

如果数据点x_i满足下面的公式，则被视为离群值。

$$x_i>Q_3+1.5\times\text{IQR} \text{ 或 } x_i<Q_1-1.5\times\text{IQR}$$

箱线图（Box-plot）可以更加直观地显示IQR法的分析结果。图9.7所示是Signal属性和Distance属性的箱线图。图中的蓝色方框由Q_1、Q_2和Q_3构成，上下两条水平直线分别位于$Q_3+1.5\times\text{IQR}$和$Q_1-1.5\times\text{IQR}$的位置。需要注意的是，在没有离群值的情况下，这两条直线分别对应数据集的最大值和最小值。离群值在图中用黑色的点标识出。

在图9.7中，当接收信号的强度非常低、接近-140dBm时，被认为是离群值。由于LTE通信标准规定，终端能够测量到的信号强度范围是［-140dBm，-44dBm］，因此这些数据点表示很少出现的信号极差的情况，不应当作离群点处理。

对于Distance属性，由于绝大多数样本的取值是在1000m以内，而最大值达到700km以上，二者差距过大，导致图9.7无法显示蓝色方框区域，并且存在大量的离群点。那么，所有标识出的点真的都是离群点吗？一般情况下，在城市区域内，GSM基站的覆盖半径为2~3km，郊区可达到十几千米；近海基站的覆盖半径最大，为100km左右。与之相比，3G、4G基站的覆盖半径更小。因此，图9.7中取值在100km以上的数据点一定是离群点。经统计发现，Distance值大于100km的样本约2000条，在数据集中占比较小，可以直接将它们删除掉。

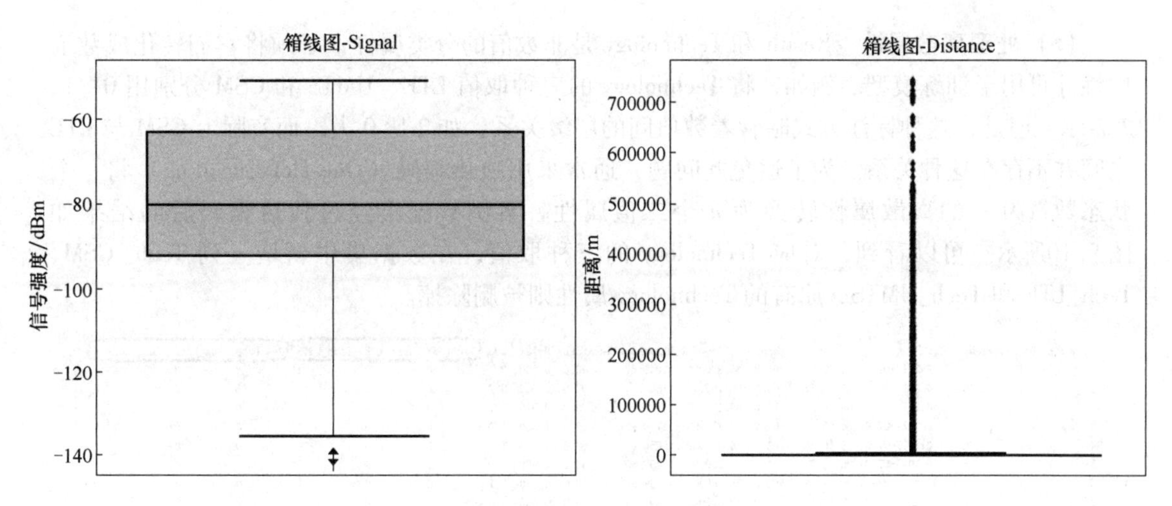

图 9.7 Signal 和 Distance 属性的箱线图

(4) 处理日期数据 Date 属性包含日期和时间信息。为了更好地理解数据，可以通过特征衍生从 Date 中产生一些新属性，如月、日、小时、星期等。经过处理后的数据如图 9.8 所示，数据集中新增加了 4 个属性，并且插在原有属性列之前。

	Month	Day	Weekday	Hour	Date	Signal	Speed	Distance	Duration	Result	Technology	Delay	MOS
0	7	1	5	0	2017-07-01 00:00:27	-61.0	68.800003	1048.600000	90.00	Success	UMTS	0.560	2.1
1	7	1	5	0	2017-07-01 00:02:57	-61.0	68.769997	1855.540000	90.00	Success	UMTS	0.450	3.2
2	7	1	5	0	2017-07-01 00:05:29	-71.0	69.169998	1685.620000	90.00	Success	UMTS	0.510	2.1
3	7	1	5	0	2017-07-01 00:08:02	-65.0	69.279999	1770.920000	90.00	Success	UMTS	1.930	1.0
4	7	1	5	0	2017-07-01 00:10:30	-103.0	0.820000	256.070000	60.00	Success	UMTS	3.350	3.6
5	7	1	5	0	2017-07-01 00:10:37	-61.0	68.860001	452.500000	90.00	Success	UMTS	1.920	1.0
6	7	1	5	0	2017-07-01 00:13:08	-63.0	68.760002	899.880000	90.00	Success	UMTS	0.490	2.1
7	7	1	5	0	2017-07-01 00:17:57	-73.0	70.019997	296.190000	90.00	Success	UMTS	0.455	1.0
8	7	1	5	0	2017-07-01 00:20:29	-78.0	27.790001	10914.220000	90.00	Success	LTE	0.420	4.4
9	7	1	5	0	2017-07-01 00:23:01	-61.0	22.120001	21532.250000	90.00	Success	UMTS	0.520	2.1

图 9.8 Date 属性进行特征衍生后的结果

利用可视化技术，可以很方便地观察衍生属性与 MOS 值之间的关系。图 9.9 给出了 MOS 值随时间（以 h 计）的变化趋势。从图中可以发现，8 时到 21 时的 MOS 值大约为 3.0，而 22 时至次日早晨 7 时的 MOS 值略高。这表明语音质量在白天和晚上会稍有差别，这可能是由于该地区为商业区，晚间用户较少；也可能是因为用户休息而使网络负荷下降，服务质量提高。

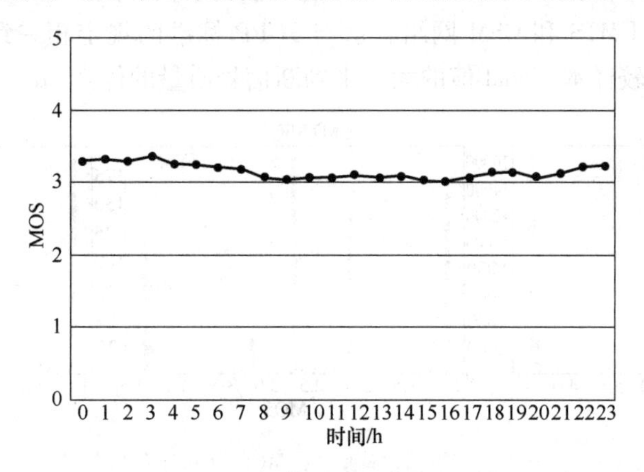

图 9.9 MOS 值随时间的变化趋势

（5）处理离散属性　Result 和 Technology 是非数值的分类属性，必须将它们转化成数值属性才可用于训练模型。例如，将 Technology 的三种取值 LTE、UMTS 和 GSM 分别用 0、1、2 表示。但是，这种标注方式暗含着数值间的层级关系，如 2 比 0 大，而实际上 GSM 与 LTE 之间并不存在这种关系。为了避免此问题，通常采用独热编码（One-Hot Encoding）将一个状态数量为 n 的离散属性转换为 n 个二值属性。案例数据集经过独热编码后的结果如图 9.10所示。可以看到，对应 Technology 的三种取值，在数据集中新增三列 Tech_GSM、Tech_LTE 和 Tech_UMTS，原有的 Technology 属性则被删除掉。

	Month	Day	Weekday	Hour	Date	Signal	Speed	Distance	Duration	Delay	MOS	Tech_GSM	Tech_LTE	Tech_UMTS	Res_Drop	Res_Fail	Res_Success
0	7	1	6	0	2017-07-01 00:00:27	-61.0	68.800003	1048.60	90.0	0.560	2.1	0	0	1	0	0	1
1	7	1	6	0	2017-07-01 00:02:57	-61.0	68.769997	1855.54	90.0	0.450	3.2	0	0	1	0	0	1
2	7	1	6	0	2017-07-01 00:05:29	-71.0	69.169998	1685.62	90.0	0.510	2.1	0	0	1	0	0	1
3	7	1	6	0	2017-07-01 00:08:02	-65.0	69.279999	1770.92	90.0	1.930	1.0	0	0	1	0	0	1
4	7	1	6	0	2017-07-01 00:10:30	-103.0	0.820000	256.07	60.0	3.350	3.6	0	0	1	0	0	1
5	7	1	6	0	2017-07-01 00:10:37	-61.0	68.860001	452.50	90.0	1.920	1.0	0	0	1	0	0	1
6	7	1	6	0	2017-07-01 00:13:08	-63.0	68.760002	899.88	90.0	0.490	2.1	0	0	1	0	0	1
7	7	1	6	0	2017-07-01 00:17:57	-73.0	70.019997	296.19	90.0	0.455	1.0	0	0	1	0	0	1
8	7	1	6	0	2017-07-01 00:20:29	-78.0	27.790001	10914.22	90.0	0.420	4.4	0	1	0	0	0	1
9	7	1	6	0	2017-07-01 00:23:01	-61.0	22.120001	21532.25	90.0	0.520	2.1	0	0	1	0	0	1

图 9.10　分类属性进行独热编码后的部分结果

下面来探索离散属性与其他属性之间的关系。图 9.11 和图 9.12 分别反映了不同网络制式对接收信号强度以及 MOS 值分布的影响。

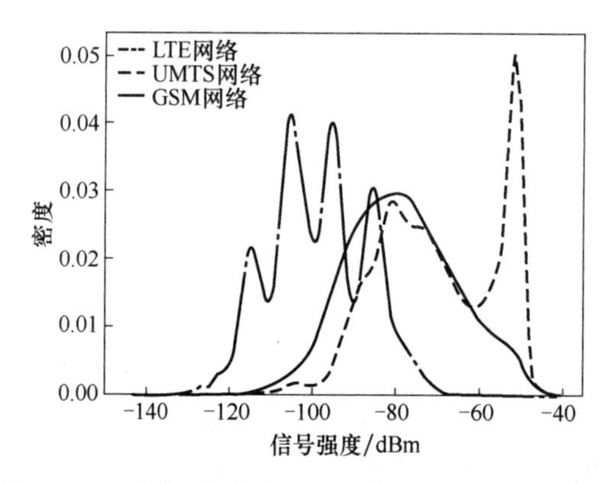

图 9.11　不同网络制式下接收信号强度的分布曲线

图 9.11 给出了不同类型网络中，Signal 属性的核密度估计图。很明显，LTE 网络的接收信号强度一般要低于 UMTS 和 GSM 网络，这与 3GPP 标准的规定相一致。因此，分析数据时，不能通过简单比较样本 Signal 值的大小来判断信号质量的优劣。

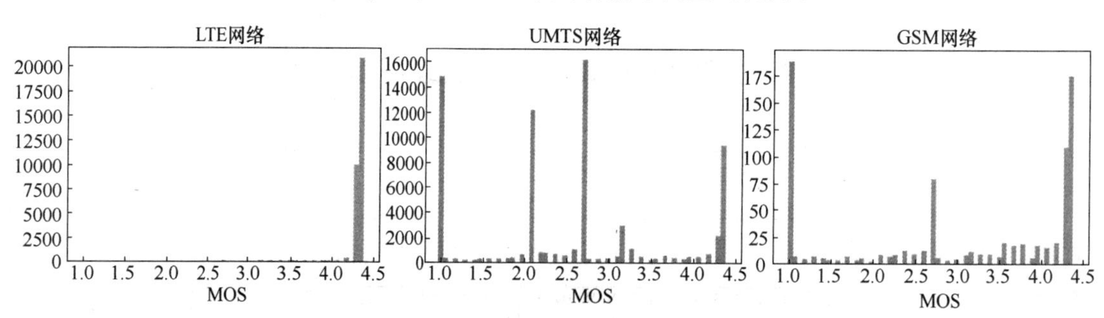

图 9.12　不同网络制式下 MOS 值的分布情况

图 9.12 所示是不同类型网络中，MOS 值的频数分布直方图。在 LTE 网络中，绝大多数测试呼叫的 MOS 值都在 4.0 分以上，说明网络的服务质量较好，而且比较稳定。而 UMTS 网络的 MOS 值分布较为分散，各个级别的样本数量差别不大，此外语音质量不够理想，3.0 分以下的低质量呼叫较多。

（6）处理连续属性　使用散点图或者热图可以检查连续属性之间可能存在的关联关系。考虑到数据集中样本数较多，本案例采用热图来显示属性间的相关性，如图 9.13 所示。从图中可以发现，绝大多数属性的相关系数在 0.2 以下，说明它们之间没有或者仅有极弱的线性关系。但是，Signal 和 Delay 之间的相关系数为 0.57，表明它们存在中等程度的正相关，即信号越强，呼叫建立的时延越长。显然，该结果与我们的经验不符，其原因可能是由于 UMTS 和 3G 网络的呼叫建立时延较大，而它们的接收信号强度又高于 LTE 网络，所以导致产生不正确的判断。有兴趣的读者还可以分析单一制式网络中 Signal 与 Delay 之间的关系。

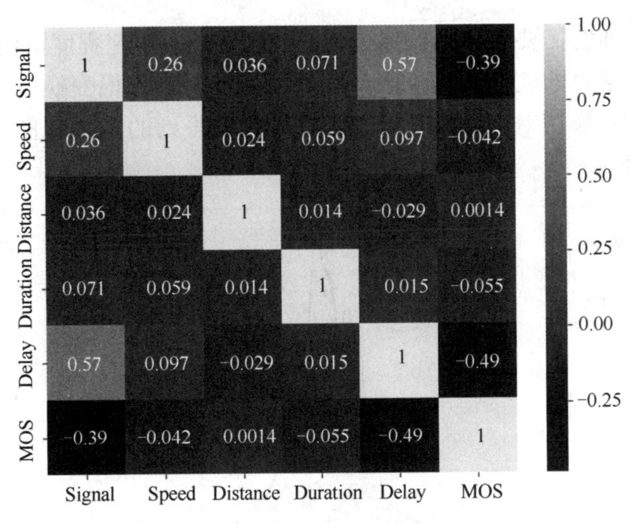

图 9.13　连续属性的相关性热图

从图 9.13 还可以看出，Delay 与 MOS 之间存在负相关性。这是由于引起呼叫建立时延增大的原因可能是网络信号质量较差或者网络负荷过重，而这些因素同样会影响语音业务的质量，造成 MOS 值下降。

回顾图 9.6 给出的数据，其中 Distance 和 Duration 属性的标准差很大，且均值与中位数有显著差异，说明这些属性很可能存在偏态分布。图 9.14 所示是 Distance 属性的频率直方图，同时还显示了它的核密度估计曲线。可以看到，该图左右分布不对称，右侧有一个很长的拖尾，这种情况称为右偏态或者正偏态。此外，还可以通过偏度（skewness）定量地衡量分布偏斜的程度。

随机变量 X 的偏度定义为

$$\mathrm{Skew}(X)=E\left[\left(\frac{X-\mu}{\sigma}\right)^3\right]$$

其中，μ 为 X 的均值，σ 为标准差。当偏度为 0 时，分布完全对称，为正态分布；当偏度大于 0 时，分布为右偏；小于 0 时，分布为左偏。偏度的绝对值越大，表明偏斜程度越严重。本案例中，Distance 属性的偏度为 8.606267，说明存在比较严重的右偏。

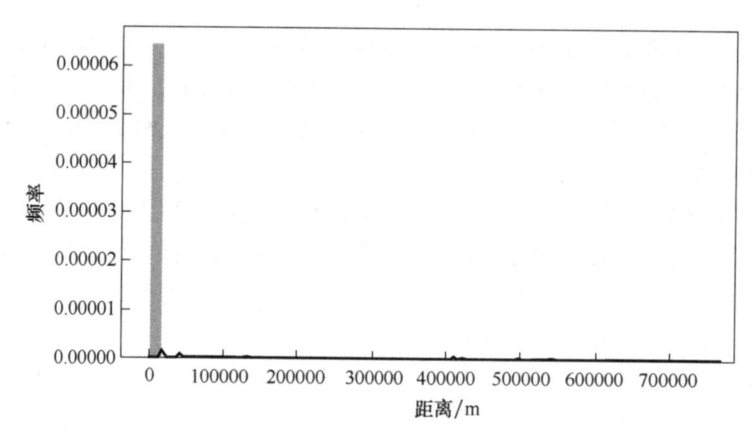

图 9.14　Distance 属性值的分布情况

在回归分析前，通常需要对偏态数据进行变换，以便在一定程度上消除倾斜，使数据分布更趋向于正态化。常见的变换方法包括自然对数变换、平方根变换、平方根对数变换等。本案例采用自然对数变换法对 Distance 属性进行处理，得到的结果如图 9.15 所示，变换后的偏度值为 1.917465。

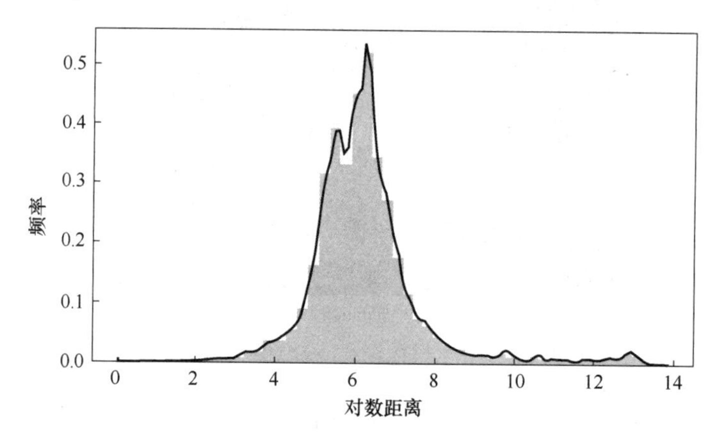

图 9.15　Distance 属性值经过对数变换后的结果

（7）删除多余属性　在前面的处理中，我们从原始属性变换或衍生出一些新属性。这些新属性和原始属性包含相同的信息，它们将被用于训练模型，而原始属性应删除掉。此外，独热编码得到的 n 个二值属性中，只有 $n-1$ 个相互独立，即由任意 $n-1$ 个二值属性的取值，可以推出第 n 个属性值，因此建模时仅使用其中的 $n-1$ 个属性。

4. 建模与评价

本案例中，待预测的目标变量 MOS 的取值范围是 1.0~5.0。这是一个回归问题，下面采用随机森林回归算法建立预测模型。

随机森林（Random Forest）是一种典型的集成学习（ensemble learning）算法，它的基本思想是在模型中构建多棵决策树，由它们共同完成分类或回归任务。为此，算法首先通过自助法从原始训练集中构造出 m 个新的数据集，然后用它们分别训练 m 棵决策树；训练每棵树时，又引入随机属性选择机制，即随机选择原始属性集的一个子集，以该子集为依据选取最优划分属性。随机森林的最终输出结果由所有决策树通过投票或者取平均值得到。

随机森林的性能受到多种因素的影响，除了与决策树相关的参数外（参见 4.3.1 节），还包括决策树的数量、属性子集的规模等。决策树的数量对随机森林的性能、可解释性和复杂性之间的平衡具有重要意义。当数量太少时，容易发生欠拟合，导致预测误差增大；而如果数量过多，则会增加构建森林的复杂度，还可能导致模型的可解释性减弱。属性子集的规模控制着随机性的引入程度，它的最小值为 1，最大值等于原始属性个数 d。一般情况下，推荐使用 $\log_2 d$。

在机器学习库 scikit-learn（简称 sklearn）中提供了随机森林算法类库，用户可以通过 RandomForestRegressor 类进行回归预测。RandomForestRegressor 类的定义是

```
class  sklearn.ensemble.RandomForestRegressor(
       n_estimators='warn',criterion='mse',max_depth=None,min_sam-
       ples_split=2,min_samples_leaf=1,min_weight_fraction_leaf=
       0.0,max_features='auto',max_leaf_nodes=None,min_impurity_de-
       crease=0.0,min_impurity_split=None,bootstrap=True,oob_score=
       False,n_jobs=None,random_state=None,verbose=0,warm_start=
       False)
```

参数 n_estimators 表示决策树的个数，默认值为 10；max_features 是属性子集的大小，默认值为 auto，表示与原始属性的个数相等。读者如果想了解 RandomForestRegressor 类的详细信息，可以访问 sklearn 的官网。

下面开始训练模型。首先将数据集划分为训练集和测试集两部分，训练集占数据总量的 75%；然后创建一个随机森林回归对象 RandomForestRegressor，将它的所有参数设为默认值，并使用训练集对该对象进行训练；模型训练好后，通过测试集来检验它的预测效果。回归模型常用的评价指标可参见 5.4 节，这里采用决定系数 R^2。当用模型对训练集进行预测时，得到的 R^2 评分为 0.907，而测试集的 R^2 评分仅为 0.479。显然，模型出现了过拟合现象，因此需要进行优化。

5. 模型优化

模型优化有多种不同的思路，例如，增加新的属性，删除相关性较低的属性，调整模型的超参数等。受篇幅所限，本节仅介绍超参数调优法。

超参数调优主要包括网格搜索法、随机搜索法、贝叶斯优化法等。网格搜索法是一种应用广泛的方法，它将各个超参数的可能取值排列组合成“网格”结构，然后采取穷举搜索的思想遍历所有的组合，从中找出最优方案。随机搜索法与网格搜索法相类似，但是它不需要遍历所有的参数组合，而是在其中进行随机采样，然后从采样点中选出最优组合方案。相比网格搜索法，随机搜索法的优点在于通过调整采样点的个数可以达到效率和性能之间的平衡。随机搜索法在搜索过程中，独立选择每一个采样点，而不借鉴之前处理过的采样点的评估结果。贝叶斯优化法则是根据前一个采样点的信息，利用贝叶斯定理估计可能出现最优参数组合的区域，并在该区域中获取下一个采样点，这样就能有效地缩短搜索时间，提高处理效率。

sklearn 定义了 GridSearchCV 类和 RandomizedSearchCV 类来分别实现网格搜索和随机搜索功能。本案例使用 RandomizedSearchCV 类，它的定义如下：

```
class sklearn.grid_search.RandomizedSearchCV(
      estimator,param_distributions,n_iter=10,scoring=None,n_jobs=
      None,iid='warn',refit=True,cv='warn',verbose=0,pre_dispatch=
      '2*n_jobs',random_state=None,error_score='raise-deprecating',
      return_train_score=False)
```

其中常用的参数及其含义如下：

- estimator：采用的回归器模型，本案例中为 RandomForestRegressor。
- param_distributions：待训练的超参数及其取值范围，本案例选取的超参数包括：决策树的数量（n_estimators）、属性子集的大小（max_features）、树的最大深度（max_depth）、树的内部节点分裂时所需的最少样本数（min_samples_split）、叶子节点必须包含的最少样本数（min_samples_leaf）。
- n_iter：采样点的数目。
- scoring：对每个采样点的预测结果进行评价的方法。
- cv：交叉验证时划分数据集的策略。为了提高评估的准确性，RandomizedSearchCV 在处理每个采样点时，采用交叉验证的方法，由 cv 指定如何划分测试集和验证集，默认情况下采用 3 折交叉验证。

在指定的参数值范围内进行随机搜索后，得到一个表现最优的参数组合，其中各参数的取值分别为

```
{'n_estimators':2055,'min_samples_split':2,'min_samples_leaf':5,'max_
features':0.19183673469387755,'max_depth':22}
```

利用优化后的模型对训练集和测试集进行预测，得到的 R^2 评分分别为 0.637 和 0.543。可以看到，虽然模型在训练集上的表现变差，但是在测试集上的性能得到了改善。

6. 结果分析

随机森林算法在训练模型的同时，还能够定量地分析各属性对预测结果的贡献，称为属性重要性分析。图 9.16 所示是本案例中各属性的重要性排名。从图中可以发现，Tech_LTE 属性对模型预测能力的影响最大，接近 0.23；同时，Tech_UMTS 属性的重要性也达到 0.2，这表明在呼叫测试地区，不同类型网络的语音通话质量存在明显差异，而且各网络中 MOS 值的分布也具有较强的规律性，其中 LTE 网络的服务质量最好且较为稳定，大约 99%的样本的 MOS 值都在 4.0 以上（参见图 9.12）。呼叫建立时延（Sqrt_Delay）和接收信号强度的重要性分别排在第二和第四位，说明它们与语音质量的好坏有较为密切的关系。例如，当我们在无线信号较弱的地点使用手机打电话时，容易出现通信时断时续或者话音不清晰的现象。

与呼叫测试结果相关的两个属性 Res_Success 和 Res_Drop 的重要性最低，表明呼叫是否正常结束或者是否出现掉话与语音质量没有关系。但是在实际应用中，掉话通常是由干扰、切换失败、设备故障等原因引起的，它们也会对语音质量造成不良影响，因此二者之间应当存在一定的关联性。

最后，简单分析影响模型性能的原因。模型在测试集上的 R^2 分值不高，其原因可能有以下几点：

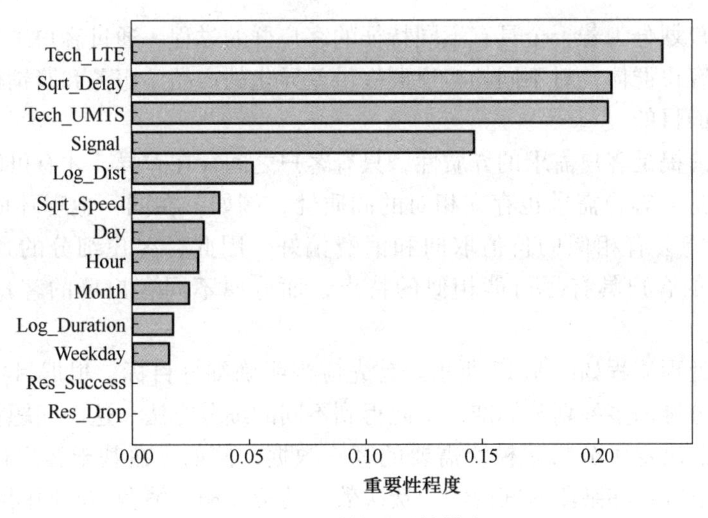

图 9.16　属性重要性排名

- 数据集提供的属性较少，没有包含语音编码速率、邻小区干扰强度等一些影响语音质量的重要因素。
- 数据集质量不高，个别属性的缺失值或异常值较多。虽然对这些数据进行了预处理，但是会引入噪声。
- MOS 是一个端到端的性能指标，不仅与无线网络的服务质量密切相关，还会受到核心网传输质量的影响。单纯分析无线网络的测试数据，会降低预测准确度。
- 本案例在进行超参数调优时，仅选取了 5 个采样点。实际应用中，应增加采样点的数量，而且需要多次运行随机搜索算法，不断缩小搜索范围，这样才能找到最优的参数组合。

9.4　案例 2——客户细分

随着我国电信业体制改革的不断深入和市场竞争的日益加剧，电信企业的发展模式正在逐步从“以产品为中心”向“以客户为中心”转变。如何建立长期稳定的客户关系，提高已有客户的忠诚度和满意度，同时赢得更多有价值的潜在客户，从而扩大企业的收入和利润，增强企业竞争力，已经成为电信运营商亟待解决的重要问题。

近年来迅猛发展的客户关系管理（Customer Relationship Management，CRM）为电信企业提供了解决之道。CRM 是一种新型的现代管理模式，能够帮助企业掌握客户的需求趋势，加强与客户的关系，有效地发掘和管理客户资源，获得市场竞争优势。客户细分（Customer Segmentation）是实现 CRM 的主要手段和方法，也是电信运营商实现“保持老客户、发展新客户、提升客户价值”这三大目标的重要途径。

9.4.1　客户细分概述

客户细分是现代营销理念的产物，主要指企业在收集和整理客户资料信息的基础上，依据客户的需求特点、购买行为、购买习惯、信誉状况等方面的差异，以某种既定的规则或者标准，将所有客户划分为若干个具有不同特征的客户群的过程。通过客户细分，企业能够更好地识别不同的客户群体，对不同的客户群提供差异化的产品、服务和营销模式，达到客户资源最优化配置的目的。

客户细分的前提是客户需求的异质性，只有客户之间存在差异，才有可能和有必要对客户进行细分。但是，客户需求也存在相对的同质性，例如，在同一地理环境和社会文化背景下的消费者可能会有相似的价值取向和消费偏好。因此，客户细分的目标就是要使同一细分客户群内的客户具有尽可能相似的特点，而分属不同客户群的客户应当具有明显的差异性。

客户细分的处理流程如图9.17所示。首先应当明确细分目标，根据目标确定适合的细分方法。客户细分遵循多种划分标准，由此得到不同的细分方法，这一问题将在9.4.2节详细讨论。细分方法决定了分析建模所需要的客户数据，例如，在基于客户行为的细分方法中，通常需要了解客户在某段时间内的消费次数、消费金额、消费的时间间隔等信息；而在基于客户价值的方法中，一般更关注客户为企业带来的利润总额。在收集到合适的数据并对它们进行清洗、转换等预处理后，还要选择恰当的细分变量和细分技术，然后才能建立相应的分析模型。

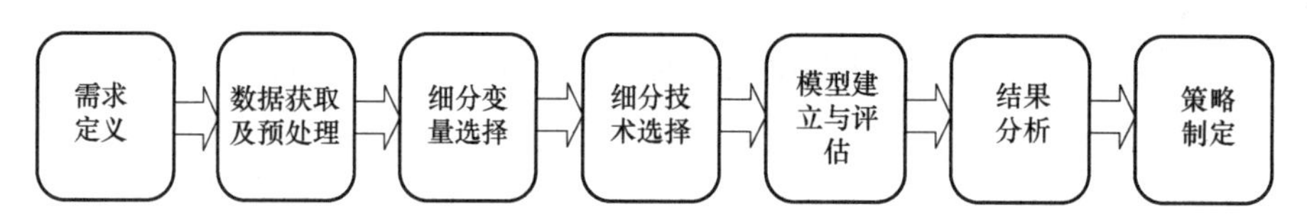

图9.17 客户细分的处理流程

细分变量的选取是建立细分模型的基础，同时也是一个难点问题。一方面，细分变量是模型进行客户分类的依据，它们选择得是否合理会影响细分结果的准确性；另一方面，细分变量应当有助于企业分析解释细分结果，发现不同客户群的特征和差异，从而制定相应的营销策略。为此，在选择细分变量时，除了选用可以直接从数据集中获得的原始变量外，还经常需要产生一些衍生变量，如平均变量、趋势变量、求和变量等。

客户细分技术分为定性分类方法与定量分类方法两大类。定性分类方法主要依靠经验值设定分类标准，然后将客户强制划分到某个类别中。这种方法分类粗糙，无法揭示不同客户群体需求上的差异性。当前用于定量分类分析的技术又分为两类：一是传统统计方法，主要包括聚类分析、贝叶斯分析、因子分析等；二是非传统的机器学习方法，如决策树、神经网络、关联规则、遗传算法等。

利用所选的细分技术建立模型并产生客户分群结果后，还需要从细分群体的差异性、细分群体的可识别性、细分规模的显著性等多个方面对结果进行评估。若结果可以明确描述细分客户群的特征，则将直接用于指导相关市场策略的制定；否则，还需要通过新一轮的客户细分来进行相应的调整。

9.4.2 客户细分的方法

客户细分没有统一的模式，企业通常需要根据自身的实际情况和业务目标，选择合适的细分方法。常用的客户细分方法主要有以下类型：

1. 人口统计细分（Demographics Segmentation）

人口统计细分是将客户按照人口统计变量，如年龄、性别、职业、地域、收入、教育背景、婚姻状况等要素划分成不同的群体。细分的依据是客户的需求主要由其社会和经济背景决定，因此人口统计因素会对客户的需求、偏好、消费行为产生很强的影响。以电信行业为例，不同年龄组、不同文化水平的消费者通常具有不同的消费方式、审美观和产品价值观，如处于18~20岁的高校消费群体具有电信消费非理性、追求时尚和文化内涵、消费具有一定的时间规律和固定的消费模式的特征；而60岁以上的老年消费群体则具有消费理性、注重服务品质、品牌忠诚度高的特征。人口统计细分在实际中应用广泛，但是由于它所涉及的细分变量大多是基本自然属性，只允许对客户定性识别，无法定量分析，所以目前在客户细分过程中，多用作其他方法的补充。

2. 行为细分（Behavior Segmentation）

行为细分是根据客户的消费行为模式进行客户分群。这种方法的依据是客户的行为在过去、现在和未来具有一定的一致性和规律性，通过对客户以往和现在行为的分析得以预测其将来的行为。企业根据该预测结果可以对客户服务进行调整，以实现自身的快速长期发展。以电信行业为例，消费行为包括客户使用电信产品的种类、使用频率、使用场合、使用时间、使用量、品牌忠诚度以及客户购买产品的决策过程、客户的缴费行为等。消费行为能更直接地反映客户的需求差异，而且企业也很容易从内部数据平台上获取客户消费行为的详细数据，因此行为细分方法具有很高的可信度和相对较低的成本。

3. 价值细分（Value Segmentation）

价值细分是根据客户为企业带来的盈利能力和价值对客户进行划分，它是在研究客户生命周期模式的基础上提出的。价值细分可以单纯依据客户生命周期价值的大小，也可以综合考量客户的当前价值和潜在价值。

客户生命周期价值是指企业在与客户保持合作关系期间，减去吸引客户、销售以及服务成本并考虑资金的时间价值后，企业能从客户那里获得的所有收益之和。按照客户生命周期价值的大小进行排序，可以将用户分成若干个等级，位于最前面等级的就是最有价值的客户群。这种客户细分方法操作简单、容易理解，但是它没有考虑客户价值的动态性，因此具有一定的局限性。

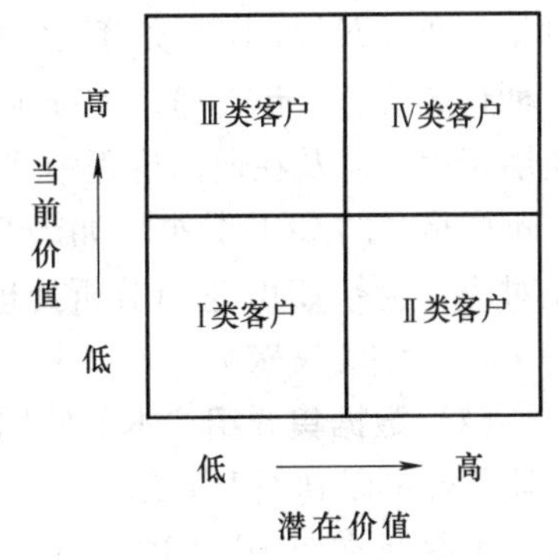

图9.18　客户价值矩阵

基于当前价值和潜在价值的细分方法是以客户价值矩阵为依据，将客户细分为4类，如图9.18所示。当前价值指如果将客户关系维持在现有水平上可望从客户获得的未来利润总值。潜在价值是假定通过合适的客户保持策略使客户购买行为模式向着有利于增大企业利润发展时，可望为企业增加的利润现值。其中当前价值和潜在价值都高的Ⅳ类客户是企业最有价值的客户，应当重点投入、尽力保持。这种细分方法是以客户关系的稳定性为前提来估计客户的当前价值和潜在价值的，而现实的客户关系复杂多变，并不存在绝对的稳定。

4. 生活方式细分（Lifestyle Segmentation）

生活方式是人们根据某一中心目标安排其生活的模式，它通过个人的活动、兴趣和观点体现出来。活动表现为如何对时间进行分配和安排，兴趣就是对周围环境的关注程度，观点则是对自身或者周边环境的各种评论。生活方式细分的代表性研究工作主要有两类：一是客户活动、兴趣和观点法（Activity Interests Opinion，AIO），二是价值观念和生活方式结构法（Value and Life Styles，VALS）。AIO 法利用量表测试客户的兴趣、信仰、价值观、性格个性、购买意愿和偏好行为等，然后通过分析得到一系列理性的行为心理学变量，以此研究客户的消费行为。VALS 法则是通过态度、需求、欲望、信仰和人口统计学特征来观察和理解人们的生存状态并加以综合描述。生活方式细分法把不同类型客户的行为差异与其个性、社会心理特征联系起来，在一定程度上弥补了以往因选用单一细分标准而导致对各类客户心理和行为描述不全面的缺陷，因而目前在理论界和实业界得到了广泛应用。

除此之外，还有基于利益的细分、基于客户忠诚度的细分、基于客户偏好的细分等。随着客户需求越来越精细化和多样化，单一维度的客户细分方法已经很难满足企业的实际需求，这就要求将多种细分方法相结合，用多维度视角更加全面动态地描述客户特征。

9.4.3　基于通信行为数据的移动客户细分

在电信领域，传统的客户细分主要基于 ARPU（Average Revenue Per User，每用户平均收入）值或者基于人口统计特征。基于 ARPU 的客户细分法把消费者看作经济者，按消费额度将客户划分为高、中、低端客户。基于人口统计特征的客户细分法通过若干客户属性变量，如年龄、性别、职业、教育水平等，将客户群体分为不同的组。随着电信运营商业务的不断创新，以及电信客户需求的日趋多样化，传统的细分方法已无法适应电信企业集约式发展、精细化管理的需要，而基于消费行为特征细分的营销决策，能够把握客户对不同业务的需求特点，因此具有更强的针对性。

下面就以描述客户通话行为的呼叫详细记录（Call Detail Records，CDR）数据作为分析对象，通过 k-means 聚类算法实现移动客户的细分。CDR 是由电话交换机的计费系统产生的一种日志信息，包含通话的详细记录，如主叫号码、被叫号码、呼叫日期、通话持续时间、通话费用，以及在通话过程中遇到的故障情况等。在移动通信网中，针对不同类型的业务，有不同格式的 CDR 数据，如语音业务 CDR、短消息服务 CDR、数据业务 CDR 等。本节案例仅对语音业务 CDR 进行分析处理。

1. 数据集及预处理

（1）数据集介绍　本节使用的数据集由 CDR 数据模拟生成器“CDR Tool”产生，该模拟器软件可以到网上下载。CDR Tool 的作用是模拟英国电话用户的通信活动并生成 CDR 记录，本案例在使用时进行了调整与简化，最终产生的数据集包含两个文件：cdr_outgoing. xlsx 和 cdr_incoming. xlsx，它们分别记录 2019 年 4 月 1 日至 4 月 30 日期间英国某地区所有移动客户的呼出数据和呼入数据。

利用 pandas. read_excel( ) 函数将数据文件导入到 DataFrame 数据结构中，分别观察呼出数据集和呼入数据集的内容。

呼出数据集共有 657335 条记录，每一条记录代表移动客户作为主叫方的一次通话，由 7 个属性变量描述，如图 9. 19 所示。

各属性变量的含义为：

- Date：通话日期。

	Date	CustomerID	Called	StartTime	EndTime	CallType	CallCost
0	2019-04-01	198065832	19818626710	00:00:00	00:08:00	Local	8.686602
1	2019-04-01	146199014	1469897766	00:00:00	00:33:00	Local	33.327029
2	2019-04-01	196842613	196531010185	00:00:00	00:05:00	Local	5.601611
3	2019-04-01	124125158	1244640538	00:00:00	00:05:00	Local	5.029133
4	2019-04-01	143466107	1430245658	00:00:00	00:03:00	Local	3.952981
5	2019-04-01	134301238	13436102184	00:00:00	00:08:00	Local	8.216098
6	2019-04-01	132925254	8452483228	00:00:00	00:01:00	National	1.385584
7	2019-04-01	292610826	8451280536	00:00:00	00:09:00	National	9.464799
8	2019-04-01	154760763	8458765547	00:00:00	00:04:00	National	4.402303
9	2019-04-01	186376108	87008451086	00:00:00	00:06:00	National	6.939756

图 9.19　呼出数据集的部分记录

- CustomerID：主叫用户的电话号码。
- Called：被叫用户的电话号码。
- StartTime：通话起始时间。
- EndTime：通话终止时间。
- CallType：呼叫类型，有本地呼叫（Local）、国内长途（National）、国际长途（Intl）和漫游（Mobile）四种类型。
- CallCost：通话费用，单位为便士。

呼入数据集共有 318990 条记录，每一条记录代表客户作为被叫方的一次通话，包含 2 个属性，如图 9.20 所示。

	Date	CustomerID
0	2019-04-01	178852832
1	2019-04-01	178852832
2	2019-04-01	198588867
3	2019-04-01	198588867
4	2019-04-01	198588867
5	2019-04-01	198588867
6	2019-04-01	198588867
7	2019-04-01	198588867
8	2019-04-01	192210404
9	2019-04-01	192210404

图 9.20　呼入数据集的部分记录

各属性的含义如下：

- Date：通话日期
- CustomerID：被叫用户的电话号码。

（2）数据预处理　在本案例中，数据预处理的主要任务是进行数据清洗，即检查并处理空记录和通话数据异常记录（如超长时间的通话）。经统计发现，数据集无缺失值。

从图 9.19 可见，呼出数据集存在较多与时间相关的属性变量。为了便于后续选择细分变量，这里从时间属性衍生出 2 个新的属性，分别是：

- 通话时长（Duration）：根据 StartTime 和 EndTime 属性计算得到，单位为 s。
- 呼叫是否发生在工作日（IsWorkday）：由 Date 属性计算得到的一个二值属性，1 代表“是”，0 代表“否”。

根据 Duration 属性绘制箱线图（见图 9.21），观察是否存在异常通话记录。在图 9.21 中，通话时长在 1800～12240s 范围内的数据被标记为离群点。实际经验表明，虽然大多数情况下移动客户的通话时长都在 0.5h 之内，但是 3～4h 的情况偶尔也会出现，因此这里不作为异常值处理。

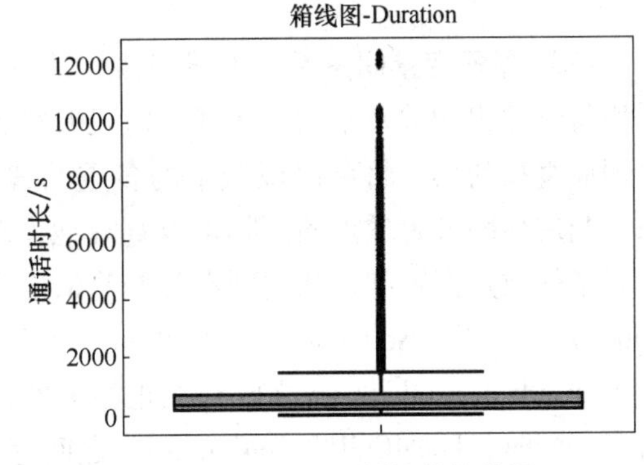

图 9.21　Duration 属性的箱线图

2. 细分变量选取

CDR 数据集以每次通话记录作为样本，不适合直接用于分析，因此需要进行数据变换，以获得能够刻画客户行为特征的细分变量。

（1）派生新变量　构造一个新的客户行为数据集，其中每个样本对应一位客户，并以客户的唯一标识 CustomerID 作为索引。表 9.3 给出该数据集包含的属性变量以及它们的含义。除了 In/Out 外，其余变量都是从呼出数据集的属性衍生而来的。

表 9.3　客户行为数据集的属性变量

变量名称	含　义
AvrOutCalls	平均每日呼出次数
AvrDuration	平均每次通话时长，单位为 s
AvrCost	平均每月话费，单位为英镑
WeekendCall	周末呼出次数占比
LocalCall	本地呼出次数占比
NationalCall	国内长途呼出次数占比
IntlCall	国际长途呼出次数占比
MobileCall	漫游呼出次数占比
CalledNum	通话对象的总数
In/Out	呼入次数与呼出次数之比

新数据集的统计信息如图 9.22 所示。该数据表明，客户的通话行为存在较大差异，少数频繁通话的客户会对统计结果产生显著影响。例如，数据集中的 1000 个客户，平均每天呼出次数为 21.91 次，但是 50%的客户每天不到 8 次，呼出次数最少的客户大约 2 天才会主动拨打一次电话，而通话最频繁的用户平均每天呼出 117.43 次。

	AvrOutCalls	AvrDuration	AvrCost	WeekendCall	LocalCall	NationalCall	IntlCall	MobileCall	CalledNum	In/Out
count	1000.000000	1000.000000	1000.000000	1000.000000	1000.000000	1000.000000	1000.000000	1000.000000	1000.000000	1000.000000
mean	21.911167	914.124330	96.554994	0.398358	0.663015	0.261972	0.027213	0.047800	402.510000	1.192545
std	28.099181	414.068685	98.819564	0.147592	0.168321	0.106515	0.037878	0.089237	539.196219	1.291713
min	0.600000	125.011062	1.950495	0.053968	0.253125	0.022709	0.000000	0.000000	8.000000	0.001189
25%	4.900000	590.078725	35.317002	0.276489	0.642859	0.233473	0.004109	0.009641	86.750000	0.492986
50%	7.233333	917.219622	61.783228	0.466289	0.691698	0.264415	0.017118	0.018692	125.500000	0.859644
75%	30.508333	1196.478764	124.292000	0.500000	0.725430	0.289941	0.027341	0.031129	504.000000	1.395932
max	117.433333	2150.000000	754.763876	0.646154	0.976480	0.518577	0.164251	0.343056	2350.000000	10.222222

图 9.22　新数据集的统计信息

（2）探索变量间关系　不难发现，表 9.3 的部分变量间存在相关性，例如每月话费与平均每日呼出次数及平均每次通话时长有很大的关联。如果对这些高度相关的变量不做任何处理而直接建模，将会出现严重的多重共线性，从而影响模型质量，导致产生不可靠的结果。利用热图或者散点图矩阵可以直观地发现变量之间的线性关系。图 9.23 所示是客户行为变量的散点图矩阵，从左到右的变量依次为 AvrOutCalls、AvrDuration、AvrCost、WeekendCall、LocalCall、NationalCall、IntlCall、MobileCall、CalledNum 和 In/Out。矩阵图显示了 AvrOutCalls 与 CalledNum 之间存在正相关性，说明客户的联系人越多，他呼出的次数也随之增多。同时，LocalCall 和 NationalCall 之间存在负相关性，表明数据集中本地呼叫较频繁的客户，其国内长途呼叫量相对较少。

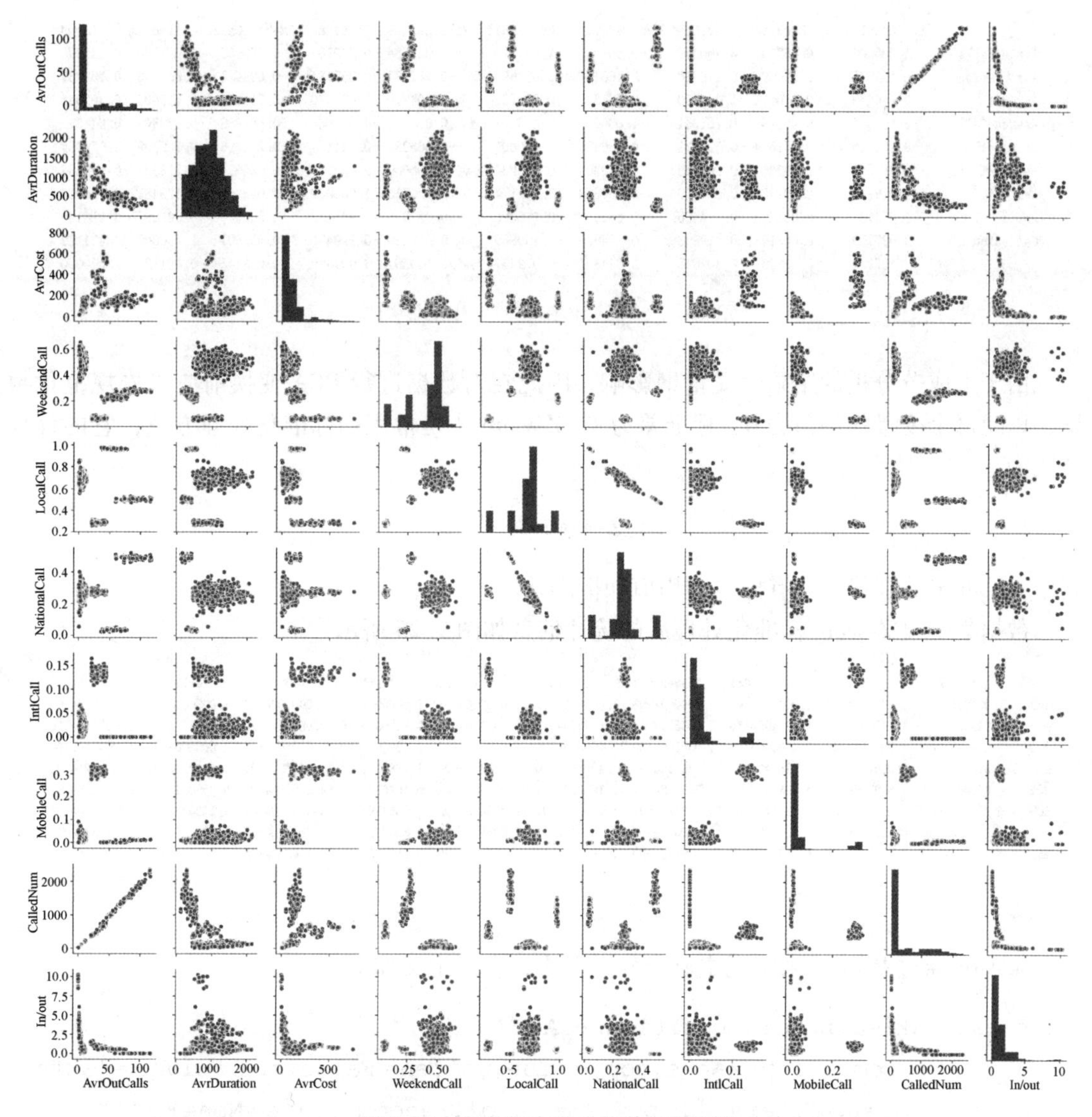

图 9.23 客户行为变量的散点图矩阵

变量之间的相关程度还可以通过皮尔逊相关系数定量地反映，其定义参见 6.3 节。pandas 库提供计算皮尔逊相关系数的函数 corr( )，利用它得到图 9.24 所示的客户行为变量的相关性矩阵。

从图 9.24 可以发现，相关性矩阵是一个对称矩阵，其中存在一些大于 0.5 或者小于 -0.5的元素，这说明相应变量之间具有正相关或者负相关关系，需要对它们妥善处理。降维是确保模型输入变量相互独立的一种常用方法，具体包括主成分分析（Principal Components Analysis，PCA）、因子分析（Factor Analysis，FA）、独立成分分析（Independent Component Analysis，ICA）等方法，本案例将采用 PCA 法。

（3）主成分分析 PCA 是一种多元统计分析技术，广泛应用于降维、有损数据压缩、特征提取和数据可视化等领域。有关 PCA 的概念和基本处理过程可参见 2.3.4 节，这里不再赘述。

	AvrOutCalls	AvrDuration	AvrCost	WeekendCall	LocalCall	NationalCall	IntlCall	MobileCall	CalledNum	In/Out
AvrOutCalls	1.000000	-0.662246	0.460459	-0.658336	-0.151225	0.222784	-0.079763	0.053182	0.997760	-0.427390
AvrDuration	-0.662246	1.000000	-0.110418	0.468187	0.052694	-0.107287	0.087384	-0.008425	-0.663108	0.158237
AvrCost	0.460459	-0.110418	1.000000	-0.761341	-0.529731	0.004749	0.657529	0.714426	0.419893	-0.302848
WeekendCall	-0.658336	0.468187	-0.761341	1.000000	0.468453	0.033304	-0.568653	-0.681988	-0.624809	0.244872
LocalCall	-0.151225	0.052694	-0.529731	0.468453	1.000000	-0.666231	-0.741174	-0.776396	-0.109859	0.079487
NationalCall	0.222784	-0.107287	0.004749	0.033304	-0.666231	1.000000	0.023713	0.052975	0.218229	-0.119291
IntlCall	-0.079763	0.087384	0.657529	-0.568653	-0.741174	0.023713	1.000000	0.945252	-0.129481	0.024980
MobileCall	0.053182	-0.008425	0.714426	-0.681988	-0.776396	0.052975	0.945252	1.000000	0.001697	-0.018145
CalledNum	0.997760	-0.663108	0.419893	-0.624809	-0.109859	0.218229	-0.129481	0.001697	1.000000	-0.421123
In/Out	-0.427390	0.158237	-0.302848	0.244872	0.079487	-0.119291	0.024980	-0.018145	-0.421123	1.000000

图 9.24　客户行为变量的相关性矩阵

由于主成分分析的结果会受量纲影响，因此在对数据进行 PCA 变换前应当先规范化数据，以使每个变量的均值为 0，标准差为 1。Z-score 法是常用的标准化处理方法，它的计算公式为

$$\text{Z-score}=\frac{X-\mu}{\sigma}$$

其中，μ 和 σ 分别代表所有样本的均值和标准差。

数据集经过 Z-score 标准化处理后的统计信息如图 9.25 所示。

	AvrOutCalls	AvrDuration	AvrCost	WeekendCall	LocalCall	NationalCall	IntlCall	MobileCall	CalledNum	In/Out
count	1.000000e+03	1.000000e+03	1.000000e+03	1.000000e+03	1.000000e+03	1.000000e+03	1.000000e+03	1.000000e+03	1.000000e+03	1.000000e+03
mean	-2.642331e-16	1.743050e-16	-5.592193e-16	-5.637574e-16	2.593620e-16	-1.442180e-16	-3.768097e-16	1.080247e-16	1.777578e-15	1.945111e-16
std	1.000500e+00	1.000500e+00	1.000500e+00	1.000500e+00	1.000500e+00	1.000500e+00	1.000500e+00	1.000500e+00	1.000500e+00	1.000500e+00
min	-7.588061e-01	-1.906708e+00	-9.578249e-01	-2.334558e+00	-2.436386e+00	-2.247405e+00	-7.188036e-01	-5.359187e-01	-7.320292e-01	-9.227691e-01
25%	-6.057002e-01	-7.829806e-01	-6.200051e-01	-8.261318e-01	-1.198088e-01	-2.676958e-01	-6.102634e-01	-4.278206e-01	-5.859054e-01	-5.418456e-01
50%	-5.226194e-01	7.479049e-03	-3.520473e-01	4.604915e-01	1.704915e-01	2.295093e-02	-2.666439e-01	-3.263529e-01	-5.140033e-01	-2.578496e-01
75%	3.061110e-01	6.822436e-01	2.808238e-01	6.890090e-01	3.709941e-01	2.627128e-01	3.373949e-03	-1.869125e-01	1.883188e-01	1.575335e-01
max	3.401165e+00	2.986205e+00	6.664047e+00	1.679759e+00	1.863237e+00	2.410300e+00	3.619663e+00	3.310340e+00	3.613646e+00	6.993965e+00

图 9.25　Z-score 标准化后数据集的统计信息

sklearn 通过 PCA 类来实现主成分分析算法，它的定义如下：

```
class   sklearn.decomposition.PCA(
        n_components=None,copy=True,whiten=False,svd_solver='auto',
        tol=0.0,iterated_power='auto',random_state=None)
```

其中最重要的参数是 n_components，它表示需要保留的主成分个数，默认值为 None，即保留所有主成分。如果 n_components 取 0~1 之间的小数，则算法自动选择保留的主成分数量，条件是这些主成分的方差之和不应小于 n_components 的值。

本案例取 n_components 等于 0.95，经 PCA 分析后保留 5 个主成分，它们的方差值和方差百分比如图 9.26 所示。其中方差百分比是指某个主成分的方差值占所有主成分总方差值的百分比。

各主成分的方差值：[4.28922955　2.7298557　1.36937177　0.9057046　0.45009207]

各主成分的方差百分比：[0.42849403　0.27271258　0.13680024　0.09047989　0.0449642]

图 9.26　主成分的方差值和方差百分比

由图 9.26 可见，第一主成分和第二主成分的方差百分比之和超过 70%，说明它们能够呈现原始数据的绝大部分信息。

图 9. 27 所示是 5 个主成分之间的相关性热图。除对角线外的所有元素都近似为 0，表明主成分之间是线性无关的。

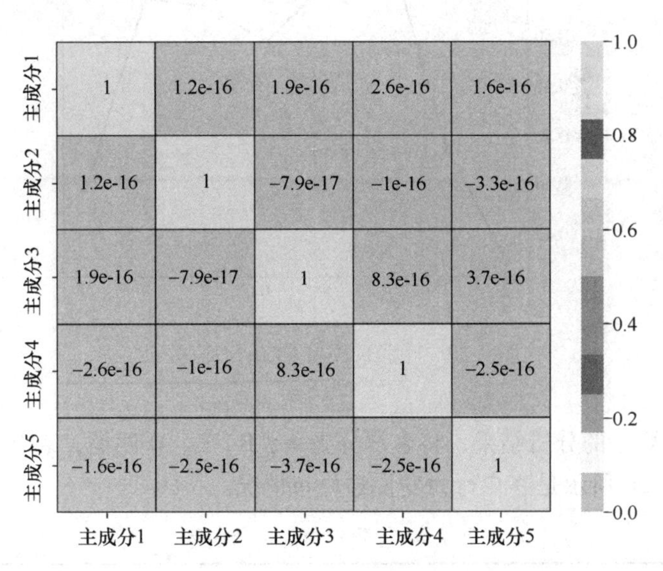

图 9. 27　主成分之间的相关性热图

3. 建模与评价

本案例采用 k-means 算法对 PCA 降维后的数据集进行聚类分析。k-means 算法要求预先指定分簇数目 k，为此以方差最大的 3 个主成分作为坐标轴，观察数据集的分布情况（见图 9. 28）。

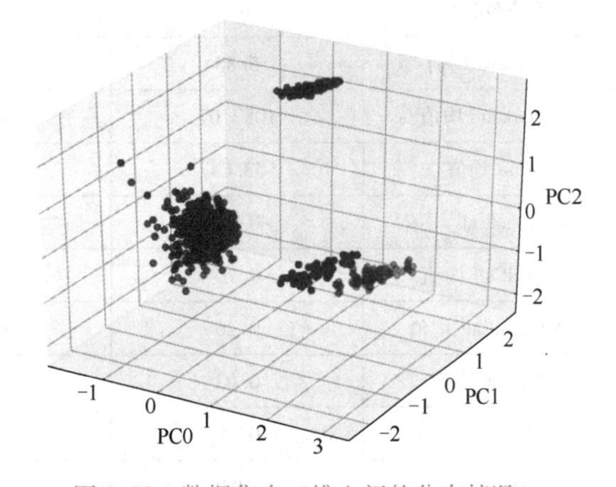

图 9. 28　数据集在三维空间的分布情况

在图 9. 28 中，数据点聚集为 3 个簇，因此在 k-means 算法中取 $k=3$。聚类后得到各分簇的中心点为(0. 27218023,1. 61265494, 2. 37280691,0. 09340007,0. 11248631)、(−0. 32860328, 0. 01263082, −0. 35406196, −0. 03353844, 0. 01954656), (2. 35664603, −1. 71370149,0. 4596888,0. 17490742,−0. 26885882)，各样本点到其簇中心点的距离总和约等于 3093. 89。

为了检验上述聚类结果是否最优，下面以轮廓系数（参见 6. 5 节）作为评价指标，比较 k 取 2~9 时的聚类效果。图 9. 29 反映轮廓系数与 k 值的对应关系，显然 k 取 4 时的轮廓系数值最大，约为 0. 54，这表明 CDR 数据集中具有 4 类不同行为特征的客户群。

根据最佳 k 值进行分簇后，得到 4 个簇的中心点分别为（−0. 5629671，−0. 24920406，−0. 15281575，−0. 06907042，−0. 04410977）、（1. 31194347，1. 84547493，−1. 76278545，0. 21518548，0. 46514088）、（0. 27218023，1. 61265494，2. 37280691，0. 09340007，0. 11248631）和（2. 35664603，−1. 71370149，0. 4596888，0. 17490742，−0. 26885882）。各样本点到最近的簇中心点的距离总和约等于 2145. 82，比 k 取 3 时的值要小，说明此时的类内聚合度更好。

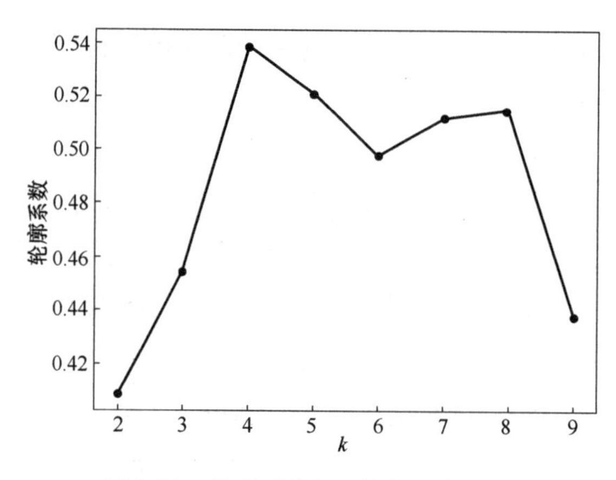

图9.29　轮廓系数与 k 值的对应关系

4. 细分结果分析

根据 k-means 算法的分析结果，将客户分为A、B、C、D四类，表9.4所示是各类客户的统计信息，图9.30所示是客户行为变量的分布情况。

表9.4　各类客户的统计信息

统计信息	A类客户	B类客户	C类客户	D类客户
客户数量/人	700	100	100	100
AvrOutCalls 均值/次	5.88	86.89	59.05	32.03
AvrDuration 均值/s	1082.07	268.87	457.48	840.41
AvrCost 均值/£	53.04	131.58	143.5	319.18
WeekendCall 均值	0.49	0.28	0.23	0.07
LocalCall 均值	0.70	0.50	0.96	0.28
NationalCall 均值	0.26	0.49	0.03	0.27
IntlCall 均值	0.02	0	0	0.13
MobileCall 均值	0.02	0.01	0.0005	0.31
CalledNum 均值/个	102	1662	1134	514
In/Out 均值	1.48	0.003	0.55	0.997

从表9.4中可以看出，A类客户的比重最大，但业务规模不大、消费水平较低，属于中低端客户。这类客户的呼叫主要集中于本地和国内，周末时段通信较频繁，有可能是平时忙于工作、周末社交活动较多的年轻上班族。D类客户的消费水平最高，属于高端客户。这类客户的漫游业务和国际长途业务占比明显高于其他几类客户，且通信时段集中于工作日，因此有可能是工作繁忙、需要经常出差的商业人士。B类客户和C类客户每月的话费相当，而且通话对象的数量非常多，工作日与周末的呼叫频度无明显差异，表明他们可能从事推销类的工作。但是，B类客户每次通话时间较短，而且呼入数量远小于呼出数量，更具备电话推销的特征；C类客户的本地呼出次数占比极高，达到0.96，并且呼入数量与呼出数量相近，因此有可能是从事快递或者外卖行业的工作人员。

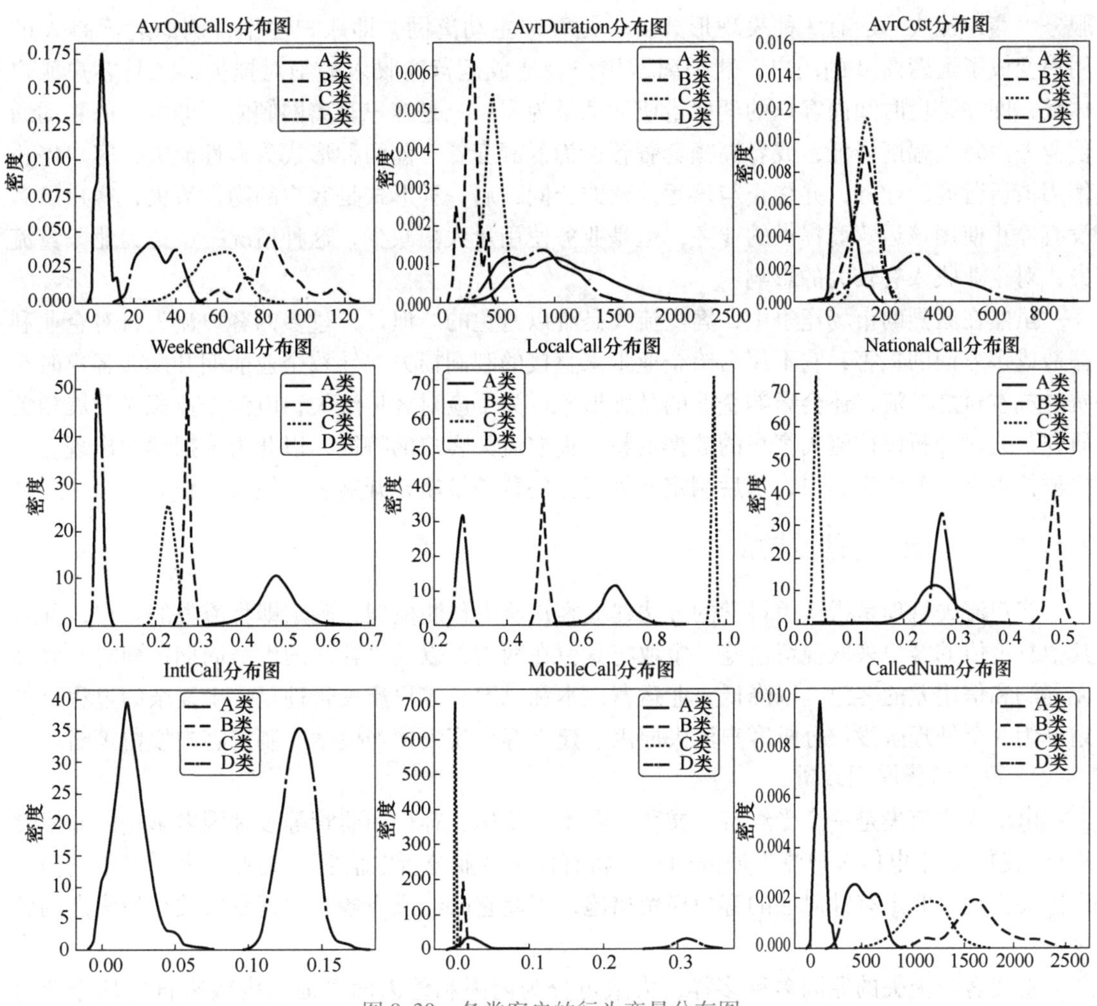

图 9.30　各类客户的行为变量分布图

9.5　案例 3——客户流失管理

随着电信行业的迅猛发展，电信用户市场逐步趋于饱和，运营商之间的竞争也随之加剧。为了争取更多的市场份额，运营商不断推出各种市场营销措施，但这同时也在很大程度上增加了客户的不稳定性，导致客户流失愈加频繁。

大量的客户流失会使运营商蒙受巨大的经济损失。市场研究机构 Gartner 公司的调查数据显示，开发一个新客户的费用是维持一个老客户成本的 4~5 倍。另有研究表明，一个公司如果将客户流失率降低 5%，就能增加 25%~85%的利润。因此，在产品和服务同质化程度不断加深、发展新客户变得日益困难的形势下，如何最大限度地降低客户的流失率并挽留客户，已经成为电信企业管理者高度关注的问题之一。

9.5.1　客户流失的概念

在电信业中，客户流失是指客户终止与电信企业的服务合同或转向使用其他企业提供的服务。客户流失一般有3种表现形式：一是客户主动离网，即账户注销，例如运营商A的用户变成了运营商B的用户，这类离网用户会造成运营商收入的绝对损失；二是客户账户休眠，即在某段时间内客户的消费量或活动量为零；三是客户有离网倾向，即客户的移动通信业务消费大幅度降低，或者高额套餐转换为低额套餐。前两种形式为显性流失，客户停止使用该运营商的业务，并终止与该运营商的合同；后一种形式是客户的隐性流失，客户虽然没有停止使用该运营商提供的业务，但是业务使用量大幅减少，这种情况一般称为业务量流失，对企业收入有较大的影响。

虽然在激烈的市场竞争中，客户流失是难以避免的。但是，过多的客户流失将对企业利益造成多方面的损害，它不仅会给企业带来直接的利润损失，导致企业前期开发新客户时花费的成本付之东流，还会影响企业的品牌形象。为了应对客户流失，电信企业积极开展相关研究，通过分析以往流失客户的数据资料，提取流失客户的特征，以此为依据预测出现有客户群体中潜在的流失客户，然后制定有针对性的营销策略，开展客户挽留工作。

9.5.2　客户流失管理过程

客户流失管理是指运用科学的方法建立客户流失预测模型，确定即将流失的客户，并对其中有价值的客户采取挽留措施，争取将其留在网内，以延长客户的生命周期；同时，放弃无利润和信用差的客户，以降低企业运营成本和风险。客户流失管理是一个复杂的过程，可划分为3个处理阶段：分析客户流失原因、建立客户流失预测模型、制定客户挽留策略。

1. 客户流失原因分析

电信客户流失是一个受经济、文化、技术、市场、客户和监管等多种因素影响的非线性复杂问题。对于电信客户流失原因的研究将有助于企业分析电信客户流失因素，揭示电信客户流失机理，制定有针对性的客户挽留措施，因此它已经成为各大运营商所关注的焦点问题之一。

造成客户流失的原因多种多样，大致可分为内因和外因两方面，内因来自电信企业自身，外因主要来自竞争对手和企业客户，如图9.31所示。

从电信企业自身来看，服务质量不佳是导致客户流失的最主要原因。一方面，通信技术的发展日新月异，客户对通信业务的要求也不断提升，而一些运营商却不能提供客户所需求的新业务，因组网方案、网络质量、建设工期、新业务推出时间等方面存在欠缺，难以满足客户要求而导致客户转网。另一方面，企业之间的竞争不仅是产品质量的竞争，更是服务的竞争，因运营商服务态度不好或者不能及时解决网络故障等问题而导致的客户流失时常发生。此外，价格竞争依然是运营商在客户市场竞争中常用的手段。当运营商所提供的产品价格高于竞争对手时，难免会有对价格比较敏感的客户转投其他运营商。最后，电信企业关键员工流失，尤其是大客户经理跳槽至竞争对手公司时，通常会带走一大批该企业的客户。

从竞争对手方面来看，争夺客户资源的重要手段之一是关注电信市场的发展变化，及时捕捉客户的新需求，并为之提供相应的组网方案和产品配套组合。考虑到低价格对于那些要价能力强、重价格轻质量的客户仍然具有较大的吸引力，因此竞争对手经常会为了争夺客户和市场而刻意压低产品价格，采取不计成本的促销竞争策略。竞争对手有时还会采取夸大经营能力、欺骗客户的做法，以明显不能实现的条件为承诺来暂时吸引客户，并且设置较高的转网壁垒，即使日后客户发现承诺不能实现，也无法轻易转网。

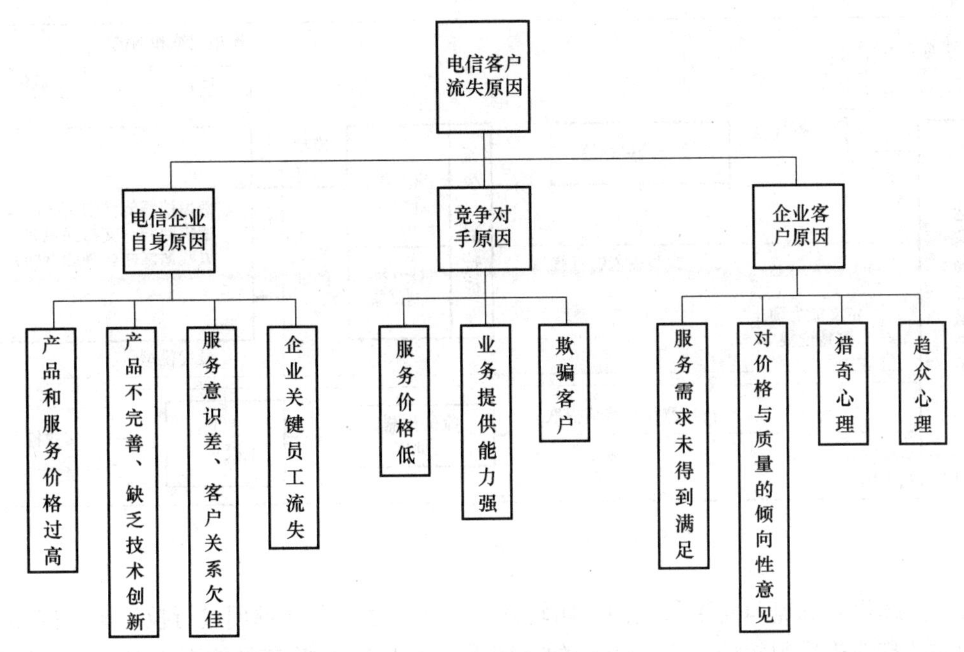

图 9.31 电信客户流失原因

从客户方面来看，运营商提供的业务和服务无法满足客户需求，是导致客户流失的关键因素。其次，由于各大运营商频繁运用价格策略进行竞争，如果客户对价格比较敏感而对质量不太敏感，便会不断重新选择新的运营商或新的产品，因此客户转投可提供低价格业务运营商的可能性极大。第三，在运营商的产品和价格相差不大的情况下，有些客户受到广告宣传等的影响，会抱着试一试的猎奇心理更换运营商，现实中这类客户还常常会在电信企业间来回流动。最后，趋众心理会使客户在一定程度上受到与之联系紧密的人的影响，从而选择与他们相同的通信产品和服务。

通过对客户流失原因的分析，电信企业可以识别不同种类的客户流失，并采取有效的应对措施。例如，如果客户是因为企业不能提供所期望的产品和服务而选择离网，则企业可通过完善产品和服务系列以满足客户新的需求，从而挽留住该类客户；如果客户是因为价格因素而选择离网，则企业可及时调整资费政策以防止客户流失；如果客户是因为对企业服务质量感到失望而离网，则企业可通过提高服务质量、改善服务态度来提高客户的忠诚度。

2. 客户流失预测

客户流失预测是客户流失管理的核心，其主要任务是利用数据挖掘等分析方法，对在网客户与已流失客户的基本资料、通信行为、消费行为等信息进行分析，提炼出已流失或有流失趋势的客户的特征，建立客户流失预测模型，并将模型应用于现实的客户服务中，从而提前锁定流失风险较高的用户。

客户流失预测模型的构建主要包括数据准备、模型训练和测试、模型发布和应用三个环节，如图 9.32 所示。

在数据准备阶段，首先要明确流失客户的定义，并根据定义为数据集中的用户加上“流失”或“未流失”的标签。由于电信客户属于契约型客户，所以通常将销户视为客户流失的标志。然而实际上，客户在真正离网之前已经会出现很多征兆，例如通话费用和次数陡

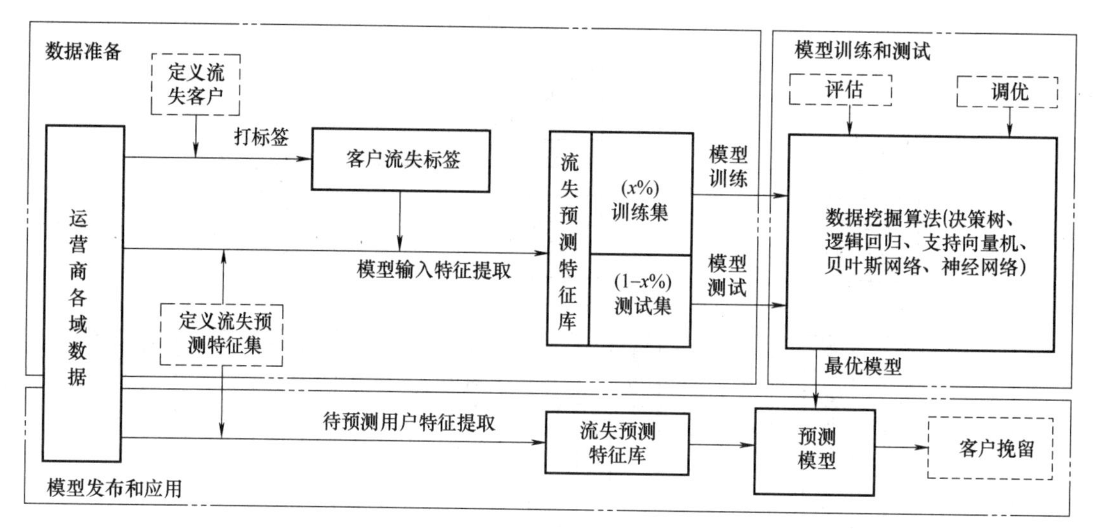

图9.32　电信客户流失预测模型示意图

然下降，持续设置到竞争对手号码的呼叫转移，多次向客户服务部门进行投诉等，因而具有离网倾向，且在未来很短的一段时间（如一周或一个月）内极有可能真正离网的在网客户也常常被标记为流失客户。例如，如果发现某个客户连续3个月没有通话记录和出账记录，尽管此时他尚未终止和电信企业的服务关系，也可以被认为是流失客户。

数据准备阶段的另一个重要工作是通过对电信业务和用户行为的理解，从运营商的B域、O域、M域中提取数据，用于筛选离网预测特征字段，构建离网预测特征库。由于影响客户流失的因素很多，构成客户流失数据集的数据来源众多、特征复杂，在这些特征中，有些存在共线性或者相关关系，这对客户流失预测模型的构建极为不利，不仅增加了建模的难度，也使得模型的预测性能难以提升。因此，在构建模型之前，需要将来自不同系统的特征进行约简，选择重要且非相关的特征构成约简特征集，这不仅能降低模型的计算复杂度，而且还能提高模型的预测性能。

模型训练和测试阶段的主要任务是选取数据挖掘算法，进行模型训练、评估和调优，最终获得最佳模型。客户流失预测本质上是一种分类问题，即将现有客户分为两类：流失和未流失。4.3节介绍的各种分类算法，如逻辑回归、决策树、神经网络、支持向量机等，在实际中都可用于构建客户流失预测模型。随着人们对电信客户流失原因、流失机理等方面研究的不断深入，以及一些新的分类预测理论和技术的引入，基于多分类器的集成模型在电信客户流失预测中逐渐被广泛应用，如AdaBoost、旋转森林等。

模型建立起来后，还需要一套规范的指标和方法来对模型的效果进行评估。在客户流失预测问题中，评价预测模型的指标有很多，基本可以分成两类：经济型评价指标和技术型评价指标。经济型评价指标是从经济角度度量预测模型的预测性能，如利润指标、平均代价指标等。技术型评价指标是从预测精度的角度来描述模型的预测性能，常用的有准确率、命中率、覆盖率、提升系数、ROC/AUC等。

在模型发布和应用阶段，将训练好的最佳模型应用于现网数据，实现准确的流失预测。而后进一步通过有效的维系手段，对预测出的流失用户进行精准维系，减少用户离网率，提升在网用户的价值。

3. 客户挽留

客户流失预测模型虽然能够筛选出有离网倾向的客户，但是并不能判别这些客户是否真正对企业具有价值以及价值的高低。如果将大量无价值的潜在流失客户提供给客户经理，无疑将增加企业的客户维系挽留成本。因此，在开展客户挽留工作前，有必要先对潜在流失客户的价值进行评估，根据挽留收益和挽留成本确定高挽留价值客户和低挽留价值客户，依此制定更加高效精准的客户挽留方案，从而获得理想的挽留效果。

客户挽留策略分为基于客户细分的挽留策略和基于客户价值优化的挽留策略两大类。前者将客户细分技术（参考9.4节）与客户流失预测相结合，依据客户价值对流失预警客户进行分群，然后针对客户群体挽留价值的不同制定相应的恢复策略。基于客户细分的挽留策略没有考虑挽留资源的优化配置，而基于客户价值优化的挽留策略能够将有限的客户挽留资源（如人力资源、财务资源、时间资源等）优先配置在对电信企业有最大回报的流失客户上。因此，基于客户价值的优化挽留策略较基于客户细分的传统挽留策略更为科学合理。

9.5.3 基于SVM的客户流失预测

支持向量机（Support Vector Machines，SVM）在二分类问题中应用非常广泛，它采用结构风险最小化准则设计学习机器，折中考虑经验风险和置信范围，具有较好的泛化能力。下面就以SVM算法为例，介绍建立电信客户流失预测模型的过程。

1. 数据集介绍

本节使用的数据集来自kaggle平台，读者可以自己上网免费下载。该数据集共有7043条记录，每条记录对应一个电信客户，其中包含客户的基本属性、服务属性、消费属性和目标属性。表9.5给出了各属性的名称及含义。

表9.5 数据集的属性名称及含义

属性类别	属性名称	含义	取值
基本属性	customerID	客户ID	数字、字母组合
	gender	客户性别	female，male
	SeniorCitizen	是否老年客户	1，0
	Partner	客户是否有配偶	Yes，No
	Dependents	客户是否有受抚养人	Yes，No
消费属性	tenure	客户在网时间	月数
	PhoneService	客户是否有电话服务	Yes，No
	MultipleLines	客户是否有多线服务	Yes，No，No phone service
	InternetService	客户上网服务的类型	DSL，Fiber optic，No
	OnlineSecurity	客户是否有在线安全服务	Yes，No，No internet service
	OnlineBackup	客户是否有在线备份服务	Yes，No，No internet service
	DeviceProtection	客户是否有设备保护服务	Yes，No，No internet service
	TechSupport	客户是否有技术支持服务	Yes，No，No internet service
	StreamingTV	客户是否有流媒体电视服务	Yes，No，No internet service
	StreamingMovies	客户是否有流媒体电影服务	Yes，No，No internet service

（续）

属性类别	属性名称	含　义	取　值
消费属性	Contract	客户的合约期	Month-to-month，One year，Two year
	PaperlessBilling	客户是否采用无纸化账单	Yes，No
	PaymentMethod	客户付费方式	Electronic check，Mailed check，Bank transfer（automatic），Credit card（automatic）
	MonthlyCharges	客户当月消费额	浮点值
	TotalCharges	客户总消费额	浮点值
目标属性	Churn	是否流失客户	Yes，No

由表9.5可见，数据集中大部分的属性都是离散属性，只有tenure、MonthlyCharges和TotalCharges是连续属性。

2. 数据探索

将下载的数据集通过pandas.read_csv()函数导入后，首先对其进行探索性分析，以了解数据的结构特征和分布特性，发现数据间的内在规律和相互联系，为数据预处理和建模做好准备。

（1）处理缺失数据　经检查发现，数据集中有11个缺失值，全部位于TotalCharges属性列。由于存在缺失值的记录对应着在网时长不足1个月的新客户，所以可以用MonthlyCharges属性值进行填充。考虑到缺失值数量很少，本案例将直接删除有缺失值的记录。

（2）探索样本分布特点　图9.33显示了数据集中流失客户（正例样本）与未流失客户（反例样本）的占比情况，其中流失客户是指上个月离网的用户。由图可见，该数据集中未流失客户的数量明显多于流失客户，二者之比约为2.76∶1，因此数据集略有不平衡。

（3）探索基本属性与目标属性间的关系　客户基本属性主要包括客户的性别、年龄、家庭成员等，通过柱状图可以直观地了解这些属性与客户流失之间的关系。图9.34反映了不同年龄的客户群体中流失客户所占的百分比。不难发现，老年客户群的流失倾向明显高于年轻客户群。在老年客户群中，大约41.68%的客户发生流失，而年轻客户群中的这一比例只有23.65%。利用同样的分析方法还发现，有配偶或者受抚养人的客户群体更加稳定，他们发生流失的概率较小；而性别因素与客户流失之间不存在明显的联系。

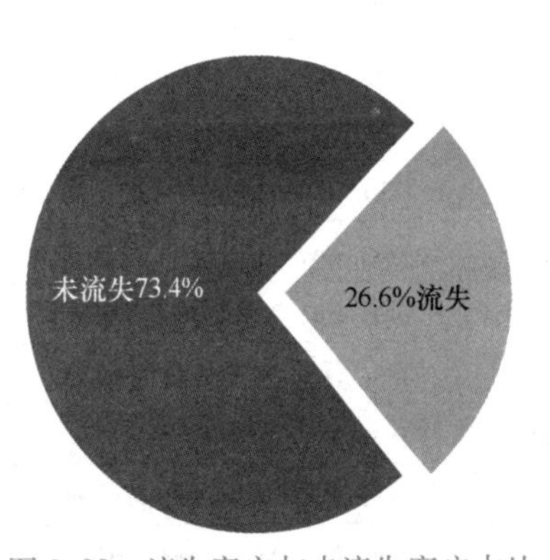

图9.33　流失客户与未流失客户占比

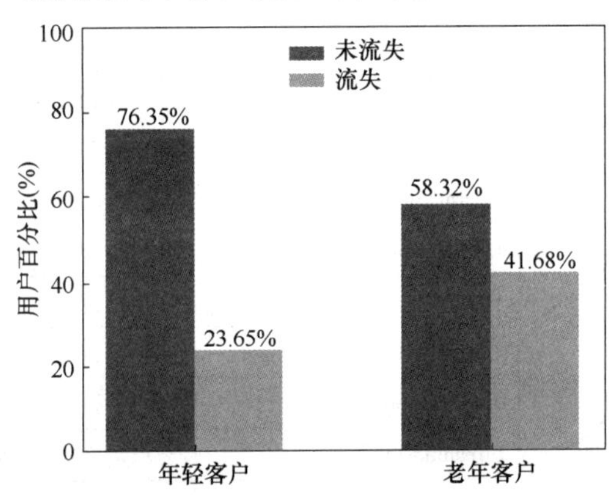

图9.34　客户年龄与客户流失的关系

（4）探索服务属性与目标属性间的关系　服务属性主要包括客户在网时间、电话类服务使用情况和在线类服务使用情况三类信息。在网时间是连续变量，可以通过直方图或者核密度估计图直观地了解其分布情况。图9.35所示是流失客户与未流失客户在网时间的直方图。可以看到，流失客户主要集中于在网时间不足半年的新入网客户，在网时间越长，客户黏性越高，发生流失的概率越小。

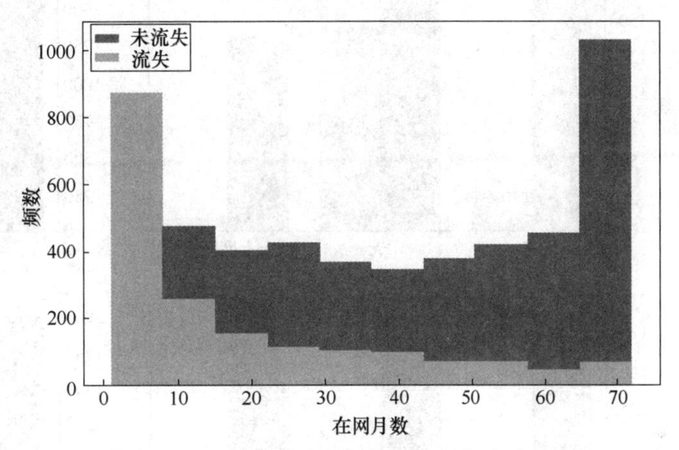

图9.35　在网时间与客户流失的关系

图9.36分别给出电话服务和上网服务与客户流失之间的关系。由图可见，虽然大多数客户开通了电话服务，但是客户流失与是否使用电话服务没有明显关系，在有电话服务和无电话服务的客户群中，流失客户的占比大约都是1/4。与之相反，客户是否开通上网服务对客户流失有着一定的影响，使用上网服务的客户发生流失的概率更大。此外，采用光纤接入（Fiber optic）的客户发生流失的倾向显著高于采用数字用户线（DSL）接入的客户，这可能是由于光纤接入的价格偏高或者运营商的服务不完善所引起。

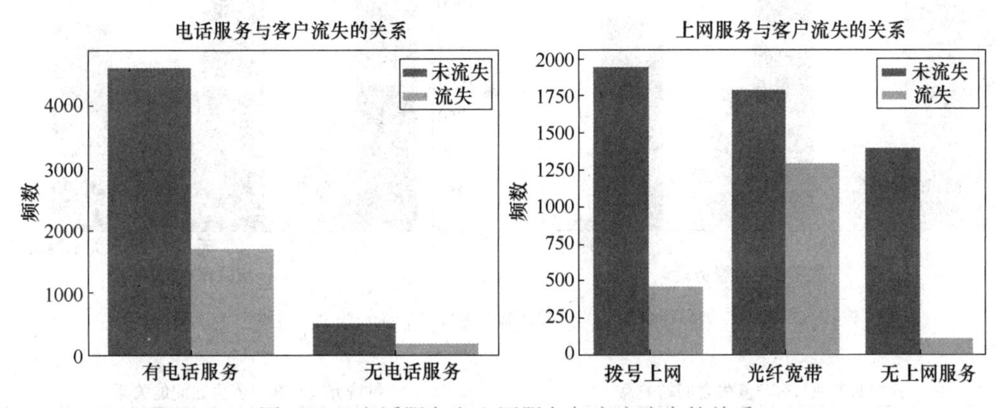

图9.36　电话服务和上网服务与客户流失的关系

考虑到上网客户可能使用不同类型的在线服务，因此需要进一步分析各类在线服务对客户流失的影响，结果如图9.37所示。由图可见，使用OnlineSecurity、OnlineBackup、DeviceProtection、TechSupport等基础类服务的客户发生流失的倾向较小，说明客户对此类服务有良好的体验，运营商可以进一步推广。相比而言，流媒体类服务对于客户流失率的影响并不显著，在开通与未开通该类服务的客户中，流失率大约都是30%。

（5）探索消费属性与目标属性间的关系　消费属性主要包括客户的合约期类型、付费方式以及消费额等信息。图9.38分别显示了合约期类型和付费方式对客户流失的影响，图9.39所示是月通信费用与客户流失之间的关系。

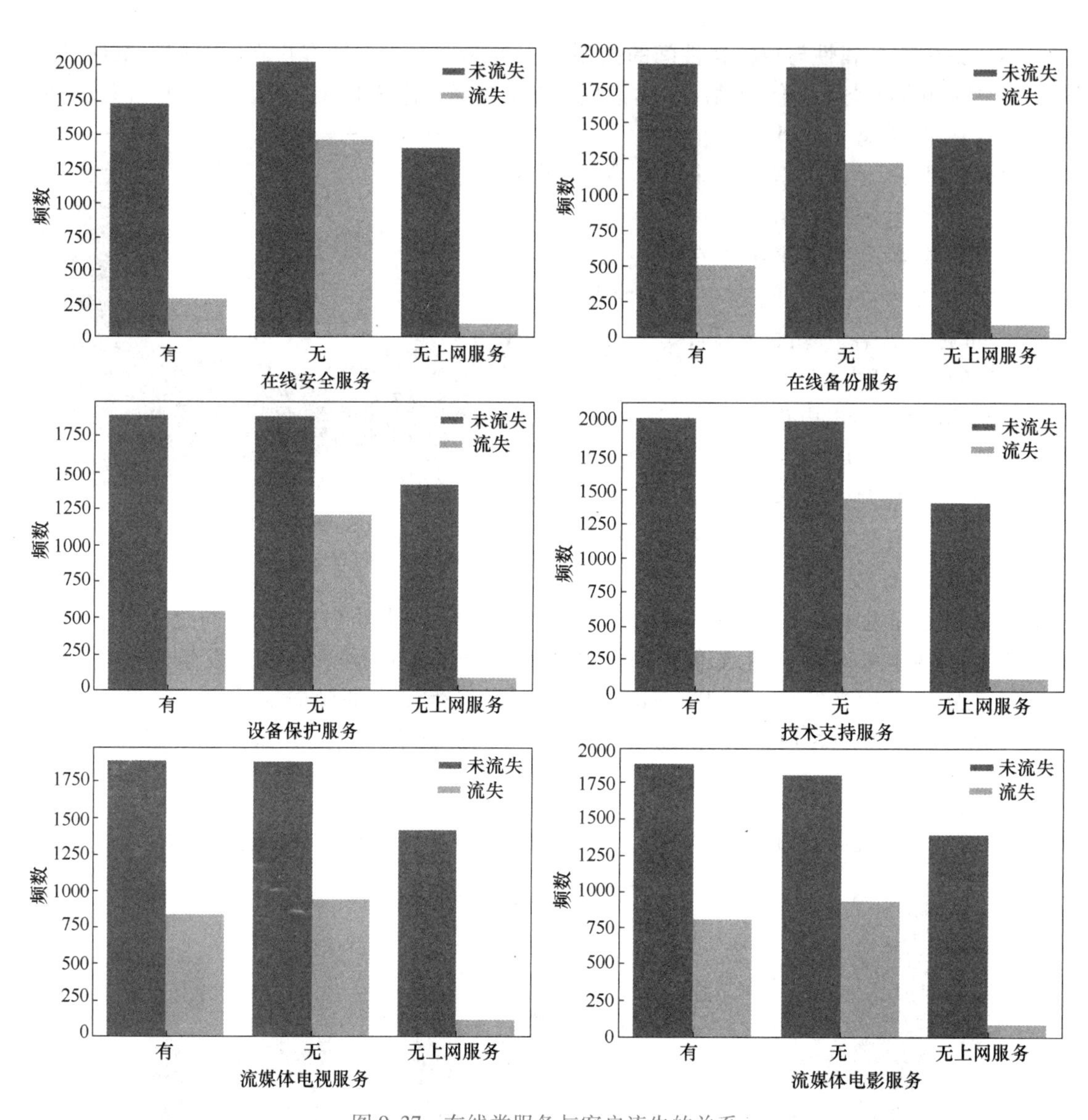

图9.37　在线类服务与客户流失的关系

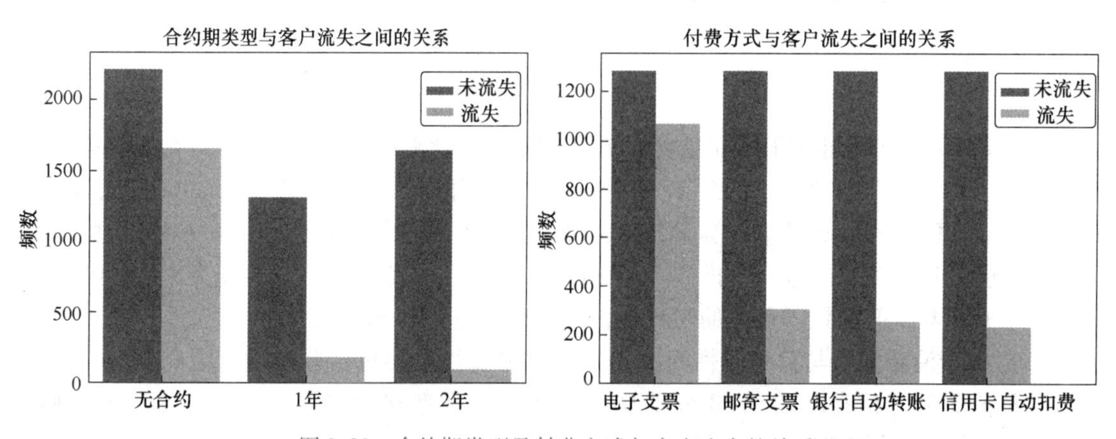

图9.38　合约期类型及付费方式与客户流失的关系

从图9.38可以看出，合约期对客户流失率的影响很大，合约期越长，客户越稳定。按月合约（Month-to-month）最容易发生客户流失，流失率达到近43%，而两年期合约（Two year）的客户保有率最高，只有不到3%的客户离网。同样地，客户采用的付费方式也与客户流失之间存在一定的联系：采用电子支票付费的客户流失率最高，达到45%以上，而其他付费方式的客户流失率相近，大约为17%。

图9.39表明月通信费用低的客户发生流失的概率较小，而费用高的客户发生流失的可能性较大，因而价格因素依然是导致客户流失的一个重要原因。

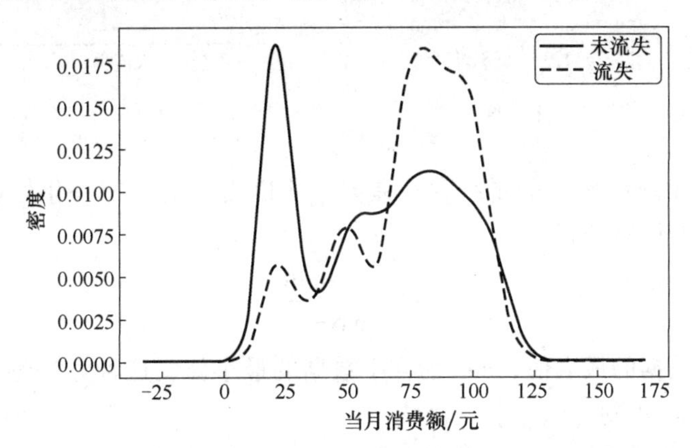

图9.39　月通信费用与客户流失的关系

3. 数据预处理

在本案例中，数据预处理的主要任务是对离散属性进行编码，对连续属性进行归一化处理，检验各特征属性之间、特征属性与目标属性之间的相关性，以及进行特征选择等。

（1）处理离散属性　本案例的数据集中存在较多分类属性，必须将它们转化成数值属性方可用于模型训练。对于多值离散属性，如InternetService、Contract、PaymentMethod等，采用独热编码进行处理；对于二值离散属性，如gender、Partner、Dependents等，则采用标签编码。独热编码的概念参见9.3节，标签编码是用整数表示离散属性的不同取值，例如对于gender属性，可以将属性值“Female”编码为0，将“Male”编码为1。

（2）处理连续属性　对于连续属性，可以通过pandas.DataFrame.describe()函数了解其统计信息，如图9.40所示。由图可知，客户平均在网时间约32个月，最短1个月，最长72个月；客户月平均消费额约65元，最低消费18.25元，最高118.75元；客户平均总消费额约2283元，最低消费18.8元，最高消费8684.8元。通过IQR法（参考9.3节）和图9.40中的四分位数，可以识别数据集中的离群点。

利用箱线图也可以识别离群点，图9.41分别给出了流失客户群与未流失客户群的tenure属性的箱线图。通过对比发现，未流失客户的平均在网时间较长，约37个月，而流失客户的平均在网时间较短，不到10个月，这与图9.35的结论相吻合。图9.41将在网时间大约70个月的样本标记为离群点，这主要是因为流失客户的在网时间普遍较短。考虑到客户流失原因的多样性，老客户也可能因为某些客观原因（如搬迁）而流失，因此对这些离群点不进行处理。

	tenure	MonthlyCharges	TotalCharges
count	7032.000000	7032.000000	7032.000000
mean	32.421786	64.798208	2283.300441
std	24.545260	30.085974	2266.771362
min	1.000000	18.250000	18.800000
25%	9.000000	35.587500	401.450000
50%	29.000000	70.350000	1397.475000
75%	55.000000	89.862500	3794.737500
max	72.000000	118.750000	8684.800000

图 9.40　连续属性的统计信息

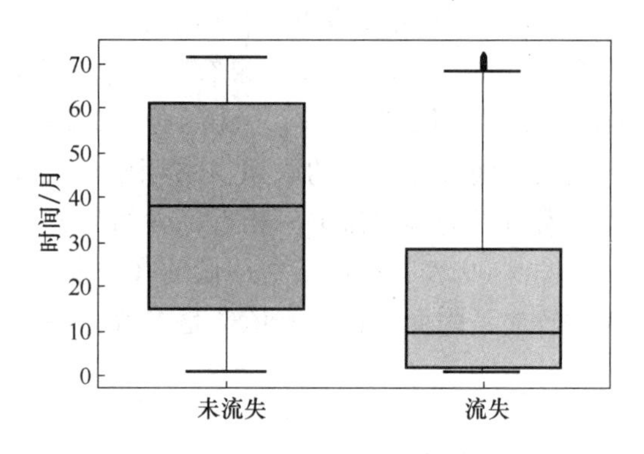

图 9.41　tenure 属性的箱线图

由于本数据集中连续属性的量纲存在差异，所以需要进行归一化处理。这里采用 min-max 标准化法，它的计算公式为

$$x^* = \frac{x-\min}{\max-\min}$$

其中，max 为样本数据的最大值，min 为样本数据的最小值。这种方法将对原始数据 x 进行线性变换，使结果 x^* 落到 [0，1] 区间内。

（3）检验属性间的相关性　首先考察各特征属性与目标属性 Churn 之间的相关性，从中筛选出相关性较大的属性。通过计算皮尔逊相关系数，得到图 9.42 所示的结果。从图中可以发现，部分特征属性（如 tenure、TotalCharges 等）与 Churn 呈正相关性，而 Monthly-Charges、PaperlessBilling 等则呈现负相关。而且，gender、PhoneService 等属性与目标属性之间的相关系数接近 0，这与数据探索阶段得到的分析结果一致。这些与目标属性基本不相关的特征属性将不作为模型的输入。

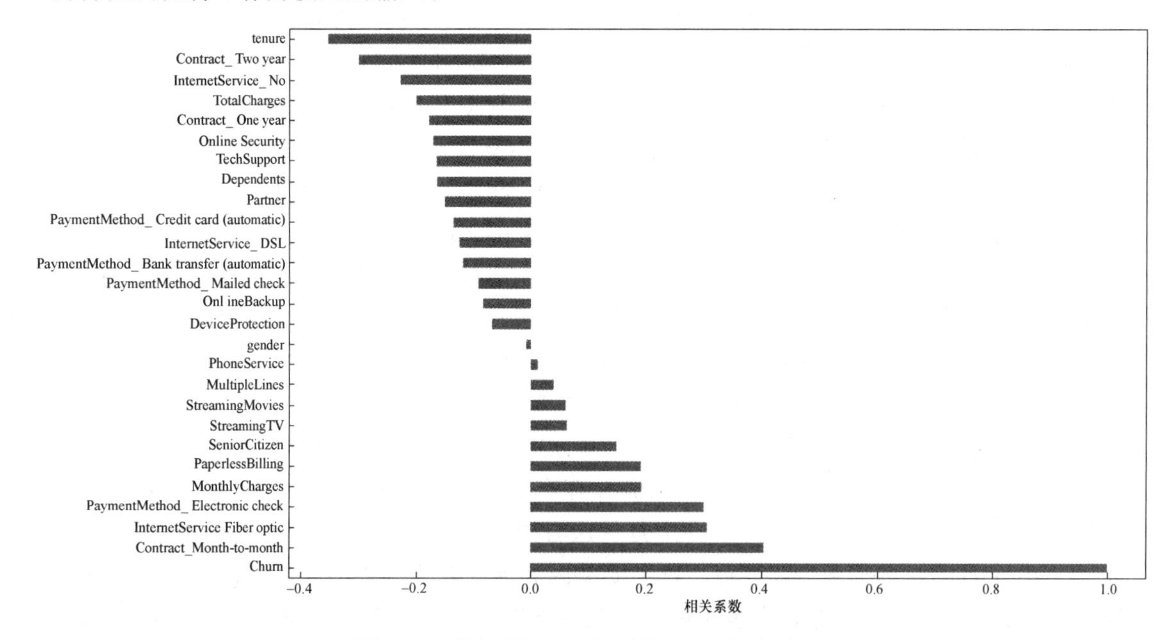

图 9.42　特征属性与目标属性 Churn 的相关性

通过类似的方法，还可以得到特征属性之间的相关性矩阵，图 9. 43 给出其中部分数据，读者可通过运行本书配套的源程序查看完整的矩阵。

	gender	SeniorCitizen	Partner	Dependents	PhoneService	MultipleLines	OnlineSecurity	OnlineBackup	DeviceProtection
gender	1. 000000	-0. 001819	-0. 001379	0. 010349	-0. 007515	-0. 008883	-0. 016328	-0. 013093	-0. 000807
SeniorCitizen	-0. 001819	1. 000000	0. 016957	-0. 210550	0. 008392	0. 142996	-0. 038576	0. 066663	0. 059514
Partner	-0. 001379	0. 016957	1. 000000	0. 452269	0. 018397	0. 142561	0. 143346	0. 141849	0. 153556
Dependents	0. 010349	-0. 210550	0. 452269	1. 000000	-0. 001078	-0. 024307	0. 080786	0. 023639	0. 013900
PhoneService	-0. 007515	0. 008392	0. 018397	-0. 001078	1. 000000	0. 279530	-0. 091676	-0. 052133	-0. 070076
MultipleLines	-0. 008883	0. 142996	0. 142561	-0. 024307	0. 279530	1. 000000	0. 098592	0. 202228	0. 201733
OnlineSecurity	-0. 016328	-0. 038576	0. 143346	0. 080786	-0. 091676	0. 098592	1. 000000	0. 283285	0. 274875
OnlineBackup	-0. 013093	0. 066663	0. 141849	0. 023639	-0. 052133	0. 202228	0. 283285	1. 000000	0. 303058
DeviceProtection	-0. 000807	0. 059514	0. 153556	0. 013900	-0. 070076	0. 201733	0. 274875	0. 303058	1. 000000
TechSupport	-0. 008507	-0. 060577	0. 120206	0. 063053	-0. 095138	0. 100421	0. 354458	0. 293705	0. 332850
StreamingTV	-0. 007124	0. 105445	0. 124483	-0. 016499	-0. 021383	0. 257804	0. 175514	0. 281601	0. 389924
StreamingMovies	-0. 010105	0. 119842	0. 118108	-0. 038375	-0. 033477	0. 259194	0. 187426	0. 274523	0. 402309
PaperlessBilling	-0. 011902	0. 156258	-0. 013957	-0. 110131	0. 016696	0. 163746	-0. 004051	0. 127056	0. 104079
Churn	-0. 008545	0. 150541	-0. 149982	-0. 163128	0. 011691	0. 040033	-0. 171270	-0. 082307	-0. 066193
InternetService_DSL	0. 007584	-0. 108276	-0. 001043	0. 051593	-0. 452255	-0. 200318	0. 320343	0. 156765	0. 145150
InternetService_Fiber optic	-0. 011189	0. 254923	0. 001235	-0. 164101	0. 290183	0. 366420	-0. 030506	0. 165940	0. 176356
InternetService_No	0. 004745	-0. 182519	-0. 000286	0. 138383	0. 171817	-0. 210794	-0. 332799	-0. 380990	-0. 380151
Contract_Month-to-month	-0. 003251	0. 137752	-0. 280202	-0. 229715	-0. 001243	-0. 088558	-0. 246844	-0. 164393	-0. 225988
Contract_One year	0. 007755	-0. 046491	0. 083067	0. 069222	-0. 003142	-0. 003594	0. 100658	0. 084113	0. 102911
Contract_Two year	-0. 003603	-0. 116205	0. 247334	0. 201699	0. 004442	0. 106618	0. 191698	0. 111391	0. 165248
PaymentMethod_Bank transfer (automatic)	-0. 015973	-0. 016235	0. 111406	0. 052369	0. 008271	0. 075429	0. 094366	0. 086942	0. 083047
PaymentMethod_Credit card (automatic)	0. 001632	-0. 024359	0. 082327	0. 061134	-0. 006916	0. 060319	0. 115473	0. 090455	0. 111252
PaymentMethod_Electronic check	0. 000844	0. 171322	-0. 083207	-0. 149274	0. 002747	0. 083583	-0. 112295	-0. 000364	-0. 003308
PaymentMethod_Mailed check	0. 013199	-0. 152987	-0. 096948	0. 056448	-0. 004463	-0. 227672	-0. 079918	-0. 174075	-0. 187325
tenure	0. 005285	0. 015683	0. 381912	0. 163386	0. 007877	0. 332399	0. 328297	0. 361138	0. 361520
MonthlyCharges	-0. 013779	0. 219874	0. 097825	-0. 112343	0. 248033	0. 490912	0. 296447	0. 441529	0. 482607
TotalCharges	0. 000048	0. 102411	0. 319072	0. 064653	0. 113008	0. 469042	0. 412619	0. 510100	0. 522881

图 9. 43　特征属性之间的相关性矩阵（部分）

从矩阵中可以发现，多数属性之间不具有相关性，而个别属性却与其他属性存在较强的相关性，例如 TotalCharges 与 tenure、MonthlyCharges、DeviceProtection 的相关系数分别达到 0. 83、0. 65 和 0. 52。当属性之间存在或强或弱的相关关系时，以全部属性作为预测模型的输入显然过于复杂。因此，较为有效的方法是从这些相互关联的影响属性中，通过特征选择算法抽取出对客户流失行为起关键影响的属性，这样所得到的数据属性不仅能对客户流失行为进行更好的解释，而且有助于模型取得较好的预测效果。

（4）特征选择　特征选择的常用方法有方差选择、单变量特征选择、递归式特征消除等。方差选择法的基本思想是：特征的方差值越大、对模型区分不同类别的贡献就越大，因此建模时只选择方差大于某个阈值的特征作为输入。单变量特征选择法是利用统计度量的方法对每个特征与目标属性间的关系进行评价打分，然后从中选出最好的特征子集。这类方法主要有皮尔逊相关系数法、互信息法、距离相关系数法、卡方检验法等。递归式特征消除（Recursive Feature Elimination，RFE）法的基本思想是构建一个机器学习模型并反复对它进行训练，每轮训练计算出当前特征子集中所有特征的排序分数，并移除对应于最小排序分数的特征。该过程重复执行，直到特征集中只剩余最后一个变量时为止。

sklearn 在 feature_selection 模块中提供实现特征选择功能的各种类。本案例采用 RFE 方法，相应的 RFE 类的定义为

```
class sklearn.feature_selection.RFE(estimator,n_features_to_select=None,
            step=1,estimator_params=None,verbose=0)
```

其中，estimator 是用于训练的机器学习模型，本案例采用逻辑回归模型；n_features_to_select 指定最终保留的特征数量；step 指定每轮训练移除的特征数量。

经过 RFE 处理后，最终保留 5 个特征属性，它们按照排序分数从高到低依次是：InternetService_Fiber optic、InternetService_No、Contract_Month-to-month、tenure 和 TotalCharges。

4. 建模

本案例采用 sklearn 库提供的支持向量机 SVC 类建立客户流失预测模型，并提取数据集中 70%的数据对模型进行训练。SVC 类的定义是

```
class sklearn.svm.SVC(
    C=1.0,kernel='rbf',degree=3,gamma='scale',coef0=0.0,shrinking
    =True,probability=False,tol=0.001,cache_size=200,class_weight
    =None,verbose=False,max_iter=-1,decision_function_shape='ovr
    ',break_ties=False,random_state=None)
```

其中常用的参数及其含义如下：

- C：惩罚参数，为大于 0 的浮点类型值，默认值是 1.0。C 值越大，对错误分类的惩罚力度越大。
- kernel：指定模型采用的核函数类型，默认值为“rbf”，即径向基函数；其他可供选择的核函数还包括线性核函数“linear”、多项式核函数“poly”、sigmoid 核函数“sigmoid”等。本案例采用线性核函数。
- gamma：核函数系数，仅当核函数类型为“rbf”“poly”“sigmoid”时使用该参数。gamma 是浮点类型的参数，默认值为 auto，表示取输入特征数量的倒数，即 1/n_features。
- class_weight：类别权重，默认值为 None，表示数据集中所有类别的权重相同，均为 1。如果该参数的值为“balanced”，表示模型将根据目标属性自动计算权重值，每个类的权重与它在数据集中出现的频度成反比。在本案例中，考虑到数据集存在不平衡性，因而将该参数值设置为“balanced”。

5. 模型评估

本案例采用技术型评价指标对电信客户流失预测模型进行评估，主要使用混淆矩阵、AUC 值、召回率和提升系数。混淆矩阵、召回率、AUC 值的概念参见 4.4 节，提升系数用于衡量分类模型的预测能力，较之不采用该模型时的改善程度，其定义为

$$\text{Lift}=\frac{\dfrac{TP}{TP+FN}}{\dfrac{TP+FP}{TP+FP+TN+FN}}$$

式中，TP、FP、TN、FN 分别代表混淆矩阵中的真正例、假正例、真反例、假反例的数量，因此，分子$\frac{TP}{TP+FN}$就是模型的召回率，又称为命中率；分母$\frac{TP+FP}{TP+FP+TN+FN}$则表示测试样本中的客户流失率，它是不运用预测模型条件下得到的先验概率值。显然，Lift 的值越大，表明模型的性能越好。

在本案例中，当输入的特征子集仅包含由 RFE 选出的 5 个特征属性时，模型的混淆矩阵如图 9.44 所示。

由图可见，将流失客户错判为未流失客户的比例要明显小于将未流失客户错判为流失客

户的比例，这主要是因为建模目标是通过预测及时发现有流失风险的客户，使运营商可以采取措施加以挽留，因此应当尽量避免将流失客户误判为非流失客户。利用混淆矩阵还可以计算模型的提升系数，结果为 1.69，可见使用该模型后，预测能力得到了提升。

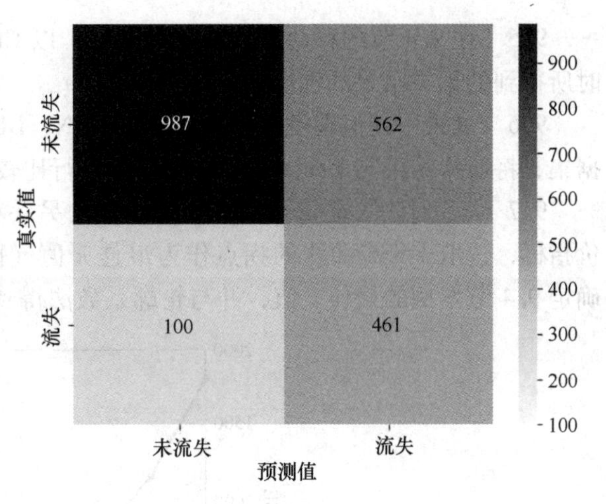

图 9.44　模型的混淆矩阵

为了观察输入特征数量对模型预测能力的影响，本案例还比较了不同特征子集条件下模型的准确率、召回率和 AUC 值的变化情况，如图 9.45 所示。由图可见，当只有一个输入特征 InternetService_Fiber optic 时，模型的准确率、召回率和 AUC 值都比较小。随着新特征的加入，模型性能有所改善。但是，当输入特征的数量达到 5 个后，即使加入新特征，模型性能也没有得到提高，这表明原始数据集中大多数的特征对于模型没有贡献。

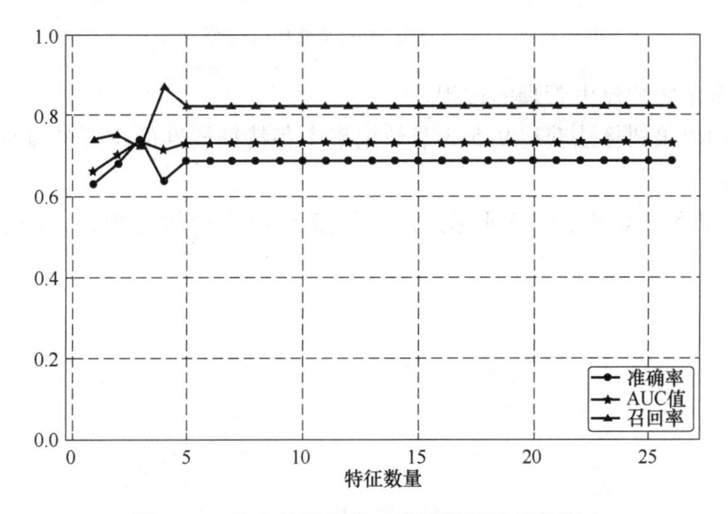

图 9.45　输入特征数量对模型预测性能的影响

习　题

9.1　电信大数据的来源有哪些？试分析其中哪一类数据适用于进行客户画像。

9.2　电信大数据与互联网大数据相比，具有哪些优势？

9.3　简述电信大数据的应用领域。

9.4　在移动通信中，当 MOS 值大于或等于 3.0 时，认为语音质量可以接受。如果将 9.3 节中案例的预测目标 MOS 改为“可接受”和“不可接受”两种取值，试采用随机森林算法建立预测模型。

9.5　在9.4节的移动客户细分案例中，以CH指数作为评价指标，比较 k 分别取2~9时所得到的聚类结果的性能。

9.6　试采用其他聚类算法（如DBSCAN、BIRCH、层次聚类等）分析9.4节案例的数据集，将所得结果与k-means算法的结果进行比较。

9.7　“手肘法”是选择最佳分簇数 k 的另一种常用方法，它以误差平方和SSE作为评价指标，选取 k-SSE曲线的拐点作为最佳 k 值（图9.46中 $k=4$ 的点）。试利用“手肘法”确定9.4节案例的最佳 k 值，并与轮廓系数法得到的结果进行比较。

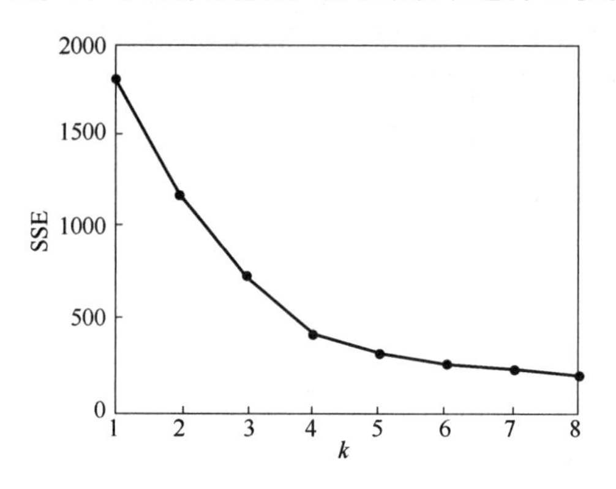

图9.46　手肘法的 k-SSE曲线图

9.8　简述电信客户流失管理的过程。

9.9　试利用决策树算法获得9.5.3节数据集中各特征属性的重要性排序，并与图9.42的结果进行比较。

9.10　试将9.5节案例中的特征选择过程替换为PCA降维处理，并评估所得到模型的预测性能。

第10章 其他行业大数据应用

大数据的出现改变了传统数据收集、存储、提取的方式，数据处理也由简单的因果关系转向发现丰富联系的相关关系。在今天，数据已经成为一种重要的生产因素，很多行业可以通过对大量看似杂乱无章的数据分析得出具有重要价值的分析结果，与此同时，对数据的合理分析与运用也助推着行业的发展。近几年，随着云计算、物联网、移动互联网等支撑行业快速发展，大数据的应用不仅在电信行业、电商平台等 IT 领域发展迅速，也在逐步向教育、文化、医疗等领域广泛渗透，涌现了一批大数据典型应用，使得企业应用大数据的能力逐渐增强。

10.1 文娱行业大数据应用

随着“互联网+”与文化领域融合发展步伐的加快，以数字出版、数字影音、游戏动漫、智慧旅游等业态为代表的数字文化产业正日益成为文化产业发展的重点领域和我国数字经济的重要组成部分。大数据、云计算、人工智能等科技创新成果，使得数字娱乐消费融入人们生产生活的方方面面。

10.1.1 文化娱乐产业发展现状

近几年，在“连接”思维和“开放”战略下，文化多业态融合与联动成为数字娱乐产业尤其是内容产业的发展趋势。文化娱乐产业内容辐射广泛，从行业细分来看，以媒体及阅读和视频为主，结合动漫、音乐、游戏、演出等周边多元文化娱乐形式，是一个开放、协同、共融共生的文化娱乐生态系统。

据工信部《2018 年中国泛娱乐产业白皮书》披露，2016 年我国文化娱乐产业产值达到 4155 亿元，2018 年产值约为 5484 亿元，同比增长 32%。至 2020 年，中国的媒体娱乐行业的平均年复合增长率达到 8%，位列全球媒体娱乐产业增速前十的国家或地区之一。受手机网络渗透率增加的影响，我国网络数字娱乐媒体的市场规模也大幅增长，年复合增长率高达 23.7%。从行业本质属性来看，数字技术飞速发展是文化娱乐消费得以进行的重要前提和主要支撑。以人工智能、大数据、云计算为技术基础推动的数字经济正在全球蓬勃兴起。当前日益活跃的抖音、手游、直播等基于移动数字技术的娱乐新模式，正是数字经济飞速发展的集中体现。而随着 5G 技术的普及，5G 网络提供了超强的带宽、超低的延时、更高的效率，使得更多的应用触手可及，尤其是基于 5G 底层技术而诞生的各类虚拟显示等沉浸式体验更强的娱乐方式，将会对文化娱乐消费带来颠覆性影响。

除此之外，借助于数据挖掘、云计算和人工智能，各种差异化、个性化的服务也会变得相对便捷。在这种情况下，满足不同消费群体、不同消费年龄段的数字娱乐产品，将变得更为普遍，数字技术与传统文化娱乐行业的融合程度也将会随之加强，提供的产品也将更加丰富多元。在可以预见的未来，相信会有越来越多的消费群体，借助不同的网络渠道，进行数字娱乐产品的消费。

10.1.2　文娱大数据应用现状

大数据是一种数据资本，更是一种思维方式，不仅可以为文娱产业带来新的发展空间，并且可以结合电商平台，构建新的服务体系。网络技术的进步为移动终端的发展带来了大量数据，这些数据其实是一种重要资源，如果将大数据理念运用到商业运作，那么文化娱乐大数据的运用会为产业发展带来巨大的商业利好，其应用点主要体现在作品优化、营销策划、宣发渠道评估与衍生产品价值几个方面，如图 10.1 所示。

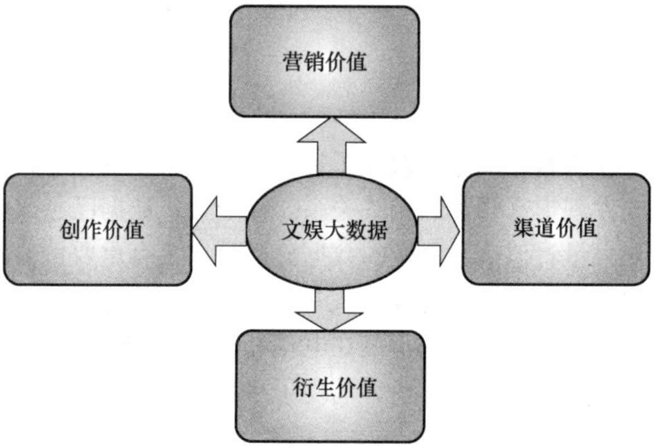

图 10.1　文娱大数据商业价值

1. 运用大数据技术进行影视作品创作

影视作品的制作周期往往为 2~3 年，在影视作品创作的过程中，要对未来 3 年的行业前景做出准确地预判。长期以来，制片方在内容选择、题材创新、后期制作等方面缺乏必要的数据参考，只能借助导演常年的审美经验进行判断，难以实现精准的观众预期及市场分析，而大数据的出现会让影视创作有规律可循。

传统的数据通常是结构化的，易于标注和存储。而现在随着移动互联网的普及，微博、博客、社交媒体、视频网站等大多数媒体软件以及其用户产生的绝大多数数据都是非结构化的。数据包含在特定时间使用服务的人数，观看者正在观看哪些节目；观看者如何评价他们观看的节目；以及他们从何种设备访问的详细数据等。借助大数据技术将这些数据与影视项目结合，可以在项目投资前期准确获知消费者的心理需求、情感色彩和价值观，帮助影视企业把握商业趋势。哪些影视剧值得投资，哪些影视作品会受欢迎，演员的商业价值有多高，适合演什么类型的电影，这些都可以通过大数据分析找到精准的定位。

美国电视公司奈飞（Netflix），基于庞大的基础数据和专业的信息处理能力，构建出观众喜爱的影片雏形，其 2013 年运用海量影视大数据所创造的美剧《纸牌屋》，堪称当今影视数据指导创作的典范。借助 Hadoop、Pig、Python、Cassandra、Hive、Presto、Teradata 之类的程序，Netflix 每天能够处理 10PB 以上的数据以及 400 亿以上的新事件，以了解其用户的观看习惯情况。

在《纸 牌 屋》的选择上，Netflix 通过计算并处理 3000 万次用户体验、400 万条用户评价、300 万次用户搜索操作及用户观看视频的时间和使用终端等数据，分析用户信息及其观看习惯。Netflix 发现有很多观众十分喜欢 BBC 老版的《纸牌屋》。同时，数据也显示，有一些明星及导演是十分受到观众青睐的。因此，Netflix 团队在找到用户的消费需求后，决定将 BBC《纸牌屋》版权花一亿美元重金买下，并邀请用户喜爱的明星参与制作。在内容制作上，Netflix 通过大数据搜索，意识到了在用户体验中存在剧本连贯性不强等问题，因此，在《纸牌屋》的制作中，Netflix 对剧本创作和后期剪辑进行了流程优化。同时，《纸牌屋》更改了过往美剧一周一集的放送形式，而是选择一次性打包上线播出全季，方便观众在合适的时间选择喜欢的集数进行观看，为受众带来了更多的选择可能性。

从《纸牌屋》的成功可以看到，大数据的出现为文化产业的发展提供了更多的可能性，其数据中所展示的用户信息和用户需求都会成为不同组织进行营销的关键。Netflix 在《纸牌屋》的制作过程中充分利用了其之前积累的用户数据信息，并将其通过大数据技术进行整合和处理，从而分析出用户的偏好及行为等因素，并根据数据分析进行精确的剧目选择、制作及营销，观众达到了空前的反响。这种“以顾客为中心”的营销思路在大数据的支持下逐渐成熟，值得借鉴和学习。

2. 大数据技术助力精准营销

营销是文化产业链的高附加值环节。好的营销策略可以让一部作品价值成倍增长，知名度节节攀升。随着技术的发展与理念的提升，多媒体时代的营销由“传播者为主导”向由“影视受众为主导”的影视营销战略转移。以往营销实践往往走在理论之前，营销理论缺乏系统性的经验总结、规律梳理，更多的营销分析停留在对成功的影视项目进行事后总结，分析受众特点、营销模式，虽有一定的可参考价值，但忽视了影视数据前期整合分析所带来的营销价值。

例如，猫眼主导发行的影片《捉妖记 2》，在营销之初借助平台数据对影片受众进行了用户画像分析，发现受众主体有从一二线向三四线城市下沉的趋势，为使得后续宣发工作更具针对性与精准化，《捉妖记 2》与近 60 个品牌开展联合营销，分别与麦当劳餐厅、五月天、凤凰传奇等进行合作宣传，将各渠道的线上线下营销下沉到三四线城市，精准触及小镇青年，有效地拉动了三四线城市观众的观影需求。影片预售的良好成绩透过实时大数据的展示指导影院排片，为口碑持续发酵提供了可能。

随着中国影视市场人口红利逐渐消失，观众审美素养大幅提升，这就对中国文化娱乐产业提出了更高的要求，只有立足大数据技术做到产业链上下游协同发展、互相渗透，通过微信微博、票务平台、视频网站等多维度构建媒体传播矩阵，才能实现精准宣发，为影视作品带来发展动力，促进中国文化娱乐行业走入持续、稳定、规模化增长的新时代。

3. 通过大数据渠道价值构建数据生态

麦肯锡全球研究院（MGI）研究报告指出，中国 50% 以上的文娱活动通过数字化渠道售票，且近年来超过 75% 的电影票为线上渠道购票。当前大数据的来源主要集中在搜索平台、社交平台、电商平台、视频网站。例如，影视大数据很明显存在的一个方面，就是线上票务平台反映受众购票行为，其带来的数据集对影视产业发展具有很高的商业价值。在线票务平台成为中国电影市场数字化发展的重要驱动力，在产业转型升级过程中肩负着举足轻重的作用。

对于电影产业，线上购票用户较为稳定，票务平台引流受众成为不可忽视的一部分观影群体，且票务平台的立体化发展使得平台兼具售票、宣传、推介等功能，甚至渐渐渗透到产业链上游，开始参与影片剧本立项和制作，也让票务平台本身具备了渠道价值。

如猫眼前期以票务平台起家，多年的打拼使其占据 60%的市场份额，极具行业领先优势，且在其票务平台客户端构筑全产业链服务："交易平台"供普通观影群众购票；"大数据平台"提供专业数据服务和宣发服务，使内容更加优化，营销更加精准；"媒体信息平台"供各媒体片方入驻宣传，助力影片推介；"大宣发平台"与新浪、网易、搜狐等各互联网平台完成生态联动，实现用户洞察。同时，猫眼电影专业版也为电影从业者提供了营销监控系统、影院顾客画像和影院数据对比等多类专业服务工具，增加了票务平台渠道的边际价值。例如，"营销监控系统"所提供的产品创造性地将营销事件与日增影片想看人数对比分析，判断影片营销动作对受众消费意图有何影响；"影院顾客画像"则是对影片目标受众进行年龄、性别、教育程度、职业、地域等基本属性和消费行为、消费习惯等行为属性的直观图示展现；"影院数据对比"将为影院提供3~5km辐射范围内的用户特征、目标客户与潜在客户的区分、同商圈其他影院经营数据、票房、排片等十余个指标，辅助影院了解竞争优势并灵活调整经营策略。

4. 借助大数据的衍生价值完善产业链条

中国影视作品市场构成十分单一，收益80%以票房、植入广告为主，缺少衍生品的开发设计与发展环节，没有形成产业链闭环，与成熟的好莱坞工业衍生品占比70%相比，还存在较大差距。影视数据将内容开发与数字化相结合，可以根据不同类目的受众需求开发出不同层次的衍生产品，如服饰类的软性衍生品、饰品玩具类硬性衍生品、海报画册等各类视觉推广产品，或是将影视IP融合其中的电子产品、可穿戴设备等。对比中美衍生品销售额可知，玩具类衍生品毋庸置疑成为最受欢迎的衍生品类型，随着一系列游戏的走高态势，可以预测软件游戏类衍生品在中国会有一定发展空间。

从阿里平台对用户的观察中得知，消费者的消费行为与消费需求逐步升级，从追求低价过渡到追求性价比，再到追求个性、品牌、质量、文化。故影视数据可以用来发掘有效IP进行全产业链开发，发掘其衍生价值，促进衍生产业形成开发、设计、生产、售卖的闭环，引导衍生产业持续化、专业化运营。

除了上述四种形式外，大数据在文化娱乐行业还有许多的应用点，例如可以为明星提供专属的个人定制服务，进行舆论监测、塑造个人形象、评估商业价值甚至为转型做科学依据。可以预见，借助人工智能、大数据等创新技术，既能推出更多高质量的文化娱乐产品，又能延伸产业链，能更有效地对文化娱乐产业实施引导。

10.1.3　案例——电影推荐

好的产品推荐技术可以把购物平台的浏览者变为购买者，增加交叉销售的可能性，这不仅提高了顾客的满意度和对平台的依赖度，还给商家带来了更多的利益。个性化推荐在我们的生活中无处不在。早餐买了几根油条，老板就会顺便问一下需不需要再来一碗豆浆；去买帽子的时候，服务员会推荐围巾。随着互联网的发展，这种线下推荐也逐步被搬到了线上，成为各大网站吸引用户、增加收益的法宝。而好的推荐算法能带来更高的销售业绩，每年有几百万乃至几千万用户进行网购，向他们推荐更多的商品，潜在收益着实可观。

在本节中，我们主要研究关联分析算法在电影推荐模型中的应用，数据分析用到Apriori算法和交叉检验，评估的标准是关联规则的支持度和置信度，合适的关联规则需要达到最小支持度和最小置信度，例如生成频繁项集时设置的最小支持度为0.9，经过筛选只保留高于最小支持度的频繁项集，用它来生成关联规则，普遍性和可信度是比较高的。最后计算关联规则在训练集和测试集上的置信度，通过比较这两个的置信度来确定哪条关联规则更加准确、科学、合理，进而做出最合适的推荐方案。通常选择的都是在训练集上置信度很高的关联规则（例如置信度为 1 的关联规则），然后计算它们在测试集上的置信度，如果某条关联规则在测试集上的置信度也很高，那么这条规则就是比较合理的，是可以用来推荐的，如果某条规则在训练集上的置信度很高但在测试集上的置信度很低，那么它也是不合理的，是有一定的偶然性在里面，因此 0 不适合用来推荐。

产品推荐问题人们研究了多年，但直到 2007~2009 年，Netflix 公司推出数据建模大赛，并设立 Netflix Prize 奖项之后，才得到迅猛发展。该竞赛意在寻找比 Netflix 公司所使用的用户电影评分预测系统更准确的解决方案。最后获奖队伍以比现有系统高 10 个百分点的优势胜出。虽然这个改进看起来不是很大，但是 Netflix 公司却能借助它实现更精准的电影推荐服务，从而多赚上几百万美元。下面我们就以 Netflix 公司的影评数据为例，介绍如何通过关联分析算法找到用户可能感兴趣的电影并进行推荐。

1. 数据集介绍

本节数据集是 Netflix 公司提供的包含 1 亿条数据的脱敏数据集，隐藏了用户的个人信息等隐私数据。下面利用 pandas. read_csv( ) 函数将数据文件导入到 DataFrame 数据结构中，分别观察各文件中的内容。在加载数据集时，原始数据没有表头，需要手动为各列添加名称。同时，由于数据集当中的日期经过时间戳加密后，需要 pandas. to_datetime( ) 函数进行解析。

```
ratings_filename=os.path.join("F:\data","ratings.csv")
all_ratings=pd.read_csv(ratings_filename,delimiter =',',header=0,
names=["UserID","MovieID","Rating","Datetime"])
all_ratings["Datetime"]=pd.to_datetime(all_ratings['Datetime'],
unit='s')
```

输出的前 10 行数据如图 10. 2 所示：

在这个矩阵中，每行表示一个用户对一部电影的评价信息，UserID 是用户编号，MovieID 是用户打分的电影编号，Rating 是用户给该电影的分值，取值范围为 1~5，分值越高，评价越高。Datetime 是用户为该电影打分的时间。例如，序号为 0 的这一行表示用户 1 在 2006 年 5 月 17 日 15：34 分为电影#296 打了 5 分。该数据集是约 16 万用户对 6 万部影片进行打分的统计结果。

	UserID	MovieID	Rating	Datetime
0	1	296	5.0	2006-05-17 15:34:04
1	1	306	3.5	2006-05-17 12:26:57
2	1	307	5.0	2006-05-17 12:27:08
3	1	665	5.0	2006-05-17 15:13:40
4	1	899	3.5	2006-05-17 12:21:50
5	1	1088	4.0	2006-05-17 12:21:35
6	1	1175	3.5	2006-05-17 12:27:06
7	1	1217	3.5	2006-05-17 15:05:26
8	1	1237	5.0	2006-05-17 12:27:19
9	1	1250	4.0	2006-05-17 12:20:14
10	1	1260	3.5	2006-05-17 14:57:37

图 10. 2　用户评分数据集

在 ratings. csv 数据集中电影的信息只有编号而没有对应的电影名称等具体信息，不便于用户直观看到推荐的电影名。所以需要关联数据集 movies. csv，该数据集结构如图 10. 3 所示。

	MovieID	Title	Genre
0	1	Toy Story (1995)	Adventure|Animation|Children|Comedy|Fantasy
1	2	Jumanji (1995)	Adventure|Children|Fantasy
2	3	Grumpier Old Men (1995)	Comedy|Romance
3	4	Waiting to Exhale (1995)	Comedy|Drama|Romance
4	5	Father of the Bride Part II (1995)	Comedy
5	6	Heat (1995)	Action|Crime|Thriller
6	7	Sabrina (1995)	Comedy|Romance
7	8	Tom and Huck (1995)	Adventure|Children
8	9	Sudden Death (1995)	Action
9	10	GoldenEye (1995)	Action|Adventure|Thriller

图 10.3　电影信息数据集

2. 数据预处理

因为需要推荐客户可能喜欢的电影，所以新建一个数据集，其中包含用户喜欢的电影，生成规则是如果电影的评分分值大于或等于“3”，则认为该电影受用户欢迎。我们在 all_ratings 数据集中选取打分值高于 3 的记录。经过筛选后的数据集包含了约 1600 万条记录，分别是 16 万用户对 4 万多部电影的评分。

```
favorable_ratings=all_ratings[all_ratings['Rating']>3]
```

接着，需要统计出用户们各自喜欢的电影。先按照 User ID 进行分组并搜索用户们打过分的所有电影。这是因为在生成项集的时候，需要搜索的是用户喜欢的电影。

```
user=all_ratings[["UserID"]].groupby("UserID")
```

从数据集中选取部分数据用作训练集，能有效减少搜索空间，提升 Apriori 算法的速度。我们取前 200 名用户的打分数据，将数据存放在 favorable_ratings_train 数据框。

```
favorable_ratings_train = favorable_ratings[favorable_ratings
['UserID'].isin(range(200))]
```

接下来，需要知道每个用户喜欢哪些电影。为此，按照 User ID 进行分组，遍历每个用户看过的每一部电影。下面的代码将生成一个字典 favorable_reviews_by_users ，key 值为 UserID，每一个 key 值所对应的 value 是一个集合，包含了该用户所有喜欢的 MovieID，代码把 v.values 存储为 frozenset 数据类型，便于快速判断用户是否为某部电影打过分。对于这种操作，集合比列表速度快。

```
favorable_reviews_by_users=dict((k,frozenset(v.values))for k,v in
                favorable_ratings_train.groupby("UserID")["MovieID"])
```

下面需要了解每部电影的影迷数量，即统计每部电影在 favorable 数据集中的出现次数。通过调用 groupby() 函数按照 MovieID 进行分组，然后对每一组中的用户数量求和，最后通过调用 Matplotlib 绘制最受欢迎的十部电影统计图，纵坐标值越高表明喜欢这部影片的人越多。结果如图 10.4 所示。

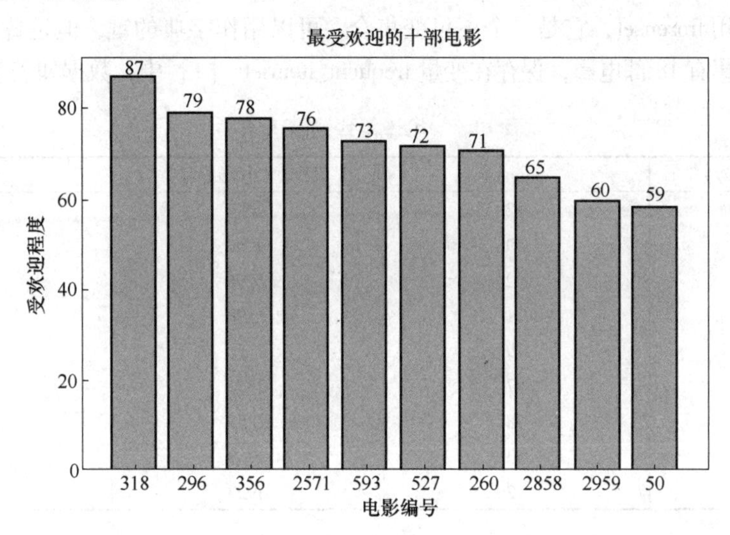

图 10.4　最受欢迎的十部电影

3. 算法分析

Apriori 算法是一种很经典的关联分析算法，从数据集中频繁出现的项目中选取共同出现的项目组成频繁项集，从而生成关联规则。具体算法原理参见本书第 7 章。

频繁项集找到后，分别计算项集之间的置信度和支持度，设置门限阈值，提取出强关联规则。

首先初始化一个字典用来保存频繁项集，键值为项集长度，这样便于根据长度查找。然后需要确定项集要成为频繁项集所需的最小支持度。这个值需要根据数据集的具体情况来设定，建议每次只改动 10 个百分点，即使这样，在算法运行时，时间变动也会很大，本案例设置最小支持度为 50。

```
import sys
frequent_itemsets={  }
min_support=50
```

依据 Apriori 算法第一步，为每一部电影生成只包含自己的项集并检测其是否为频繁项集，这样就产生了初始频繁项集；再用现有的频繁项集的超集生成备选项集并测试是否频繁，是就保留，不是就舍弃。如果发现新的频繁项集，那就重复第二步，如果没有那就返回现有的频繁项集。最后删除长度为 1 的项集，因为一个关联规则至少需要两个项目。具体代码如下：

```
import sys
frequent_itemsets={}  # itemsets are sorted by length
min_support=50
#k=1,生成备选 1 项集,最小支持度为 50
frequent_itemsets[1]=dict((frozenset((movie_id,)),row['count'])
        for movie_id,row in num_favorable_by_movie.iterrows()
        if row['count'] > min_support)
```

以上代码实现Apriori算法的第一步，为每一部电影生成只包含自己的项集，检测它是否频繁。电影编号使用frozenset，它是一个不可变集合，可以用作字典的键，但是普通集合不可以。生成的频繁1项集有18部电影，保存在变量frequent_itemsets［1］中，数据如表10.1所示。

表10.1 电影集合频繁1项集

ITEM（电影编号）	Support	ITEM（电影编号）	Support
47	52	593	73
50	59	858	51
110	52	1196	58
260	71	1198	51
296	79	1210	54
318	87	2571	76
356	78	2858	65
480	53	2959	60
527	72	4993	54

接着，建立函数实现频繁k项集的搜索，它接收新发现的频繁项集，创建超集，检测频繁程度。下面为函数声明及字典初始化代码。为了减少遍历数据的次数，每次调用函数时再遍历数据。首先遍历所有用户和他们的打分数据，接着遍历前面找出的项集，判断它们是否是当前评分项集的子集。如果是，表明用户已经为子集中的电影打过分，接下来，遍历用户打过分却没有出现在项集里的电影，用它生成超集，更新该项集的计数。函数最后检测达到支持度要求的项集，看它的频繁程度够不够，并返回其中的频繁项集。

```
from collections import defaultdict
def find_frequent_itemsets(favorable_reviews_by_users,k_1_itemsets,min_
support):
    counts=defaultdict(int)
    for user,reviews in favorable_reviews_by_users.items():
        for itemset in k_1_itemsets:
            if itemset.issubset(reviews):
              for other_reviewed_movie in reviews-itemset:
                  current_superset=itemset |frozenset((other_reviewed_
                  movie,))
                    counts[current_superset] += 1
    return dict([(itemset,frequency)for itemset,frequency in counts.items()
                  if frequency >= min_support])
```

接下来，创建循环，运行Apriori算法，存储算法运行过程中发现的新项集。循环体中，k表示即将发现的频繁项集的长度，用键$k-1$可以从frequent_itemsets字典中获取刚发现的频繁项集。新发现的频繁项集以长度为键，将其保存到字典中。具体代码如下所示。如果下面循环中没能找到任何新的频繁项集，就跳出循环并输出提示消息，表明没有找到长度为k的频繁项集。如果找到了频繁项集，则输出信息中显示找到了多少项长度为k的频繁项集。

其中 sys. stdout. flush( ) 方法是确保代码还在运行时，把缓冲区内容输出到终端。最后，结束循环。只有一个元素的频繁 1 项集，对生成关联规则没有帮助，生成关联规则至少需要两个项目，因此最后删除频繁 1 项集。

```
for k in range(2,20):
    cur_frequent_itemsets=find_frequent_itemsets(favorable_reviews_by_
users,frequent_itemsets[k-1],min_support)
    if len(cur_frequent_itemsets)==0:
        print("Did not find any frequent itemsets of length{}".format(k))
        sys.stdout.flush()
        break
    else:
        print("I found{} frequent itemsets of length{}".format(len(cur_
frequent_itemsets),k))
        sys.stdout.flush()
        frequent_itemsets[k]=cur_frequent_itemsets
del frequent_itemsets[1]
```

上述代码返回了不同长度的频繁项集共计 4159 个，结果如下所示。随着项集长度的增加，频繁项集的数量增加一段时间后开始减少，是因为项集的长度达到一定规模后，符合最低支持度要求的元素越来越少，直至最后找不到。

```
I found 125 frequent itemsets of length 2
I found 439 frequent itemsets of length 3
I found 896 frequent itemsets of length 4
I found 1136 frequent itemsets of length 5
I found 917 frequent itemsets of length 6
I found 470 frequent itemsets of length 7
I found 148 frequent itemsets of length 8
I found 26 frequent itemsets of length 9
I found 2 frequent itemsets of length 10
Did not find any frequent itemsets of length 11
```

4. 提取关联规则

Apriori 算法执行后，会得到一系列频繁项集，但还没有找到关联规则，虽然已经呼之欲出。关联规则由前提和结论组成，我们可以从频繁项集中抽取关联规则，方法是把其中几部电影作为前提，另一部电影作为结论组成如下形式的规则：如果用户喜欢前提中的所有电影，那么他也会喜欢结论中的电影。每一个项集都可以用这种方式生成一条规则。

首先遍历不同长度的频繁项集，再遍历某一长度的频繁项集。然后，遍历项集中的每一部电影，把它作为结论，项集中的其他电影作为前提，用前提和结论组成备选规则。运行下面这段程序，将获得 21061 条备选规则。

```
candidate_rules=[]
for itemset_length,itemset_counts in frequent_itemsets.items():
    for itemset in itemset_counts.keys():
```

```
        for conclusion in itemset:
            premise=itemset-set((conclusion,))
            candidate_rules.append((premise,conclusion))
```

通过 print(candidate_rules[:5]) 语句查看前 5 条规则，得到

```
[(frozenset({110}),260),(frozenset({260}),110),(frozenset({110}),
2571),(frozenset({2571}),110),(frozenset({527}),110)]
```

在上述这些规则中，第一部分是作为规则前提的电影编号（位于 frozenset 中），后面的数字表示作为结论的电影编号。第一组数据表示如果用户喜欢电影 110，他很可能喜欢电影 260。接下来，计算每条规则的支持度和置信度。如前所述，支持度就是规则应验的次数。需要先创建两个字典，用来存储规则应验（正例）和规则不适用（反例）的次数。代码如下：

```
#创建两个字典,用来存储规则应验(正例)和规则不适用(反例)的次数
correct_counts=defaultdict(int)
incorrect_counts=defaultdict(int)
#遍历所有用户及其喜欢的电影数据，在这个过程中遍历每条关联规则
for user,reviews in favorable_reviews_by_users.items():
    for candidate_rule in candidate_rules:
        premise,conclusion=candidate_rule
#测试每条规则的前提对用户是否适用，如果前提符合，看用户是否喜欢结论中的电影，如果是，规则适用，#反之，规则不适用
        if premise.issubset(reviews):
            if conclusion in reviews:
                correct_counts[candidate_rule] += 1
            else:
                incorrect_counts[candidate_rule] += 1
#用规则应验的次数除以前提条件出现的总次数，计算每条规则的置信度
rule_confidence ={candidate_rule: correct_counts[candidate_rule]/
                float(correct_counts[candidate_rule]+ incorrect_
counts[candidate_rule])
            for candidate_rule in candidate_rules}
#设置最小置信度，过滤低于最小置信度的所有规则
min_confidence=0.9
rule_confidence ={rule: confidence for rule,confidence in
                rule_confidence.items() if confidence > min_confi-
dence}
```

过滤掉低置信度的规则后，剩余规则数量为 5792 个。对置信度字典进行排序，输出置信度最高的前五条规则。考虑到输出结果不能只显示电影编号，而应该显示电影名字，因此需要创建一个用电影编号获取名称的函数，函数定义如下，其中用 title_object 的 values 属性

获取电影名称。

```
def get_movie_name(movie_id):
    title_object=movie_name_data[movie_name_data["MovieID"] == movie_
id]["Title"]
    title=title_object.values[0]
    return title
sorted_confidence = sorted(rule_confidence.items(),key = itemgetter(1),
reverse=True)
for index in range(10):
    print("规则#{0}".format(index + 1))
    (premise,conclusion) =sorted_confidence[index][0]
    premise_names=",".join(get_movie_name(idx)for idx in premise)
    conclusion_name=get_movie_name(conclusion)
    print("规则: 评论了 {0} 的人,他也会评论 {1}".format(premise_names,con-
clusion_name))
    print("-置信度 Confidence: {0:.3f}".format(rule_confidence[(premise,
conclusion)]))
    print("")
```

结果如下：

规则 #1

规则：评论了 Star Wars：Episode VI-Return of the Jedi（1983），Shawshank Redemption，The（1994）的人，他也会评论 Star Wars：Episode V-The Empire Strikes Back（1980）

- 置信度 Confidence：1.000

规则 #2

规则：评论了 Star Wars：Episode VI-Return of the Jedi（1983），Raiders of the Lost Ark（Indiana Jones and the Raiders of the Lost Ark）（1981）的人，他也会评论 Star Wars：Episode V-The Empire Strikes Back（1980）

- 置信度 Confidence：1.000

规则 #3

规则：评论了 Usual Suspects，The（1995），Star Wars：Episode IV-A New Hope（1977）的人，他也会评论 Star Wars：Episode V-The Empire Strikes Back（1980）

- 置信度 Confidence：1.000

规则 #4

规则：评论了 Pulp Fiction（1994），Star Wars：Episode VI-Return of the Jedi（1983）的人，他也会评论 Star Wars：Episode V-The Empire Strikes Back（1980）

- 置信度 Confidence：1.000

规则 #5

规则：评论了 Silence of the Lambs，The（1991），Star Wars：Episode VI-Return of the Jedi

（1983）的人，他也会评论 Star Wars：Episode V-The Empire Strikes Back（1980）
- 置信度 Confidence：1.000

5. 算法评估

首先抽取没有用于训练的数据作为测试集。训练集用前 200 名用户的打分数据，测试集用后 200 名用户的打分数据。测试集数据选取好后，将训练集选出的备选规则 candidate_rules应用在测试集上，设置最小置信度为 0.9，计算符合每条备选规则的置信度。Test_confidence 就是包含了符合测试集数据的备选规则及其规则置信度的集合。

```
test_dataset=all_ratings[(all_ratings['UserID']>=200)&(all_ratings
['UserID']<400)]
test_favorable=test_dataset[test_dataset['Rating']>3]
test_favorable_by_users=dict((k,frozenset(v.values))for k,v
        in test_favorable.groupby("UserID")["MovieID"])
correct_counts=defaultdict(int)
incorrect_counts=defaultdict(int)
for user,reviews in test_favorable_by_users.items():
    for candidate_rule in candidate_rules:
        premise,conclusion=candidate_rule
        if premise.issubset(reviews):
            if conclusion in reviews:
                correct_counts[candidate_rule] += 1
            else:
                incorrect_counts[candidate_rule] += 1
test_confidence={candidate_rule: correct_counts[candidate_rule] /
                    float(correct_counts[candidate_rule] + incorrect_
counts[candidate_rule])
                    for candidate_rule in rule_confidence}
```

下面计算在训练集上找出的规则在测试集上是否适用。方法是找出这些规则在测试集上的置信度。计算结果如下：

规则 #1

规则：评论了 Star Wars：Episode VI-Return of the Jedi（1983），Shawshank Redemption，The（1994）的人，他也会评论 Star Wars：Episode V-The Empire Strikes Back（1980）
- 训练集上的置信度：1.000
- 测试集上的置信度：0.920

规则 #2

规则：评论了 Star Wars：Episode VI-Return of the Jedi（1983），Raiders of the Lost Ark（Indiana Jones and the Raiders of the Lost Ark）（1981）的人，他也会评论 Star Wars：Episode V-The Empire Strikes Back（1980）
- 训练集上的置信度：1.000

- 测试集上的置信度：0.897
规则 #3
规则：评论了 Usual Suspects，The（1995），Star Wars：Episode IV-A New Hope（1977）的人，他也会评论 Star Wars：Episode V-The Empire Strikes Back（1980）
- 训练集上的置信度：1.000
- 测试集上的置信度：0.893
规则 #4
规则：评论了 Pulp Fiction（1994），Star Wars：Episode VI-Return of the Jedi（1983）的人，他也会评论 Star Wars：Episode V-The Empire Strikes Back（1980）
- 训练集上的置信度：1.000
- 测试集上的置信度：0.895
规则 #5
规则：评论了 Silence of the Lambs，The（1991），Star Wars：Episode VI-Return of the Jedi（1983）的人，他也会评论 Star Wars：Episode V-The Empire Strikes Back（1980）
- 训练集上的置信度：1.000
- 测试集上的置信度：0.917

从以上结果可以看出，第 1 条和第 5 条规则不但在训练集上的效果很好，在测试集上置信度也很高，因此这两条规则适用于电影推荐。本节案例把关联分析算法用到电影推荐上，从大量电影打分数据中找到可用于电影推荐的规则。整个过程分为两大部分，第一部分借助 Apriori 算法寻找数据中的频繁项集。第二部分根据找到的频繁项集和置信度要求生成关联规则。

10.2　教育行业大数据应用

近年来，大数据技术逐渐渗透和融入教育领域，推动着教育领域的变革与创新。与此同时，网络在线教育和大规模开放式网络课程的推广与普及，也使教育领域中的大数据获得了更为广阔的应用空间。大数据与教育的融合已经成为现代教育发展的必然趋势，对推动教学模式变革、驱动教育评价方式转变、提升教育管理决策效能等有着重要的影响和意义。

10.2.1　教育大数据概述

教育大数据是大数据的一个分支，是大数据与教育领域相结合的产物。所谓教育大数据，可以理解为整个教育活动过程中所产生的以及根据教育需要采集到的、一切用于教育发展并创造巨大潜在价值的数据集合。

教育大数据产生于各种教育实践活动，既包括校园环境下的教学活动、管理活动、科研活动以及校园生活，也包括家庭、社区、博物馆、图书馆等非正式环境下的学习活动；既包括线上的教育教学活动，也包括线下的教育教学活动。教育大数据的核心数据源头是“人”和“物”——“人”包括学生、教师、管理者和家长，“物”包括信息系统、校园网站、服务器、多媒体设备等各种教育装备，如图 10.5 所示。

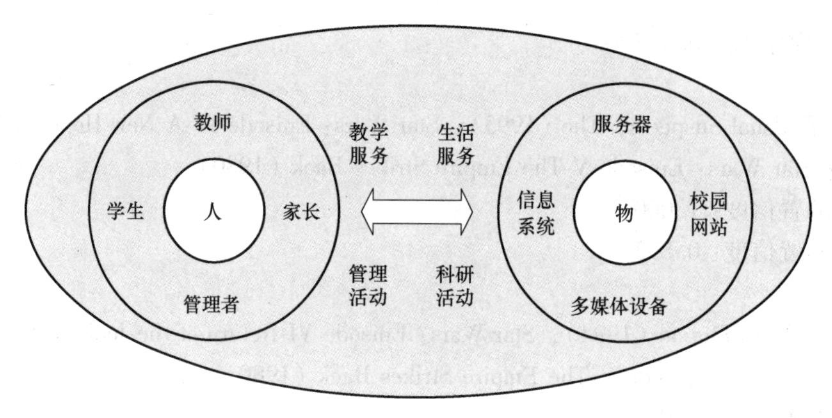

图 10.5　教育大数据的来源

依据来源和范围的不同，教育大数据可以分为以下五种类型，它们从小到大逐级汇聚。

- 个体教育大数据：主要包括教职工与学生的基础信息、用户各种行为数据（如学生随时随地的学习行为记录、管理人员的各种操作行为记录、教师的教学行为记录等）以及用户状态描述数据（如学习兴趣、动机、健康状况等）。
- 课程教育大数据：指围绕课程教学而产生的相关教育数据，包括课程基本信息、课程成员、课程资源、课程作业、师生交互行为、课程考核等数据，其中课程成员数据来自个体层，用于描述与学生课程学习相关的个人信息。
- 学校教育大数据：主要包括学校管理数据（如概况、学生管理、办公管理、科研管理、财务管理等）、课堂教学数据、教务数据、校园安全数据、设备使用与维护数据、教室实验室使用数据、学校能耗数据，以及校园生活数据。
- 区域教育大数据：主要包括来自各学校以及社会培训与在线教育机构的教育行政管理数据、区域教育云平台产生的各种行为与结果数据、区域教研等所需的各种教育资源、各种区域层面开展的教学教研与学生竞赛活动数据，以及各种社会培训与在线教育活动数据。
- 国家教育大数据：主要汇聚了来自各区域产生的各种教育数据，侧重教育管理类数据的采集。

与传统教育数据相比，教育大数据的采集过程更具有实时性、连贯性和全面性，分析处理方法更加复杂，应用也更加多元深入。传统教育数据多是在用户知情的情况下进行的阶段性采集，主要采取汇总统计和比较分析的方法进行数据分析，并将学习者的群体特征以及国家、区域、学校等不同层面的发展状况作为关注的重点。在大数据时代，移动通信、云计算、传感器、普适计算等新技术融入了教育的全过程，可以在不影响师生正常教学活动的情况下实时、持续地采集更多微观的教与学的过程性数据，例如学生的学习轨迹、在每道作业题上逗留的时间、教师课堂提问的次数等。教育大数据的数据结构更加混杂，成绩、学籍、就业率、出勤记录等常规的结构化数据依旧重要，但图片、视频、教案、教学软件、学习游戏等非结构化数据将越来越占据主导地位。

10.2.2　教育大数据应用现状

大数据时代的到来，给教育行业带来前所未有的机遇和挑战。世界各国纷纷加紧教育领域的大数据布局，出台相关政策和文件，数据驱动教育改革与发展已是大势所趋。2012 年，美国教育部发布了《通过教育数据挖掘和学习分析促进教与学》的专题报告，指出要重点发展教育数据挖掘和学习分析技术，通过对教育大数据的挖掘与分析，促进美国高等院校及 K-12 学校教学系统的变革。2015 年，日本总务省颁布为期 3 年的先导性教育系统实证事业，将推进教育大数据的研究和发展作为国家政策。先导性教育系统是指通过无缝连接国家及各地教委部门、学校、家庭等各环节，创造随时随地的学习环境，并利用教育学习云平台收集、共享学生的学习记录数据，进而利用大数据分析为学生提供最优化教育。

我国政府也高度重视教育大数据的研究和应用。2015 年，国务院发布的《促进大数据发展行动纲要》明确提出要建设教育文化大数据。2017 年，《国家教育事业发展“十三五”规划》中提出“要支持各级各类学校建设智慧校园，综合利用互联网、大数据、人工智能和虚拟现实技术探索未来教育教学新模式”。2018 年，教育部印发的《教育信息化 2.0 行动计划》，提出利用大数据技术为学习者提供海量、适切的学习资源服务，深化教育大数据应用，助力教育教学、管理和服务的改革发展。2019 年，中共中央、国务院发布《中国教育现代化 2035》，提出要加快信息化时代教育改革，推进教育治理方式变革，推进管理精准化和决策科学化。

2022 年，习近平总书记在党的二十大报告中指出，“教育、科技、人才是全面建设社会主义现代化国家的基础性、战略性支撑。”将“推进教育数字化，建设全民终身学习的学习型社会、学习型大国”作为达成“办好人民满意的教育”目标的重要举措，为我国推动教育变革和创新、加快建设教育强国指明了前进方向、提供了根本遵循。

在大数据背景下，教育数据的应用发展走上了“快车道”。教育数据作为重要资产的价值被逐渐认识和重视，教育数据挖掘和学习分析技术得到长足发展，正在被广泛应用到教学、管理、科研、评价、服务等各个领域，规模效应逐渐凸显。教育数据的应用已经步入一个全新的历史时期，基于教育数据挖掘与学习分析技术，研发专用的教育数据分析决策模型、工具与算法，实现教育数据处理的高效能与数据应用价值的最大化，教育行业数据分析与应用体系的轮廓逐渐清晰。

信息化时代的大数据思维和创新的发展理念，为优化教育管理方式、创新教育教学模式、变革教育考核与评价方法等研究提供丰富的参考数据和客观依据，更好地推动技术与教育的深度融合。

1. 优化教育管理方式

教育管理是指教育主体在教育发展过程中运用相关的管理理念、管理手段和管理方式，对包括人、财、物、时间、空间、信息在内的教育资源进行合理配置，使其有效运转，实现组织目标的协调活动过程。教育管理所涉及的数据量广泛，包括人员信息、资产设备信息、教学活动信息、社会服务信息等，传统教育管理模式局限于定性或“主观”判断等人为因素，难以对海量、复杂、多变的教育信息进行高效的专业化分析处理。运用大数据技术，能够对教育数据进行深层次挖掘，从中发现隐藏的有用信息，从而为做好教育管理和决策工作提供科学的数据支持。

首先，传统教育数据在信息量以及准确度等方面都存在弊端，依靠传统教育数据做出的教育管理决策可靠性较低，在实际应用过程中存在风险。利用大数据采集技术，可以获得更加全面、丰富、多样的数据信息，从而为教育决策提供更多的参考，进而达到优化教育决策的目的。例如，我国推行的统一学籍信息管理制度，对学生的入学、转学、休学、退学等教育管理数据实现全面实时的采集、监控、更新与分析处理。同时，将这些教育管理数据与家庭收入、户籍、医疗、保险、交通等数据进行关联分析，有助于及早发现与预测学困生、择校生等需要进行教育帮助和干预的学生，进而提供有针对性的教育支持服务，保障每位学生享有平等接受优质教育的机会。

其次，教育大数据推动学校教学管理系统的升级与完善，使数据存储功能与分析预测功能得以强化，为教育大数据的应用与管理提供更为便利的条件。此外，教育大数据的出现也改变了管理人员解决问题的思路，从事后处理转变为提前预防、实施把控，增加了管理人员对学校工作的掌控能力，保障学校各项工作的平稳开展。例如，浙江大学对学校的设备资产数据进行系统采集与整理，为师生提供便捷的查询与分析服务，提升了实验室、教室、仪器、设备等资源的利用率和管理效率。江南大学通过物联网技术对学校用水、用电等数据进行全面监控和优化处理，实现了节能环保。华东师范大学利用学生的餐饮消费数据，对经济困难学生提供情感抚慰和助学金支持。

最后，大数据有助于实现教育决策的科学化。传统教育政策的制定通常没有全面考虑现实情况，只是决策者通过自己或群体的有限理解推测教育现实。在大数据支持下，教育政策的制定不再是简单的经验模仿，更不是政策制定者自我经验的总结过程，而是从大量教育数据中挖掘出事实真相，在此基础上采取的针对性措施，因此，教育决策的过程更加科学化，制定的教育政策更加符合教育教学的发展需要，能够更好地发挥教育政策的引导作用。

2. 创新教育教学模式

利用大数据技术对海量教学数据进行分析与预测，能够改变传统的千篇一律的教学模式，实现高质量、个性化的教学。以翻转课堂、慕课等为代表的新型教学模式的成功开展，都与大数据技术的支持息息相关。大数据能够全面记录学习者的成长过程并进行科学分析，使教师能够快速准确地掌握每位学生的兴趣点、知识缺陷等，从而设计出更加灵活多样且具有针对性的学习活动，使传统预设的固化课堂教学向着动态生成的个性化教学转变。例如，加拿大的Desire2Learn科技公司面向高校研发了“学生成功系统”，该系统主要基于学生已有的学习成绩数据来预测他们在未来课程学习中的表现，并将分析结果详细地呈现给教师，以便教师进行个性化指导。

通过大数据技术还可以持续跟踪教师的授课历程，对教师的教学成果进行全面检验和考核，帮助教师对教学手段和方法进行分析汇总，发现自身的教学特长及不足之处，及时调整教学方案，优化教学方法，提高教学质量。

3. 重构教育评价体系

大数据技术推动了教育评价方式的创新和发展，促进传统的基于经验的单一评价向基于数据的综合评价转变。

随着教育信息化的推进，大数据技术能够追踪和记录教与学的全过程，从而为教育评价提供最直接、最客观、最准确的依据。一方面，教育评价将不再依赖于主观的经验判断，而是通过数据分析，发现教学活动的规律，并依此对教师和学生的行为表现进行评价。另一方面，大数据技术丰富了教学评价的内容、方法与渠道，推动评价主体和评价方式向着多元化、多样化的方向发展。政府、学校、家长及社会各方面都参与到教育质量的评价中，评价内容不再局限于单一的考试成绩，而是对学习态度、学习能力、思维方式、创新意识和实践能力等多方面内容的综合评价。

现阶段已有不少地区尝试将基于大数据的学习评价方式应用于教学中。以田纳西州增值评价系统（TVAAS）为例，它通过连续多年追踪分析学生的成绩来对学区、学校和教师的效能进行评估。在 TVAAS 系统中，3~12 年级的所有学生都要参加语言、数学、科学等学科的测试，并通过增值评价方法分析每个学生的学业进步情况，并依此评估各区、各校、各教师对学生学业进步的贡献大小。

4. 发展个性化学习

个性化学习与培养是教育未来发展的必然趋势，这既是尊重个体差异、追求教育公平的本质要求，也是培养个性化、多样化人才的内在需求。然而，在传统教育模式下，教师缺少高水平高质量的物质、技术、制度等配套条件的支持，难以充分了解每个学生的个性特点并实现一对一的个性化差别教育。而学生也缺乏发现及评价个体潜质和特性的科学方法，难以更好地了解和认识自我，并根据自己的个性特点及需要选择适合的教育模式。

在大数据背景下，教师能够掌握每个学生真实的学习情况，从而采取有效的手段为其提供学习资源、学习活动、学习路径和学习工具，以满足学生的个性化需求。各种智能化学习平台对学习行为的记录也更加精细化，可以准确记录到每位用户使用学习资源的过程细节，如点击资源的时间点、停留了多长时间、答对了多少道题、资源的回访率等。这些过程数据一方面可用于精准分析学习资源的质量，进而优化学习资源的设计与开发；另一方面，学习者可以对自己某一段时期内的学习情况（包括学习爱好、业余活动等非结构化的学习行为）进行分析和预测，以便尽早通过这些预测做出最适合自身发展的决策，更好地开展适应性学习和自我导向学习。

目前国内外已经有一些机构应用大数据技术为学习者提供个性化的学习服务。例如，Civitas Learning 公司通过数据挖掘技术对收集到的教育大数据进行分析，成功预测出不同学习者的个性特点、采用的学习方法，以及面对不同的学习科目将会产生的结果。如果预测到有可能出现辍学或学习成绩不良等情况，将对学生提供帮助，让学生及时调整自己的学习方法和学习习惯，从而提高学业成绩。

10.2.3　案例——在线学习效果预测

在“互联网+”时代，网络学习已经成为教育发展的重要组成部分，而大规模开放在线课程（Massive Open Online Courses，MOOC）的兴起和发展进一步推动了在线教育的热潮，也推进了大数据技术在教育领域的研究与应用。与传统的网络教学相比，MOOC 除了提供视频资源、文本资料外，还为学习者提供各种交互性社区，学生不仅能和授课教师在线交流，还能进入学习社区和成千上万的学习者交流讨论。在 MOOC 模式下，学习者可以突破传统教学模式在时间和空间上的限制，免费享受优质的课程资源，自由分配学习时间，在线完整系统地体验课堂教学、作业测验、师生互动等过程。

随着 MOOC 的快速发展，在线学习平台积累了大量的学生学习记录，利用大数据技术对这些在线学习数据进行全面分析，可以为学习行为分析、学习效果评估、学员流失预测、教学模式探究等方面的应用研究提供依据。下面以西安邮电大学在国内某 MOOC 平台新开设的一门在线开放课程为例，利用课程数据对学生的学习行为进行分析，并通过逻辑回归算法预测学生能否通过课程的期末考试。

1. 数据集介绍

本节使用的数据集预先进行过脱敏处理，隐藏了学生的昵称、专业、所在院校等信息。数据集共包含9个Excel文件，分别记录学生的基本信息、论坛发帖数量和每个章节的测验成绩。

利用pandas.read_excel()函数将数据文件导入到DataFrame数据结构中，分别观察各文件中的内容。

学生基本信息表共有1039条记录，每条记录包含4个特征，如图10.6所示。

	学生ID	学校	专业	课程成绩
0	0001	外校	000	不合格
1	0002	外校	000	不合格
2	0003	本校	008	不合格
3	0004	未知	000	不合格
4	0005	外校	009	不合格
5	0006	外校	009	不合格
6	0007	外校	009	不合格
7	0008	外校	000	不合格
8	0009	本校	003	合格
9	0010	本校	003	合格

图10.6　学生基本信息

“学生ID”是学生在数据集中的唯一标识符；“学校”和“专业”分别表示学生所属的高校和专业，学校有本校（西安邮电大学）、外校、未知三种取值，“专业”用编码表示，取值从000到011，其中000表示专业不详。考虑到MOOC用户来源广泛，学校和专业信息的缺失可能是用户忘记填写，或者学习者并非在校学生。“课程成绩”是本课程期末在线考试的结果，分为合格（≥60分）与不合格（<60分）两档。

在线讨论表记录学生在论坛发帖的次数，共有643条记录，每条记录包含6个特征，如图10.7所示。

	学生ID	主题数	回复数	评论数	参与总数	被顶次数
0	0003	0	5	0	5	0
1	0005	1	0	0	1	0
2	0009	0	5	0	5	0
3	0010	0	5	1	6	0
4	0011	2	4	2	8	1
5	0015	0	8	0	8	0
6	0017	6	9	0	15	0
7	0022	0	7	0	7	0
8	0023	8	1	0	9	0
9	0029	7	5	0	12	0

图10.7　学生参与在线讨论的记录

“学生 ID”代表发帖人的身份，与基本信息表中的值一致；“主题数”是学生主动发表的新话题的数量；“回复数”是学生回复他人发表的主题帖的数量；“评论数”是学生对别人的回复帖进行评价的次数；“参与总数”是前面 3 项之和；“被顶次数”表示用户的发帖被支持和赞同的数量。

章节测验表共 7 张，分别记录学生参与课程 7 个章节在线测验的结果。以第 6 章为例，表中共有 829 条记录，每条记录包含 5 个特征，如图 10.8 所示。

	学生 ID	得分/40.0 分	第 1 次得分	第 2 次得分	第 3 次得分
0	0003	34.00	34.0	NaN	NaN
1	0009	38.00	34.0	38.0	38.0
2	0010	36.00	36.0	NaN	NaN
3	0011	40.00	40.0	NaN	NaN
4	0012	5.00	5.0	NaN	NaN
5	0015	38.00	33.0	38.0	NaN
6	0016	36.00	36.0	NaN	NaN
7	0017	36.00	36.0	NaN	NaN
8	0019	40.00	40.0	NaN	NaN
9	0020	34.00	28.0	34.0	NaN

图 10.8　章节测验 6 的数据

在图 10.8 中，“得分/40.0 分”表示学生的最终成绩，满分为 40.0 分。MOOC 平台为每个学生提供多次答题机会，最终成绩取其中的最高分。“第 1 次得分”“第 2 次得分”“第 3 次得分”分别是学生各次答题的成绩，NaN 表示学生没有参与本次答题，该项记录为空。

2. 数据预处理

本案例的数据分散于多张表格中，需要先对它们进行合并。MOOC 学习的自由性导致课程存在学生中途加入、半路放弃、学习时断时续的情况，因此在线讨论和章节测验表中会缺少部分学生的记录，在数据集成时将采取补 0 处理。

预处理阶段还需要进行数据变换，以获得适合于分析挖掘的数据形式。在本案例中，在线讨论次数、章节测验成绩等连续特征不适宜直接作为模型的输入，对它们进行离散化处理将有助于提高挖掘算法的效率。

所谓离散化是指将连续特征的值域划分为若干子区间，每个子区间对应一个离散值，然后将原始数据转换为离散值。连续特征离散化算法分为有监督离散化和无监督离散化两大类，二者的区别在于有监督算法要利用数据的分类信息。本案例采用无监督离散化方法，这类算法主要包括等宽离散化、等频离散化、聚类离散化等。等宽离散化是将数据区间按照相同宽度进行划分；等频离散化是将特征值均匀地划分到若干个子区间，各子区间内数据点的数量相等；聚类离散化是利用聚类算法将数据划分为若干类，每一类对应一个子区间。

在线讨论次数采用简单的等宽离散化方法，它的取值区间［0，37］被划分为 5 个子区间。考虑到数值 0 与 1 的差别虽然很小，却存在质的区别，因此将 0 单独作为一个子区间，［1，37］等间隔地划分为 4 个子区间。各子区间代表学生参与在线讨论的不同频度，依次为：从未参与、很少参与、偶尔参与、经常参与和频繁参与。章节测验成绩被离散化为 3 个等级：优秀、合格、不合格。若满分取40分，则32分以上为优秀，24分以下为不合格。

从图10.8可以发现，很多学生只参加了1次答题，导致“得分/40.0分”与“第1次得分”相同，而“第2次得分”和“第3次得分”为空。为了解决该问题，预处理时用“第1次得分”、“第2次得分”和“第3次得分”构造出一个新的特征变量——本章测验参与次数，用它取代原先的三个特征，这样处理既能保留反映学生学习积极性的频度信息，还有助于降低数据集的特征维数。

3. 数据特征分析

在本案例中，数据特征大致分为两类：学习者的基本特征和行为特征，预测目标是课程成绩。数据分析的目的在于探究特征变量与预测目标之间的关系，进而选取合适的特征来建立预测模型。

（1）基本特征分析　本数据集的基本特征包括“学校”“专业”等学习者的背景信息。以“学校”为例，它与预测目标之间的关系如图10.9所示。

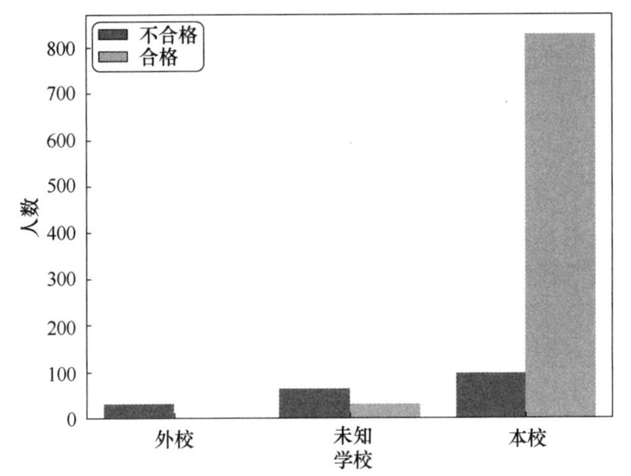

图10.9　学生来源与课程成绩之间的关系

由图10.9可见，学生来源的不同对课程成绩有明显的影响。“本校”学生的课程通过率较高，而外校学生没有一人成绩合格。造成这种差异的主要原因是本校学生在线下有该课程的学习任务，因此学习目标明确，学习态度认真积极，而且他们有更多机会与授课教师进行交流并接受监督，从而保证了学习效果。而外校学生的学习行为多是自发性的，缺少有效的监督与激励，通常很难顺利完成全部学习任务。

（2）行为特征分析　本数据集的行为特征包括论坛发帖次数、章节测验成绩等。图10.10和图10.11分别给出了学生参与讨论的频度和章节测验成绩与课程成绩之间的关系。

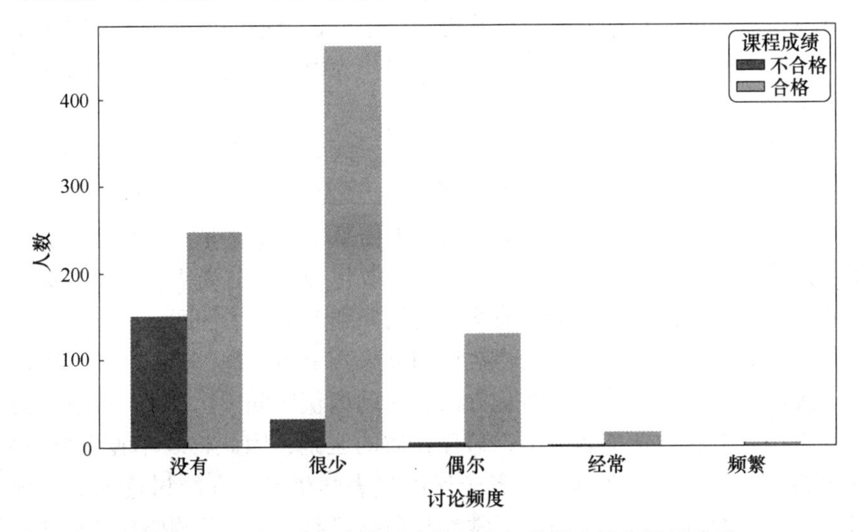

图10.10　学生参与在线讨论的频度与课程成绩之间的关系

由图 10.10 可见，学生参与在线讨论的积极性总体偏低，绝大多数学生的参与次数不足 10 次。但是，我们依然能够从图中直观地发现讨论交流的参与度与课程成绩之间的联系。讨论交流越频繁，说明学生对网络学习的态度越积极，从中获得的成功感和归属感越高，因此学习效果也越好。

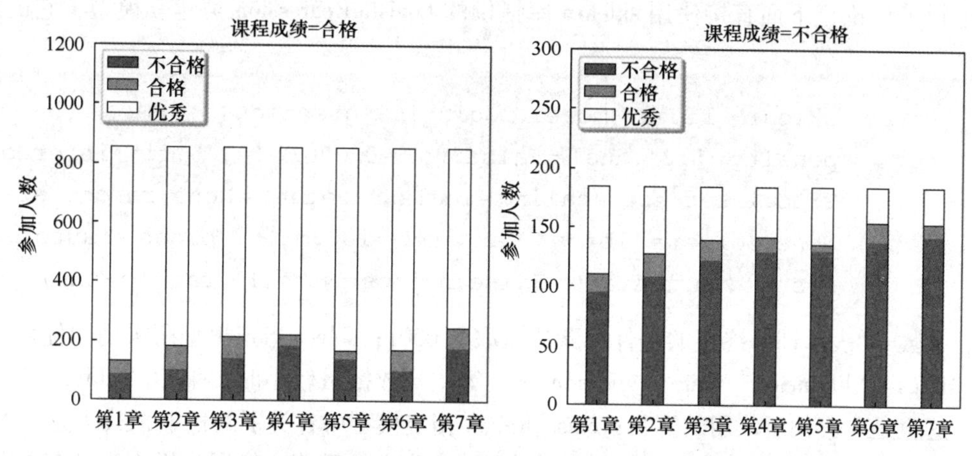

图 10.11　学生各章测验成绩与课程成绩之间的关系

图 10.11 给出了通过及未通过课程考试的所有学生的各章测验成绩分布情况。显然，通过课程考试的大部分学生在章节测验中的表现依然优秀，而平时测验成绩经常不合格的学生，最终的课程成绩也不理想。从图中还可以发现，处于优秀和不合格两个等级的学生数量较多，合格等级的人数很少，这表明在线学习容易加剧学生的两极分化。

图 10.11 还反映出学生对各章知识理解和掌握的情况。第 1 章的整体掌握水平最好，随着课程内容的不断深入和课程难度的逐步增加，学生成绩持续下降，第 4 章达到最低值，第 5 章之后又略有好转。为了进一步分析导致该现象的原因，下面考察每章测验的实际参加人数和平均答题次数，结果如图 10.12 所示。

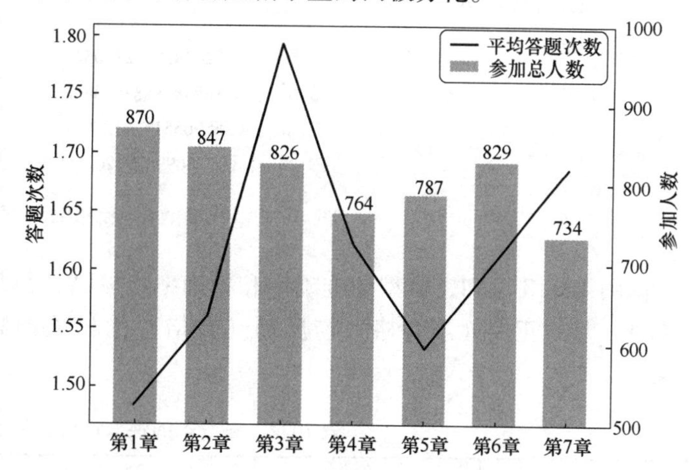

图 10.12　各章测验参加人数及平均答题次数统计

由图 10.12 可见，参加第 1 章测验的学生最多，平均答题次数却最少，说明本章知识较为简单，容易被学生掌握。从第 2 章开始，课程难度不断增大，参加测验的学生人数随之下降，而且学生为了取得更好的成绩，通常需要增加答题次数。该情况一直持续到第 4 章，大约是课程的期中阶段。对于在校学生，学校一般会在期中进行课程的阶段性复习和考试，这有助于学生查漏补缺，加深对课程内容的理解，同时随着期末考核的临近，存在懈怠心理的学生重新回归在线学习，第 4 章之后参加测验的人数以及平均答题次数都有所增加。

4. 建模与评价

本案例的主要目的是预测哪些学生在 MOOC 学习中存在课程成绩不合格的风险，因此关注的是一个二分类问题。逻辑回归是处理这类问题的常用算法之一，4.3.4 节对算法原理进行了讨论，下面直接使用 sklearn 库提供的 LogisticRegression 类建立模型，它的定义如下：

```
class sklearn.linear_model.LogisticRegression(
    penalty='l2',dual=False,tol=0.0001,C=1.0,fit_intercept=
    True,intercept_scaling=1,class_weight=None,random_state=
    None,solver='lbfgs',max_iter=100,multi_class='auto',ver-
    bose=0,warm_start=False,n_jobs=None,l1_ratio=None)
```

其中，参数 tol 表示训练终止的条件，默认值取 0.0001；solver 指定模型所采用的优化算法，包括“lbfgs”“liblinear”“sag”“newton-cg”等。当数据量较小时，采用“liblinear”方法较好，这也是本案例所采用的算法；class_weight 指定模型中各类别的权重，默认值为 None，即不考虑权重。如果取值为“balanced”，则由模型确定权重值，依据是样本数越多的分类，其权重值越小。

将数据集按照 7∶3 的比例分为训练集和测试集两部分，训练时参数 class_weight 设置为 None，即合格与不合格两种类别的权重值均为 1。模型训练好后，通过测试集来检验它的预测效果。分类模型常用的评价指标可参见 4.4 节，图 10.13 分别给出准确率、精确率、召回率和 F1 分数值的计算结果。

准确率：0.9262820512820513
精确率：0.8888888888888888
召回率：0.6896551724137931
F1-score：0.7766990291262136

图 10.13　模型的性能评价指标值

由图 10.13 可知，模型的准确率和精确率比较高，都超过了 80%，但是召回率偏低。如果进一步对正例（不合格）与反例（合格）的相关指标进行分析，可得到表 10.2 的结果。

表 10.2　各分类的性能评价指标值

	精确率	召回率	F1 分数	样本数
正例	0.89	0.69	0.78	58
反例	0.93	0.98	0.96	254

由表中数据可知，正例的样本数较少，约等于反例的 1/5。正例的各项性能指标都比反例差，因此造成模型整体召回率偏低的主要原因是正例的预测结果不够准确。从表 10.3 的混淆矩阵同样可以得出这一结论。

表 10.3 模型的混淆矩阵

混淆矩阵		预测值	
		正例	反例
真实值	正例	40	18
	反例	5	249

本案例的目标是通过模型预测，及时发现存在成绩不合格风险的学生，使授课教师和网络平台可以尽早干预。但是，正例的召回率偏低，意味着模型将成绩不合格的学生错误预测为合格的比例较高，而这种错误比将成绩合格的学生预测为不合格的影响更为严重。为了解决该问题，我们对正例和反例赋予不同的权重，即将参数 class_weight 的值设置为 "balanced"。此时得到的混淆矩阵如表 10.4 所示。显然，将正例预测为反例的数量明显下降，所付出的代价是增加了反例预测错误的数量。

表 10.4 考虑分类权重时的混淆矩阵

混淆矩阵		预测值	
		正例	反例
真实值	正例	50	8
	反例	32	222

图 10.14 所示是模型的 ROC 曲线，相应的 AUC 值等于 0.92，说明该模型的预测效果较好。

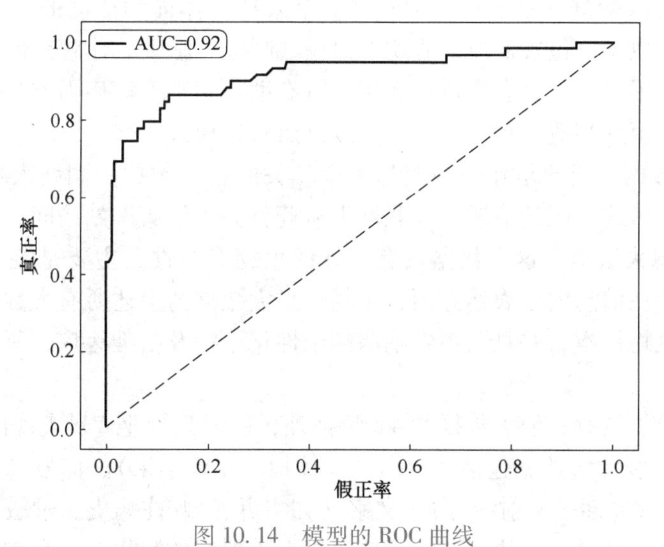

图 10.14 模型的 ROC 曲线

10.3 医疗行业大数据应用

随着各种信息系统在医疗机构的广泛应用以及医疗设备和机器的数字化，医疗数据的类型和规模正在以前所未有的速度增长，医疗卫生领域已经进入了"大数据时代"。如何高效地利用海量的医疗数据，使之在疾病诊疗、公共卫生管理、居民健康管理、医药研发等方面发挥指导性作用，推动医疗服务质量和服务效率不断提升，已经成为医疗行业目前关注的一个焦点问题。

10.3.1　医疗大数据概述

医疗大数据泛指人类在社会生活中因健康活动产生的各种数据信息，涵盖人的全生命周期。理论上，医疗大数据可以涉及一个国家或地区的全部医院、卫生机构和所有人群，包括个人健康、医疗服务、疾病防控、健康保障、食品安全等多方面的数据。

按照来源的不同，可以将医疗大数据分为以下几类：

（1）医院医疗大数据　这是最主要的医疗大数据，产生于医院常规临床诊治、科研和管理过程，包括各种门急诊记录、住院记录、影像记录、实验室记录、用药记录、手术记录、随访记录和医保数据等。这些医疗数据中的大多数都是用医学专业方式记录下来的，是最原始的临床记录。

（2）区域卫生服务平台大数据　区域协同背景下的大数据是重要的医疗大数据之一。一方面，区域协同通过医疗健康服务平台汇集整合区域内多家医院和相关医疗机构的医疗健康数据，致使数据量大幅度增加；另一方面，由于平台数据收集事先都经过充分的科学论证和规划，所以会比单独医院数据更为规范。

（3）疾病监测大数据　这类数据主要来自于专门设计的基于大量人群的医学研究或疾病监测，此外还包括各种全国性抽样调查和疾病监测数据，如全国营养和健康调查、出生缺陷监测研究、传染病及肿瘤登记报告等数据。

（4）自我量化大数据　基于移动物联网的个人身体体征和活动的自我量化数据是一种新型的医疗健康大数据，包含血压、心跳、血糖、呼吸、睡眠、体育锻炼等信息。这类数据经过一定时期的积累在医学上会变得很有用，既有助于识别疾病病因或防控疾病，也有助于个性化临床诊疗，由此塑造一种全新的医疗或健康管理模式。

（5）网络大数据　指的是互联网上与医学相关的各种数据。网络大数据产生于社交互联网关于疾病、健康或寻医的话题、互联网上购药行为、健康网站访问行为等。

（6）生物信息大数据　这类数据具有很强的生物专业性，主要是关于生物标本和基因测序的信息。虽然在信息内容表达方面，生物信息大数据与上述所有大数据大不相同，但它直接来源于人体生物标本，并且关系到临床的个性化诊疗及精准医疗，所以可归于医疗大数据中。

医疗大数据除了具有一般大数据的4V特征外，还因其行业背景表现出以下特征：

（1）多态性　医疗大数据包括纯数据（如体检、化验结果）、信号（如脑电信号、心电信号等）、图像（如B超、X射线等）、文字（如主诉、现/往病史、过敏史、检测报告等），以及用于科普、咨询的动画、语音和视频信息等多种形态的数据，这是它区别于其他领域数据的最显著特征。

（2）不完整性　医疗数据的搜集和处理过程经常相互脱节，这使得医疗数据库不可能对任何疾病信息都做到全面反映。人工记录的医疗数据更容易存在偏差和残缺，许多数据的表达、记录本身也具有不确定性，病历和病案尤为突出，这些都造成了医疗大数据的不完整性。

(3) 微观性　医疗大数据是每个个体健康医疗数据的集合。个体的人口特征、行为特征、诊疗经历、体检数据、饮食数据、运动和睡眠数据的汇聚构成健康医疗大数据。因此，整个社会的医疗大数据天然是微观性的。

(4) 追踪性　个体的健康医疗大数据包括一个人从出生、婴幼儿保健、疫苗注射、入学体检、工作体检、就诊、住院、饮食、运动、睡眠、死亡等一系列生命过程所产生的多点数据。许多临床数据也是时间序列，如心电图数据是连续性时间的观察数据，很多慢性疾病也需要通过追踪数据来分析成因。

(5) 冗余性　医学数据量大，每天都会产生大量信息，其中可能会包含重复、无关紧要甚至是相互矛盾的记录。

(6) 隐私性　医疗数据不可避免地会涉及患者的隐私问题，包括病情、个人信息甚至基因、蛋白数据等，一旦泄露，可能会使患者的日常生活遭到不可预料的侵扰，甚至对患者的人格尊严造成不可弥补的伤害。因此在医疗大数据分析中，需要注意对用户身份、姓名、地址和疾病等敏感信息加以保密。

10.3.2　医疗大数据应用现状

目前，发达国家已将医疗健康数据作为国家公共事业的重要组成部分，投入了大量的资金，搭建起较为成熟的健康医疗大数据服务平台。美国作为发展大数据的先行者，2013 年就确定了大数据研究和发展计划，意在通过应用大数据，为生物医药、环境保护、科研教学、工程技术、国土安全等各个领域创造福利。此后，美国联邦政府通过各种政策和倡议鼓励健康医疗数据的应用，这些举措有效控制了医疗费用，使医疗质量乃至整个医疗生态系统得到了直接改善。

2013 年，英国投资 1.89 亿英镑建造英国国民医疗服务系统，旨在通过搜集、存储和分析大量医疗信息，确定新药物的研发方向，探索特定疾病的新疗法，用新兴信息技术改善医疗卫生与药物研发的现状。2015 年，韩国推出“健康医疗行业提升计划”，目标是强化健康行业已有的基础设施，并打造一个链接不同医学基础设施的平台。2013 年，日本公布“创建最尖端 IT 国家宣言”，其中阐述了 2013—2020 年以发展开放公共数据和大数据为核心的日本新 IT 国家战略。2014 年又对该宣言进行了更新，鼓励各方在医疗健康大数据平台下，灵活利用医疗数据，改进健康管理和疾病预防，建立健康长寿型社会。

我国的医疗大数据技术虽然尚处于初级阶段，但是政府对其高度重视并在积极推进健康医疗大数据的应用发展。2015 年 3 月，国家卫生计划生育委员会网络安全和信息化工作组全体会议提出了“推进健康医疗大数据应用，制定促进健康医疗大数据应用的相关方案，推动健康医疗大数据有序发展”的意见。2016 年 6 月，国务院办公厅网站发布《国务院办公厅关于促进和规范健康医疗大数据应用发展的指导意见》，明确提出将健康医疗大数据的应用发展纳入国家大数据战略布局。2018 年 9 月，国家卫生健康委印发了《国家健康医疗大数据标准、安全和服务管理办法（试行）》，从规范管理和开发利用的角度对医疗健康大数据行业进行了规范。

2020 年 6 月 1 日起施行的《中华人民共和国基本医疗卫生与健康促进法》明确规定：“国家推进全民健康信息化，推动健康医疗大数据、人工智能等的应用发展，加快医疗卫生信息基础设施建设，制定健康医疗数据采集、存储、分析和应用的技术标准，运用信息技术促进优质医疗卫生资源的普及与共享。”

人民健康是民族昌盛和国家富强的重要指标。2022 年，党的二十大报告指出“推进健康中国建设”“把保障人民健康放在优先发展的战略位置，完善人民健康促进政策”，将健康中国战略与中国式现代化发展一体谋划、一体部署、一体推进，全方位全周期地保障人民群众健康，实现健康中国共建共享。

在相关政策、制度和法律的保障下，大数据技术快速渗透到医疗行业的各个领域，不仅使医疗健康服务更加完善和精准，还为医疗服务业的升级和转型提供了技术保障。下面将从临床诊断、药品研发、流行病监测与预报、个人健康管理 4 个方面介绍医疗大数据的应用。

（1）临床诊断　传统的临床诊断主要是医生凭借自己的实践经验、病症特点、检查检验指标等进行判断，过程烦琐，容易忽视其中很多微小的病症信息，增加了医生精确诊断的困难。基于大数据研究分析的临床决策系统，拥有全国乃至全世界的相关数据，能为医生提供规范的临床诊断信息以及针对不同病症的个性化治疗方案；医生在此基础上再进一步根据以往经验为患者筛选出最优的治疗方案，从而做到精准治疗。

（2）药品研发　大数据可以应用于药品研发的每一个阶段。药品研发前，利用大数据对患者的行为和情绪进行细节化测量，挖掘其症状特点、行为习惯、喜好等，找到更符合患者症状特点的药品和服务，并针对性地调整和优化；研发成功后，通过大数据分析公众对药品的需求趋势，确定最优的投入产出比，从而有效节约生产成本。药品上市前，通过大数据扩大样本数和采样分布范围，分析药物副作用以及药品不良反应，克服传统临床试验和副作用报告分析中样本数小、采样分布受限等因素的影响，使结果更具说服力，同时有利于缩短药品上市时间，降低企业成本；药品上市后，通过整合上市后各研究阶段可获得的所有数据，全面把握上市药品的安全性、有效性和经济性，为临床合理用药提供更有价值的参考。此外，医药公司还可以通过大数据技术优化物流信息平台，提高管理效率。

（3）流行病监测与预报　传统的疾病监测主要依赖于专门的疾病监测系统和公共卫生项目，由于技术和经费的制约，这种监测模式在监测的时效性、覆盖面和预警能力方面都有很大的局限性，例如一些疾病的发生没有及时上报，部分地区无法得到有效监测，一些疾病的危险不能提前预测等。而大数据和数据挖掘的出现则为疾病监测和预警提供了新的方向。通过互联网将医院、商业公司及政府收集的医疗健康大数据进行整合，利用数据挖掘技术加以分析，可以极大地拓宽监测范围，并能动态地了解监测疾病的发生状况，进而及时提出预警和做出反应。这种监测模式不仅克服了传统模式的诸多弊端，而且能有效地节约疾病监测成本。

（4）个人健康管理　计算机技术的发展以及智能可穿戴产品的应用促发了“量化自我运动”和个人健康管理的新模式。人们通过大数据技术综合分析处理软件录入的个人信息（如性别、年龄、身高、体重、职业、生活方式、疾病家族史等），可穿戴设备测出的血压、体温、心率、脉搏等体格指标，以及实验室检查设备记录的血糖、血脂等各项指标，不用去医院就能了解自己的身体健康状况，做好自我健康管理。这些个人健康数据还会通过网络上传到云平台，在就医时，医生可以通过医院系统调出患者日常数据辅助判断，从而对患者进行更加精准的治疗。

10.3.3　案例——冠心病发病风险预测及影响因素分析

冠心病是现代社会发病率与死亡率较高的疾病之一，它是由于冠状动脉发生粥样硬化病变，导致患者的血管狭窄、血流不畅，使心肌缺血缺氧甚至发生梗死的一种心脏病。冠心病被称作“人类健康的第一杀手”，多见于中老年人群。近年来，由于不健康的生活方式、工作压力增大及生活节奏加快，冠心病在全球范围内的发病率呈逐年上升并有年轻化的趋势。

冠心病严重危害人类的身体健康，它不仅给患者个人和家庭带来沉重的经济负担和强大的精神压力，还会造成社会财富的巨大损失。数十年来，世界各国对冠心病的病因、预防、诊治和治疗等方面进行了大量研究。1948 年，美国弗莱明翰心脏病研究中心率先开展心血管疾病的流行病学研究。科研人员在马萨诸塞州的弗莱明翰镇招募了 5209 名居民作为第一代受试者，定期对这些受试者的生理健康指标和日常生活习惯进行详细记录，作为日后分析冠心病危险因素的依据。1971 年，最初参与者的子女及其配偶共 5124 人成为第二代受试者；2002 年，这项计划又进入了新的里程，最初受试者的第三代后人成为新一批的参与者。

美国弗莱明翰心脏病研究中心为寻找预防及控制心脑血管疾病的方法奠定了坚实的基础，此后有关心血管疾病危险因素、预测模型及其预防和针对性治疗的研究在国际上引起了广泛关注，并取得了长足的进步。本节将以美国弗莱明翰心脏病研究中心的部分数据为分析对象，首先探索诱发冠心病的危险因素，然后建立模型，对冠心病十年发病风险进行预测。

1. 数据集导入

本节使用的数据集来自 kaggle 平台，读者可以免费下载。该数据集共有 4238 条记录，每条记录对应一个受试者，其中包含受试者的人口统计学信息、生活行为方式、既往病史、生理健康指标和目标属性。表 10.5 给出了各属性的名称及含义。

表 10.5　数据集的所有属性及含义

属性类别	属性名称	含　义	取　值
人口统计学信息	male	是否男性	1，0
	age	接受本次体检时的年龄	整型值
	education	受教育水平	1，2，3，4
生活行为方式	currentSmoker	是否吸烟	1，0
	cigsPerDay	平均每日吸烟量	整型值
既往病史	BPMeds	是否服用降压药	1，0
	prevalentStroke	是否曾经中风	1，0
	prevalentHyp	是否患有高血压	1，0
	diabetes	是否患有糖尿病	1，0
生理健康指标	totChol	总胆固醇	浮点值
	sysBP	收缩压	浮点值
	diaBP	舒张压	浮点值
	BMI	体质指数	浮点值
	heartRate	心率	浮点值
	glucose	葡萄糖	浮点值
目标属性	TenYearCHD	是否有冠心病十年发病风险	1，0

下载的数据集文件 framingham. xls 是以纯文本的形式存储数据，并且各属性之间以逗号

作为分隔符。如果直接用 pandas. read_excel( ) 函数读取会发生错误，需要将其后缀名改为 . csv 后才能进行处理。

通过 pandas. read_csv( ) 函数导入数据集后，发现其中存在缺失值，如图 10. 15 所示。图中 2 ~ 4 行分别表示各属性是否存在缺失值、缺失值数量及占比。对于缺失值数量较少的属性，如 heartBeat，直接删除相关记录；对于缺失值较多的属性，如 education、glucose 等，采用众数或者均值进行填充。经过缺失值处理后，数据集中的样本数为 4189。

male	age	education	currentSmoker	cigsPerDay	BPMeds	prevalentStroke	prevalentHyp	diabetes	totChol	sysBP	diaBP	BMI	heartRate	glucose
False	False	True	False	True	True	False	False	False	True	False	False	True	True	True
0	0	105	0	29	53	0	0	0	50	0	0	19	1	388
0.0	0.0	0.02478	0.0	0.00684	0.01251	0.0	0.0	0.0	0.0118	0.0	0.0	0.00448	0.00024	0.09155

图 10. 15　数据集缺失值分布情况

2. 数据探索

由表 10. 5 可知，目标属性只有 1 和 0 两种取值，分别表示受访者在未来 10 年有/无冠心病发病风险。正/反例样本在数据集中的占比如图 10. 16 所示，反例样本数量大约是正例样本的 5. 6 倍，因此这是一个非平衡数据集，建模前需要通过重采样处理使之平衡。

该数据集存在多种类型的属性，如二值离散型（male、currentSmoker 等）、多值离散型（education）、连续型（age、totChol）等。下面采用柱状图、环形图、核密度估计（KDE）图等方式对它们进行可视化分析，初步探索这些属性与冠心病发病率之间的关系。

（1）二值离散属性　性别是受试者的基本属性，也是典型的二值离散属性，通过柱状图（见图 10. 17）能够直观地了解不同性别受试者患病风险的大小。在图 10. 17 中，女性受试者患病比例为 12. 22%，低于男性受试者，说明冠心病与性别有关，男性患病率高于女性，这与世界各地统计资料显示的结果一致。

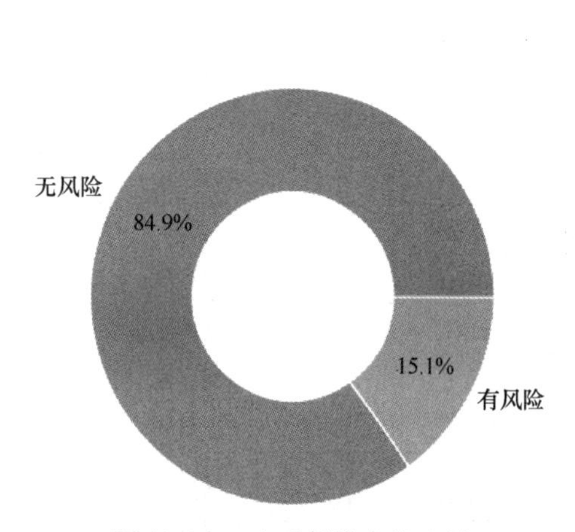

图 10. 16　正/反例样本的比例

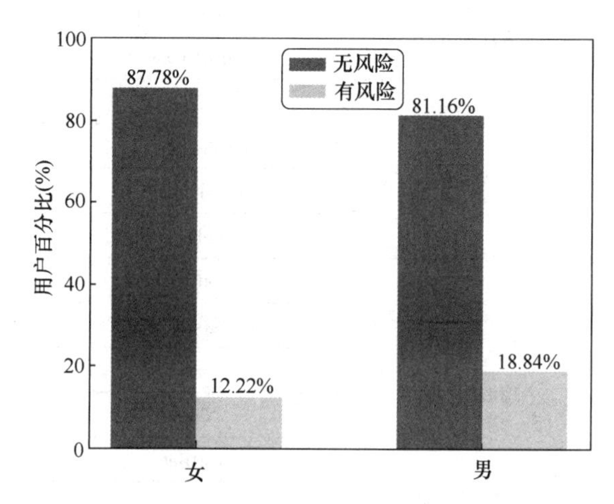

图 10. 17　性别与患病风险之间的关系

数据集中与既往病史相关的属性都是二值离散型。下面以糖尿病为例，考察糖尿病与冠心病发病率之间的关系。由图 10. 18 可以发现，糖尿病患者发生冠心病的概率明显高于正常人。临床研究表明，冠心病是糖尿病的一种大血管并发症，糖尿病患者冠心病的发病率是非糖尿病患者的 2~4 倍，这可能是因为糖尿病人常常伴有高血糖、高血压、脂质代谢异常等冠心病的危险因素。

（2）多值离散属性　受教育水平（education）是数据集中唯一的多值离散属性，共有 4 种取值，分别为 1（高中）、2（GED 高中同等学力）、3（职业学校）、4（大学）。图 10.19 比较了正/反例样本集中受试者受教育水平的分布情况。图中外环对应无风险人群（反例），内环对应有风险人群（正例）。在无风险人群中，受教育水平较高（“大学”和“职业学校”）的受试者占 27.9%，略高于有风险人群中的这一比例（24.7%），这可能是由于教育程度较高的人群具有更好的健康意识，能够主动获取和理解心血管疾病的相关知识，通过合理安排饮食和运动保持身体健康。

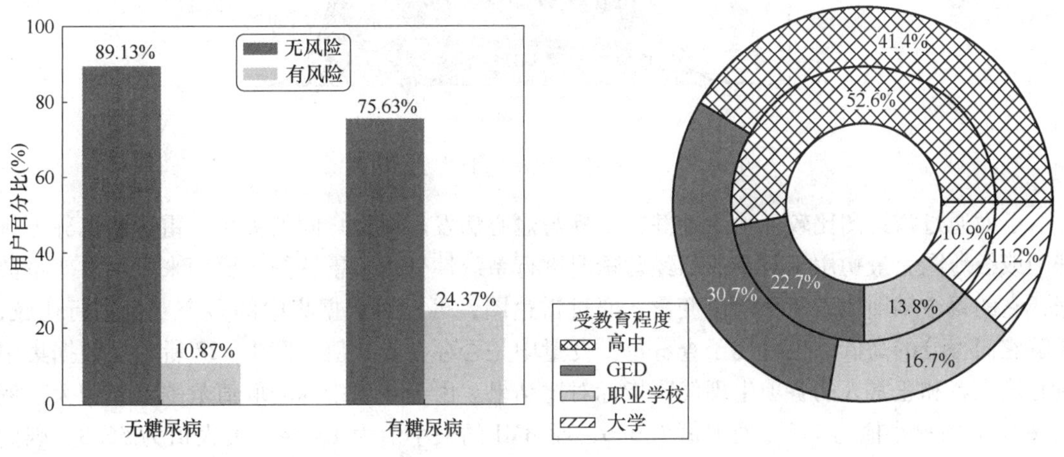

图 10.18　糖尿病与冠心病患病风险之间的关系　　图 10.19　受试者受教育水平的分布情况

（3）连续属性　数据集中的连续属性分为两类：一类是整型值，如 age、cigsPerDay，另一类是浮点值，如受试者的各项生理健康指标。在本案例中，利用 KDE 图分析整型值的分布特征。图 10.20 所示是 age 属性的 KDE 分布图。显然，冠心病发病风险会随着年龄的增长而增加，50 岁以上是高发年龄。

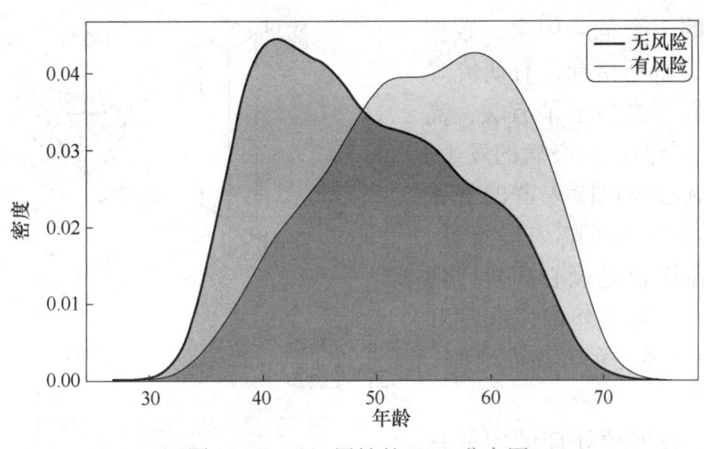

图 10.20　age 属性的 KDE 分布图

如果进一步对冠心病患者的年龄和性别进行分析，将得到图10.21所示的结果。由图可见，女性冠心病的发病年龄明显滞后于男性，大约晚10年。相关研究数据也显示，女性绝经期前冠心病的发病率低于男性，而在绝经期后发病率快速增加，逐渐接近男性，这可能是由于雌激素水平的变化所引起的。

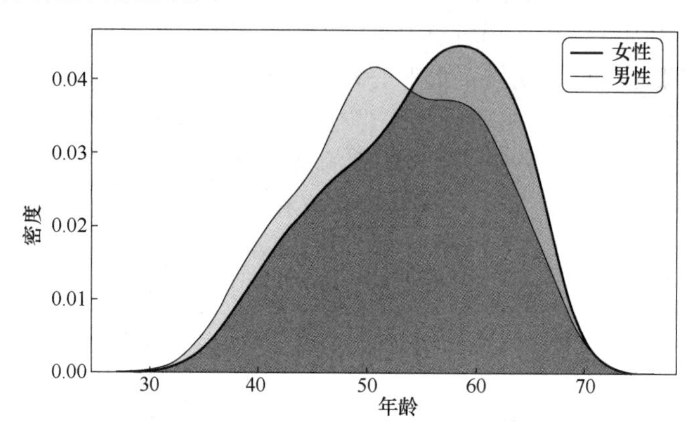

图10.21　患者性别与发病年龄之间的关系

下面通过雷达图比较各项生理健康指标与冠心病发病风险之间的关系。雷达图也称为蜘蛛图或极地图，最初用于对企业的经营情况进行系统性分析。雷达图主要用来显示多变量数据，它的每个轴即代表一个定量变量。通过雷达图，可以对数据集中的多个变量进行比较，了解它们得分的高低，也可用于查看每个变量中是否存在异常值。图10.22所示是数据集中冠心病患者和正常人的各项生理健康指标对比结果。由于6项指标的取值范围差异较大，例如totChol的最小值为113，最大值为696，而BMI的最小值为15.54，最大值为56.8，因此需要将各变量进行标准化处理后再取平均值做比较。

由图10.22可见，心脏病患者的totChol（总胆固醇）、glucose（葡萄糖）和heartRate（心率）指标明显高于正常人，而sysBP（收缩压）、diaBP（舒张压）和BMI的差别不大。总胆固醇是指血清中各种脂蛋白所含胆固醇的总和。众多临床研究已经明确指出，总胆固醇水平增高是影响血管健康、导致冠心病发生的一个危险因素。数据集中的葡萄糖是指血糖指标，有研究显示冠心病的危险性与血糖水平有关，高血糖在很大程度上会促进冠心病的发生。虽然图10.22中冠心病风险人群的舒张压和收缩压的均值与无风险人群接近，但是实际上，高血压也是冠心病发生的独立危险因素之一，冠心病的发病率和死亡率都会随着血压水平的升高而增加。

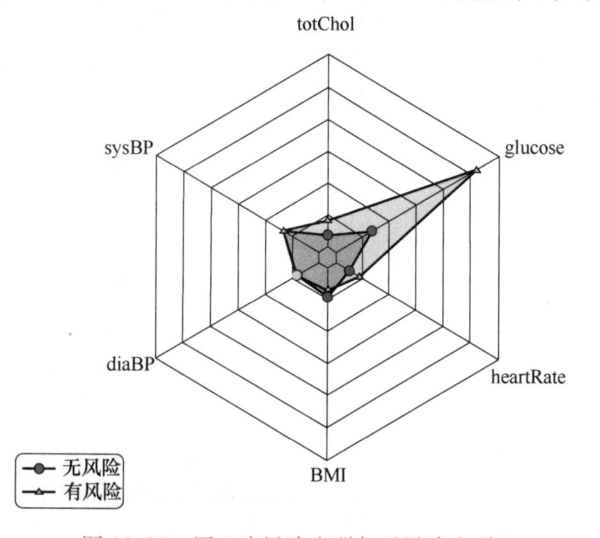

图10.22　冠心病风险人群与无风险人群生理健康指标对比

3. 数据预处理

在本案例中，数据预处理的主要任务是检测连续属性是否存在离群值，检验各特征属性之间、特征属性与目标属性之间的相关性，以及通过多变量分析寻找对目标变量影响最显著的特征。

（1）离群值检测　下面以sysBP属性为例进行离群值分析，结果如图10.23所示。图中，175mmHg是无风险人群收缩压的最大值，超过该值的数据被标记为离群点；有风险人群收缩压的上限值被设定为210mmHg。根据美国预防检测评估与治疗高血压全国联合委员会第七次报告所提出的定义和分类方法，收缩压小于120mmHg为正常血压，收缩压在120～139mmHg为高血压前期，在140～159mmHg为1期高血压，收缩压≥160mmHg为2期高血压，而在高血压临床病例中，患者收缩压超过200mmHg的情况也时有发生，甚至可达250mmHg以上。因此本案例将250mmHg以上的值看作是离群点，这样在图10.23中就只有一个离群点，可以将它直接删除或者不做处理。

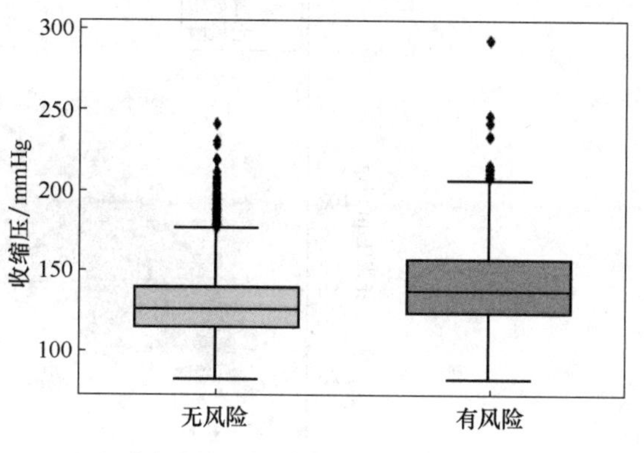

图10.23　sysBP属性的箱线图

（2）特征属性与目标属性间的相关性　按照皮尔逊相关系数的大小，对各特征属性与目标属性之间的相关性进行排序，如图10.24所示。

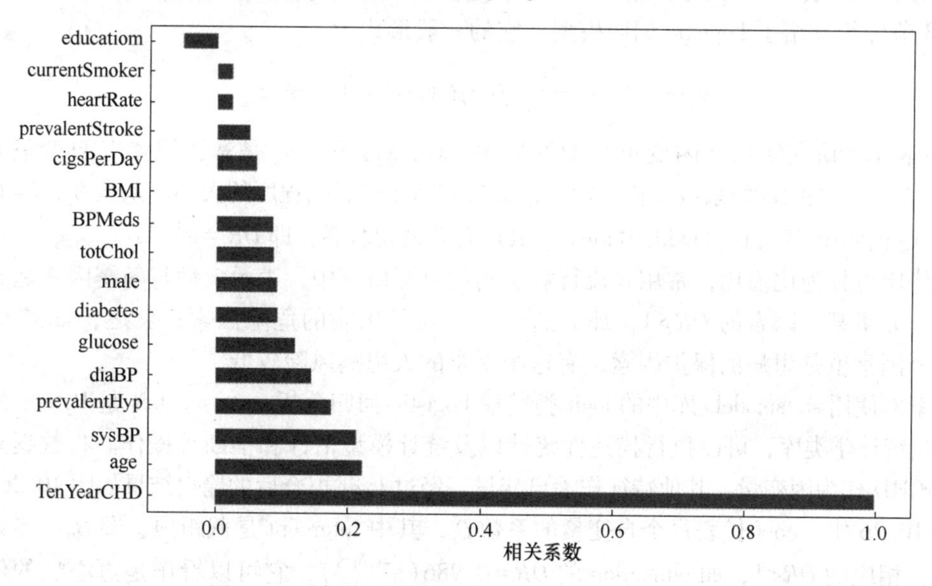

图10.24　各特征属性与目标属性间的相关性排序

由图可见，education与发病风险呈负相关关系，这与图10.19所示的分析结果一致。age、sysBP、prevalentHyp等属性与发病风险之间的相关性较强，而currentSmoker、heartRate等属性与目标属性间的相关性较小。进一步分析发现，在相关性排名前6的属性中，与血压相关的占了3项，分别是sysBP（收缩压）、prevalentHyp（是否患有高血压），以及diaBP（舒张压）。这些属性彼此具有相关性，例如在图10.25中，有风险受试者和无风险受试者的收缩压与舒张压都存在明显的线性关系。如果将它们都作为分类模型的输入，将会影响模型的性能，因此需要合理选择模型的输入特征。

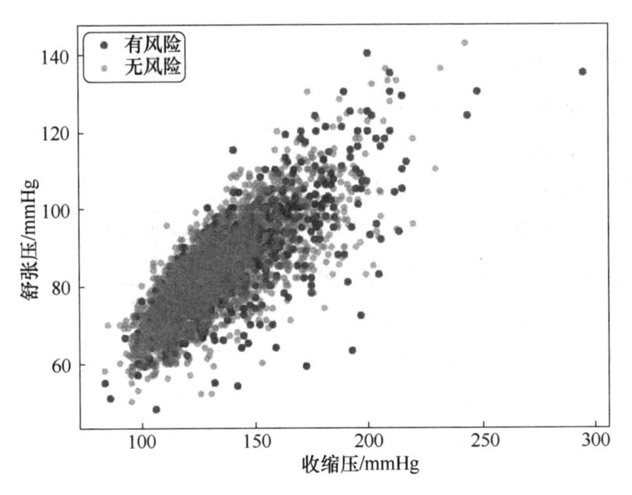

图 10.25　收缩压与舒张压的散点图

（3）特征选择　本案例采用多因素回归分析法确定各特征变量对目标变量的影响程度，然后根据分析结果进行特征选择。常见的多因素回归分析法包括多重线性回归、Logistic（逻辑斯谛）回归、Cox 回归等。Logistic 回归分析在流行病学中应用较多，主要用于探索诱发疾病的危险因素，以及根据危险因素预测某疾病发生的概率。

4.3 节详细介绍了 Logistic 回归模型，它的一般形式为

$$\text{logit}(p)=\ln\frac{p}{1-p}=\beta_0+\beta_1x_1+\beta_2x_2+\cdots+\beta_mx_m$$

其中，p 表示所研究疾病（因变量）的发病率，x_1、x_2、…、x_m 是暴露因素（自变量），β_0、β_1、…、β_m 是模型的回归系数，代表每个自变量对因变量影响程度的大小。系数 β_i，$i=1$，…，m 与流行病学中的优势比（Odds Ratios，OR）有着密切联系，即 $OR_i=e^{\beta_i}$。

优势比也称为比值比，常用在流行病学病例对照研究中，表示疾病与暴露因素之间的关联强度。如果某个因素的 $OR>1$，那么这个因素就是患病的危险因素；反之，如果 $OR<1$，那么这个因素就是患病的保护因素，有这个因素的人患病风险较低。

本案例使用 statsmodels 库中的 logit 类实现 Logistic 回归分析。statsmodels 是 Python 统计建模与计量统计学类库，可以执行描述性统计以及统计模型估计和推断等操作。将数据集中的 TenYearCHD 作为因变量，其他特征作为自变量，经过 logit 拟合后的输出结果如图 10.26 所示。

图 10.26 中，coef 代表每个自变量的系数 β_i，其中 intercept 是截距项，即 β_0。当系数值为负时，相应的 $OR<1$，如 education 的 $OR=0.986(e^{-0.0138})$，它可以看作是冠心病的保护因素。当系数值为正时，$OR>1$，如 male 的 $OR=1.7(e^{0.5308})$，说明男性（male = 1）发生冠心病的危险是女性（male = 0）的 1.7 倍。图中虽然多数自变量的回归系数都为正值，但是只有显著性值（图 10.26 中的 p）小于 0.05 的自变量才被认为具有统计学意义。据此选出 6 个特征变量 male、age、cigsPerDay、totChol、sysBP 和 glucose，再加上满足 $0.05<p\leq0.1$ 的 2 个特征变量 prevalentStroke 和 prevalentHyp，将它们共同作为分类模型的输入。

4. 建模

本案例分别采用 sklearn 库提供的逻辑回归类 LogisticRegression、k-最近邻类 KNeighbor-

	coef	std err	Z	P>|z|	[0.025	0.975]
male	0.5308	0.101	5.240	0.000	0.332	0.729
age	0.0621	0.006	9.891	0.000	0.050	0.074
education	-0.0138	0.046	-0.300	0.765	-0.104	0.077
currentSmoker	0.0443	0.146	0.303	0.762	-0.242	0.330
cigsPerDay	0.0204	0.006	3.539	0.000	0.009	0.032
BPMeds	0.2349	0.222	1.056	0.291	-0.201	0.671
prevalentStroke	0.7938	0.467	1.701	0.089	-0.121	1.708
prevalentHyp	0.2240	0.129	1.734	0.083	-0.029	0.477
diabetes	0.1168	0.300	0.389	0.697	-0.472	0.705
totChol	0.0021	0.001	2.053	0.040	9.6e-05	0.004
sysBP	0.0140	0.004	3.898	0.000	0.007	0.021
diaBP	-0.0021	0.006	-0.351	0.725	-0.014	0.010
BMI	0.0017	0.012	0.143	0.886	-0.022	0.025
heartRate	-0.0016	0.004	-0.402	0.688	-0.009	0.006
glucose	0.0073	0.002	3.324	0.001	0.003	0.012
intercept	-8.2559	0.673	-12.270	0.000	-9.575	-6.937

图 10.26　多因素 Logistic 回归分析的结果

sClassifier 和人工神经网络中的多层感知器类 MLPClassifier 建立冠心病风险预测模型。LogisticRegression 类的定义在 10.2 节已经介绍过，KNeighborsClassifier 类和 MLPClassifier 类的定义如下：

```
class sklearn.neighbors.KNeighborsClassifier(
  n_neighbors=5,weights='uniform',algorithm='auto',leaf_size=30,
  p=2,metric='minkowski',metric_params=None,n_jobs=None,**
kwargs)
class sklearn.neural_network.MLPClassifier(
  hidden_layer_sizes=(100,),activation='relu',*,solver='adam',al-
pha=0.0001,batch_size='auto',learning_rate='constant',learning_rate_
init=0.001,power_t=0.5,max_iter=200,shuffle=True,random_state=None,tol=
0.0001,verbose=False,warm_start=False,momentum=0.9,nesterovs_momentum=
True,early_stopping=False,validation_fraction=0.1,beta_1=0.9,beta_2=0.999,
epsilon=1e-08,n_iter_no_change=10,max_fun=15000)
```

在 KNeighborsClassifier 类中，参数 n_neighbors 代表 k 值；weights 是 k 个近邻点的权重，默认取“uniform”，表示所有点的权重相等。weights 也可以取“distance”或者用户指定的其他值。“distance”表示权重为距离的倒数，即距离越近的点对分类结果影响越大。参数 metric 表示度量距离的方法，默认采用闵氏距离（参见 6.3 节），此时参数 p 是闵氏距离中的指数 r，默认值为 2。

在 MLPClassifier 类中，参数 hidden_layer_sizes 表示隐藏层的层数和每层的神经元个数；activation 表示激活函数的类型，有“identity”“logistic”“tanh”“relu”等取值，默认是“relu”；参数 solver 指定 MLP 采用的权重优化算法，可以取“lbfgs”“sgd”和“adam”，默认值是“adam”。

将筛选出的8个特征变量作为模型的输入，分别对上述3个模型进行训练和测试，所得到的分类性能指标如表10.6所示。

表10.6　各分类模型的性能指标对比

模型类型	准确率	AUC值	精确率	召回率
逻辑回归	0.86	0.736	0.79	0.54
KNN	0.85	0.637	0.66	0.53
MLP	0.85	0.593	0.63	0.51

由表10.6可知，逻辑回归分类器的性能最好，各项指标都优于KNN和MLP。然而，观察混淆矩阵后会发现（见图10.27），逻辑回归模型对于无风险受试者的预测较准确，在1068个样本中仅有6例发生错误；而对有风险受试者的分类效果很差，189个样本中出现了173例错误。KNN模型和MLP模型也存在同样的问题。经分析，该问题是由数据集的不平衡性引起的，下面将通过重采样的方法来解决。

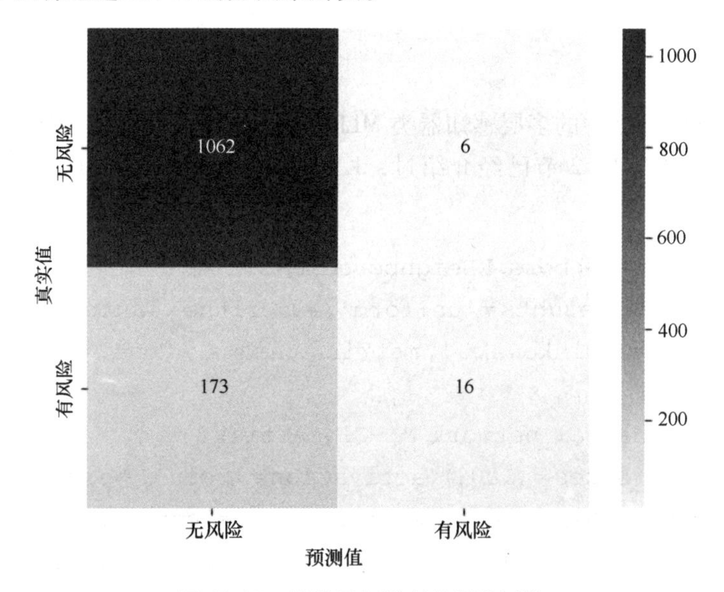

图10.27　逻辑回归模型的混淆矩阵

5. 非平衡数据集的处理

非平衡数据集可通过欠采样、过采样或者混合采样实现平衡化处理。欠采样是从反例样本（多数类）中筛选出一部分典型代表，使正负样本的比例相当，从而构造出一个新的平衡数据集。这类方法会丢失大量反例样本的信息，降低反例的分类正确率。过采样以现有的正例样本为基础，通过模型生成新的正例样本，使数据集中的正负样本数达到平衡。这类方法的缺点是人为生成的正例样本会增加数据集的噪声。混合采样是将过采样和欠采样结合起来，在筛选反例样本的同时，通过某种模型产生一些新的正例样本，达到数据集的平衡。本案例将采用过采样方法处理数据集。

Python的imblearn库实现了多种重采样算法，其中过采样算法包括随机过采样、合成少数类过采样（Synthetic Minority Oversampling，SMOTE）、自适应合成采样（Adaptive Synthetic，ADASYN）等。本案例采用SMOTE算法，它的基本思想是通过在已有的样本间插值来创造新的少数类样本，具体实现方法是对于少数类样本集 S 中的每个样本 a，从它在 S 内的 k 个近邻中随机选择一个样本 b，在 a 与 b 的连线上随机选择一点作为新生成的样本。SMOTE 类在 imblearn 库中的定义如下：

```
    class imblearn.over_sampling.SMOTE(
        sampling_strategy='auto',random_state=None,k_neighbors=
5,n_jobs=None)
```

其中参数 sampling_strategy 用于指定重采样的方式或者重采样的数量，默认值“auto”表示对除多数类之外的其他所有类进行重采样，在二分类问题中就是指少数类；k_neighbors 表示参与新样本构造的最近邻数量，默认值为 5。

利用 SMOTE 算法对训练集进行过采样，然后对逻辑回归、KNN、MLP 模型分别进行训练和测试，得到的性能指标如表 10.7 所示。

表 10.7　SMOTE 处理后各分类模型的性能指标对比

模型类型	准确率	AUC 值	精确率	召回率
逻辑回归	0.68	0.736	0.60	0.68
KNN	0.76	0.605	0.56	0.57
MLP	0.68	0.688	0.58	0.65

比较表 10.6 与表 10.7 的结果会发现，经过 SMOTE 处理后，模型的准确率和精确率有所下降，但是召回率明显得到提升。图 10.28 中的混淆矩阵更加直观地反映了分类结果的变化情况。与图 10.27 相比，图 10.28 中正确分类的正例样本数增加，从原先的 16 例升至 131 例，而反例样本的分类正确率降低。这表明过采样处理可以缓解模型分类时“偏向”多数类，从而有效降低将有冠心病风险的受试者错判为无风险的概率。SMOTE 算法在生成新样本的过程中存在盲目性，会使模型出现过拟合现象，为此研究者又提出了 SMOTE 的衍生版本，如 SMOTE-Tomek、SMOTE-ENN 等。

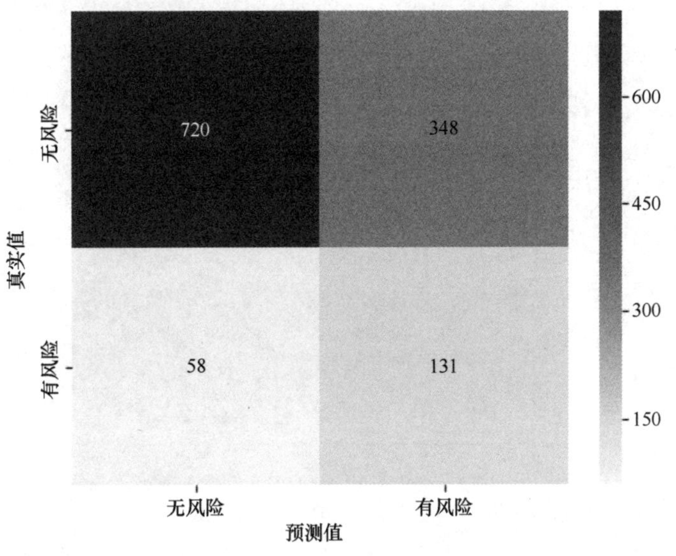

图 10.28　经 SMOTE 处理后逻辑回归模型的混淆矩阵

习　题

10.1　根据表10.4中的数据，计算考虑分类权重后的准确率、精确率、召回率和F1分数，并与图10.13中的结果进行比较。

10.2　试分析造成表10.2中正例性能指标差的原因。除了对各类别设置不同的权重外，你还能想到什么方法？

10.3　试采用决策树算法分析10.2节数据集的特征重要性排名。

10.4　试用IQR法检测10.3节案例中的离群值，比较删除离群值后模型分类效果的变化情况。

10.5　试用图10.24中相关性排名前8位的特征作为逻辑回归模型的输入，考察模型的性能指标，并与案例程序进行比较。

10.6　试用全部特征变量训练10.3节案例中的逻辑回归模型，考察模型的性能指标，并与案例程序进行比较。

10.7　sklearn库提供实现SMOTE-ENN算法的类SMOTEENN，试用该类处理10.3节的不平衡数据集，并与SMOTE算法的结果进行比较。

10.8　除了本章涉及的行业外，谈谈你还了解哪些行业的大数据应用情况。

参考文献

[1] 喻梅. 数据分析与数据挖掘 [M]. 北京：清华大学出版社，2018.
[2] 张晓冬. 数据、模型与决策 [M]. 北京：清华大学出版社，2019.
[3] 胡文生. 大数据经典算法简介 [M]. 成都：电子科技大学出版社，2017.
[4] 胡良平. 岭回归分析 [J]. 四川精神卫生，2018，31 (3)：193-196.
[5] CHATTERJEE S. 例解回归分析：第3版 [M]. 郑明，译. 北京：中国统计出版社，2004.
[6] 胡茂力，李艳春，肖南峰. 基于物联网的多传感器数据采集系统研究 [J]. 重庆理工大学学报 (自然科学)，2016，30 (10)：108-117.
[7] 包从剑. 数据清洗的若干关键技术研究 [D]. 镇江：江苏大学，2007.
[8] 殷复莲. 数据分析与数据挖掘实用教程 [M]. 北京：中国传媒大学出版社，2017.
[9] 霍雨佳. 大数据科学 [M]. 成都：电子科技大学出版社，2017.
[10] 程君杰. 阿里、Facebook、Cloudera 等巨头的数据收集框架全攻略 [EB/OL]. (2016-09-07) [2020-12-08]. https://www.toutiao.com/a6327379705905463553/? tt_from = mobile_qq&utm_campaign = client_share&app = news_article&utm_source = mobile_qq&iid = 5136874174&utm_medium = toutiao_android.
[11] 廖建新. 大数据技术的应用现状与展望 [J]. 电信科学，2015，31 (7)：7-18.
[12] 宋智军. 深入浅出大数据 [M]. 北京：清华大学出版社，2016.
[13] 李平. 大数据在政府决策中的应用 [J]. 科技发展，2017 (10)：5-14.
[14] 陈新河. 赢在大数据：中国大数据发展蓝皮书 [M]. 北京：电子工业出版社，2017.
[15] 林文斌. 中国零售业大数据应用现状与趋势探析 [J]. 互联网天地，2014 (11)：62-66.
[16] 中国电子技术标准化研究院. 工业大数据白皮书：2019版 [EB/OL]. (2019-04-01) [2020-12-08]. http://www.cesi.cn/images/editor/20190401/20190401145953698.pdf.
[17] 陈彦光. 地理数学方法：基础和应用 [M]. 北京：科学出版社，2010.
[18] 简帧富. 大数据分析与数据挖掘 [M]. 北京：清华大学出版社，2016.
[19] PANG N T，STEINBACH M，KUMAR V. Introduction to Data Mining [M]. Harlow：Pearson Education Ltd，2014.
[20] 朱明. 数据挖掘导论 [M]. 合肥：中国科学技术大学出版社，2012.
[21] 傅志华. 大数据在电信行业的应用 [EB/OL]. (2014-11-17) [2020-12-08]. https://www.leiphone.com/news/201411/eAYu5wZWfAKAYvrG.html.
[22] SOMAN K P，DIWAKAR S，AJAY V. 数据挖掘基础教程 [M]. 范明，牛常勇，译. 北京：机械工业出版社，2009.
[23] 刘海东. 无线网络规划与优化新技术实用手册：第一卷 [M]. 成都：电子科技大学出版社，2005.
[24] 陈其铭，罗光容. 大数据在无线网络优化中的应用研究 [J]. 现代电信科技，2016 (1)：20-24.
[25] LAROSE D T，LAROSE C D. Data mining and predictive analytics [M]. 2nd ed. Hoboken：John Wiley & Sons Ltd，2015.
[26] 许乃利. 基于大数据技术的电信客户流失预测模型研究及应用 [J]. 信息通信技术，2018 (2)：66-71.
[27] 王林林. 电信服务与服务营销 [M]. 天津：天津大学出版社，2008.
[28] 杨现民，唐斯斯，李冀红. 发展教育大数据：内涵、价值和挑战 [J]. 现代远程教育研究，2016 (1)：50-61.
[29] 邢蓓蓓，杨现民，李勤生. 教育大数据的来源与采集技术 [J]. 现代教育技术，2016，26 (8)：14-21.

[30] 俞国培，包小源，黄新霆，等. 医疗健康大数据的种类、性质及有关问题［J］. 医学信息学杂志，2014，35（6）：9-12.
[31] 朱彦，徐俊，朱玲，等. 主要发达国家医疗健康大数据政策分析［J］. 中华医学图书情报杂志，2015，24（10）：13-17.
[32] 林子雨. 大数据技术原理与应用［M］. 2版. 北京：人民邮电出版社，2017.
[33] 周苏，王文. 大数据可视化［M］. 北京：清华大学出版社，2016.
[34] Wrox国际IT认证项目组. 机器学习、大数据分析和可视化［M］. 姚军，译. 北京：人民邮电出版社，2016.
[35] 董付国. Python程序设计［M］. 2版. 北京：清华大学出版社，2016.
[36] 王国平. 数据可视化与数据挖掘［M］. 北京：电子工业出版社，2017.
[37] 黄史浩. 大数据原理与技术［M］. 北京：人民邮电出版社，2018.
[38] 刘鹏，张燕. 数据挖掘［M］. 北京：电子工业出版社，2018.
[39] 王振武，徐慧. 数据挖掘算法原理与实现［M］. 北京：清华大学出版社，2015.
[40] 肖云，王选宏. 支持向量机理论及其在网络安全中的应用［M］. 西安：西安电子科技大学出版社，2011.
[41] 吕晓玲，谢邦昌. 数据挖掘方法与应用［M］. 北京：中国人民大学出版社，2009.
[42] 王星. 大数据分析：方法与应用［M］. 北京：清华大学出版社，2013.
[43] 陈志泊，韩慧，王建新，等. 数据仓库与数据挖掘［M］. 北京：清华大学出版社，2017.
[44] HAN J，KAMBER M，PEI J. 数据挖掘概念与技术［M］. 范明，孟小峰，译. 北京：机械工业出版社，2012.
[45] 李竹林，刘芬. 数据挖掘算法研究与实现［M］. 北京：中国水利水电出版社，2017.
[46] SHIRKHORSHIDI A S，AGHABOZORGI S，WAH T Y. A Comparison Study on Similarity and Dissimilarity Measures in Clustering Continuous Data［J］. PLoS ONE，2015，10（12）：16-38.
[47] 李联宁. 大数据技术及应用教程［M］. 北京：清华大学出版社，2016.
[48] 娄岩. 大数据技术概论：从虚幻走向真实的数据世界［M］. 北京：清华大学出版社，2017.
[49] 刘鹏，张燕. 大数据库［M］. 北京：电子工业出版社，2017.
[50] CLEVE J，LÄMMEL U. Data Mining［M］. Berlin：De Gruyter Oldenbourg，2016.
[51] ZAKI M J，MEIRA JR W. Data Mining and Analysis：Fundamental Concepts and Algorithms［M］. Cambridge：Cambridge University Press，2014.
[52] 张彦航，苏小红，马培军. 基于最大置信度的多目标检测算法［J］. 信号处理，2012，28（1）：39-46.
[53] LAYTON R. Learning Data Mining with Python［M］. Birmingham：Packt Publishing Ltd，2015.
[54] 雷雷. 影视大数据云图的景观呈现：中国影视产业格局现状［J］. 山东艺术学院学报，2020（3）：78-81.
[55] 周梦琛. 浅析大数据时代电视剧营销创新思路：以Netflix自制剧《纸牌屋》为例［J］. 西部广播电视，2019（13）：71-73.